普通高等教育"十二五"规划教材

自动检测技术

（第 3 版）

李希胜　王绍纯　主编

U0352903

北京

冶金工业出版社

2014

内 容 提 要

为了使读者获取比较系统和完整的概念，培养学生从事检测技术领域科学研究和仪器仪表开发的能力，本书坚持以信息的获取、转换与处理为线索，详细介绍了检测技术理论基础、各类传感器的工作原理与特性、电测技术中的抗干扰技术、仪表特性线性化技术和温度补偿技术以及特种测量技术。全书力求具有较好的系统性、完整性和一定的深度、广度。在内容组织上，尽量反映检测技术领域中的最新发展动态，精选近年来出现的代表性传感器及相关技术进行介绍。在内容叙述上，除理论分析外，还配有较完整的典型工程实例，以利于培养学生运用基本理论分析与解决实际问题的能力。这些工程实例来源于作者多年来从事检测技术科研开发的成果总结，真实、可靠。为了加强对相关知识的学习掌握，检验学习效果，培养学生运用基本理论分析与解决实际问题的能力，精选了一定数量的启发性思考题及应用型习题置于各章之末。

本书可作为测控技术与仪器、自动化、电子信息等相关专业的教材，也可供相关领域的工程技术人员参考。

图书在版编目（CIP）数据

自动检测技术／李希胜，王绍纯主编 . —3 版 . —北京：
冶金工业出版社，2014.7
普通高等教育"十二五"规划教材
ISBN 978-7-5024-6483-7

Ⅰ.①自… Ⅱ.①李… ②王… Ⅲ.①自动检测—高等
职业教育—教材 Ⅳ.①TP274

中国版本图书馆 CIP 数据核字（2014）第 074372 号

出 版 人 谭学余
地 址 北京市东城区嵩祝院北巷 39 号 邮编 100009 电话 （010）64027926
网 址 www.cnmip.com.cn 电子信箱 yjcbs@cnmip.com.cn
责任编辑 戈 兰 美术编辑 彭子赫 版式设计 孙跃红
责任校对 石 静 责任印制 李玉山
ISBN 978-7-5024-6483-7
冶金工业出版社出版发行；各地新华书店经销；北京印刷一厂印刷
1985 年 5 月第 1 版，1995 年 5 月第 2 版，2014 年 7 月第 3 版，2014 年 7 月第 1 次印刷
787mm×1092mm 1/16；20.75 印张；497 千字；317 页
45.00 元

冶金工业出版社 投稿电话 （010）64027932 投稿信箱 tougao@cnmip.com.cn
冶金工业出版社营销中心 电话 （010）64044283 传真 （010）64027893
冶金书店 地址 北京市东四西大街 46 号（100010） 电话 （010）65289081（兼传真）
冶金工业出版社天猫旗舰店 yjgy.tmall.com

（本书如有印装质量问题，本社营销中心负责退换）

第 3 版前言

本教材的编写得到了"十二五"期间高等学校本科教学质量与教学改革工程建设项目和北京科技大学教材建设经费资助。

本教材第 2 版自 1995 年出版以来，受到广大读者的好评。为了提高教材质量，在修订过程中，我们充分吸纳了读者的建议，并结合近年来教学体会和检测技术领域的最新研究成果，对内容进行了调整，主要体现在以下两个方面：

（1）精选了内容。考虑到检测技术领域发展与其他课程的衔接情况，避免重复，对某些内容进行了删减，如激光的形成、数据的采集与保持、峰值测量、有效值测量等。

（2）增加了新内容。反映检测技术的最新发展，精选部分代表性的成果增加到教材内容中。例如在光电式传感器中增加了图像传感器，在核辐射传感器中增加了半导体探测器，在激光式传感器中增加了激光气体在线分析仪，在光纤传感器中增加了光纤光栅传感器，在特种测量技术中增加了计算机测量系统与软测量技术。

自动检测技术涉及面非常广泛。为了使读者获取比较系统和完整的概念，培养学生从事检测技术领域科学研究和仪器仪表开发的能力，本书坚持以信息的获取、转换与处理为线索，详细介绍了检测技术理论基础、各类传感器的工作原理与特性、电测技术中的抗干扰技术、仪表特性线性化技术和温度补偿技术以及特种测量技术。全书力求具有较好的系统性、完整性和一定的深度、广度。在内容组织上，尽量反映检测技术领域中的最新发展动态，精选近年来出现的代表性传感器及相关技术进行介绍。在内容叙述上，除理论分析外，还配有较完整的典型工程实例，以利于培养学生运用基本理论分析与解决实际问题的能力。这些工程实例来源于作者多年来从事检测技术科研开发的成果总结，真实、可靠。为了加强对相关知识的学习掌握，检验学习效果，培养学生运用基本理论分析与解决实际问题的能力，精选了一定数量的启发性思考题及应用型习题置于各章之末。

测量仪表设计中精确度和可靠性十分重要。抗干扰技术是实现测量仪表高精度、高可靠性的关键之一。本书详细介绍了电测技术中的抗干扰技术，不仅介绍了屏蔽、接地、浮置等相关技术的理论，还给出了实例，以利于培养学生解决干扰问题的能力。温度附加误差严重影响测量仪表精确度的提高，本书总结作者多年来在测量仪表温度补偿方面科研成果，以差动变压器式传感器温度补偿为工程实例对分析、设计过程进行了详细介绍。另外本书对微弱信号检测技术、反馈测量技术等对提高测量仪表精确度和可靠性起到关键作用的技术都进行了详细介绍。

本书在最后给出了十几家传感器及仪器仪表生产商网址，以便于读者查看相关产品图片及数据手册并及时了解相关领域的最新发展。

本书可作为测控技术与仪器、自动化、电子信息等相关专业的教材，也可供相关领域的工程技术人员参考。

全书由李希胜教授、王绍纯教授主编。参加本书第 3 版编写的有王绍纯教授（第 2 章第 1 节至第 3 节、第 3 章）、李希胜教授（第 1 章、第 2 章第 4 节至第 10 节、第 4 章、第 5 章）、康瑞清副教授（第 2 章第 11 节、第 12 节）。

张朝晖教授、林伟国教授审阅了全书，提出了很多宝贵的意见和建议，在此表示衷心的感谢！同时，也向对原教材提出过意见和建议的读者们表示衷心的感谢！

由于我们水平有限，不妥之处在所难免，敬请读者批评指正。

编　者
2013 年 10 月

第 2 版前言

本教材按照 1991～1995 年冶金高等院校教材编写、出版规划，对第一版进行了修订。本教材第一版自 1985 年出版以来，已经使用了八年，为了提高教材质量，适应教学改革的需要，在修订过程中，我们认真总结多年来讲授本教材的经验，广泛征求兄弟院校及使用单位的宝贵意见，对内容作了调整、精炼和提高，主要体现在如下几个方面：

1. 对全书总篇幅进行了调整。为了贯彻少而精的原则，按照教学大纲的要求，突出重点，尽量做到主次分明、详略恰当，对全书字数进行了较大幅度压缩。

2. 精选了内容。按照教学要求，对部分章节进行了较大修改或重新编写，例如测量误差理论与数据处理方法、应变式传感器、电涡流式传感器、电容式传感器等，在原有内容基础之上进行了充实提高。为了与后续课程配合和避免重复，对某些内容进行了删减，例如电位计式传感器、热电阻传感器、热电式传感器、霍尔式传感器等。

3. 增加了新内容。例如在第二章增加了光纤传感器、振动式传感器等内容，在各种传感器编写内容上均增写了传感器应用举例。

4. 增加了习题及思考题。为了培养学生运用基本理论分析与解决实际问题的能力，精选了一定数量的习题及思考题，置于各章之末。

参加本书第二版编写的有赵家贵（第一章、第二章的第五至第十二节）和王绍纯（第二章的第一节至第四节、第三、四、五章）二位同志。全书由王绍纯同志主编。曾参加本书第一版编写的刘国俊同志因身体原因未能参加本书第二版的编写工作。

在本书的编写和审稿过程中，兄弟院校的有关同志提供了不少宝贵意见和建议，在此表示衷心地感谢。由于我们水平所限，错误和不妥之处在所难免，敬希读者批评指正。

编　者
一九九三年六月

第1版前言

本书是根据冶金部所属高等院校工业自动化仪表专业教学计划和自动检测技术课程教学大纲编写的。

本书原稿印刷后相继在重庆大学、北京工业大学、太原工学院、东北工学院、昆明工学院和北京钢铁学院等院校试用，并根据各院校试用提出的意见对原书进行了修改。

自动检测技术涉及面非常广泛。为了使读者能够获得比较系统和完整的概念，本书以信息的获取、转换与处理为线索，详细介绍了检测技术理论基础、各类传感器的工作原理与特性、电测技术中的抗干扰技术、仪表特性线性化技术和温度补偿技术以及特种测量技术。全书力求具有较好的系统性、完整性和一定的深度、广度。在内容组织上，注意了尽量反映检测技术领域中的新内容，如动态测试、数据采集、微弱信号检测、相关测量技术和反馈测量技术等，测量电路构成也注意到以集成电路为主。在内容叙述上，除理论分析外，还配有较完整的典型工程实例，以利于培养学生运用基本理论分析与解决实际问题的能力。

本书主要作为工业自动化仪表专业的教材，对从事检测技术的工程技术人员也具有参考价值。

参加本书编写的有赵家贵（第一章、第二章的第七至十二节）、刘国俊（第二章的第一至六节）和王绍纯（第三、四、五章）三位同志。全书由王绍纯同志主编。北京航空学院韩云台和何立民同志对本书进行了全面审阅。

由于我们水平有限，错误和不妥之处在所难免，恳切希望读者批评指正。

编　者

一九八四年七月

目　录

绪　　论

在科学实验和工业生产中，为了即时了解实验进展情况、生产过程的情况及它们的结果，人们要经常对某些物理量，如电流、电压、温度、压力、流量、物位、位移、尺寸等参数进行检测。这时人们就要选择合适的测量仪表，采用一定的检测方法去实施有效的检测。检测的目的是实现对物理现象的定性了解或定量掌握。检测技术就是人们为了对自然现象、科学实验或生产过程参数等能够进行定性了解和定量掌握所采取的一系列技术措施的总称。

检测技术已经发展成为一门较完整的技术学科。检测技术这门技术学科所涉及的内容是比较广泛的。它从被检测物理量的实际情况出发，首先要探讨能够应用什么物理原理将被测物理量转换成便于传输和处理的物理量（如电信号或光信号），进而研究信号的放大和加工变换方法，以便于信号的远距离传输，再下一步就是研究信号的接收和显示方法，最后还要研究数据的处理方法以及相应的技术措施。

检测技术在人类认识世界和现代化生产中起着重要作用。

人类对客观世界的认识，是通过观察、实验与测量，由浅入深地不断认识的。通过检测手段去确定物质运动在量方面的规律性，掌握了量的规律性就能更好地认识物质运动的本质。许多物理定律的发现都是建立在实验与测量这一基础之上的，许多自然科学的建立与发展都是与检测技术密切相关的。

生产过程自动化是现代化生产的重要特征。为了高效率地进行生产操作，提高产品产量和质量，必须对生产过程进行自动控制。为了实现对生产过程的自动控制，首先必须对生产过程参数进行实时、可靠地检测。生产过程参数的自动检测是实现自动控制的前提条件。没有参数的检测，就使自动控制失去了前提和依据。检测技术发展了，控制水平就能提高。

检测技术的发展是以生产发展为基础的，随着生产的发展而迅速发展。特别是半导体技术、微电子技术的发展，为检测技术的发展提供了物质手段，使检测仪表、传感器有可能实现小型化、智能化、多功能和高可靠性，使原先不能实现的测量方法，得以实现。同时，生产的发展又不断地提出新的检测任务，促使人们去研究和解决这些新课题，从而推动检测技术的发展。

学习和掌握了检测技术，就能够在科学研究和生产中面临检测任务时，正确地选择测量原理和方法，正确地选择所需要的技术工具（如敏感元件、传感器、变换器、传输电缆、显示装置及数据处理装置等），组成恰当的检测系统，完成所提出的检测任务。

1 检测技术理论基础

为了完成科学实验和工业生产中提出的检测任务，并且尽可能地获取到被测量真实值，需要对测量方法、检测系统的特性、测量误差及测量数据处理等方面的理论及工程方法进行学习和研究。只有了解和掌握了这些基本技术理论，才能实施有效的测量。

1.1 测量方法

测量方法是实现参数检测的基本问题之一。测量方法的选择关系到能否实现有效的测量。

1.1.1 概述

1.1.1.1 测量过程

测量是将被测量与同种性质的标准量进行比较，确定被测量对标准量的倍数，并用数字表示这个倍数。例如，用米尺测量金属棒料的长度，就是将被测棒料的长度与标准长度——米尺进行比较，最后得出棒料是几米几厘米长。

通过分析，可将测量过程概括为："并列"、"示差"、"平衡"、"读数"四步过程。

在工程实践和科学实验经常遇到的测量过程中，上述四步过程中的某几步，有时不是直接的或不是在同一时间内进行的，即不像用米尺测量棒料长度时四步过程那样直接、那样直观，这就要求对具体的测量过程应该进行具体深入地分析，找出四步过程，并抓住每一步的特点。

1.1.1.2 测量方法的本质

测量方法就是针对不同的测量任务，去正确实现"并列"、"示差"、"平衡"和"读数"四步测量过程所采取的具体措施。简而言之，就是进行测量所采用的具体方法。

具体的测量方法是多种多样的。从形式上看之所以互不相同，是因为不同的检测量，要求用不同的具体措施来实现这四步测量过程。在许多情况下，要实现这四步测量过程，并不是很容易的，有时是很困难的。

测量方法对测量工作是十分重要的，它关系到测量任务是否能完成。因此，要针对不同测量任务的具体情况，待进行分析后，找出切实可行的测量方法，然后，根据测量方法选择合适的检测技术工具，组成测量系统，进行实际测量。反之，如果测量方法不对头，即使选择的技术工具（有关仪器、仪表、设备等）再高级，也不会有好的测量结果。

1.1.1.3 测量方法分类

对于测量方法，从不同的角度出发，有不同的分类方法。按测量手续分类有：直接测量、间接测量和联立测量。按测量方式分类有：偏差式测量、零位式测量和微差式测量。除此之外，还有许多其他分类方法。例如，按测量敏感元件是否与被测介质接触，可分为接触式测量与非接触式测量；按被测量变化快慢，可分为静态测量与动态测量；按测量系统是否向被测对象施加能量，可分为主动式测量与被动式测量等。

1.1.2 直接测量、间接测量与联立测量

1.1.2.1 直接测量

直接测量是指不需要根据被测量和实际测量的其他量之间函数关系进行辅助计算，直接获得被测量之值的方法。即在使用仪表进行直接测量时，对仪表读数不需要经过任何运算，就能直接表示测量所需要的结果。例如，用磁电式电流表测量电路的支路电流，用弹簧管式压力表测量流体压力等即为直接测量。直接测量的优点是测量过程简单而迅速，缺点是测量精度不容易达到很高。这种测量方法是工程上广泛采用的方法。

1.1.2.2 间接测量

间接测量是指根据已知关系，通过对被测量有函数关系的其他几个量的直接测量以得到被测量量值的方法。即在使用仪表进行间接测量时，首先对与被测物理量有确定函数关系的几个量进行测量，将测量值代入函数关系式，经过计算得到所需要的结果。在这种测量过程中，手续较多，花费时间较长，但是有时可以得到较高的测量精度。间接测量多用于科学实验中的实验室测量，工程测量中亦有应用。

1.1.2.3 联立测量

联立测量也称组合测量。在应用仪表进行测量时，若被测物理量必须经过求解联立方程组，才能得到最后结果，则称这样的测量为联立测量。在进行联立测量时，一般需要改变测试条件，才能获得一组联立方程所需要的数据。对联立测量，在测量过程中，操作手续很复杂，花费时间很长，是一种特殊的精密测量方法。它多适用于科学实验或特殊场合。

在实际测量工作中，一定要从测量任务的具体情况出发，经过具体分析后，再决定选用哪种测量方法。

1.1.3 偏差式测量、零位式测量和微差式测量

1.1.3.1 偏差式测量

在测量过程中，用仪表指针的位移（即偏差）决定被测量的测量方法，称为偏差式测量。应用这种方法进行测量时，标准量具不装在仪表内，而是事先用标准量具对仪表刻度进行校准。在测量时，输入被测量，按照仪表指针在标尺上的示值，决定被测量的数值。它是以直接方式实现被测量与标准量的比较，测量过程比较简单、迅速，但是测量结果的精度较低。这种测量方法广泛用于工程测量中。

在偏差式测量仪表中，一般要利用被测物理量产生某种物理作用（通常是力或力矩），使仪表的某个元件（通常是弹性元件）产生相似，但是方向相反的作用，此相反作用又与指针的线位移或角位移（即指针偏差）相关，它便于人们用感官直接观测。在测量过程中，此相反作用一直要增加到与被测物理量的某物理作用相平衡。这时指针的位移在标尺上对应的刻度值，就表示了被测量的测量位。图1-1所示的压力表就是这类仪表的一个示例。

1.1.3.2　零位式测量

在测量过程中，用指零仪表的零位指示，检测测量系统的平衡状态；在测量系统达到平衡时，用已知的基准量决定被测未知量的测量方法，称为零位式测量法（又称补偿式或平衡式测量）。应用这种方法进行测量时，标准量具装在仪表内，在测量过程中，标准量直接与被测量相比较；调整标准量，一直到被测量与标准量相等，即使指零仪表回零。例如，用电位差计测量电势，图1－2所示电路是电位差计的简化等效电路。在进行测量之前，应先调 R_1，将回路工作电流 I 校准。在测量时，要调整 R 的活动触点，使检流计 G 回零，这时 I_g 为零，即 $U_k = U_x$，这样，标准电压 U_k 的值就表示被测未知电压值 U_x。

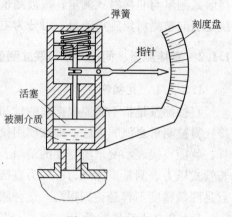

图1－1　压力计

零位式测量法的优点是可以获得比较高的测量精度。但是测量过程比较复杂，要进行平衡操作，花费时间长。采用自动平衡操作以后，可以加快测量过程，但它的反应速度由于受工作原理所限，也不会很高。因此，这种测量方法不适用测量变化迅速的信号，只适用于测量变化较缓慢的信号。这种测量方法在工程实践和实验室中应用很普遍。

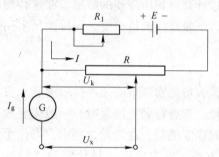

图1－2　电位差计简化电路

1.1.3.3　微差式测量

微差式测量法是综合了偏差式测量法与零位式测量法的优点而提出的测量方法。这种方法是将被测的未知量与已知的标准量进行比较，并取得差值后，用偏差法测得此差值。应用这种方法进行测量时，标准量具装在仪表内，并且在测量过程中，标准量直接与被测量进行比较。由于二者的值很接近，因此，测量过程中不需要调整标准量，而只需要测量二者的差值。

设：N 为标准量，x 为被测量，Δ 为二者之差，则 $x = N + \Delta$，即被测量是标准量与偏差值之和。由于 N 是标准量，其误差很小并且 $\Delta \ll N$。因此，可选用高灵敏度的偏差式仪表测量 Δ。即使测量 Δ 的精度较低，但因 $\Delta \ll x$，故总的测量精度仍很高。

微差式测量法的优点是反应快，而且测量精度高，它特别适用于在线控制参数的检测。

1.2　测量仪表及测量系统

在生产或科学实验中，经常会遇到检测任务。在检测任务面前，首先要考虑的是应用什么样的测量原理，采用什么样的测量方法；还要考虑使用什么技术工具去进行测量。测量仪表就是进行测量所需要的技术工具的总称。也就是说，测量仪表是实现测量的物质手段。很显然，这里所说的测量仪表这一概念是广义的。广义概念下的测量仪表包括敏感元件、传感器、变换器、运算器、显示器、数据处理装置等。测量仪表性能好坏直接影响测量结果的可信度。全面掌握测量仪表的功能和构成原理，有助于正确选用仪表。

测量系统是测量仪表的有机组合。对于比较简单的测量工作只需要一台仪表就可以解决问题。但是，对于比较复杂、要求高的测量工作，往往需要使用多台测量仪表，并且按照一定规则将它们组合起来，构成一个有机整体——测量系统。

在现代化的生产过程和实验中，过程参数的检测都是自动进行的，即检测任务是由测量系统自动完成的。因此，研究和掌握测量系统的功能和构成原理十分必要。

1.2.1 测量仪表的功能

在测量过程中测量仪表要完成的主要功能有：物理量的变换、信号的传输和处理、测量结果的显示。

1.2.1.1 变换功能

在生产和科学实验中，经常会碰到各种各样的物理量，其中大多数是非电量，例如，热工参数中的温度、压力、流量；机械量参数中的转速、力、位移；物性参数中的酸碱度、比重、成分含量等。对于这些物理量想通过与之对应的标准量直接比较，一步得到测量结果，往往非常困难，有时甚至是不可能实现的。为了解决实际测量中的这种困难，在工程上解决的办法是依据一定的物理定律，将难于直接同标准量"并列"比较的被测物理量经过一次或多次的信号能量形式的转换，变换成便于处理、传输和测量的信号能量形式。在工程上，电信号（电压或电流）是最容易处理、传输和测量的物理量。因此，往往将非电量的被测量依据一定的物理定律，严格地转换成电量（电压或电流），然后再对变换得到的电量进行测量和处理。

在仪表中进行物理量的变换，同时伴随着能量形式的变换。从能量形式的变换方式角度分析，可将变换功能分为单形态能量变换和双形态能量变换两类。

A 单形态能量变换

单形态能量变换形式是将 A 形态能量（反映被测量）作用于物体，遵照一定物理定律转换成 B 形态能量（反映变换后的物理量），其框图示于图 1-3。这种变换的特点是变换时所需要的能量，取自于被测介质，不需要从外界补充能量。因此，这种变换的前提条件是从

图 1-3 单形态能量变换

被测介质取走变换所需要的能量后，不应影响被测介质的物理状态。这种变换的结构与形式都比较简单，但要求变换器中消耗的能量应尽量少。

B 双形态能量变换

双形态能量变换形式是将 A 形态能量（反映被测量）和 B 形态能量（参比量）同时作用于物体，按照一定的物理定律变换成 B 形态或 C 形态能量（反映变换后的物理量），其框图示于图 1-4。例如，利用霍尔效应进行磁场测量。将霍尔元件置于被测磁场 B 中，在霍尔元件上通以电流 I，这时霍尔效应元件有霍尔电热 E_H 产生，也就是说将磁场能量和电能同时作用于霍尔元件，通过霍尔效应转换成电能输出，如图 1-5 所示。

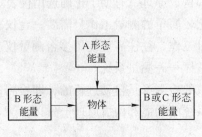

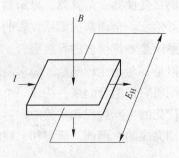

图1-4　双形态能量变换　　　　　　　图1-5　霍尔元件

这种变换形式的特点是变换过程所需要的能量，不是从被测对象（磁场）取得，而是从附加的能源（参比电流源）取得。其优点是附加能源的电平高，从而使变换后所得信号较强。由于不从被测介质取出能量，这种变换不破坏被测介质的物理状态。这种变换器的结构形式一般较复杂。

研究仪表变换功能机理是很重要的课题。设法将新发现的物理定律引入传感器中，作为物理量变换的依据，往往会产生崭新的传感器和测量方法。

1.2.1.2　传输功能

被测量经变换后的信号，要经过一定距离的传输后，才能进行测量，显示出最后结果。即仪表在测量过程中完成的第二个功能就是将信号进行一定距离的不失真的传输。

在比较简单的测量过程中，信号的传输距离很近，仪表的信号传输作用还不十分明显。随着生产的发展，自动化水平的不断提高，计算机控制和现场检测越来越普遍，这时，生产现场与中央控制室的距离都很远，位于现场的传感器及变送器将被测参数变换与放大后，要经过较长距离的传输才能将信号送入控制室。工业生产中应用比较多的是有线传输和无线传输。有线传输，即用电缆或导线传输电压、电流信号或数字信号。无线传输，即用无线发射，在远处由接收机接收，进行信号传输。

1.2.1.3　显示功能

测量的最终目的之一是将测量结果用便于人眼观察的形式表示出来。这就要求测量仪表能完成第三个功能即显示功能。仪表的显示方式可以分为模拟式和数字式两类。模拟式显示有：指针指示和记录曲线；数字式显示有：数码显示、屏幕显示和数字式打印记录等。

各种显示方式都有自己的特点和用途。因此，要具体情况具体分析，选择合适的显示方式。

1.2.2　测量仪表的特性

仪表的特性，一般分为静特性和动特性两种。当用测量仪表进行测量的参数不随时间而变或随时间变化很缓慢，不必考虑仪表输入量与输出量之间的动态关系而只需要考虑静态关系时，联系输入量与输出量之间的关系式是代数方程，不含有时间变量，这就是所谓的静特性。当被测量随时间变化很快，必须考虑测量仪表输入量与输出量之间的动态关系时，联系输入量与输出量之间的关系是微分方程，含有时间变量，这就是所谓的动特性。

静特性与动特性彼此不是孤立的。当静特性显示出非线性和随机性质时，静特性会影响动态条件下的测量结果。这时描写动特性的微分方程变得十分复杂，甚至在工程上无法解出。引起静特性出现非线性和带有随机性的物理原因比较常见。例如，干摩擦、间隙、迟滞回线等都能使静特性出现非线性和带有随机性，遇到这种情况只能作工程上的近似处理。

1.2.2.1　测量仪表的静特性

A　刻度特性

一般测量仪表都是用数字表示的刻度。所谓刻度特性是表示测量仪表的输入量与输出量之间的数量关系，即被测量与测量仪表示值之间的函数关系。这种函数关系可以用数据表格形式给出，也可用坐标曲线形式给出，还可以用数学方程式 $y = f(x)$ 给出。式中 x 表示被测量，y 表示仪表示值。这种数学方程式给出的刻度特性被称为刻度方程。

刻度特性可分为线性特性和非线性特性。线性刻度特性可以用一次代数方程表示，它的几何表示是直线；非线性刻度特性可用高次代数方程或超越方程表示，它的几何表示是曲线。

从测量效果看，希望测量仪表具有线性刻度特性。但是，由测量原理所决定，也会经常遇到非线性特性。这时，在传感器测量电路中，需要引入一个"线性化器"，用以补偿静特性的非线性，最终取得整台仪表的线性刻度特性。

B　灵敏度

灵敏度表示测量仪表的输入量增量 Δx 与由它引起的输出量增量 Δy 之间的函数关系。更确切地说，灵敏度 S 等于测量仪表的指示值增量与被测量增量之比。可用下式表示：

$$S = \frac{\mathrm{d}f(x)}{\mathrm{d}x} = \frac{\mathrm{d}y}{\mathrm{d}x} = f'(x) \tag{1-1}$$

它表示单位被测量的变化所引起仪表输出指示值的变化量。很显然，灵敏度 S 值越高表示仪表越灵敏。

测量仪表的灵敏度可分为三种情况（见图1-6）：

（1）在整个测量范围，灵敏度 S 保持为常数，即灵敏度 S 不随被测量变化而变化；

（2）灵敏度 S 随被测量（输入值）增加而增加；

（3）灵敏度 S 随被测量（输入值）增加而减小。

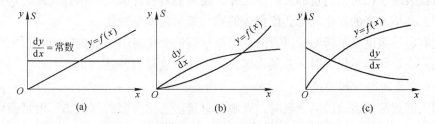

图1-6　测量仪表的灵敏度

一般希望测量仪表的灵敏度 S 在整个测量范围内保持为常数。这样要求，一方面有利于读数，另一方面便于分析和处理测量结果。

从灵敏度的定义可以知道，灵敏度是刻度特性的导数。它是一个有因次的量，因此当讨论任一测量仪表的灵敏度时，必须确切地说明它的因次。

C　相对灵敏度及其百分表示

相对灵敏度 S_δ 用下式定义

$$S_\delta = \frac{\Delta y}{\dfrac{\Delta x}{x}} \tag{1-2}$$

它表示仪表指示值的增量对被测量的相对变化率而言的灵敏度。在实际测量中经常用百分数表示，即

$$S_\delta = \frac{\Delta y}{\dfrac{\Delta x}{x} \times 100\%} \tag{1-3}$$

相对灵敏度是最实用的灵敏度表示法。在实际测量中，被测量有大有小。在要求相同的测量精度条件下，被测量越小，所要求的绝对灵敏度越高。但是为了保证同一测量精度，不管被测量大小如何，只要相对灵敏度相同就可以了。

D　局部灵敏度

一个测量仪表往往由若干个环节组成。为了设计和标定方便，需要研究每个组成环节的灵敏度。对整台测量仪表而言，每个环节的灵敏度叫做局部灵敏度。

局部灵敏度 S_i 就是表示仪表组成环节的输出量增量与引起这个增量的输入量增量之比，即

$$S_i = \frac{\Delta x_i}{\Delta x_{i-1}} \tag{1-4}$$

式中　Δx_i——第 i 个环节的输出量增量；

Δx_{i-1}——第 i 个环节的输入量增量。

从局部灵敏度和仪表灵敏度的定义可以得出测量仪表的总灵敏度 S 等于各组成环节局部灵敏度之积，即

$$S = \prod_{i=1}^{N} S_i \tag{1-5}$$

E　有害灵敏度

测量仪表除了相对被测量的灵敏度之外，还可能对各种干扰作用有反应。例如，电源电压波动，环境温度的变化等都会使仪表的输出指示值发生变化。

所谓有害灵敏度就是指测量仪表的输出指示值的变化对引起该变化的干扰物理量的变化量之比。在设计测量仪表时，总是力求使有害灵敏度降到最低。

F　灵敏度阈与分辨力

当用人眼观测仪表输出的读数时，人眼的分辨能力是有限的。例如，用平衡电桥测量电阻时，当检流计指针的偏转小于 0.3mm 时，人眼就很难观测出来。又如，用示波器进行测量时，由于干扰影响和聚焦线条较粗，当两波形曲线的峰值之差小于 0.5mm 时，人眼就很难区别。

下面举个例子，说明由于人眼的分辨能力有限，对测量结果的影响。

【例1-1】 在用直流电桥测量电阻时，若被测电阻值 R_x 的数值是 10.0004Ω 并且电桥已经平衡，标准电阻 $R_N = 10.0004\Omega$。但由于检流计指针偏转在 $\pm 0.3mm$ 以内时，人眼区别不了，因此 R_N 的值也可能不是 10.0004Ω，而是其他值。

若已知电桥的相对灵敏度 $S_\delta = \dfrac{1}{0.01\%}$（mm），当检流计指针偏转超过 $\pm 0.3mm$ 时所对应的标准电阻 R_N 的相对变化为

$$\frac{\Delta R_N}{R_N} = \frac{\Delta X}{S_\delta} = \frac{\pm 0.3}{1/0.01\%} = \pm 0.003\%$$

所以有
$$\Delta R_N = R_N \times (\pm 0.003\%) = \pm 0.0003\Omega$$

即 R_N 有 $\pm 0.0003\Omega$ 变化时，对应检流计指针偏转 $\pm 0.3mm$，刚好为人眼能分辨。因此，测量结果的可能取值范围是

$$R_N = 10.0004\Omega \pm 0.0003\Omega = 10.0001 \sim 10.0007\Omega$$

若要求测量结果的相对误差小于 0.01%，上述情况勉强可以，因为人眼分辨力有限，所引起的相对误差为 $\pm 0.003\%$ 以内，占总误差的 $1/3$ 弱。但是，若要求测量误差更小，例如是 0.001%，则上述情况就达不到要求了。

所谓灵敏度阈就是指测量仪表最小所能够区别的读数变化量，所对应的引起读数变化的输入变化量。例如，上例中的 $\pm 0.0003\Omega$。灵敏度阈也称死区或不灵敏区。

为了保证足够的测量准确度，在测量技术标准上规定，灵敏度阈应小于允许的绝对误差的 $1/3$（也有人认为应小于 $1/5$ 或 $1/10$）。

对于数字式仪表，灵敏度阈转变成分辨力。所谓分辨力就是指数字式仪表指示数字值的最后一位数字所代表的值。

G 测量仪表的标定与测量仪表常数

对于直读式仪表在使用前应予以标定。所谓标定就是指对测量仪表输入标准量，测得相应的指示值，然后求得该测量仪表的"常数"。

所谓测量仪表常数是指测量仪表的输入标准量与对应指示值之比，可用下式表示

$$C = \frac{x_N}{y} \tag{1-6}$$

式中　x_N——仪表输入标准量；

　　　y——仪表输出指示值。

通过标定，知道仪表常数以后，只需将仪表读数或指示值与仪表常数相乘，就可以得到被测值，即

$$x = C \cdot y$$

可见，当测量仪表的特性是线性时，仪表常数正好是灵敏度的倒数，即 $S = \dfrac{1}{C}$。

注意：如果测量仪表的特性是非线性时，标定时就不能只标一点，而是标很多点，并且作出曲线特性。

1.2.2.2　测量仪表的动特性

测量仪表的动特性也称作测量仪表动态响应。它所涉及的内容是研究当被测对象参数

随时间变化很迅速时，测量仪表的输出指示值与输入被测物理量之间关系。基本方法是通过列写仪表的运动方程，求出传递函数，然后进行特性分析。

　　A　正弦型输入

　　a　一阶系统

　　对于图 1-7（a）所示的机械系统，它由刚度系数为 k 的弹簧和阻尼系数为 c 的阻尼器并联组成。它的运动方程为

$$c\dot{z} + kz = kF(t) \tag{1-7}$$

或

$$T_1\dot{z} + z = F(t) \tag{1-8}$$

式中，$T_1 = c/k$ 为时间常数。

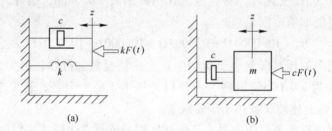

(a)　　　　　　　　　　(b)

图 1-7　一阶动力学系统

　　对于图 1-7（b）所示的一阶系统，它由质量为 m 的物体和阻尼系数为 c 的阻尼器串联组成。它的运动方程式可写成

$$m\ddot{z} + c\dot{z} = cF(t) \tag{1-9}$$

或

$$T_1\ddot{z} + \dot{z} = F(t) \tag{1-10}$$

式中　$T_1 = m/c$ 为时间常数。

　　在正弦型输入作用下，系统的频率响应是

$$W(j\omega) = \frac{1}{1 + j\omega T_1} \tag{1-11}$$

　　上式可用幅频响应和相频响应表示，即

$$|W(j\omega)| = \left[1 + (\omega T_1)^2\right]^{-\frac{1}{2}} \tag{1-12}$$

$$\varphi = -\tan^{-1}(\omega T_1) \tag{1-13}$$

　　式 1-12 和式 1-13 以曲线形式绘于图 1-8。图中以无量纲参数 ω/ω_0 作自变量，点划线表示一阶系统特性。

　　b　二阶系统

　　如图 1-9 所示的机械系统由质量为 m 的物体和刚度系数为 k 的弹簧以及阻尼系数为 c 的阻尼器组成。系统运动方程式可表示为

$$m\ddot{z} + c\dot{z} + kz = kF(t) \tag{1-14}$$

或

$$T_2^2\ddot{z} + T_1\dot{z} + z = F(t) \tag{1-15}$$

式中，$T_1 = c/k$；$T_2^2 = m/k$。

　　在正弦型输入作用下，系统的频率响应是

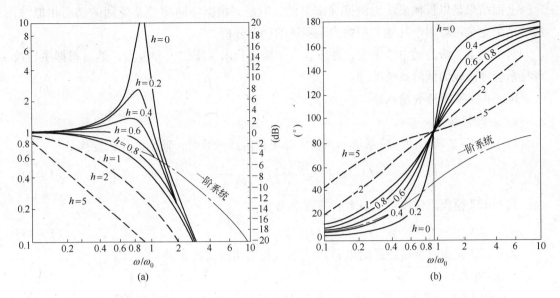

图 1-8　幅频与相频特性

$$W(j\omega) = \frac{1}{1 + j\omega T_1 - \omega^2 T_2^2} \qquad (1-16)$$

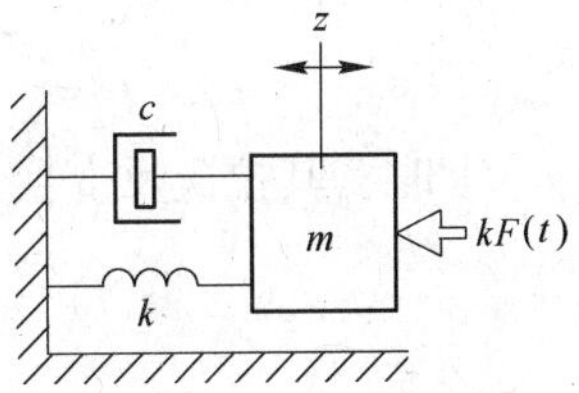

同样式 1-16 可用幅频响应和相频响应表示，即

$$|W(j\omega)| = \left[(1 - \omega^2 T_2^2)^2 + (\omega T_1)^2\right]^{-\frac{1}{2}} \qquad (1-17)$$

$$\varphi = -\tan^{-1}\left(\frac{\omega T_1}{1 - \omega^2 T_2^2}\right) \qquad (1-18)$$

图 1-9　二阶动力学系统

引入　　　　　$\omega_0 = \dfrac{1}{T_2} = \left(\dfrac{k}{m}\right)^{\frac{1}{2}}$（无阻尼自由振荡角频率）

和　　　　　$h = \dfrac{T_1}{2T_2} = \dfrac{c}{2(mk)^{\frac{1}{2}}}$　（阻尼比）

可得在正弦型输入作用下，系统频率响应的实用表示形式为

$$W(j\omega) = \frac{1 - \left(\dfrac{\omega}{\omega_0}\right)^2 - j2h\left(\dfrac{\omega}{\omega_0}\right)}{\left[1 - \left(\dfrac{\omega}{\omega_0}\right)^2\right]^2 + 4h^2\left(\dfrac{\omega}{\omega_0}\right)^2} \qquad (1-19)$$

系统的幅频响应和相频响应的实用表示形式为

$$|W(j\omega)| = \left\{\left[1 - \left(\frac{\omega}{\omega_0}\right)^2\right]^2 + 4h^2\left(\frac{\omega}{\omega_0}\right)^2\right\}^{-\frac{1}{2}} \qquad (1-20)$$

和　　　　　$$\varphi = -\tan^{-1}\left[\frac{2h\left(\dfrac{\omega}{\omega_0}\right)}{1 - \left(\dfrac{\omega}{\omega_0}\right)^2}\right] \qquad (1-21)$$

式 1-20 和式 1-21 以曲线形式绘于图 1-8。图中以无量纲参数 ω/ω_0 作自变量，以阻尼比 h 为参变量，实线表示 $h \leqslant 1$ 的情况，虚线表示 $h > 1$ 的情况。

上面结果是以机械系统为例推导出来的。但是，根据不同物理系统间的动态相似性，这些结果完全可以用于其他类型动力学系统的动态分析。

对于高于二阶的动力学系统，在工程上一般是找出系统的主导极点，然后根据主导极点将系统降阶成为低阶系统处理。

B 单位阶跃函数输入

a 一阶系统

对于图 1-7 所示的一阶系统，当输入是单位阶跃函数时，输出的拉氏变换是

$$L\{z(t)\} = \frac{W(s)}{s} = \frac{1}{s(1+sT_1)} \tag{1-22}$$

式 1-22 拉氏反变换可从表上直接查出为

$$z(t) = 1 - \mathrm{e}^{-\frac{t}{T_1}} \tag{1-23}$$

式 1-23 是大家都很熟悉的以 t/T_1 为自变量的指数曲线。

b 二阶系统

对于图 1-8 所示的二阶系统，当输入是单位阶跃函数时，输出的拉氏变换是

$$L\{z(t)\} = \frac{W(s)}{s} = \frac{1}{s(1+sT_1+s^2T_2^2)} \tag{1-24}$$

当 $h<1$ 时，其拉氏反变换是

$$z(t) = 1 - \frac{\mathrm{e}^{-h\omega_0 t}}{(1-h^2)^{\frac{1}{2}}} \cos\left[(1-h^2)^{\frac{1}{2}}\omega_0 t - \sin^{-1}h\right] \tag{1-25}$$

当 $h=1$ 时，其拉氏反变换是

$$z(t) = 1 - \mathrm{e}^{-\omega_0 t}(1+\omega_0 t) \tag{1-26}$$

当 $h>1$ 时，其拉氏反变换是

$$z(t) = 1 + \frac{\mathrm{e}^{-(h-\sqrt{h^2-1})\omega_0 t}}{(h-\sqrt{h^2-1})^2-1} + \frac{\mathrm{e}^{-(h+\sqrt{h^2-1})\omega_0 t}}{(h+\sqrt{h^2-1})^2-1} \tag{1-27}$$

必须指出，除了单位阶跃输入函数外，还有其他类型的瞬变输入函数。例如，将单位阶跃函数对时间求导所得到的单位脉冲函数（又称狄拉克函数）；随时间线性增长的单位斜波函数；抛物线函数等。

还应当注意，对仪表的输出，除"位移响应"之外，还有"速度响应"和"加速度响应"。在特殊场合，还要研究"加速度变化率响应"和"位移积分响应"。这里所使用的"位移"、"速度"和"加速度"，其意义是指，当仪表的输出与输入之间为线性关系时，则称仪表具有"位移响应"；当仪表的输出为输入信号的微分时，则称仪表具有"速度响应"；当仪表的输出为输入信号的二阶微分时，则称仪表具有"加速度响应"。

在表 1-1 中，综合了二阶系统在各种类型输入信号作用下，所对应的各种类型响应曲线形式。例如，在输入量是位移的单位阶跃函数作用下，从表中可以找到系统的输出，输出位移响应是 C 种类型曲线；输出速度响应是 D 种类型曲线；输出加速度响应是 E 种类型曲线。表中所给出的各种类型输出曲线只是大概的形状，较详细的曲线请参阅参考文献 [1]。

表 1-1　二阶振荡系统的瞬态响应

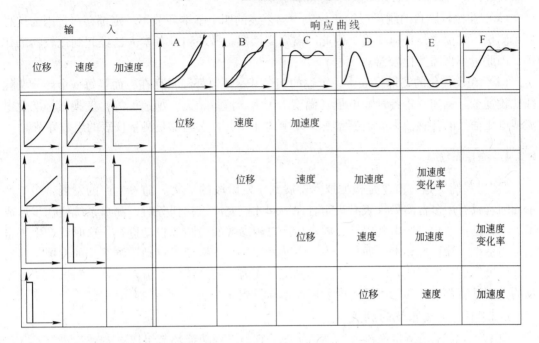

1.2.3　测量仪表的组成环节

1.2.3.1　构成测量仪表的基本环节

测量仪表是实现测量的物质手段，是测量方法的具体化。根据前边讲过的四步测量过程，即并列、示差、平衡、读数，可以推论出测量仪表的构成原理。

作为近代完整的测量仪表应包括下列四个基本环节：

（1）变换器。它的功能是将被测物理量进行比例变换，以便获得便于传输和测量的信号能量形式。

（2）标准量具。它的功能是提供标准量并且要求它输出的标准量应当准确可调。

（3）比较器。它的功能是将已经经过比例变换后的被测量与标准量进行比较，并且根据比较结果差值的极性去调节标准量的大小，一直到二者相等，即达到平衡。

（4）读数装置（显示器）。它的功能是将测量结果用人眼便于观察的形式显示出来。

下面以一种数字电压表为例进行分析说明。它的结构框图如图 1-10 所示。从图中可以很清楚地看出它的四个组成环节及相互间的联系。

被测电压 U_x 先经衰减器衰减或放大器放大到某一适宜测量的电压值 kU_x，然后与标准电压 U_n 比较，比较结果经差值放大器放大后，去控制反馈编码网路的加码或减码。这样逐次比较，一直到 U_n 与 kU_x 之差小于差值放大器的灵敏度阈时，比较过程才停止，最后由数字显示装置显示出测量结果的数字值。

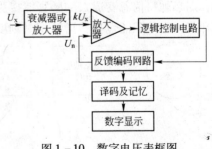

图 1-10　数字电压表框图

1.2.3.2　测量仪表组成环节的辩证分析

（1）在比较原始的测量或简单仪表中，上述的四个基本环节不一定都存在。因为这种简单测量不需要进行任何变换，因此不需要变换器。另外测量者本人已经起到比较器的作用，因此也不再需要比较器。

（2）在现代化的测量仪表中，上述的四个基本环节都经常存在，而且每一个环节又往往比较复杂。例如，将各种非电量（温度、压力、流量、力、加速度等）变换成标准化电流或电压信号的传感器和变送器都是很复杂的变换器，它们都是测量仪表的组成环节。

1.2.4　测量系统

"测量系统"这一概念是检测技术发展到一定阶段的产物。随着生产的发展，当生产中面临着只有用多台测量仪表有机组合在一起才能完成检测任务时，测量系统便初步形成了。尤其是自动化生产出现以后，要求生产过程参数的检测能自动进行，这时就产生了自动检测系统。计算机技术、通信技术的快速发展进一步推动了自动检测系统的发展，目前以计算机为信息处理核心的计算机检测系统已成为检测系统的主流。可见，测量系统所涉及的内容是随着生产和检测技术的发展而不断得到充实的。

1.2.4.1　测量系统的构成

图1-11表示了测量系统的原理结构图。它由下列功能环节组成：

（1）原始敏感元件。作为原始敏感元件，它首先从被测介质接受能量，同时产生一个与被测物理量成某种函数关系的输出量。

（2）变量转换环节。对于测量系统，为了完成所要求的功能，需要将原始敏感元件的输出变量做进一步的变换，即变换成更适于处理的变量并且要求它应当保存着原始信号中所包含的全部信息。完成这样功能的环节被称为变量转换环节。

（3）变量控制环节。为了完成对测量系统提出的任务，要求用某种方式"控制"以某种物理量表示的信号。这里所说的"控制"意思是在保持变量物理性质不变的前提条件下，根据某种固定的规律仅仅改变变量的数值。完成这样功能的环节被称为变量控制环节。

（4）数据传输环节。当测量系统的几个功能环节实际上被物理地分隔开的时候，则必须从一个地方向另一个地方传输数据。完成这种传输功能的环节被称为数据传输环节。

（5）数据显示环节。有关被测量的信息要想传输给人以完成监视、控制或分析的目的，则必须将信息变成人的感官能接受的形式。完成这样的转换机能的环节被称为数据显示环节。它的职能包括：指针相对刻度标尺运动所表示的简单指示，用记录笔在记录纸上

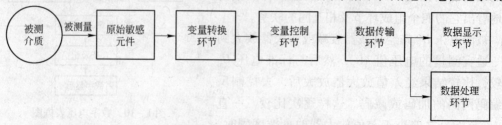

图1-11　测量系统的原理结构框图

记录；数字显示，打印记录等。

（6）数据处理环节。测量系统要对测量所得数据进行数据处理。数据处理工作由机器自动完成，不需要人工进行繁琐的运算。

从上面分析可以知道，测量系统是一个功能繁多、结构复杂、能自动完成检测任务的动力学系统。

1.2.4.2 主动式测量系统与被动式测量系统

根据在测量过程中是否向被测对象施加能量，可将测量系统分为主动式测量系统和被动式测量系统。

（1）主动式测量系统。它的构成原理框图示于图 1 – 12。这种测量系统的特点是在测量过程中需要从外部向被测对象施加能量。例如，在测量阻抗元件的阻抗值时，必须向阻抗元件施以电压，供给一定的电能。

（2）被动式测量系统。它的构成原理框图示于图 1 – 13。被动式测量系统的特点是在测量过程中不需要从外部向被测对象施加能量。例如，电压、电流、温度测量、飞机所用的空对空导弹的红外（热源）探测跟踪系统就属于被动式测量系统。

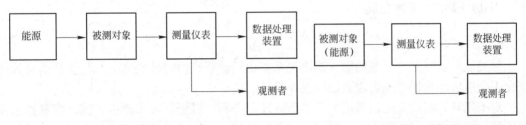

图 1 – 12 主动式测量系统   图 1 – 13 被动式测量系统

1.2.4.3 开环式测量系统与闭环式测量系统

A 开环式测量系统

开环式测量系统的框图和信号流图示于图 1 – 14，其输入输出关系为

$$y = G_1 G_2 G_3 x \qquad (1 – 28)$$

式中 G_1，G_2，G_3——各环节放大倍数。

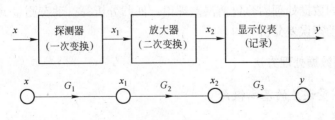

图 1 – 14 开环式测量系统

采用开环方式构成的测量系统，虽然从结构上看比较简单，但缺点是所有变换器特性的变化都会造成测量误差。

B 闭环式测量系统

闭环式测量系统的框图和信号流图示于图 1 – 15。

该系统的输入信号为 x，则系统的输出为

$$y = \frac{\mu}{1 + \mu\beta} x \qquad\qquad (1-29)$$

式中　μ——二次变换器与输出变换器的总放大倍数，$\mu = G_1 G_2$；

　　　β——反馈系统的放大倍数。

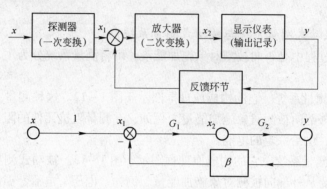

图 1-15　闭环式测量系统

当 $\mu\beta \gg 1$ 时，上式变成

$$y = \frac{1}{\beta} x \qquad\qquad (1-30)$$

很显然，这时整个系统的输入输出关系将由反馈系统的特性决定。二次变换器特性的变化不会造成测量误差或者说造成的误差很小。

对于闭环式测量系统，采用大回路闭环才更有利。对于开环式测量系统，容易造成误差的部分应考虑采用闭环方法。根据以上分析可知，在构成测量系统时，应将开环系统与闭环系统巧妙地组合在一起加以应用，才能达到所期望的目的。

1.3　测量数据处理方法

测量分静态测量和动态测量两种情况。因此，测量数据的处理也分为静态和动态两种情况。

静态测量时的数据处理内容包括误差理论、回归分析等；动态测量的数据处理包括随时间变化信号的动态误差分析等内容。

1.3.1　静态测量数据处理方法

1.3.1.1　测量误差的基本概念

A　测量误差的定义

测量的目的是希望通过测量求取被测未知量的真实值。为此，首先考虑的是应该采用什么样的测量原理，使用哪种测量方法，进而要根据具体的测量条件，选取合适的测量仪表，构成测量系统，并着手测量，最后得到被测量的测量值。

由于种种原因，例如，测量仪表本身不是绝对准确，测量方法也不会十分完善，时刻存在着外界干扰的影响等，造成被测参数的测量值与真实值并不一致，因此，需要研究测量值与真实值的不一致程度，并给予恰当的表示，于是就产生了"测量误差"这个基本概念。

测量误差就是测量值与真实值之间的差值。它反映了测量质量的好坏。

B　测量误差的分类

测量误差分类方法有多种。按表示方法分为绝对误差、相对误差和引用误差；按误差出现的规律分为系统误差、随机误差和疏失误差；从使用的角度又分为基本误差和附加误差。

1.3.1.2　测量误差的表示方法

测量误差的表示方法有多种，含义各异。

A　绝对误差

绝对误差可用下式定义

$$\Delta = X - L \tag{1-31}$$

式中　Δ——绝对误差；

　　　X——测量值；

　　　L——真实值。

采用绝对误差表示测量误差，不能很好地说明测量质量的好坏。例如，温度测量的绝对误差 $\Delta = 1℃$，若对体温测量来说它已到了荒谬的程度，而对钢水温度测量来说它则是目前尚达不到的最好测量结果。

绝对误差一般只适用于用标准量具或标准仪表对一般仪表的校准。在用标准量或标准仪表校准仪表的工作中，实际使用的是"更正值"。更正值乃是与绝对误差大小相等，符号相反的值。其实际含义是真实值等于测量值加上更正值，这样使用起来更方便些。

B　相对误差

相对误差的定义由下式给出

$$\delta = \frac{\Delta}{L} \times 100\% \tag{1-32}$$

式中　δ——相对误差，一般用百分数给出；

　　　Δ——绝对误差；

　　　L——真实值。

用相对误差表示法能够很好地说明测量质量的好坏，这是它的最大优点。在实际测量中，由于被测量的真实值 L 是不知道的，这使得按式 1-32 定义计算相对误差很不方便。因此实际测量时，都是用测量值 X 近似代替真实值 L 进行计算，即

$$\delta = \frac{\Delta}{L} \times 100\% \approx \frac{\Delta}{X} \times 100\% \tag{1-33}$$

由于测量值与真实值很相近，用上式计算的近似程度很高。

在实际测量中，有时要同时使用相对误差与绝对误差。例如在用电位差计测量电势时，由于电位差计中电刷与导体材料不同（一般电刷用铍青铜材料制成），当电刷与导体接触时不可避免地会有热电势产生，其数值随环境温度而变化，不随被测值大小而变。对于数字电压表也存在类似问题，当数字电压表在工作时，最后一位总在不断地跳变，因此，这类仪表的测量误差应包括随被测量而变的部分（即相对误差）和恒定部分（绝对误差）二者。它们的误差表示式包括两项。例如

$$2 \times 10^{-4} u_x \pm 10\mu V$$

$$1 \times 10^{-4} u_x \pm 1 \text{ 位数字}$$

其中，u_x 是被测量。

C　引用误差

引用误差是直读式指针仪表中通用的一种误差表示方法。它是测量的绝对误差与仪表的满量程之比，一般亦用百分数表示，即

$$\gamma = \frac{\Delta}{A} \times 100\% \tag{1-34}$$

式中　γ——引用误差；

   Δ——绝对误差；

   A——仪表的满量程。

1.3.1.3　测量仪表的精确度等级

精确度是指仪表示值与被测量（约定）真值的一致程度。仪表精度等级是根据引用误差来确定的。

根据《工业过程测量和控制用检测仪表和显示仪表精确度等级》（GB/T 13283—2008）的规定，工业过程测量与控制用检测和显示仪表精确度等级按以下方法确定。

由引用误差或相对误差表示与精确度有关因素的仪表，其精确度等级应自下列数系中选取：0.01，0.02，（0.03），0.05，0.1，0.2，（0.25），（0.3），（0.4），0.5，1.0，1.5，（2.0），2.5，4.0，5.0。其中括号内的精确度等级不推荐使用。例如，0.1级表的引用误差的最大值不超过 ±0.1%；0.5级表的引用误差的最大值不超过 ±0.5% 等。

不宜用引用误差或相对误差表示与精确度有关因素的仪表（如热电偶、铂热电阻等），一般可用英文字母或罗马数字等约定的符号或数字表示精确度，例如 A，B，C…；Ⅰ，Ⅱ，Ⅲ…或1，2，3…。按英文字母或罗马数字的先后次序表示精确度等级的高低。

对于多测量范围的仪表，各测量范围可以同属某一精确度等级，也可以分属不同的精确度等级。另外单测量范围的仪表可分成不同精确度等级的两个或多个分范围。

引用误差从形式上看像相对误差，但是对某一具体仪表来说，由于其分母（满量程）A 是一个常数，与被测量大小无关，因此它实质上是一个绝对误差的最大值。例如，量限为 1V 的毫伏表，精确度为 5.0 级，即 $\gamma = \frac{\Delta}{A} \times 100\% = 5.0\%$。从这个式子可以求出

$$\Delta = 1 \times 5.0\% = 50\text{mV}$$

这说明无论指示在刻度的哪一点，其最大绝对误差不超过 50mV。但各点的相对误差是不同的。在选用仪表时，一般应保证仪表经常工作在刻度尺的 2/3 附近，这样既保证测量的精确度，又保证了仪表的安全操作。

1.3.1.4　系统误差、随机误差与疏失误差

误差按其规律分为三种，即系统误差、随机误差和疏失误差。

A　系统误差

当我们对同一物理量进行多次重复测量时，如果误差按照一定的规律出现，则把这种误差称为系统误差。

系统误差包括仪器误差、环境误差、读数误差及由于调整不良、违反操作规程所引起的误差等。

B　随机误差

当对一物理量进行多次重复测量，随机误差的特点是它的出现带有偶然性，即它的数值大小和符号都不固定，但是却服从统计规律，呈正态分布。

引起随机误差的原因都是一些微小因素，且无法控制。

对于随机误差，不能用简单的更正值来校正，只能用概率和数理统计的方法去计算它出现的可能性大小。

随机误差具有下列特性：

（1）绝对值相等、符号相反的误差在多次重复测量中出现的可能性相等。

（2）在一定测量条件下，误差的绝对值不会超出某一限度。

（3）绝对值小的误差比绝对值大的误差在多次重复测量中出现的机会要多，即误差值愈小，出现的机会愈多。

C　疏失误差

疏失误差的产生是由于测量者在测量时的疏忽大意而造成的。例如，仪表指示值被读错、记错，仪表操作错误、计算错误等。疏失误差的数值一般比较大，没有规律性。

D　系统误差、随机误差、疏失误差之间的关系

在测量中，系统误差、随机误差、疏失误差三者同时存在，但是它们对测量的影响不同：

（1）在测量中，若系统误差很小，称测量的准确度高；若随机误差很小，称测量的精密度很高；若二者都很小，称测量的精确度很高。

（2）在工程测量中，有疏失误差的测量结果是不可取的。

（3）在测量中，系统误差与随机误差的数量级必须相适应。即随机误差很小（表现为多次重复测量的测量结果的重复性好），但系统误差很大是不好的；反之，系统误差很小，随机误差很大，同样是不好的。只有随机误差与系统误差两者数值相当才是可取的。

1.3.1.5　基本误差和附加误差

误差从使用角度出发可分为基本误差和附加误差。

基本误差是指仪表在规定的标准（额定）条件下所具有的误差。例如，仪表是在电源电压220V ±5V、电网频率50Hz ±2Hz、环境温度20℃ ±5℃、大气压力101.3kPa ±10kPa、湿度65% ±5%的条件下标定的。如果这台仪表在这个条件下工作，则仪表所具有的误差为基本误差。测量仪表的精度等级就是由其基本误差决定的。

当仪表的使用条件偏离额定条件时就会出现附加误差。例如，温度附加误差、频率附加误差、电源电压波动附加误差、倾斜放置附加误差等。

在使用仪表进行测量时，应根据使用条件在基本误差上再分别加上各项附加误差。

把基本误差和附加误差统一起来考虑，即可给出测量仪表一个额定的工作条件范围。例如，在电源电压是220V ±10%，温度范围是0～50℃，仪表可过载运行等条件范围内工作，可以给定测量仪表的总误差不超过多少。

1.3.1.6　零点误差与量程误差

零点误差的定义是当输入为0%时输出的误差。一般用满量程的百分数表示零点误差。

从图1-16可看出，零点误差可表示为

$$\alpha = \frac{\Delta}{A} \times 100\%$$

式中　A——与输入 100% 对应的理想输出值。

量程误差的定义是仪表输出的理想量程与实测量程之差。如图 1 – 17 所示，量程误差可用满量程的百分数表示，为

$$\alpha = \frac{\Delta}{A} \times 100\%$$

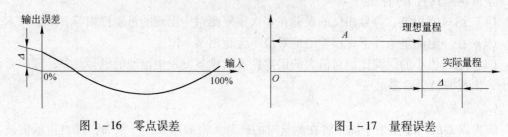

图 1 – 16　零点误差　　　　　　　　　图 1 – 17　量程误差

1.3.1.7　变差与重复性

变差的定义是指在正反方向做全量程性能测试时所得到的输入输出特性曲线上，对同一个输入值，上行程和下行程输出值之间的最大差值。如图 1 – 18 所示，用满量程的百分数，变差可表示为

$$\alpha = \frac{\Delta}{A} \times 100\%$$

式中　A——对应 100% 输入时的理想输出值。

变差包括迟滞误差和不灵敏区。迟滞误差是变差的一部分，它是由于测量仪表的某些元件吸引、消耗能量而产生的。

重复性是指在同一工作条件下，输入按一方向作全量程（0 ~ 100%）变化多次（一般要求三次以上）时，输入输出特性曲线的一致性。一般重复性用输入输出特性曲线间最大的不一致对满量程的百分数表示，它不含变差，也没有正负号，如图 1 – 19 所示。重复性可表示为

$$\alpha = \frac{\Delta}{A} \times 100\%$$

式中　A——与 100% 输入对应理想输出值。

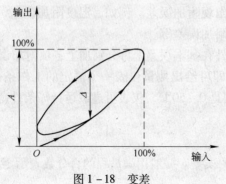

图 1 – 18　变差　　　　　　　　　　　图 1 – 19　重复性

1.3.1.8 漂移与再现性

漂移是指在一定的输入、环境和工作条件下，经过一定时间后输出的变化量。漂移一般用输出变化量对量程的百分数表示。

再现性是指经过一段时间以后，在同一工作条件下，输入输出特性曲线间的一致程度。在规定时间内的最大非再现性是用输入输出特性曲线间的最大不一致度对满量程的百分数表示。如图 1 - 20 所示，再现性可表示为

$$\alpha = \frac{\Delta}{A} \times 100\%$$

式中　A——与 100% 输入对应理想输出值。

再现性包含零点误差、量程误差、变差、不灵敏区、重复性和漂移。

1.3.1.9 线性度

线性度是指仪表的实测输入输出特性曲线对理想直线性输入输出特性曲线的近似程度。仪表的线性度用实测输入输出特性曲线与理想直线性输入输出特性曲线的最大偏差对满量程的百分比表示，此值也称为非线性误差。如图 1 - 21 所示，线性度可表示为

$$\alpha = \frac{\Delta}{A} \times 100\%$$

式中　A——与 100% 输入对应理想输出值。

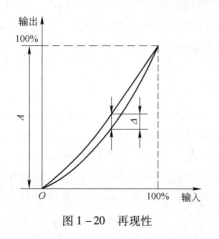

图 1 - 20　再现性

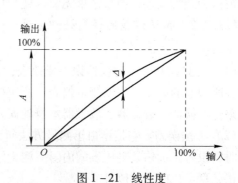

图 1 - 21　线性度

1.3.2　测量误差的估计和处理

测量误差中包括系统误差和随机误差。它们的性质不同，对测量结果的影响及处理方法也不同。

1.3.2.1　随机误差的影响及统计处理

在测量中，当系统误差被尽力消除或减小到可以忽略的程度之后，如果测量仪表的灵敏度足够高，仍会出现对同一被测量进行多次测量时有读数不稳定现象，这就说明有随机误差存在。由随机误差的性质可知，它服从统计规律，对测量结果的影响可用均方根误差来表示。

均方根误差 σ，又称标准误差，可由式 1 - 35 求取：

$$\sigma = \sqrt{\frac{\sum_{i=1}^{n} \Delta X_i^2}{n}} \qquad (1-35)$$

$$\Delta X_i = X_i - L$$

式中　n——测量次数；

　　L——真值；

　　X_i——第 i 次测量值。

在实际测量中，测量次数 n 为有限的，真值 L 不易得到，因而用 n 次测量值的算术均值 $\bar{x}$ 代替真值，第 i 次测量误差，$\Delta X_i = X_i - \bar{x}$，这时的均方根误差则为

$$\sigma = \sqrt{\frac{\sum_{i=1}^{n} (X_i - \bar{x})^2}{n}} \qquad (1-36)$$

用 $\bar{x}$ 代替 L 产生的均方根误差 $\bar{\sigma}$ 为

$$\bar{\sigma} = \frac{\sigma}{\sqrt{n}} \qquad (1-37)$$

测量结果可表示为

$$x = \bar{x} \pm \bar{\sigma} \quad \text{或} \quad x = \bar{x} \pm 3\bar{\sigma} \qquad (1-38)$$

均方根误差 σ 的物理意义是：在测量结果中随机误差出现在 $-\sigma \sim +\sigma$ 范围内的概率是 68.3%，出现在 $-3\sigma \sim +3\sigma$ 范围内的概率是 99.7%。3σ 称为置信限，大于 3σ 的随机误差被认为疏失误差，测量结果无效，此数据予以剔除。

1.3.2.2　系统误差的通用处理方法

A　常见的系统误差

（1）工具误差（又称仪器误差或仪表误差）。它指由于测量仪表或仪表组成元件本身不完善所引起的误差。例如测量仪表中所用标准量具、仪表灵敏度不足，仪表刻度不准确的误差，变换器、衰减器、放大器本身的误差等。这一项误差是最常见的误差。

（2）方法误差。它是指由于测量方法研究得不够所引起的误差。例如，用电压表测量电压时，没有正确估计电压表的内阻对测量结果的影响；用平均值电压表测量存在波形畸变的正弦型电压的有效值等。

（3）定义误差。它是由于对被测量的定义不够明确而形成的误差。例如，在测量一个随机振动的平均值时，取测量的时间间隔 Δt 不同得到的平均值不同。即使在相同的时间间隔下，由于测量时刻不同得到的平均值也会不同。引起这种误差根本原因在于没有规定测量时应当用多长的平均时间，图 1-22 所示是随机振动的波形图，从图上可清楚看出测量时间间隔不同对平均值的影响。

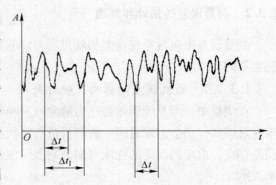

图 1-22　随机振动波形

（4）理论误差。它是由于测量理论本身不够充善，只能进行近似的测量所引起的误差。例如，测量任意波形电压的有效值，理论上应该实现完整的均方根变换，但实际上通常以折线代替真实曲线进行变换，故理论本身就有误差。

（5）环境误差。它是由于测量仪表工作的环境（温度、气压、湿度等）不是仪表校验时的标准状态，而是随时间在变化，从而引起的误差。

（6）安装误差。它是由于测量仪表的安装或放置不正确所引起的误差。例如，应严格水平放置的仪表，未调好水平位置；电气测量仪表误放在有强电磁场干扰的地方或温度变化剧烈的地方等。

（7）个人误差。它是指由于测量者本人不良习惯或操作不熟练所引起的误差。例如，读刻度指示值时视差太大（如总是偏左或偏右）；动态测量读数时，对信息的记录超前或滞后等。

B　系统误差的发现与判别

因为系统误差对测量精度影响比较大，必须消除系统误差的影响，才能有效地提高测量精度。发现系统误差一般比较困难，下面只介绍几种发现系统误差的一般方法：

（1）实验对比法。这种方法是通过改变产生系统误差的条件从而进行不同条件下的测量，以发现系统误差。这种方法适用于发现不变的系统误差。例如，一台测量仪表本身存在固定的系统误差，即使进行多次测量也不能发现。只有用更高一级精度测量仪表测量，才能发现这台测量仪表的系统误差。

（2）剩余误差观察法。这种方法是根据测量数据的各个剩余误差大小和符号的变化规律，直接由误差数据或误差曲线图形来判断有无系统误差。这种方法主要适用于发现有规律变化的系统误差。如图 1 – 23（a）所示，若剩余误差大体上是正负相同，且无显著变化规律，则无根据怀疑存在系统误差；若剩余误差数值有规律地递增或递减，且在测量开始与结束时误差符号相反，则存在线性系统误差，见图 1 – 23（b）；若剩余误差符号有规律地逐渐由负变正、再由正变负，且循环交替重复变化，则存在周期性系统误差，见图 1 – 23（c）；若剩余误差有图 1 – 23（d）所示的变化规律，则应怀疑同时存在线性系统误差和周期性系统误差。图中 p 为剩余误差，n 为测量次数。

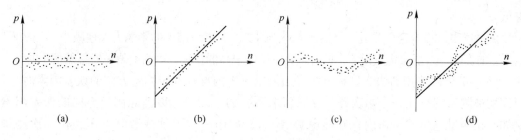

图 1 – 23　p – n 示意图

（3）不同公式计算标准误差比较法。对等精度测量，可用不同公式计算标准误差，通过比较以发现系统误差。一般采用贝塞尔公式和佩捷斯公式计算比较，即

$$\sigma_1 = \sqrt{\frac{\sum\limits_{i=1}^{n} p_i^2}{n-1}} \qquad \sigma_2 = \sqrt{\frac{\pi}{2}}\,\frac{\sum\limits_{i=1}^{n} |p_i|}{\sqrt{n(n-1)}}$$

式中　　p_i——剩余误差；

　　　　n——测量次数；

　　　　σ——标准误差或称均方根误差。

令　　　　　　　　　　　　$\sigma_2/\sigma_1 = 1 + \mu$

若　　　　　　　　　　　　$|\mu| \geqslant \dfrac{2}{\sqrt{n-1}}$

则怀疑测量中存在系统误差。

（4）计算数据比较法。对同一量测量得到多组数据，通过计算数据比较，判断是否满足随机误差条件，以发现系统误差。例如，对同一量独立测量 m 组结果，并计算求得算术平均值和均方根误差为 $\bar{x}_1$，σ_1；$\bar{x}_2$，σ_2；$\cdots$；$\bar{x}_m$，σ_m。任意两数据（$\bar{x}_i$，$\bar{x}_j$）的均方根误差为 $\sqrt{\sigma_i^2 + \sigma_j^2}$。任意两组数据 $\bar{x}_i$ 和 $\bar{x}_j$ 间不存在系统误差的标志是

$$|\bar{x}_i - \bar{x}_j| < 2\sqrt{\sigma_i^2 + \sigma_j^2}$$

C　减小系统误差的方法

下面介绍几种常用的行之有效的减小系统误差的方法：

（1）引入更正值法。若通过对测量仪表的标定，知道了仪表的更正值，则将测量结果的指示值加上更正值，就可得到被测量的实际值。这时的系统误差不是被完全消除了，而是大大被削弱了，因为更正值本身也是有误差的。

注意只有更正值本身的误差小于所要求的测量误差时，引入更正值才有意义。

（2）直接比较法（即零位式测量法）。直接比较法的优点是测量误差主要取决于参加比较的标准量具的误差，而标准量具的误差可以保证是很小的。

（3）替换法。替换法是用可调的标准量具代替被测量接入测量仪表，然后调整标准量具，使测量仪表的指示与被测量接入时相同，则此时的标准量具的数值即等于被测量。

只要测量仪表的灵敏度必须足够高，测量结果的精度取决于标准量的精度，从而克服了测量系统误差的影响。

（4）差值法（或测差法、微差法）。它是将标准量与被测量相减，然后测量二者的差值。

测量仪表只测量这个差值，测量这个差值的误差对测量结果的影响大大地减小了，从而减弱系差的影响。差值法优点很多，但必须有灵敏度很高的仪表，因为差值一般总是很小的。

（5）正负误差相消法。这种方法是当测量仪表内部存在着固定方向的误差因素时，可以改变被测量的极性，作两次测量，然后取两者的平均值，以消除固定方向的误差因素。例如，在测量电压的回路内存在热电势 Δ_T 时，如用电位差计或数字电压表作一次测量，其读数是

$$U = U_x + \Delta_T$$

存在着系统误差 Δ_T。

这时可将 U_x 反向接入，同时也改变电位差计工作电流方向（对数字电压表能自动转换极性），则可得到

$$U = U_x - \Delta_T$$

将两次测量结果取平均值，则可消除 Δ_T 的影响。这种方法适用人工手动测量及差动式测量。

D 系统误差的修正和系差范围的估计

系统误差 Δ 是有确定规律的，在测量中 Δ 的数值可以通过一定的手段得到，它对测量结果的影响可用修正的办法来减小或消除。设被测量的真值为 L、测量值为 X，则有

$$L = X - \Delta \tag{1-39}$$

系统误差范围的估计，对于恒值系差和变值系差有不同的估计方法。

a 恒值系差范围的估计

对被测量进行 n 次重复测量，每次测量的系差分别为 Δ_1，Δ_2，$\cdots$，Δ_n，则测量系统的系差为

$$\bar{\Delta} = \frac{\Delta_1 + \Delta_2 + \cdots + \Delta_n}{n} \tag{1-40}$$

b 变值系差范围的估计

具有变值系差的测量系统的系差范围可有以下几种估计方法：

（1）解析法。变值误差的函数类型若能精确地找出，则系差可计算求得。

（2）实验法。对测量系统在其他测量条件的情况下，改变输入量，测量一组数据，用最小二乘法来计算系差的大小。

（3）估算法。对测量精度要求不高时，可估计系差的上限 Δ_{max}、下限 Δ_{min}，令

$$\Delta = \frac{\Delta_{max} + \Delta_{min}}{2}$$

$$e = \frac{\Delta_{max} - \Delta_{min}}{2}$$

则误差对测量结果的影响为 $\Delta \pm e$，e 称为系统的不确定度。

1.3.3 测量误差的合成与分配

测量误差分为系统误差和随机误差，由于它们的规律和特点不同，它们的合成与分配的处理方法也不同，下面分别介绍。

1.3.3.1 测量误差的合成

一个测量系统或一台测量仪表都是由若干部分组成，而各部分又都存在测量误差，各局部误差对整个测量系统或仪表测量误差的影响就是误差的合成问题。

A 系统误差的合成

设测量系统或仪表各环节分为 x_1，x_2，$\cdots$，x_n，总的输入输出函数关系为

$$y = f(x_1, x_2, \cdots, x_n)$$

因为系统误差一般均很小，可用微分来表示。

各部分系差的绝对值 Δ 的合成表达式为：

$$\Delta = dy = \frac{\partial y}{\partial x_1} dx_1 + \frac{\partial y}{\partial x_2} dx_2 + \cdots + \frac{\partial y}{\partial x_n} dx_n \tag{1-41}$$

式中 dx_i——各环节的绝对误差，$i = 1, 2, \cdots, n$。

相对误差 δ 合成的表达式为

$$\delta = \frac{\mathrm{d}y}{y} = \frac{\partial y}{\partial x_1}\frac{\mathrm{d}x_1}{y} + \frac{\partial y}{\partial x_2}\frac{\mathrm{d}x_2}{y} + \cdots + \frac{\partial y}{\partial x_n}\frac{\mathrm{d}x_n}{y} \tag{1-42}$$

B　随机误差的合成

设测量系统或仪表由 n 个环节组成，各部分的标准误差分别为 σ_1，σ_2，$\cdots$，σ_n，误差合成的表达式为

$$\sigma = \sqrt{\sum_{i=1}^{n}\sigma_i^2 + 2\sum_{1<i<j<n}\rho_{ij}\sigma_i\sigma_j} \tag{1-43}$$

式中　ρ_{ij}——第 i 个和第 j 个单项随机误差之间的相关函数，其取值为 $-1 \leqslant \rho \leqslant 1$。

若各环节标准误差相互独立，则误差合成表达式为

$$\sigma = \sqrt{\sigma_1^2 + \sigma_2^2 + \cdots + \sigma_n^2} \tag{1-44}$$

C　总合成误差

设测量系统或仪表的系统误差和随机误差均为相互独立的，总的合成误差的极限 ε 可表示为

$$\varepsilon = \sum_{i=1}^{n}\Delta_i + \sqrt{\sum_{i=1}^{n}\sigma_i^2} \tag{1-45}$$

1.3.3.2　测量误差的分配

在设计一个测量系统或仪表时，给出了总的误差要求，为了达到这一总的误差要求，需要考虑各组成环节的单项误差如何合理取值。这就是误差分配问题。

A　系统误差分配

系统误差的分配需从两个方面考虑：

（1）组成环节在测量系统或仪表中作用，即这个环节的误差对总误差的影响大小是考虑误差取值的依据之一，影响大的误差，取值要小；影响小的，取值可以放宽。

（2）组成环节的误差可能达到的水平是考虑误差取值的又一重要依据。容易达到误差小的环节误差取值小，不易达到误差小的环节，误差取值放宽。

B　随机误差分配

随机误差本身的特点给误差分配带来了困难，在误差分配时采用等分配原则，即认为各环节的随机误差均相等，把总的误差平均分配给各环节。

1.3.3.3　最佳测量方案的选择

对于确定的测量任务，为使其测量误差最小，应从以下多方面采取措施：

（1）选择合理的测量方法，避免或减小由于测量方法引起的误差。

（2）选择合适的测量仪表，避免或减小由于仪表与被测量不匹配，如输入阻抗、量程等不当所造成的误差。

（3）选择合适的测量点，使其真实地代表被测量或不因测量仪表的引入而改变被测量的状态。

（4）对于间接测量，被测量与直接测量之间具有一定的函数关系。首先要选择合适的函数关系，此后选择合适的测量点，使各直接测量点的误差合成后为最小。

1.3.4 测量数据处理

1.3.4.1 有效数字及其运算法则

在测量和数字计算中，确定该用几位数字来代表测量结果或计算结果，是一件很重要的事情。那种认为在一个数值中小数点后面的位数越多，这个数值就越精确；或在计算结果中，保留的位数越多，精确度便越高的看法是不正确的。这里需要明确两点：第一，小数点的位置不是决定精确度的标准，与所用单位大小有关；第二，写出测量或计算结果，应该只有末位数字是可为存疑或不确定的，其余各位数字都是准确的。通常除特别规定外，一般认为末位数字上下可有一个单位的误差，或其下一位的误差不超过 ±5。

A 有效数字及其表示方法

在生产和科学实验中，数的用途有两类：一类是用来数"数目"的，这类数目的每一位都是确切的。另一类是用来表示测量结果的，这一类数的末一位往往是估计出来的，因此具有一定的误差或不确定性。

所谓"有效数字"是指在表示测量值的数值中，全部有意义的数字。末一位数字可认为是不准确的或存疑的，而其前边各数则是确切的。通常在测量时，一般均可估计到最小刻度的十分位，故记录测量数据时，只应保留一位不准确数字。称此时所记的数字均为有效数字。

关于数字"0"，它可以是有效数字，也可以不是有效数字。例如，电压表读数 30.05V 中的所有"0"都是有效数字；而长度 0.00320m 中的前面三个"0"均为非有效数字，因为若改用毫米为单位，则这个数变为 3.20mm，前面三个"0"消失，故有效数字实际位数是 3 位。为了消除"0"是否是有效数字这种不确定概念，建议采用"十的乘幂"表示法。

有时，为明确存疑数字，可将该位存疑数字用小号字与在前一位有效数字的右下方。例如 $3.5_6 M\Omega$，表示末位 6 是存疑数字。

B 有效数字的化整规则

在数据处理中，常需要将有效数字化整，化整规则有三条：

（1）若被舍去的第 m 位后的全部数字小于第 m 位单位的一半，则第 m 位不变。例如，12.345 化整为 12.3。

（2）若被舍去的第 m 位后的全部数字大于第 m 位单位的一半时，则第 m 位加 1。例如，12.356 化整为 12.4。

（3）若被舍去的数恰等于第 m 位单位的一半，则应按化整为偶数的原则处理。即第 m 位为偶数时，则第 m 位不变；若第 m 位为奇数时，则第 m 位加 1。例如，12.350 化整为 12.4，23.850 化整为 23.8。

采用上面三条规则，由化整带来的误差不会超过末位的 1/2。

C 有效数字的运算规则

在数据处理中，常需要运算一些精确度不相等的数值。此时若按一定规则计算，一方面可省时间，同时又可避免因计算过繁引起的错误。下列规则是一些常用的基本法则：

（1）加法、减法运算规则。当数个不同精确度的数值相加减时，运算前应先将精确度高的数据化整，化整的结果应比精确度最低的数据的精确度高 1 位。运算结果也应化整，其有效数字位数由参加运算的精确度最低的数据的精确度决定。

（2）乘、除法运算规则。当求数个精确度不同的数值的乘积或商时，运算前应将精确度高的数据化整，化整的结果应比有效数字最小的数据多保留一位。计算结果也应化整，其有效数字的位数应等于参加运算数据中有效数字位数最小者。

1.3.4.2　非等精度测量与加权平均

对于使用不同的测量仪表或不同的测量方法对同一未知量进行测量所得 m 组测量列（进行多次测量的一组数据称为测量列），一般认为它们是非等精度的，即对它们的测量结果的数值及其误差不能等同看待。精度高的测量列具有较高的可靠性，将这种可靠性的大小称为"权"，在计算 m 组测量列的总的算术平均值 $\bar{X}'$（称为加权算术平均值）时，应考虑各组测量列的权。

A　权的表示法

通常在测量中对权的大小是采用相对的观点来衡量的，即将各组测量列相互进行比较，精度高的，所取的权大；精度低的，所取的权小。权用符号 P 表示，有两种计算方法：

（1）用各组测量列的测量次数 n 的比值表示，并取次数较小的为分母，令其权为 1，则有

$$\frac{P_1}{P_2} = \frac{n_1}{n_2} \qquad (n_1 > n_2, \ P_2 = 1) \tag{1-46}$$

（2）用各组测量列任一种误差平方的倒数的比值表示，并取误差值较大的为分母，如以标准误差 σ 表示，则有

$$\frac{P_1}{P_2} = \frac{\dfrac{1}{\sigma_1^2}}{\dfrac{1}{\sigma_2^2}} = \frac{\sigma_2^2}{\sigma_1^2} \qquad (\sigma_1 < \sigma_2, \ P_2 = 1) \tag{1-47}$$

B　加权算术平均值 $\bar{X}'$

如有 m 组测量列，其各自的算术平均值分别为 $\bar{X}_1$，$\bar{X}_2$，$\cdots$，$\bar{X}_m$，相应于各组的权分别为 P_1，P_2，$\cdots$，P_m，则

$$\bar{X}' = \frac{\bar{X}_1 P_1 + \bar{X}_2 P_2 + \cdots + \bar{X}_m P_m}{P_1 + P_2 + \cdots + P_m} = \frac{\sum\limits_{i=1}^{m} \bar{X}_i P_i}{\sum\limits_{i=1}^{m} P_i} \tag{1-48}$$

C　加权算术平均值 $\bar{X}'$ 的误差

当进一步计算加权算术平均值 $\bar{X}'$ 的误差时，也要考虑各测量列的权的情况，误差同样可用各种误差形式表示。如以标准误差 σ' 表示，则有

$$\sigma' = \sqrt{\frac{\sum\limits_{i=1}^{m} P_i v_i^2}{(m-1)\sum\limits_{i=1}^{m} P_i}} \tag{1-49}$$

式中 v_i——各测量列算术平均值 $\overline{X}_i$ 与加权算术平均值 $\overline{X}'$ 之差值。

1.3.4.3 实验数据方程表示法——回归方法

在工程实践和科学实验中，经常遇到已知 y 与 $x_i(i=1,\ 2,\ \cdots,\ n)$ 之间的函数关系

$$y = f(x_1,\ x_2,\ \cdots,\ x_n,\ \beta_0,\ \beta_1,\ \cdots,\ \beta_n)$$

现在要根据一组实验数据，确定系数 β_0，β_1，$\cdots$，β_n 的数值。工程上把这种方法称为回归分析。它主要用于确定经验公式或决定理论公式的系数等。

当函数关系是线性关系时，例如

$$y = \beta_0 + \beta_1 x_1 + \beta_2 x_2 + \cdots + \beta_n x_n \tag{1-50}$$

称这种回归分析为线性回归分析。它在工程中应用价值较高。

A 单回归分析

单回归分析在线性回归分析中，当独立变量只有一个时，即函数关系是

$$y = \beta_0 + \beta_1 x \tag{1-51}$$

这种回归分析最简单，称为单回归分析。

下面介绍单回归分析的方法。设用符号 $(x_1,\ y_1)$，$(x_2,\ y_2)$，$\cdots$，$(x_n,\ y_n)$ 表示 n 组测量值。

由于测量仪表存在误差，使得测量值 $(x_i,\ y_i)$ 必然含有误差。因此，测量值 x_i 与 y_i 之间的函数关系可表示为

$$y_i = \beta_0 + \beta_1 x_i + v_i \quad (i = 1,\ 2,\ 3,\ \cdots,\ n) \tag{1-52}$$

式中 v_i——残差，表示测量误差的影响。

由式 1-52 移项后可得到残差 v_i 的表达式

$$v_i = y_i - (\beta_0 + \beta_1 x_i)$$

v_i 的平方和为

$$Q = \sum_{i=1}^{n} v_i^2 = \sum_{i=1}^{n} \left[y_i - (\beta_0 + \beta_1 x_i) \right]^2 \tag{1-53}$$

现在要求估计出一组参数 $(b_0,\ b_1)$，使得当系数 $(\beta_0,\ \beta_1)$ 取 $(b_0,\ b_1)$ 值时，残差的平方和 Q 取值最小。根据数学分析知道，Q 取极值的必要条件是 $\dfrac{dQ}{d\beta} = 0$；Q 为极小值的条件是 $\dfrac{d^2Q}{d\beta^2} > 0$。因此，将式 1-53 对 β_0 和 β_1 求导，并令其为 0，则可得到两个联立方程

$$\begin{cases} \left.\dfrac{\partial Q}{\partial \beta_0}\right|_{\beta_0 = b_0 \beta_1 = b_1} = -2 \sum_{i=1}^{n} \left[y_i - (b_0 + b_1 x_i) \right] = 0 \\[3mm] \left.\dfrac{\partial Q}{\partial \beta_1}\right|_{\beta_1 = b_1 \beta_1 = b_1} = -2 \sum_{i=1}^{n} x_i \left[y_i - (b_0 + b_1 x_i) \right] = 0 \end{cases} \tag{1-54}$$

解联立方程，可得到 b_0 和 b_1：

$$b_0 = \left(\sum_{i=1}^{n} y_i / n \right) - \left(\sum_{i=1}^{n} x_i / n \right) b_1 \tag{1-55}$$

$$b_1 = \frac{\sum_{i=1}^{n} x_i y_i - \left(\sum_{i=1}^{n} x_i \right)\left(\sum_{i=1}^{n} y_i \right) / n}{\sum_{i=1}^{n} x_i^2 - \left(\sum_{i=1}^{n} x_i \right)^2 / n} \tag{1-56}$$

上述求 b_0、b_1 的方法称为最小二乘法。

测量值 y_i 的残差的估计值 v_i 可由下式求出：

$$v_i = y_i - (b_0 + b_1 x_i) \tag{1-57}$$

式中，v_i 为对回归直线的残差。

由于测量方法或测量条件等的限制，不可避免地存在误差。这可用下式所给出的方差的估计值 σ^2 进行评价。

$$\sigma^2 = \frac{\sum\limits_{i=1}^{n} v_i^2}{n-2} \tag{1-58}$$

式中，$\sum\limits_{i=1}^{n} v_i^2$ 为残差平方和；$n-2$ 称为自由度，它的含义是：当函数式中常数为两个时，需要解两个联立方程。将两对测量值代入公式求常数时，所求经验公式必定通过此两点，剩下的 $n-2$ 个数据对应点，必然与经验公式对应曲线有一定的偏差，因此，应以这些偏差的平方和除以偏差个数 $n-2$ 从而计算出方差。当函数式中含有 k 个常数时，自由度为 $n-k$。

B　一般线性回归分析

下面介绍一般的线性方程式

$$y = \beta_1 x_1 + \beta_2 x_2 + \cdots + \beta_p x_p \tag{1-59}$$

的回归分析。

设独立变量有 n 组测量值 x_{l1}，x_{l2}，$\cdots$，x_{lp} （$l=1$，$\cdots$，n），函数 y 也有 n 个测定值。现要根据测量值确定函数关系式中的 β_1，β_2，$\cdots$，β_p 的最佳估计值。同理，测量值间关系可表示为 $y_l = \beta_1 x_{l1} + \beta_2 x_{l2} + \cdots + \beta_p x_{lp} + v_l$ （误差 v_l 相互独立，服从正态分布）与前述相似，使

$$Q = \sum_{l=1}^{n} \left[y_l - (\beta_1 x_{l1} + \beta_2 x_{l2} + \cdots + \beta_p x_{lp}) \right]^2$$

取极小值，可求得 β_1，β_2，$\cdots$，β_p 的最小二乘法估计值 b_1，b_2，$\cdots$，b_p。为此，分别求 Q 对 β_i （$i=1$，2，$\cdots$，p）的偏导数，并令各偏导数为 0，则可以得到 p 个一次联立方程组

$$\begin{cases} \left(\sum\limits_{l=1}^{n} x_{l1}^2 \right) b_1 + \left(\sum\limits_{l=1}^{n} x_{l1} x_{l2} \right) b_2 + \cdots + \left(\sum\limits_{l=1}^{n} x_{l1} x_{lp} \right) b_p = \sum\limits_{l=1}^{n} x_{l1} y_l \\[2mm] \left(\sum\limits_{l=1}^{n} x_{l2} x_{l1} \right) b_1 + \left(\sum\limits_{l=1}^{n} x_{l2}^2 \right) b_2 + \cdots + \left(\sum\limits_{l=1}^{n} x_{l2} x_{lp} \right) b_p = \sum\limits_{l=1}^{n} x_{l2} y_l \\[2mm] \qquad\qquad\qquad\qquad\qquad\qquad \vdots \\[2mm] \left(\sum\limits_{l=1}^{n} x_{lp} x_{l1} \right) b_1 + \left(\sum\limits_{l=1}^{n} x_{lp} x_{l2} \right) b_2 + \cdots + \left(\sum\limits_{l=1}^{n} x_{lp}^2 \right) b_p = \sum\limits_{l=1}^{n} x_{lp} y_l \end{cases} \tag{1-60}$$

解此联立方程，即可求出 b_1，b_2，$\cdots$，b_p。

测量误差的方差估计值为

$$\sigma^2 = \frac{\sum\limits_{l=1}^{n} v_l^2}{n-p} \tag{1-61}$$

式中，$v_l = y_l - (b_1 x_{l1} + b_2 x_{l2} + \cdots + b_p x_{lp})$；$n - p$ 为自由度。

C 举例

【例 1 - 2】 已知直线关系为 $y = \beta_0 + \beta_1 x$，求 β_0 和 β_1 的最小二乘法估计值 b_0 和 b_1。测量数据示于表 1 - 2 内。

表 1 - 2 测量数据

x	y	x^2	xy
1	3.0	1	3.0
3	4.0	9	12.0
8	6.0	64	48.0
10	7.0	100	70.0
13	8.0	169	104.0
15	9.0	225	135.0
17	10.0	289	170.0
20	11.0	400	220.0
87	58.0	1257	762.0

由表 1 - 2 可计算出

$$\sum x_i = 87,\ \sum y_i = 58.0,\ \sum x_i^2 = 1257,\ \sum x_i y_i = 762.0, n = 8$$

将上列各值代入公式 1 - 58 和式 1 - 59，得到

$$b_1 = \frac{n \sum x_i y_i - \sum x_i \sum y_i}{n \sum x_i^2 - (\sum x_i)^2} = 0.422$$

$$b_0 = (\sum y_i / n) - (\sum x_i / n) b_1 = 2.66$$

$$y = 2.66 + 0.422x \pm \sigma$$

测量误差的方差估计值

$$\sigma^2 = \frac{\sum v_i^2}{n - 2} = \frac{\sum [y_i - (b_0 + b_1 x_i)]^2}{n - 2} = 0.0148$$

1.3.4.4 测量数据的图解分析

A 图解分析的意义

所谓图解分析，就是研究如何根据测量结果作出一条尽可能反映真实情况的曲线（包括直线），并对该曲线进行定量的分析。一个测量结果，除了常用数字方式表示外，还经常用各种曲线来表示。尤其在研究两个（或几个）物理量之间的关系时，曲线表示显得很方便，因为一条曲线要比一个公式或一组数字表示时更形象和直观。通过对曲线的形状、特征以及变化趋势等的研究，往往会给我们许多启发，甚至于对尚未被认识的现象作出某些预测。尤其是对某些实验曲线，人们还可以设法给出它们的数学模型（即经验公式）。这不仅可把一条形象化的曲线与各种分析方法联系起来，而且也在相当程度上扩展了原有曲线的应用范围。

B 绘制输入输出关系曲线

绘制实验曲线是在合适的坐标上，把测量结果绘成一个光滑的又能反映实际情况的曲线。

在实际测量中，由于各种误差的影响，测量数据呈现离散现象。如果把所有测量点直

接连接起来，通常不会得出一条光滑的曲线，而是表现出波动状或折线状。出现波动的曲线时，应使测量点大体上沿所作光滑曲线分布在两侧。对于要求高的精密测量，对所作曲线要进行均匀修正。

C　修匀曲线及直线的工程方法

对测量曲线进行修匀，对精密测量来说，是一项细致而重要的工作。这里介绍一些简便、实用的工程方法。

（1）分组平均法修匀曲线。这种方法是把横坐标分成若干组，每组包含 2 ~ 4 个数据点，每组点数可不等，然后分别求出各组数据点的几何重心的坐标 $(\bar{x_i}, \bar{y_j})$，将这些重心用平滑线连起来，即可得到修匀曲线。

由于进行了数据的平均，所以在一定程度上削平了测量过程中随机误差的影响。由于各几何重心点的离散性显著减小，从而使所作的曲线较为准确。

测量数据点的分组，视具体情况而定。曲线斜率变化快或曲线较重要的部分，分组可细一些；曲线平坦部分，分组可粗一些。

（2）残差图法修匀直线。由于随机误差的影响，造成测量数据分布的离散性，从而使绘制直线时增加了不少困难。如果所绘的直线确实是最佳的，此时的残差 v_i 则有 $\sum v_i \approx 0$ 或 $\sum v_i^2 = \min$。反之，如果由于人为原因使绘出的直线与理想的最佳直线相比，发生了偏移或倾斜，则最直观、最简单的现象便是 $\sum v_i$ 不等于零。

残差（或剩余误差）图法修匀直线，需先把 $v_i \sim x_i$ 的分布绘出，找出其平均规律再给予修正。其修正过程如下：

1）先列出各 x_i、y_i 值，并标注在直角坐标上。

2）作一条尽可能"最佳"的直线，并求出直线方程 $y = ax + b$。

3）求各 X_i 对应的剩余误差（或残差）$v_i = y_i - (ax_i + b)$。

4）作残差图，为观察和修正方便，需将坐标放大，使 v_i 能准确读出一位有效数字，并估计出第二位有效数字。

5）在残差图（$v_i \sim x_i$）上作一条尽可能反映残差平均效应的直线，并求出其直线方程

$$v = a'x + b'$$

6）修正 $y = ax + b$ 直线。修正值 = - 偏差值。即真值 = 测量值 + 修正值。所以修正后的方程应为

$$y = a_1 x + b_1$$

其中

$$a_1 = a + a'$$

$$b_1 = b + b'$$

需要说明的是，严格讲 a_1、b_1 并不是真值，它仍存在误差。在要求比较高的场合，可将 $y = a_i x + b_i$ 作为理想方程再修正，随着要求的提高可进行二次三次以上的修正。

1.3.5　自动检测仪表的动态误差

1.3.5.1　自动检测仪表的动态误差

A　动态误差的表示方法

自动检测仪表属于闭环动力学系统，其简化动态框图如图 1 - 24 所示。图中 $K(s)$ 是

主通道各环节总等效传递函数，$\beta(s)$ 是反馈通道的反馈环节的等效传递函数。

$$\Delta X(s) = \frac{X(s)}{1 + K(s)\beta(s)} \qquad (1-62)$$

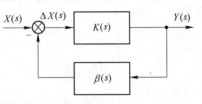

图 1-24　闭环系统动态框图

式中　$X(s)$——随时间变化的被测量 $x(t)$ 的拉氏
变换；

　　　$\Delta X(s)$——闭环系统偏差信号 $\Delta x(t)$ 的拉氏
变换。

在自动检测仪表中，反馈环节一般是比例环
节，即 $\beta(s) = \beta$，因此闭环系统的开环传递函数一般形式，可表示为

$$\beta K(s) = \frac{\beta k(1 + \tau_1 s)(1 + \tau_2 s)\cdots(1 + \tau_m s)}{s^l(1 + T_1 s)(1 + T_2 s)\cdots(1 + T_n s)}$$

式中　τ_i——微分环节时间常数（$i = 1, 2, \cdots, m$）；

　　　T_j——非周期环节时间常数（$j = 1, 2, \cdots, n$）；

　　　k——静态放大倍数；

　　　l——积分环节数目。

将上式的分子与分母的因子乘开，并整理后得到

$$\beta K(s) = \frac{\beta k(1 + b_1 s + b_2 s^2 + \cdots)}{s^l(1 + a_1 S + a_2 s^2 + \cdots)}$$

其中
$$b_1 = \tau_1 + \tau_2 + \cdots + \tau_m$$
$$b_2 = \tau_1 \tau_2 + \tau_1 \tau_3 + \cdots$$
$$a_1 = T_1 + T_2 + \cdots + T_m$$
$$a_2 = T_1 T_2 + T_1 T_3 + \cdots$$

将上式代入式 1-62，可得到

$$\Delta X(s) = \frac{X(s)}{1 + \beta K(s)} = \frac{s^l(1 + a_1 s + a_2 s^2 + \cdots)X(s)}{s^l(1 + a_1 s + a_2 s^2 + \cdots) + \beta k(1 + b_1 s + b_2 s^2 + \cdots)}$$

根据级数理论，上式可展成下列幂级数形式

$$\Delta X(s) = \left(c_0 + c_1 s + \frac{c_2}{2!}s^2 + \frac{c_3}{3!}s^3 + \cdots\right)X(s) \qquad (1-63)$$

式中　系数 c_i（$i = 0, 1, \cdots$）的求法是：把 $\dfrac{1}{1 + \beta K(s)}$ 展为马克劳林级数的标准型，把它

与 $\left(c_0 + c_1 s + \dfrac{c_2}{2!}s^2 + \dfrac{c_3}{3!}s^3 + \cdots\right)$ 相比较，并令 s 的幂次相等项的系数相等，即可求出 c_i 各值，

如表 1-3 所示。

在零初始条件下，根据拉氏变换公式，可以得到

$$\Delta x(t) = c_0 x(t) + c_1 \frac{\mathrm{d}x(t)}{\mathrm{d}t} + \frac{c_2}{2!}\frac{\mathrm{d}^2 x(t)}{\mathrm{d}t^2} + \cdots \qquad (1-64)$$

式中，等号右端第一项与输入被测量成正比，以后各项分别与输入被测量的各阶导数成正比，因此上式给出了误差 $\Delta x(t)$ 怎样随时间 t 而变化的规律。在进行动态误差分析时，一般上式取到二阶导数项已经足够满足要求。

表 1 - 3　测量系统具有不同积分环节数时的动态误差系数

仪表类型	系数	公　　式
$l = 0$	c_0	$\dfrac{1}{1 + k\beta}$
	c_1	$\dfrac{(a_1 - b_1)k\beta}{(1 + k\beta)^2}$
	c_2	$\dfrac{2(a_2 - b_2)k\beta}{(1 + k\beta)^2} + \dfrac{2a_1(b_1 - a_1)k\beta}{(1 + k\beta)^3} + \dfrac{2b_1(b_1 - a_1)k^2\beta^2}{(1 + k\beta)^3}$
	c_3	$\dfrac{6(a_3 - b_3)k\beta}{(1 + k\beta)^2} - \dfrac{6k\beta[2b_1a_2 - 2k\beta b_1b_2 + (k\beta - 1)(a_2b_1 - a_1b_2)]}{(1 + k\beta)^3} + \dfrac{6k\beta(a_1 - b_1)(a_1 + k\beta b_1)}{(1 + k\beta)^4}$
$l = 1$	c_0	0
	c_1	$\dfrac{1}{k\beta}$
	c_2	$2\dfrac{a_1 - b_1}{k\beta} - \dfrac{2}{k^2\beta^2}$
	c_3	$\dfrac{6}{k^3\beta^3} + 12\dfrac{b_1 - a_1}{k^2\beta^2} + 6\dfrac{a_2 - b_2}{k\beta} + 6\dfrac{b_1(b_1 - a_1)}{k\beta}$
$l = 2$	c_0	0
	c_1	0
	c_2	$\dfrac{2}{k\beta}$
	c_3	$6\dfrac{a_1 - b_1}{k\beta}$

B　动态误差分析

下面根据测量系统具有的积分环节数 l 进行分析。

当 $l = 0$ 时，即闭环系统内不含有积分环节。大多数变送器都属于这种情况。从表 1 - 3 中可查得：$c_0 = \dfrac{1}{1 + \beta k}$，$c_1 = \dfrac{(a_1 - b_1)k\beta}{(1 + k\beta)^2}$。这时动态误差可表示为

$$\Delta x(t) = \frac{1}{1 + k\beta}x(t) + \frac{(a_1 - b_1)k\beta}{(1 + k\beta)^2} \cdot \frac{\mathrm{d}x(t)}{\mathrm{d}t}$$

由此可以看出，$l = 0$ 的系统用于测量 $x(t)$ 是常量的被测量时，误差是固定值；若用于测量随时间增长的被测量，误差也随之增长。

当 $l = 1$ 时，即闭环系统内含有一个积分环节。多数自动平衡显示仪表属于这种情况。查表 1 - 3 可知：$c_0 = 0$，$c_1 = \dfrac{1}{k\beta}$，$c_2 = 2\dfrac{a_1 - b_1}{k\beta} - \dfrac{2}{(k\beta)^2}$，则动态误差为

$$\Delta x(t) = \frac{1}{k\beta}\frac{\mathrm{d}x(t)}{\mathrm{d}t} + 2\left[\frac{a_1 - b_1}{k\beta} - \frac{1}{(k\beta)^2}\right]\frac{\mathrm{d}^2x(t)}{\mathrm{d}t^2}$$

这时，若输入被测量 $x(t) =$ 常数，则 $\Delta x(t) = 0$；若 $\dfrac{\mathrm{d}x(t)}{\mathrm{d}t} =$ 常数，则 $\Delta x(t) =$ 常数；若 $\dfrac{\mathrm{d}^2x(t)}{\mathrm{d}t^2} =$ 常数，则 $\Delta x(t)$ 随时间增长。

当 l 为 2 时，分析方法与上述方法类似。

C 减小动态误差的方法

从上面的误差分析可以看出，要减小测量系统的动态误差，就要增大系统的开环放大系数 $k\beta$。但是提高 $k\beta$，会使闭环系统稳定性下降，因此解决这一问题时，必须兼顾两个方面的要求。

1.3.5.2 自动检测仪表的幅值频率误差和相位频率误差

A 自动检测仪表的极限频率

若被测量是时间的周期函数 $x = X_M \sin\omega t$，当过渡过程结束后，仪表的输出指示值也是时间的周期函数 $y = Y_m \sin(\omega t + \beta)$，输出与输入所不同的是幅值和相角。$\dfrac{Y(j\omega)}{X(j\omega)} = K(j\omega)$ 称为幅-相频率特性。它亦可以从传递函数中用 $j\omega$ 代替 s 而求得。

幅-相频率特性可分为实部和虚部，即

$$K(j\omega) = P(\omega) + jQ(\omega) \tag{1-65}$$

式中，$P(\omega)$ 为实频特性，$Q(\omega)$ 为虚频特性。

令实频特性等于 0，即 $P(\omega) = 0$，可求出对应的角频率 ω_n，称 ω_n 为极限频率或实频特性正值频率区间。

B 自动检测仪表的幅值频率误差和相位频率误差

当用自动检测仪表指示或记录随时间变化的周期信号时，则必须求出仪表所能指示或记录周期信号的最高频率 ω_p，以保证在 ω_p 频率范围内，幅值频率误差和相位频率误差不超过给定数值。

$$K(j\omega) = P(\omega) + jQ(\omega) = A(\omega)e^{j(\omega)}$$

式中，$A(\omega) = \sqrt{P(\omega)^2 + Q(\omega)^2}$ 称为幅频特性，$\theta(\omega) = \tan^{-1}\dfrac{Q(\omega)}{P(\omega)}$ 称为相频特性。

定义幅值频率误差为

$$\delta = \frac{A(0) - A(\omega_p)}{A(0)} \tag{1-66}$$

它表示输入信号频率从 0 变到 ω_p，幅频特性的相对变化量。

定义相位频率误差为

$$\varphi = \theta(\omega_p) - \theta(0) \tag{1-67}$$

它表示输入信号频率从 0 变到 ω_p，相频特性的相移。

当给定 δ 和 φ 值后，可根据上式求出对应的 ω_p，即用仪表测量频率低于 ω_p 的周期信号时，可保证幅值频率误差 δ 和相位频率误差 φ 不超过给定值。

1.3.5.3 仪表指针走行全量程时间 t_y

仪表指针走行全量程时间 t_y 的定义为：给仪表输入满量程阶跃信号时，仪表指针由刻度下限走到上限所需的时间。实际在测量 t_y 时，一般取量程的 5% 作为下限，用量程的 95% 代替上限。仪表指针走行全量程时间 t_y，反映了仪表指针动作的快速性，t_y 是指针式仪表的主要动态指标。

t_y 值也可用估算的办法取得。设仪表的传递函数为

$$W(s) = \frac{k}{Ts^2 + s + k\beta}$$

因此可以求得仪表指针的运动规律

$$a(t) = a_y\left[1 - \frac{1}{\sqrt{1-h^2}}e^{-h\omega_0 t}\sin\left(\sqrt{1-h^2}\,\omega_0 t + \tan^{-1}\frac{\sqrt{1-h^2}}{h}\right)\right]$$

$a(t)$ 曲线如图 1 - 25 所示。上式中

$$\omega_0 = \sqrt{\frac{k\beta}{T}}, \quad h = \frac{1}{2}\frac{1}{\sqrt{k\beta T}}$$

$a(t)$ 的衰减规律由 $\dfrac{1}{\sqrt{1-h^2}}e^{-h\omega_0 t}$ 决定。

设 $t = t_y$ 时，$\dfrac{a_y - a_{ty}}{a_y} = 2\%$，则可求得 t_y 值为

$$t_y = -\frac{\ln(2\%\sqrt{1-h^2})}{h\omega_0}$$

工程上，为了提高仪表的快速性，常采用速度反馈，即在反馈环节中引入一个微分环节，这时 $a(t)$ 的衰减速度大大加快。因为 h 增大到 $(1 + k\beta)$ 倍，所以可以认为输出从 0 到 a_y 的第一个周期（即一次到 a_y）的时间即为 t_y，如图 1 - 26 所示。

$t = t_y$ 时，$a(t) = a_y$，必有

$$\sin\left(\sqrt{1-h^2}\,\omega_0 t_y + \tan^{-1}\frac{\sqrt{1-h^2}}{h}\right) = 0$$

从图 1 - 26 看出

$$\sqrt{1-h^2}\,\omega_0 t_y + \tan^{-1}\frac{\sqrt{1-h^2}}{h} = \pi$$

则

$$t_y = \left(\pi - \tan^{-1}\frac{\sqrt{1-h^2}}{h}\right)\frac{1}{\omega_0\sqrt{1-h^2}}$$

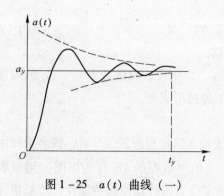

图 1 - 25　$a(t)$ 曲线（一）

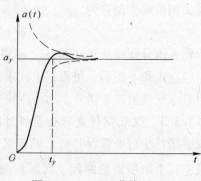

图 1 - 26　$a(t)$ 曲线（二）

1.3.5.4　反应时间

反应时间（又称惰性时间）的定义为：在一定条件下，当输入阶跃信号时，敏感元件

或仪表的输出信号由某初始值上升或下降到全部测量范围的90%（有时也规定为95%）所需的时间。

———— 本 章 小 结 ————

检测的目的是实现对物理现象的定性了解或定量掌握。为了实施有效的测量，需要了解和掌握检测技术的基本理论。

测量是将被测量与同种性质的标准量进行比较，确定被测量对标准量的倍数，并用数字表示这个倍数。测量过程可概括为："并列"、"示差"、"平衡"、"读数"四步过程。对于测量方法，从不同的角度出发，有不同的分类方法。按测量手续分类有：直接测量、间接测量和联立测量。按测量方式分类有：偏差式测量、零位式测量和微差式测量。除此之外，还有许多其他分类方法。

在测量过程中测量仪表要完成的主要功能有：物理量的变换、信号的传输和处理、测量结果的显示。仪表的特性，一般分为静特性和动特性两种。测量仪表静特性包括刻度特性、灵敏度、相对灵敏度、局部灵敏度、有害灵敏度、灵敏度阈与分辨力、测量仪表常数等。研究测量仪表动特性的基本方法是通过列写仪表的运动方程，求出传递函数，然后进行特性分析。测量仪表由变换器、标准量具、比较器、读数装置四个基本环节构成。测量系统由原始敏感元件、变量转换、变量控制、数据传输、数据处理、数据显示等功能环节组成。

测量数据的处理分为静态和动态两种情况。静态测量时的数据处理内容包括误差理论，回归分析等；动态测量的数据处理包括随时间变化信号的动态误差分析等内容。测量误差分类方法有多种。按表示方法分为绝对误差、相对误差和引用误差；按误差出现的规律分为系统误差、随机误差和疏失误差；从使用的角度又分为基本误差和附加误差。测量仪表的精确度等级是根据引用误差确定的。测量仪表的误差指标还包括零点误差、量程误差、变差、重复性、漂移、再现性、线性度等。系统误差和随机误差的性质不同，对测量结果的影响及处理方法也不同。发现系统误差、分析系统误差产生原因、减小和消除系统误差是提高测量仪表准确度的主要研究内容。随机误差服从统计规律，对测量结果的影响可用均方根误差来表示，采用测量值的算术平均值可减小随机误差的影响。测量误差的合成与分配在最佳测量方案选择及仪表设计中十分重要；因系统误差和随机误差的规律、特点不同，其合成与分配方法也不同。实验数据的处理通常采用回归分析方法，当函数关系为线性关系时即为线性回归分析。仪表的动态误差可根据仪表的传递函数求取。当输入为瞬变输入函数时，首先求得误差传递函数，然后将其展成幂级数形式，最后对误差 $\Delta X(s)$ 进行拉氏反变换即可得到 $\Delta x(t)$；当输入为周期信号时，仪表误差用幅值频率误差和相位频率误差表示。

习题及思考题

1-1 图1-27所示电路，是用于电阻测量的平衡电桥的简化电路原理图。图中，R_2、R_3 是固定电阻，R_N 是可调的电阻（标准量具），在测量待测电阻 R_x 时，要调整 R_N，使电桥平衡，指零仪表 G 回零。试说明其测量原理，并分析其测量方法所属类型。

1-2 图1-28所示电路，是电阻应变仪中所用的不平衡电桥的简化等效电路。图中，$R_4 = R_3 = R$ 为固定电阻；$R_1 = R + \Delta R$，$R_2 = R - \Delta R$，是金属应变片的等效电阻。工作时，R_1 受拉力，R_2 受压力，

ΔR 表示应变片发生应变后，电阻值的变化量。当应变片不受力时，$\Delta R = 0$，桥路处于平衡状态。当应变片受力而发生应变时，$\Delta R \neq 0$，桥路失去平衡，其输出 U_{cd} 就代表了应变片应变后电阻变化值。试说明此桥路工作原理，并分析其测量方法的所属类型。

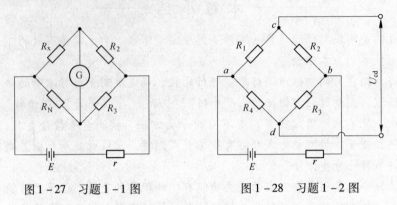

图 1-27　习题 1-1 图　　　　　　图 1-28　习题 1-2 图

1-3　图 1-29 所示电路是差动变压器式位移传感器的测量电路的简化原理图。差动变压器的原边绕组为 L_1、L_2，副边绕组为 L_3、L_4。A 是检测位移用的铁芯。二极管 D_1、D_2，电容 C_1、C_2 和电阻 R_1、R_2 组成测量电路，U_0 为输出电压。当铁芯 A 位于中心位置，即位移 $x = 0$ 时，差动变压器副边绕组 L_3、L_4 上产生的感生电势大小相等，相位相反，输出电压 $U_0 = 0$；当铁芯 A 发生位移时，输出电压 U_0 与铁芯位移 x 成正比。试从测量方法的角度，对此测量系统进行分析。

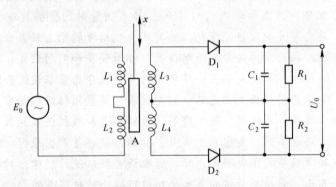

图 1-29　习题 1-3 图

1-4　某 X 射线测厚仪，采用偏差显示，即显示值为实际厚度与标准给定厚度值之差。其测量系统框图如图 1-30 所示。实际厚度 $x =$ 标准厚度 $A +$ 偏差 A，试简述测量原理，并分析其测量方法的所属类型。

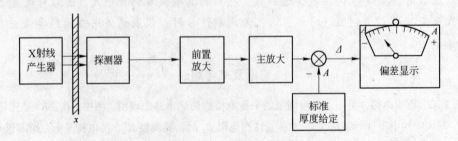

图 1-30　习题 1-4 图

1-5　工业上经常用热电偶与电子电位差计配合进行温度测量。试从测量方法的角度，对其测量过程进行分析。

1-6 试举出你所知道的用间接测量法和联立测量法的实例，并对其测量方法进行分析。

1-7 测量仪表在测量过程中完成的主要功能有哪些？试举出完成单形态能量变换和双形态能量变换的测量仪表的实例。

1-8 什么是测量仪表的静特性、刻度特性、灵敏度？灵敏度与刻度特性有什么关系？请举例说明。

1-9 什么是仪表的灵敏度、相对灵敏度、局部灵敏度、有害灵敏度？各有什么用途？试分析平衡电桥对电源波动的有害灵敏度。

1-10 什么是测量仪表的灵敏度阈？某指针式仪表为线性刻度，量程为1V，标尺长度为100mm，求这台仪表的灵敏度阈（人眼的分辨力为0.3mm）。

1-11 什么是测量仪表的动特性？试总结出分析测量仪表动特性的方法、步骤。试推导动圈式仪表的灵敏度表达式，并提出提高灵敏度的可能途径。

1-12 试推导动圈式仪表动态运动方程式，指出影响其动特性的因素。

1-13 画出动圈式仪表的动态方框图，推导出其传递函数。

1-14 试推导四臂平衡电桥在平衡点附近的电压灵敏度，试分析影响灵敏度的因素。

1-15 试推导四臂平衡电桥在平衡点附近的电流灵敏度，并分析影响灵敏度的因素，指出提高灵敏度的可能途径。

1-16 试推导不平衡四臂电桥的输入输出关系（刻度方程），求出电压灵敏度，并分析提高灵敏度的可能途径。

1-17 试分析下列电子平衡电桥的两种简化测量电路方案（如图1-31所示）的刻度特性及电压灵敏度，比较两种电路的优缺点。图中R_t表示热电阻体，其阻值随温度升高而呈线性增长；R_H为滑线电阻器，其活动触点位置变化与电阻值变化成线性关系，用滑线电阻的活动触点位移表示输出量。

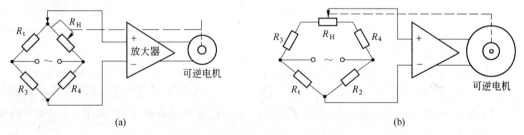

(a)   (b)

图1-31 习题1-17图

1-18 如图1-32所示为电子电位差计示意图，只有放大器输入端电压$U_E=0$时，伺服电机停转，系统进入平衡。试分析它的构成环节，绘出动态方框图，并进行动态特性分析（指出改善动特性的途径）。

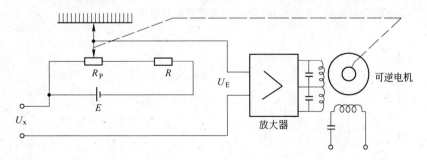

图1-32 习题1-18图

1-19 什么是测量误差？测量误差有几种表示方法？各有什么用途？

1-20 误差按其规律可分为几种？各有什么特点？

1-21 从使用仪器的角度出发，把误差分为几种？各自产生的原因是什么？

1-22 什么是仪表的线性度？已知某台仪表的输入输出特性由下列一组数据表示，试计算它的线性度。

输入 x	0	0.1	0.2	0.3	0.4	0.5	0.6	0.7	0.8	0.9	1.0
输出 y	0	5.00	10.00	15.01	20.01	25.02	30.02	35.01	40.01	45.00	50.0

1-23 产生系统误差的常见原因有哪些？常用的减少系统误差的方法有哪些？

1-24 系统误差综合与分配解决的是什么问题？

1-25 需要一个 1111Ω 的准确电阻，其相对误差不应大于 0.01%。现有规格为 $10^n\Omega$（$n=0$，1，2，…）的电阻可供选择，问应如何分配各电阻的误差？

1-26 设需要一个电阻值不为 $10^n\Omega$ 的准确电阻，但只能用 $10^n\Omega$（$n=0$，1，…）电阻并联构成，其相对误差应小于 0.01%。问应如何分配各电阻的误差？

1-27 什么是剩余误差？它与随机误差有何异同？

1-28 对某一电压进行多次精密测量，测量结果如下：

测量次序	读数/mV	测量次序	读数/mV
1	85.30	9	84.86
2	85.71	10	85.21
3	84.70	11	84.97
4	84.94	12	85.19
5	85.63	13	85.35
6	85.65	14	85.21
7	85.24	15	85.16
8	85.36	16	85.32

试写出测量结果的表达式。

1-29 测量结果的随机误差为什么要用均方根误差 σ 表示？怎样计算？它的物理意义是什么？

1-30 为了精确测量某个电路的电流，将精密电阻 $R_s = 1\Omega$ 串入此电路，用电位差计测量电阻 R_s 两端电压为 $U = 0.5324V$，然后通过 $I = \dfrac{U}{R_s}$ 关系计算出 I 值。已知 R_s 的精度是 $\pm 0.001\Omega$，电位差计的精度为 $\pm 0.1mV$。试求电流 I 的测量精度。

1-31 如图 1-33 所示，利用电容分压原理，根据 U_2 测量值，求电压 U。已知 C_1 和 C_2 的精度分别为 $\pm\sigma_1$ 和 $\pm\sigma_2$，电压表的精度为 $\pm\sigma_v$。求电压 U 的测量精度。

1-32 图 1-34 所示惠斯登电桥的固定电阻 P 和 R 的精度为 $\pm 0.02\%$，可变电阻 Q 的精度是 $\pm 0.05\%$。求未知电阻 x 的测量精度，在分析计算中可设检流计的灵敏度非常高。

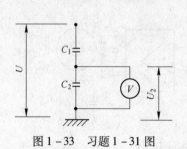

图 1-33 习题 1-31 图

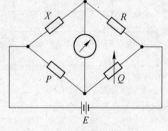

图 1-34 习题 1-32 图

1-33 已知铜导线电阻值随温度变化关系可用

$$R = R_{20}[1 + \alpha(T - 20)]$$

近似表示，为了确定电阻温度系数 a，实测一组温度及对应电阻值的数据列于下表中：

温度/℃	25.0	30.0	35.0	40.0	45.0	50.0
电阻/Ω	24.8	25.4	26.0	26.5	27.1	27.5

试用单回归分析确定 a、R_{20} 值。

1-34 按有效数字计算法则，完成下列计算。

(1) $318.2 + 2156.5 + 51.6 + 1.64 =$

(2) $41.9 - 3.38 - 0.635 =$

(3) $1267.2 \div 15.8 =$

(4) $65.20 \times 18.41 =$

1-35 图1-35 所示电路 $R_1 = R_2 = R_3 = R_4 = R_5 = 100\Omega$，$R_m = 10k\Omega$，求测量 R_5 上电压时，由于 R_m 的影响所造成的误差。

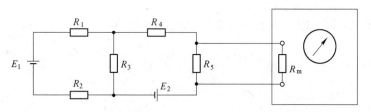

图1-35 习题1-35 图

1-36 已知某测量仪表属于一阶非周期（惯性）环节，现用于测量随时间周期变化的被测量。被测量信号频率 $f = 100Hz$，测量结果的幅值精度为 5%，求该仪表的时间常数是多少？相移为多少？

1-37 一只力传感器是二阶测量系统，它的固有频率 $\omega_0 = 800rad/s$，阻尼比 $\zeta = 0.4$，若用这只传感器测量 $\omega = 400rad/s$ 正弦变化的力，求幅值频率误差、相位频率误差。

1-38 已知 x 与 y 的均方差是 σ_x 和 σ_y，$z = ye^x$。求 z 的均方差。

1-39 图1-36 所示电路 $R_1 = R_2 = R_3 = R_4 = R_5 = 100\Omega$，$R_m = 10\Omega$，求测量流经 R_5 上电流时，由于 R_m 的影响所造成的误差。

1-40 试分析图1-37 所示电路的电压动态测量问题，图中电源 E_1 和 E_2 的电动势是随时间变化较快的。R_m 与 C_m 表示测量用示波器的输入电阻与输入电容。试求由于 R_m、C_m 所造成的测量误差。

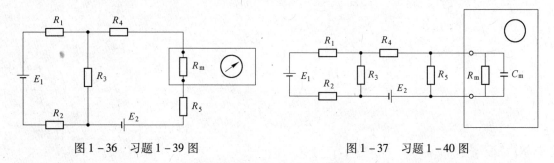

图1-36 习题1-39 图   图1-37 习题1-40 图

1-41 试分析图1-38 所示电路的电流动态测量问题。图中 E_1 和 E_2 是随时间变化较快的电压源的电动势。L_m 和 R_m 是测量用电流表的等效电感和等效电阻，试求由于 L_m 和 R_m 所造成的测量误差。

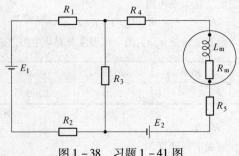

图 1 - 38　习题 1 - 41 图

1 - 42　已知某差压变送器, 其理想特性为 $U = 8x$ (mV), 其中, U 为输出, x 为位移。

　　　它的实测数据为:

x(mm)	0	1	2	3	4	5
U(mV)	0.1	8.0	16.3	24.1	31.6	39.7

　　求：（1）最大绝对误差、相对误差并指出其测量点；

　　　　（2）若指示仪表量程为 50mV, 指出仪表精度等级。

2 非电量电测法

2.1 概 述

2.1.1 非电量电测技术及其优越性

用电测技术的方法对非电量进行测量，称之为非电量电测技术。目前非电量电测技术已经获得了高度的发展，实际上采用非电量电测技术几乎可以测量各种非电参数，诸如机械的、热工的、化学的、光学的、声学的参数等，成为自动检测技术的重要组成部分。

在现代化工业生产过程、国防建设和基础科学研究过程中普遍采用非电量电测技术进行各种参数的检测，这是因为非电量电测技术具有一系列优点。这些优点主要是：

(1) 便于实现自动、连续测量。

(2) 具有高的灵敏度和准确度。

(3) 便于实现信号远距离传输和远距离测量。

(4) 反应速度快，不仅能测量变化速度慢的非电量，而且能测量变化速度快的非电量。

(5) 测量范围宽广，它能够测量非电量的微小变化量，也能够测量非电量的大幅度变化量。

(6) 便于与各种自动控制器和显示仪表配套，实现非电量的自动控制和自动记录。

(7) 便于与微处理器和计算机接口，实现多路非电量的数据采集、数据处理和计算机控制。

正是由于非电量电测技术的以上一系列优点，使它广泛应用于自然科学的一切领域。在现代，几乎找不到哪一个科技领域没有运用非电量电测技术。大到天文观测、宇宙航天，小到物质结构、基本粒子；从复杂深奥的生命、细胞、遗传问题到日常的工农业生产、医学、商业各部门，都越来越多地采用非电量电测技术和设备。

非电量电测技术的发展是与自然科学特别是电子技术的发展互相促进、互相推动的。一方面非电量电测技术为自然科学特别是电子技术的研究开发提供了条件，另一方面自然科学的发展，如近代电子学、计算科学、物理学和材料科学等的发展又反过来为非电量电测技术提供了新理论、新技术、新工艺、新材料、新器件，形成了相辅相成不可分割的关系。拥有先进的科学实验手段，乃是科学技术现代化的一个重要标志，而一个国家的非电量电测技术水平的高低，往往是反映一个国家科技水平的重要方面。可见，迅速提高我国非电量电测技术水平对我国科学技术和生产的发展具有重要意义。

2.1.2 非电量电测系统结构原理

在非电量电测技术中，首要的问题是如何将被测的各种非电量单值地变换为电量。在检测装置中完成这种变换的环节通常称之为传感器。传感器完成各种非电量到电量的单值变换，一般是依据某些物理效应，例如导体电阻随其温度而变化，平行板电容器的电容量随其极板之间隙变化而变化等。用上列两种物理效应可将温度单值地变换为电阻变化，将位移单值地变换为电容量变化。测量非电量的电测系统的结构原理如图2-1所示。传感器通过测量电路与电气测量仪表联系起来，电气测量仪表的刻度则以被测非电量的单位来标称。为了使电气测量仪表（主要是指模拟式或数字式电流表、电压表等）概念与整个非电量的电测系统这一概念严格区分开，通常将该电气测量仪表称之为二次仪表或非电量的电测系统的显示部分。

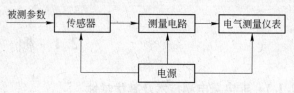

图2-1　测量非电量的电子仪表结构图

根据整个非电量的电测系统的结构原理与被测参数的不同，位于中间位置的测量电路有的与传感器结合在一起，形成传感路的组成部分，而有的测量电路却在二次仪表里面。通常，系统的三个基本环节均需要由电源供电，但也有时电源只对测量电路供电。如果所测非电量在传感器里面被变换为电阻、电容或电感之类的电参量，这些电参量的测定就必须要有辅助的电源，一般称这一类传感器为参量传感器。如果所测非电量在传感器中被变换为电势，通常称这一类传感器为发电传感器。在最简单的情况下，测量电路就是连接传感器与二次仪表的导线。如果传感器的中量是用电桥或补偿方法来测量，这时的测量电路就相当复杂了。测量电路还常常由于某些测量上的需要，增加许多环节，如稳压、放大、整流、滤波、调制、解调以及对信号进行线性化处理等环节。

通过各种传感器变换后所得到的电参量，它不仅随着所测非电量的变化而变化，而且还与被测对象的其他物理和化学属性以及周围介质的物理属性有关。例如用导体的电阻与拉力之间关系来测量拉力，则需要补偿因环境温度变化而引起的该导体电阻的变化。可见，这不仅对传感器提出了某些特殊要求，而且对测量电路和二次仪表也提出了许多特殊要求。

在非电量电测技术中，所采用的检测原理与技术是多种多样的。有的比较成熟和定型，并在生产实际中获得了较为广泛的应用，但是有的还处于研究、开发阶段，这就给非电量电测法的分类带来一定困难。目前一般采用两种分类方法：一种是按被测参数，如温度、压力、位移、速度等参量来分类；另一种是按传感器的工作机理，如应变式、电容式、压电式、光电式等来分类。本书是按照后一种分类方法来加以叙述的。对于初学者和从事研究传感器的技术人员来说，按照它们的工作机理来划分是比较合适的。下面将重点介绍传感器工作原理、特点及其对应的测量电路。

2.2　应变式传感器

目前，自动测力或称重中应用最普遍的是应变式传感器，应变式传感器有下列优点：

（1）精确度高、线性度好、灵敏度高。

（2）滞后和蠕变都较小，疲劳寿命长。

（3）容易与二次仪表相匹配，实现自动检测。

（4）结构较简单，体积较小，应用灵活。

（5）工作稳定可靠，维护和保养方便。应变式传感器除可用于测量力参数外，还可用于测量差压、加速度、振幅等其他物理量。

2.2.1 应变效应

金属导体的电阻值随着它受力所产生机械变形（拉伸或压缩）的大小而发生变化的现象，称之为金属的电阻应变效应。对于半导体材料同样存在着电阻应变效应。电阻应变效应就是应变式传感器赖以工作的物理基础。

金属导体或半导体的电阻之所以会随着其变形而发生变化，是因为导体或半导体的电阻是与材料的电阻率以及它的几何尺寸（长度和截面积）有关的，在导体或半导体承受机械变形过程中，这三者都要发生变化，因而引起导体或半导体的电阻发生变化。下面推导导体或半导体的电阻变化与变形之间的数学表达式。

取一根长度为 l、截面积为 S、电阻率为 ρ 的导体或半导体，其初始电阻为 R，则有

$$R = \rho \frac{l}{s} \qquad (2-1)$$

式中　R——电阻值，Ω；

　　　ρ——电阻率，$\Omega \cdot mm^2/m$；

　　　l——电阻丝长度，m；

　　　S——电阻丝截面积，mm^2。

如图 2-2 所示，设电阻丝在力 F 作用下，其长度 l 变化 dl，截面积 S 变化 dS，半径 r 变化 dr，电阻率 ρ 变化 $d\rho$，因而将引起电阻丝的电阻 R 变化 dR。将式 2-2 两端取对数，并求导数，可得

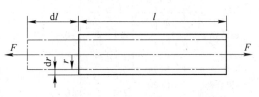

图 2-2　金属的电阻应变效应

$$\frac{dR}{R} = \frac{d\rho}{\rho} + \frac{dl}{l} - \frac{dS}{S} \qquad (2-2)$$

因为 $dS = 2\pi r dr$，所以 $\frac{dS}{S} = 2\frac{dr}{r}$；令 $\frac{dl}{l} = \varepsilon$，即电阻丝轴向相对伸长（轴向应变），而 $\frac{dr}{r}$ 则为电阻丝径向应变；根据材料力学可知，两者的比例系数为泊松系数 μ，负号表示变化方向相反，因此有

$$\frac{dr}{r} = \mu \frac{dl}{l} = \mu\varepsilon \qquad (2-3)$$

将以上关系代入式 2-2，并经整理后得

$$\frac{dR}{R} = \left[\left(1 + 2\mu \right) + \frac{\dfrac{d\rho}{\rho}}{\varepsilon} \right]\varepsilon \qquad (2-4)$$

$$k_0 = \frac{\dfrac{dR}{R}}{\varepsilon} = \left(1 + 2\mu \right) + \frac{\dfrac{d\rho}{\rho}}{\varepsilon} \qquad (2-5)$$

k_0 称为材料的应变灵敏系数。它的物理意义为单位应变所引起的电阻相对变化。由式

2 – 5 可知，材料的应变灵敏系数受两个因素的影响：一个是受力后材料的几何尺寸变化所引起的，即（$1 + 2\mu$）项；另一个是受力后材料的电阻率发生变化而引起的，即 $\dfrac{\dfrac{dR}{R}}{\varepsilon}$ 项。根据大量实验证明，在材料的比例极限内，电阻的相对变化与应变是成正比的，即 k_0 为一常数。因此式 2 – 5 可以用增量表示，即

$$\frac{\Delta R}{R} = k_0 \varepsilon \qquad\qquad (2-6)$$

上式表示导体和半导体线材的电阻相对变化与轴向应变成正比。

表 2 – 1 给出了常用的金属电阻丝材料的一些性能数据。表 2 – 1 中所列性能数据均是在常温下测得的平均数据，灵敏度系数 k_0 的数据会由于材料的机械加工方式和热处理工艺的不同，以及杂质含量多少、温度范围、应变范围的不同而变化。

表 2 – 1　常用电阻丝材料性能

材料名称	成分 /%	灵敏度 k_0	在 20℃的电阻率 ρ /$\mu\Omega \cdot m$	在 0～100℃内的电阻温度系数 ×10^{-6}/℃	最高使用温度/℃	对铜的热电势 /$\mu V \cdot ℃^{-1}$	线膨胀系数 ×10^{-6}/℃
康铜	Ni 45 Cu 55	1.9～2.1	0.45～0.52	±20	300（静态）400（动态）	43	15
镍铬合金	Ni 80 Cr 20	2.1～2.3	0.45～0.52	110～130	450（静态）800（动态）	3.8	14
镍铬铝合金（6J22，卡玛合金）	Ni 74 Cr 20 Al 3 Fe 3	2.4～2.6	0.45～0.52	±20	450（静态）800（动态）	3	13.3
镍铬铝合金（6J23）	Ni 75 Cr 20 Al 3 Cu 2	2.4～2.6	1.24～1.42	±20	450（静态）800（动态）	3	13.3
铁铬铝合金	Fe 70 Cr 25 Al 5	2.8	1.3～1.5	30～40	700（静态）1000（动态）	2～3	14
铂	Pt 100	4～6	0.09～0.11	3900	800（静态）1000（动态）	7.6	8.9
铂钨合金	Pt 92 W 8	3.5	0.68	227	800（静态）1000（动态）	6.1	8.3～9.2

对电阻丝材料应有如下要求：

（1）k_0 值大，且在相当大的应变范围内保持为常数。

（2）ρ 值大，即在同样长度、同样横截面积的电阻丝中具有较大的电阻值。

（3）电阻温度系数小，否则因环境温度变化也会改变其阻值。

（4）与铜线的焊接性能好，与其他金属的接触电势小。

（5）机械强度高，具有优良的机械加工性能。

目前常用的电阻应变丝材料有康铜和镍铬合金。康铜是应用最广泛的应变丝材料，这是由于它有很多优点。其 k_0 值对应变的恒定性非常好，不但在弹性变形范围内保持为常数，进入塑性变形范围内也基本上保持常数；康铜的电阻温度系数较小而且稳定，当采用合适的热处理工艺时，可使电阻温度系数在 $\pm 50 \times 10^{-6}/℃$ 的范围之内；康铜的加工性能好，易于焊接，因而国内外多以康铜作为应变丝材料。

镍铬合金与康铜相比其电阻率 ρ 高，且抗氧化能力较好，因此较康铜的使用温度高。其缺点是电阻温度系数较大。

镍铬铝合金是在镍铬合金的基础上添加铝等金属而成。它既保持了高电阻率和抗氧化性能好的特点，电阻温度系数也得到很大的改善。缺点是加工工艺和焊接性能不好。

贵金属及其合金的特点是具有很强的抗氧化能力，适于制作高温应变片。缺点是电阻率小，电阻温度系数较大，且价格贵。

2.2.2 电阻应变片、弹性体与应变胶

应变式传感器通常由弹性体、应变片与应变胶、桥路组成。用弹性体将被测力成比例地转换为应变；用应变胶将应变片粘贴在弹性体的恰当表面合适位置，使应变片与弹性体同步发生应变；用应变片将应变进一步成比例地转换为电阻相时变化量；最后将应变片连接成四臂电桥，通常桥路将应变片的电阻相对变化量转换成电压信号输出。下面将对应变式传感器的各组成环节分别予以介绍。

2.2.2.1 电阻应变片

A 电阻应变片的基本结构

图 2-3 示出了电阻应变片的基本构造。它由敏感栅、基片、盖片、引线等组成。敏感栅一般分丝式和箔式两种。丝式敏感栅通常由直径 0.01 ~ 0.05mm 的电阻应变丝弯曲而成栅状；箔式敏感栅通常是用极薄的康铜箔（3 ~ 5mm）蚀刻成栅状。敏感栅实际上是一个电阻元件，它是感受应变并将应变成比例地转换为电阻变化的敏感部分。盖片和基片将敏感栅紧密地粘合在其间，对敏感栅起几何形状固定和绝缘、保护作用。基片要将弹性体的应变准

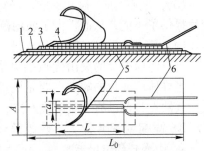

图 2-3 应变片的基本结构

1—粘合剂；2—基底；3—粘合层；4—盖片；
5—敏感栅；6—引出线；L—敏感栅长度；
a—敏感栅宽度；L_0—基长；A—基宽

确地传递到敏感栅上去，因此它很薄，一般在 0.03 ~ 0.06mm，使它与弹性体及敏感栅能牢固地粘合在一起。此外它还应有良好的绝缘性能、抗潮性能和耐热性能。基片和盖片的材料有胶膜、纸、玻璃纤维布等。胶膜比纸具有更好的柔性、耐湿性和耐久性，且使用温度较高，可达300℃，因此获得了广泛应用。玻璃纤维布能耐 400 ~ 450℃ 高温，多用于中、高温应变片。引线的作用是将敏感栅电阻元件与测量电路相连接，一般由 0.1 ~ 0.2mm 直径的低阻镀锡铜丝制成，并与敏感栅两输出端相焊接。

电阻应变片种类较多，常见的有丝式电阻应变片、箔式电阻应变片和半导体应变片。几种电阻应变片的结构形式分别示于图 2-4 ~ 图 2-6。

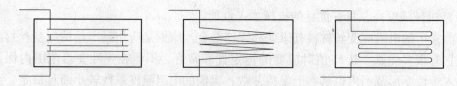

图 2-4 几种常见的丝式电阻应变片

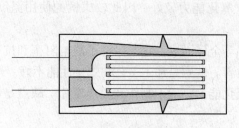

图 2-5 箔式电阻应变片

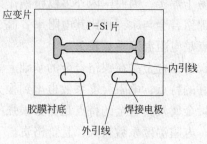

图 2-6 半导体应变片

箔式电阻应变片与丝式电阻应变片相比具有下列特点：

（1）由于箔栅很薄，在箔材与丝材截面积相同时，箔材与粘接层的接触面积比丝材大，使其能很好地与弹性体同步发生应变。其次，箔栅的端部可以制作得较宽，有利于改善其性能和提高应变测量精确度。

（2）箔栅表面积大，散热条件好，允许通过较大的电流，输出较强的电信号，从而提高测量灵敏度。

（3）箔栅的加工尺寸准确，一致性好；能制以复杂的形状，为制造应变花和小标距应变片提供了可能，从而扩大了使用范围。

（4）箔式电阻应变片采用先进光刻加工工艺，便于大批量生产。

半导体应变片的突出优点是灵敏度高，即单位应变所引起应变片的电阻相对变化量大；半导体应变片的缺点主要是温度稳定性能较差和在大应变作用下灵敏系数的变化较大。其缺点目前已有一些解决方法，但解决得不是很好，因此其应用还不够广泛。

B 电阻应变片的工作特性及参数

a 应变片的灵敏系数

将电阻应变丝做成电阻应变片后，其电阻－应变特性与金属单丝时是不同的，因此必须重新用实验来测定它。此实验必须按规定的统一标准来进行。测定时，规定将电阻应变片粘贴在一维受力状态下的试件上，例如受轴向拉压的直杆、纯弯梁等，试件材料规定为泊松系数 $\mu_0 = 0.285$ 的钢材。用一定加载方式使直杆或梁发生变形，电阻应变片的电阻亦发生相应的变化。用测量应变的专用仪器测定直杆或梁的应变；用精密电阻电桥或其他专用仪器测出应变片相对应的电阻变化，即可测得电阻应变片的电阻－应变特性。

实验证明，$\dfrac{\Delta R}{R}$ 与 ε 的关系在很大范围内仍然有很好的线性关系，即

$$\frac{\Delta R}{R} = k\varepsilon \tag{2-7}$$

$$k = \frac{\dfrac{\Delta R}{R}}{\varepsilon} \tag{2-8}$$

k 称为电阻应变片的灵敏系数。应该强调指出，它是在试件受一维应力作用，应变片轴向与主应力方向一致，且试件材料必须是泊松系数等于 0.285 的钢材时得出来的。换句话说，应变片的灵敏系数是在二维应变场中测定的。此应变场的两主应变的比值是 -0.285，且应变片的轴线与绝对值较大的主应变方向相一致。

因应变片粘贴到试件上后不能取下再用，所以只能在每批产品中提取一定百分比（如 5%）的产品来进行测定，然后取其平均值作为这一批产品的灵敏系数，称其为"标称灵敏系数"。实验证明，应变片的灵敏系数 k 恒小于线材的灵敏系数 k_0，究其原因，主要是在应变片中存在着所谓横向效应。

b 应变片的横向效应与横向灵敏度

应变片的敏感栅中除了有纵向丝栅以外，还有圆弧形或直线形的横栅。横栅既对应变片轴线方向的应变敏感，又对垂直于轴线方向的横向应变敏感；当电阻应变片粘贴在一维拉力状态下的试件上时，应变片的纵向丝栅因发生纵向拉应变 ε_x，使其电阻值增加，而应变片的横栅因同时感受纵向拉应变 ε_x 和横向压应变 ε_y 而使其电阻值减小，因此应变片的横栅部分将纵向丝栅部分的电阻变化抵消了一部分，从而降低了整个电阻应变片的灵敏度。这就是应变片的横向效应。

当应变片处于任意平面应变场中时，其电阻变化率可用下式表示

$$\frac{\Delta R}{R} = k_x \varepsilon_x + k_y \varepsilon_y \qquad (2-9)$$

$$C = k_y / k_x \qquad (2-10)$$

$$k_x = \left(\frac{\Delta R/R}{\varepsilon_x} \right)_{\varepsilon_y = 0} \qquad (2-11)$$

$$k_y = \left(\frac{\Delta R/R}{\varepsilon_y} \right)_{\varepsilon_x = 0} \qquad (2-12)$$

式中　ε_x——沿应变片主轴线方向的应变；

　　　ε_y——垂直于主轴线方向的应变；

　　　k_x——应变片的主轴线方向应变的灵敏系数，它代表 $\varepsilon_y = 0$ 时，敏感栅电阻相对变化与 ε_x 之比；

　　　k_y——应变片的横向应变的灵敏系数，它代表 $\varepsilon_x = 0$ 时，敏感栅电阻相对变化与 ε_y 之比；

　　　C——应变片的横向灵敏度，它说明横向应变对应变片输出的影响，通常可用实验方法来测定 k_x 和 k_y，然后再求 C。

应指出的是，k_x 和 k_y 是在单向应变场而不是在单向应力场中测出的。当应变片的主轴线与应变的方向一致时测出 k_x；当应变片的主轴线与应变的方向垂直时测出 k_y。

标定电阻应变片的灵敏系数 k 是在单向应力状态下，且标定梁材料的泊松系数为 $\mu_0 = 0.285$，因此有 $\varepsilon_y = -\mu_0 \varepsilon_x$。由式 2-9 得出

$$\frac{\Delta R}{R} = k_x (1 - C\mu_0) \varepsilon_x = k \varepsilon_x \qquad (2-13)$$

可见

$$k = k_x (1 - C\mu_0) \qquad (2-14)$$

上式说明了应变片标定的灵敏系数 k 与应变片主轴向灵敏系数 k_x 及横向灵敏度 C 之间的关系。从上式可以看出，减小横向效应影响的有效办法是减小应变片的横向灵敏度 C；而 C 主要是与敏感栅的构造及尺寸有关，显然，敏感栅的纵栅愈窄、愈长，而横栅愈宽、愈短，则应变片的横向灵敏度 C 值愈小，即横向效应的影响愈小。

c　线性度、滞后、零漂、蠕变和应变极限

(1) 线性度。应变片粘贴在试件上后，对试件逐渐加载，应变片的 $\Delta R/R - \varepsilon$ 特性曲线严格地说不是一条直线，即在大应变时出现了非线性。应变片的非线性通常是很小的，一般要求在 0.05% 以内。

(2) 滞后。当对贴有应变片的试件进行循环加卸载时，加载 $\Delta R/R - \varepsilon$ 特性曲线与卸载 $\Delta R/R - \varepsilon$ 特性曲线的不重合程度称为机械滞后。将应变片粘贴在试件上，保持试件的载荷为恒定值，而使其温度反复升高和降低。在温度循环中，同一温度下应变片指示应变的差值称为应变片的热滞后。一般对于新粘贴好的应变片，最好在测试前先对试件进行三次以上的加、卸载循环，以减小应变片的机械滞后和非线性误差。为减小应变片的热滞后，应对试件在超过工作温度 30% 左右反复进行升降温循环若干次。

(3) 零漂和蠕变。粘贴在试件上的应变片在不承受载荷和恒定温度环境条件下，电阻值随时间变化的特性称为应变片的零漂。粘贴在试件上的应变片，保持温度恒定，使试件在某恒定应变下 (如 500、1000 微应变)，应变片的指示应变随时间而变化的特性称为蠕变。零漂和蠕变都是用来衡量应变片的时间稳定性的参数，它们直接影响长时间测量结果的准确性。

(4) 应变极限。粘贴在试件上的应变片所能测量的最大应变值称为应变极限。在恒温的试件上施加均匀而缓慢变化的拉伸载荷，当应变片的指示应变低于真实应变值的 10% 时，该真实应变值作为该批应变片的应变极限。

d　应变片的动态响应特性

电阻应变片在测量变化频率较高的动态应变时，应变是以应变波的形式在材料中传播的，它的传播速度与声波相同，对于钢材 $v \approx 5000\text{m/s}$。应变波由试件材料表面，经黏合层、基片传播到敏感栅，所需的时间是非常短暂的，如应变波在黏合层和基片中的传播速度为 1000m/s，黏合层和基片的总厚度为 0.05mm，则所需时间约为 $5 \times 10^{-8}\text{s}$，因此可以忽略不计。但是由于应变片的敏感栅相对较长，当应变波在纵栅长度方向上传播时，只有在应变波通过敏感栅全部长度后，应变片所反映的波形经过一定时间的延迟，才能达到最大值。图 2-7 所示为应变片对阶跃应变的响应特性。图 2-7 (a) 表示应变波为阶跃波，图 2-7 (b) 表示应变片的理论响应特性，图 2-7 (c) 表示应变片的实际响应特性。由图可以看出上升时间 t_K 可表示为

$$t_K = 0.8 \frac{L}{v} \tag{2-15}$$

式中　L——敏感栅长度；

　　　v——应变波速。

若取 $L = 20\text{mm}$，$v = 5000\text{m/s}$，则 $t_K = 3.2 \times 10^{-6}\text{s}$。

当测量按正弦规律变化的应变波时，由于应变片反映出来的应变波形是应变片纵栅长度内所感受应变量的平均值，因此应变片所反映的波幅将低于真实应变波，从而带来一定

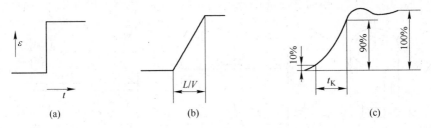

图 2-7 应变片对阶跃应变的响应特性

测量误差。显然这种误差将随应变片基长的增加而加大。图 2-8 表示应变片正处于应变波达到最大幅值时的瞬时情况。

由图 2-8 可以列出此时应变片敏感栅长度 L 内的平均应变的最大值 ε_p 的表达式，即

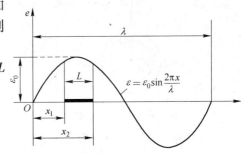

$$\varepsilon_p = \frac{\int_{x_1}^{x_2} \varepsilon_0 \sin \frac{2\pi}{\lambda} x \mathrm{d}x}{x_2 - x_1} = \frac{\lambda \varepsilon_0}{\pi L} \sin \frac{\pi L}{\lambda}$$

$$(2-16)$$

图 2-8 应变片对正弦应变波的响应特性

因而应变波幅测量的相对误差 e 为

$$e = \frac{\varepsilon_p - \varepsilon_0}{\varepsilon_0} = \frac{\lambda}{\pi L} \sin \frac{\pi L}{\lambda} - 1 \qquad (2-17)$$

由上式可以看出，测量误差 e 与比值 $n = \dfrac{\lambda}{L}$ 有关。n 值愈大，误差 e 愈小。一般可取 $n = 10 \sim 20$，其误差小于 $1.6\% \sim 0.4\%$。

2.2.2.2 弹性体

A 常用弹性体的结构形式

根据弹性体的形状不同，可分为柱式、梁式、环式等数种。柱式通常用于测量较大的力，如称重、轧制力测量等，最大量程可达 $10^7 N$。为了增大柱的外径，以便于粘贴应变片，以及抵抗由于载荷偏心或侧向分力引起的弹性体弯曲影响，往往使用空心柱（筒）式结构。环式一般亦用于测量 500N 以上的大载荷，与柱式相比，其应力分布变化大，且有正有负，便于将贴片接成差动电桥。梁式结构灵敏度高，适于测量较小的载荷，多在 $1 \sim 10^3 N$ 的范围。

常用的几种弹性体的结构形式示于图 2-9。在进行弹性体结构形式具体选择时，应考虑应变式传感器的用途、工作环境、安装部位的空间大小、受力形式、力的大小、灵敏度和精确度要求、应变片的结构尺寸等因素。

B 弹性体材料的选择

一个良好的传感器弹性体的材料应具备下列要求：

(1) 具有高的强度，以便在高载荷下，保证有足够的安全性能。

(2) 具有高的弹性极限和尽量小的弹性滞后。

(3) 经热处理后，残余应力小，具有均匀而稳定的组织，而且是各向同性。

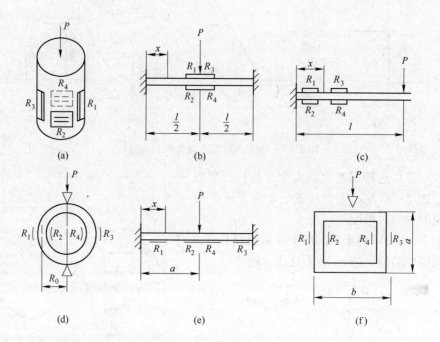

图 2-9 常见的弹性元件结构形式

（a）柱型（圆柱、圆筒）；（b）双端固支梁型；（c）悬臂梁型；（d）薄壁环型；（e）圆板型；（f）框型

（4）具有良好的疲劳性能。

（5）具有较小的热膨胀系数和恒定的弹性模量。

（6）良好的机械加工及热处理性能。

（7）在腐蚀气氛下使用时，具有抗腐蚀能力。

在实际应用中经常选用合金结构钢制作弹性体，其中使用较多的是铬 40。如对疲劳寿命有特殊要求，多选用弹簧钢，如硅锰弹簧钢。合金结构钢的优点是抗拉强度和屈服强度均高，因此弹性变形大而不产生塑性变形；弹簧钢的淬透性好，疲劳寿命高，适于制作永久性传感器。

C   弹性体工作应力的选择

从提高传感器的精确度、分辨力的观点出发，根据弹性体的强度极限选择好工作应力很重要。由于应变片与应变胶的屈服强度比弹性体材料低得多，如铬 40 的屈服强度为 800MPa，而康铜和缩甲乙醛的屈服强度仅为 400MPa；若工作应力完全按照弹性体材料的屈服强度去取，则将大大超过应变片和应变胶材料的屈服强度，使应变片和应变胶产生较大的蠕变，甚至产生塑性变形，这样，便会造成应变片与弹性体之间的"滑移"，最后导致脱胶。考虑到上列因素，实取弹性体材料的许用应力 $[\sigma]$ 一般为该材料屈服强度的 $\frac{1}{3} \sim \frac{1}{4}$，即 $[\sigma] \approx \left(\frac{1}{3} \sim \frac{1}{4}\right)\sigma_s$，如对合金钢可取 $[\sigma] = 200 \sim 300$MPa。

弹性体最好选用锻件，锻打可以提高屈服强度和冲击韧性。最后还需进行整体热处理和时效处理，以提高其硬度和减小残余应力。

D   弹性体尺寸的选择

在确定弹性体尺寸时，应考虑下列因素：

（1）弹性体在粘贴电阻应变片的截面上其应力分布均匀，变形均匀、单一。电阻应变片反映的应变信号与被测载荷之间呈线性关系。例如对于圆柱形弹性体，其高度 L 与直径 D 的比值一般取 $L/D \geqslant 2$，这样可以减少应力集中。

（2）弹性体受力变形后具有良好的重复性和稳定性。对于圆柱形弹性体，当比值 L/D 取得过大时，将使弹性体失去弹性稳定性，发生挠曲。因此常做成空心圆柱体，以减小 L/D 值，提高稳定性。

（3）弹性体应该具有较强的抗侧向力能力。弹性体在实际工作过程中经常存在着侧向力和经常出现偏心载荷，为减小侧向力和偏载对传感器测量的影响，应设法提高弹性体的抗侧向力能力。常用的技术措施有下列几项：

1）空心圆柱体比实心圆柱体不仅稳定性好，而且提高了抗侧向力能力。

2）采用附加抗侧向力膜片，由于膜片轴向刚度小，对传感器的灵敏度影响甚微，而膜片的径向刚度却很大，因此可大大提高抗侧向力能力。

3）采用组合式弹性体，组合式弹性体结构原理图示于图 2 – 10。

对于组合式弹性体，由于将数个弹性体有机地组合在一起，大大提高了抗弯刚度，因此具有较好的抗侧向力能力。

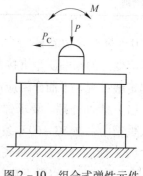

图 2 – 10　组合式弹性元件

2.2.2.3　应变胶

A　应变胶的种类和性能

应变片与弹性体之间的粘接与一般粘接相比，不仅要求粘接强度高，而且要求粘合层的剪切弹性模量大，以便能真实地传递应变。此外粘合层还应有高的绝缘电阻、良好的防潮防油性能、小的机械滞后、良好的耐疲劳性能以及使用简便等特点。应变胶是制造高精度应变式传感器的关键之一。

常用的应变胶可分为有机和无机两大类。有机应变胶多用于低温、常温和中温，无机应变胶多用于高温。选用时要根据基片材料、工作温度、潮湿程度、稳定性要求、加温加压的可能性和粘贴时间的长短等因素来考虑。表 2 – 2 列出了常用应变胶及其使用条件。

表 2 – 2　常用应变胶及其使用条件

粘合剂类型	主要成分	牌号	适于粘合的基底材料	最低固化条件	固化压力 $/10^4\,Pa$	使用温度 $/℃$
硝化纤维素粘合剂	硝化纤维素（或乙基纤维素）溶液	万能胶	纸	室温，10h 或 60℃，2h	0.5 ~ 1	– 50 ~ 80
α – 氰基丙烯酸粘合剂	α – 氰基丙烯酸树脂	501 502	纸、胶膜、玻璃纤维布	室温，1h	粘合时指压	– 50 ~ 80
酚醛树脂类粘合剂	酚醛 – 聚乙烯醇缩丁醛	JSF – 2	胶膜、玻璃纤维布	150℃，1h	1 ~ 2	– 60 ~ 120
	酚醛 – 聚乙烯醇缩甲乙醛	1720	胶膜、玻璃纤维布	190℃，3h	—	– 60 ~ 100
	酚醛 – 有机硅	J – 12	胶膜、玻璃纤维布	200℃，3h	—	– 60 ~ 350

粘合剂类型	主要成分	牌号	适于粘合的基底材料	最低固化条件	固化压力 /10^4Pa	使用温度 /℃
环氧类粘合剂	环氧树脂、聚硫酚酮胺固化剂	914	胶膜、玻璃纤维布	室温，2.5h	粘合时指压	-60~80
	环氧树脂、固化剂等	509	胶膜、玻璃纤维布	200℃，2h	粘合时指压	-100~250
	环氧树脂，酚醛树脂、甲苯二酚、石棉粉等	J06-2	胶膜、玻璃纤维布	150℃，1h	1~2	-60~250
聚酰亚胺粘合剂	聚酰亚胺	30~14	胶膜、玻璃纤维布	280℃，2h	1~3	-150~250 +300（短期）

B　应变片的粘贴

应变片的粘贴质量直接影响应变测量的精确度，直接关系着应变式传感器的质量，应引起足够重视。下面介绍应用比较广泛的箔式电阻应变片的粘贴工艺：

（1）表面处理。要求弹性体的表面光洁度要好，并清除表面杂质、油污和锈渍，而后放入烘箱中，在 50~60℃条件下烘去水汽。

（2）涂底胶。首先将底胶稀释、过滤，进而将烘干的弹性体放入底胶中浸泡，待 2~3 分钟后取出并在室温下自然晾干，然后需放入恒温烘箱进行聚合处理。

（3）确定贴片位置。为了使应变片布片均匀，可将弹性体放在钳工平台上画线。画线时需注意应变片的外形尺寸，以便贴片时让其边缘与所画线对准。

（4）贴片。用丙酮或四氯化碳溶液将欲贴片处及应变片粘贴面的油污擦净，晾干后涂一层薄而均匀的应变胶。待稍干后，将应变片贴在画线位置处；贴片后，在应变片上盖上一层玻璃纸，加压将多余的胶和气泡排出；加压时需防止应变片错位。

（5）加压固化。根据所使用的应变胶的固化工艺要求进行固化处理。

（6）粘贴质量检查。检查粘贴位置是否正确，粘合层是否有气泡，敏感栅是否有断路，敏感栅的绝缘性能等。

（7）组桥连线。检查合格后即可焊接引出导线，应变片应按一定的组桥方式连接；引出线要适当地加以固定，以防止因摆动而折断。图 2-11 为单全桥的组桥方式接线展开图。

（8）连线固定。用应变胶涂刷连线的松动部分，然后进行固化处理。温度可适当提高 10~15℃，以清除在贴片过程中所产生的内应力，提高稳定性并减少零点漂移。

应变式传感器在贴片完毕并组桥后，还需进行一系列调整补偿工作，才能投入实际使用。

2.2.2.4　测量电路

A　电桥电路

通过应变片可以将应变转换为电阻变化，但还需进一步将电阻变化转换成电压或电流变化，才便于用电测仪表进行测量。电桥电路是进行此种变换的最常用方法。

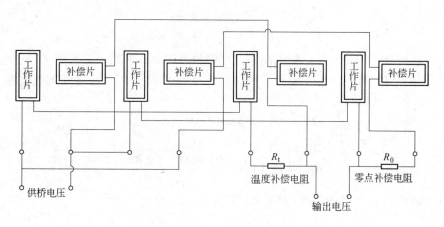

图 2-11 单全桥接线展开图

电桥电路如图 2-12 所示。桥臂电阻 R_1、R_2、R_3、R_4 分别表示粘贴在弹性体上的应变片之等效电阻。R_D 表示连接在对角线 ab 间的负载（如放大器、二次仪表等）等效输入电阻；在对角线 cd 间连接的供桥电源电压为 U。

为了求出流过 R_D 的电流 I_D，可根据等效发电机原理画出电桥电路的等效电路，并示于图 2-13。其中 U_0 和 R_0 分别为

$$U_0 = U\left(\frac{R_1}{R_1 + R_2} - \frac{R_3}{R_3 + R_4}\right) \tag{2-18}$$

$$R_0 = \frac{R_1 R_2}{R_1 + R_2} + \frac{R_3 R_4}{R_3 + R_4} \tag{2-19}$$

于是
$$I_D = U\frac{R_1/(R_1 + R_2) - R_3/(R_3 + R_4)}{R_D + R_1 R_2/(R_1 + R_2) + R_3 R_4/(R_3 + R_4)}$$

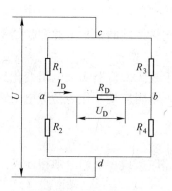

图 2-12 电桥电路

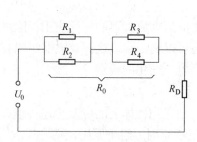

图 2-13 电桥等效电路

将上式变换、化简后可得

$$I_D = U\frac{R_1 R_4 - R_2 R_3}{R_D(R_1 + R_2)(R_3 + R_4) + R_1 R_2(R_3 + R_4) + R_3 R_4(R_1 + R_2)} \tag{2-20}$$

$$U_D = I_D \cdot R_D \tag{2-21}$$

当 $R_1 R_4 = R_2 R_3$ 时，$I_D = 0$，桥路平衡。若桥路负载的等效输入电阻极大，即可认为 $R_D \rightarrow \infty$，则由式 2-20 和式 2-21 可得出

$$\frac{U_D}{U} = \frac{R_1 R_4 - R_2 R_3}{R_2 R_3 + R_1 R_4 + R_1 R_3 + R_2 R_4} \qquad (2-22)$$

实际上应用最多的是对称电桥电路，对称电桥可由下列两种方式实现。

（1）取 $R_1 = R_3$ 和 $R_2 = R_4$，$U =$ 常数，$R_D = \infty$，并设 $R_i (i = 1 \sim 4)$ 的变化量为 ΔR_i，$\Delta R_i \ll R_i$。由式 2-22 可得

$$\frac{U_D}{U} = \frac{R_1 R_2 \left(\frac{\Delta R_1}{R_1} + \frac{\Delta R_4}{R_4} - \frac{\Delta R_2}{R_2} - \frac{\Delta R_3}{R_3} \right) + \Delta R_1 \Delta R_4 - \Delta R_2 \Delta R_3}{(R_1 + R_2)^2 \left(1 + \frac{\Delta R_1 + \Delta R_2 + \Delta R_3 + \Delta R_4}{R_1 + R_2} \right)} \qquad (2-23)$$

当电阻的相对变化很小，即 $\Delta R_i \ll R_i$，则上式可简化为

$$\frac{U_D}{U} = \frac{R_1 R_2}{(R_1 + R_2)^2} \left(\frac{\Delta R_1}{R_1} + \frac{\Delta R_4}{R_4} - \frac{\Delta R_2}{R_2} - \frac{\Delta R_3}{R_3} \right) \qquad (2-24)$$

令 $\frac{\Delta R_i}{R_i} = K \varepsilon_i (i = 1 \sim 4)$，则上式可表示为

$$\frac{U_D}{U} = \frac{K(\varepsilon_1 + \varepsilon_4 - \varepsilon_2 - \varepsilon_3)}{2 + R_1/R_2 + R_2/R_1} \qquad (2-25)$$

（2）取 $R_1 = R_2$ 和 $R_3 = R_4$，$U =$ 常数，$R_D = \infty$，并设 $R_i (i = 1 \sim 4)$ 的变化量为 ΔR_i，$\Delta R_i \ll R_i$。由式 2-23 和式 2-24 可得

$$\frac{U_D}{U} = \frac{1}{4} \left(\frac{\Delta R_1}{R_1} + \frac{\Delta R_4}{R_4} - \frac{\Delta R_2}{R_2} - \frac{\Delta R_3}{R_3} \right) \qquad (2-26)$$

上面讨论了直流电桥的情况。如果在上述的式子中用复数阻抗 Z 代替电阻 R，且电流与电压都用复数代替，则上述各公式和原理在交流电桥中同样适用。

应变式传感器的桥路额定输出电压一般为数毫伏到数十毫伏。因此还需将其放大后再进行显示和记录。对于应用较多的直流电桥，多采用低漂移的集成运放构成零点和增益可调的直流放大器，进行直流电压放大。同时还需要附设桥路的供桥电源和初始平衡校准等附加电路。

随着集成运算放大器的广泛应用，除可以利用上述无源桥路实现电阻变化到电压变化的转换，还可以利用集成运算放大器组成有源桥路，电阻应变片作为桥臂电阻，从而实现电阻变化到电压变化的转换[2~5]。

B　组桥原则与方式

在将粘贴在弹性体上的应变片连接组成电桥电路时应遵循下列原则和方式：

（1）组桥原则。组桥原则包括：

1）能减小或消除偏心载荷及环境温度对测量的影响。

2）尽可能提高灵敏度，以改善信噪比，降低长导线和噪声影响。

（2）组桥方式。组桥方式有：

1）将在弹性体上对称分布的应变片串联起来组成一个桥臂，可以减小或消除偏心和不均匀载荷的影响。

2）将工作片（弹性体上的纵向贴片）与补偿片（弹性体上的横向贴片）接成相邻桥臂，可以补偿环境温度变化对测量的影响。

3）将多片应变片串联构成一个桥臂，可以提高供桥电源的电压，从而提高电桥的输出电压，即提高电桥的电压灵敏度。

4）将多片应变片并联构成一个桥臂，可以增大工作电流，从而提高电桥的输出电流，即提高电桥的电流灵敏度。

可见组桥方式对应变式传感器的性能有明显的影响，因此需根据传感器的具体工作条件和性能要求，选择最佳的组桥方式。

C　供桥电源

应变式传感器的供桥电源一般分为直流和音频交流两种。在特殊情况下也有采用脉冲供电方式的。对于响应速度要求不高的指示系统多采用音频交流供桥，对于响应速度要求比较高的指示系统多采用直流供桥。直流供桥的特点是：容易获得高稳定度的直流电源；电桥输出的直流信号经直流放大后，便于使用通用的直流测量仪表对传感器的输出进行测量；对传感器至二次仪表之间的连接导线要求较低；电桥的初始平衡、校准电路比较简单等多种优点。其缺点是信号在传输过程中容易引入工频干扰，而且所使用的直流放大器要求较高。

音频交流供桥的特点是：电桥输出为交流调制信号，放大电路比较简单，无零点漂移，工频干扰容易抑制等。但是需用专用测量仪表对传感器输出进行测量，测量精确度相对较低，而且对传输线及平衡电路要求较高，因而限制了它的应用范围。

应变式传感器对供桥电源的稳定度和输出电流负载能力要求较高；供桥电源的稳定度应该根据传感器的精度而定，通常要求其基本误差的绝对值不超过传感器基本误差绝对值的1/5。

D　初始平衡校准电路

传感器的电桥虽经零位调整，但往往在初始状态下不是零电平输出，因此需设置电桥的初始平衡校准电路。如图2-14所示，如果传感器电桥为直流供电，电桥的平衡仅需电阻平衡，即用电位器 R_3 与电阻 R_2 组成T形电路接到传感器电桥上，相当于在电桥的相邻两臂上各并联一个电阻。改变电位器触点的位置亦即相应地改变并联电阻的阻值。利用此法可方便地进行初始平衡调整。若电桥采用交流供电，由于连接导线间的寄生电容等因素影响，除了进行电阻平衡外，还必须进行电容平衡。图2-14中的电位器 R_1 和电容 C 组成了电容平衡电路。

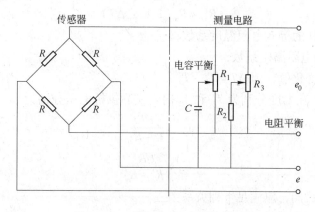

图2-14　电桥初始平衡校准电路

2.2.3 应变式传感器的参数调整与补偿

应变式传感器需要在环境条件比较恶劣的工业生产现场长期使用，属于永久性传感器，并且对其精确度要求高，所以在传感器的组装调试过程中需要进行必要的参数调整和补偿。图 2 - 15 为参数调整和补偿后的应变式传感器测量电路原理图。从图 2 - 15 中可以看出，应变式传感器的参数调整和补偿内容主要有四项。下面逐项加以介绍。

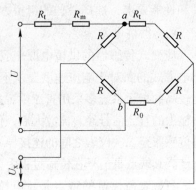

图 2 - 15 应变式传感器典型电路

2.2.3.1 传感器灵敏度的温度补偿

对于应变式传感器，其输出灵敏度的定义是，在额定载荷作用下，单位供桥电源电压所引起的桥路输出电压，即

$$K = \frac{e_{\mathrm{m}}}{U} \qquad (2-27)$$

式中 K——应变式传感器的输出灵敏度，mV/V；

　　　e_{m}——在额定载荷作用下应变片电桥的输出电压，mV；

　　　U——供桥电源的电压，V。

理论和实验表明，应变式传感器的输出灵敏度会随着温度而变化，其原因主要是由于弹性体的弹性模量随着温度的升高而下降，另外应变片的灵敏系数亦随温度变化。通常随着温度升高，传感器的输出灵敏度升高，亦即电桥的输出电压增加；因此在电桥的电源回路上串联一个电阻 R_{m}。它是由电阻温度系数较大的金属材料制成的，如镍丝的电阻温度系数约为 0.0063/℃。当温度升高时，R_{m} 电阻增大，使实际供桥电压降低，电桥的输出电压下降，因而起到灵敏度温度补偿作用。通常应将 R_{m} 尽量靠近应变片处。下面推导 R_{m} 的计算表达式。

设在未加入 R_{m}、R_{s} 时，电桥是由应变片接成的全桥，每臂的等效电阻为 R，供桥电源电压为 U。当温度为 T_1 时测得传感器输出灵敏度为 K_1；温度为 T_2 时测得输出灵敏度为 K_2，应变片的阻值为 R'，输出灵敏度补偿电阻 R_{m} 变为 R'_{m}，则有

$$R' = R(1 + \alpha_{\mathrm{g}} \Delta T) \qquad (2-28)$$

$$R'_{\mathrm{m}} = R_{\mathrm{m}}(1 + \alpha_{\mathrm{m}} \Delta T) \qquad (2-29)$$

式中 α_{g}——应变片的等效电阻温度系数；

　　　α_{m}——R_{m} 的电阻温度系数；

　　　ΔT——温度变化值，即 $\Delta T = T_2 - T_1$。

当接上 R_{m} 后，在温度分别为 T_1 和 T_2 时，实际供桥电压分别为

$$U_1 = \frac{UR}{R + R_{\mathrm{m}}} \qquad (2-30)$$

$$U_2 = \frac{UR'}{R' + R'_{\mathrm{m}}} \qquad (2-31)$$

为了达到补偿目的，应满足下列关系

$$K_1 U_1 = K_2 U_2 \qquad (2-32)$$

将上列各式联立求解，可得出 R_m 的计算表达式为

$$R_m = \frac{R(K_2 - K_1)}{K_1\left(\dfrac{1 + \alpha_m \Delta T}{1 + \alpha_g \Delta T}\right) - K_2}$$ (2-33)

2.2.3.2　传感器输出灵敏度调整

对于批量生产的应变式传感器，往往需要其输出灵敏度均相同。由于传感器的组成环节（如弹性体、应变片等）的制造公差等因素导致传感器的输出灵敏度不一致，因此需要通过灵敏度调整措施，使各传感器的输出灵敏度相同。通常是在电桥的电源回路上串联一个输出灵敏度标准化电阻 R_s，改变 R_s 就可以调节灵敏度达到标准值，所需的 R_s 值可按下式计算：

$$R_s = \frac{R(K_1 - K_0)}{K_0} - R_m$$ (2-34)

式中　K_0——规定的标准输出灵敏度，mV/V。

R_s 一般用电阻温度系数尽量小的材料制成，例如锰铜。由于电桥电源电路中串入了 R_m 和 R_s，使电桥输出灵敏度有所下降，故在弹性体和电路设计时，应预先使灵敏度适当提高一些。

2.2.3.3　传感器零点温度漂移补偿

根据对应变式传感器的实测结果表明，传感器在不承受载荷时，其零点输出基本上随温度成线性变化。因此需要对其零点温度漂移进行补偿，其补偿方法是，首先实测传感器输出的零点温度漂移值，然后根据漂移值的极性和大小，在适当的桥臂中串联一阻值合适的零点温漂补偿电阻 R_t，使 R_t 随温度变化而产生的输出恰好与零点温漂电压数值相等而符号相反。R_t 一般用电阻温度系数较高的金属材料制成，如铜丝、镍丝等。所需的 R_t 值可按下式计算：

$$R_t = \frac{4X_t(R + R_m + R_s)}{1000\Delta T \cdot \alpha}$$ (2-35)

式中　X_t——温度变化 ΔT 时传感器输出零点温漂值，mV/V；

α——R_t 的电阻温度系数，1/℃。

2.2.3.4　传感器的零点补偿

传感器贴片、组桥后，由于应变片阻值有一定的制造公差和贴片过程产生的残余应力，使得弹性体不承载时桥路输出电压值不为零。因此需根据传感器输出零点电压值的大小和极性，以及桥路的平衡条件，在适当的桥臂上串入合适阻值的零点平衡电阻 R_0。它的作用是用以平衡掉由于应变片起始电阻值不同而造成电桥零点输出。所需 R_0 阻值可按下式计算：

$$R_0 = \frac{4X_0(R + R_m + R_s)}{1000}$$ (2-36)

式中　X_0——未加 R_0 时，电桥原始零点输出，mV/V。

R_0 通常采用温度系数低的金属材料制成，例如锰铜、康铜丝等。

当进行高精度或高温条件下的测量时，塑性变形所引起的蠕变不容忽视，除了采取以上调整、补偿措施以外，还应利用人工智能技术针对蠕变采取相应的措施[6]。

2.2.4　应变式传感器的应用

应变式传感器可分为粘贴式和非粘贴式两类。粘贴式传感器是将应变片粘贴于弹性体上，将弹性体的应变量通过应变胶传递给应变片，再经应变片转换成电阻值的变化；非粘贴式传感器是将应变丝固结于壳体和弹性敏感元件之间，用来将位移量转换成金属应变丝的电阻值变化，此类传感器亦称张丝式传感器。应变式传感器按其用途不同来分，可分为应变式测力传感器、应变式压力传感器、应变式加速度传感器、应变式位移传感器等。下面简要介绍几种典型的应变式传感器。

2.2.4.1　应变式测力传感器

测力传感器一般以弹性体作为力敏元件，用它将被测力的变化转换成应变量的变化，而在弹性体上粘贴的应变片再把应变量变换为电阻量的变化。图2-16列出了三种典型结构。柱式弹性体的特点是结构简单、紧凑，可承受很大载荷。根据弹性体截面形状可分为方形截面、圆形截面、空心截面等。当载荷较小时，为增大柱的曲率半径，便于粘贴应变片等，往往使用空心筒式结构。悬臂梁式弹性体结构简单，加工容易，应变片容易粘贴，灵敏度较高，适用于测量小载荷。环式也多用于测量较大载荷，与柱式相比，它的应力分布有正有负，如图2-16（b）所示粘贴应变片，很容易接成差动电桥。

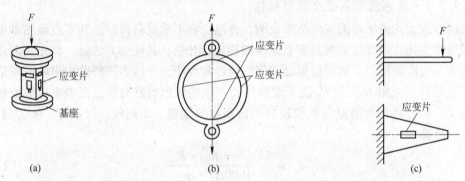

图2-16　应变式测力传感器
（a）柱式；（b）环式；（c）悬臂梁式

2.2.4.2　应变式压力传感器

常见的应变式压力传感器有平膜式、筒式和组合式等。它们的结构原理图分别示于图2-17~图2-19。

平膜片压力传感器的压力测量范围为$10^5 \sim 10^6$Pa。平膜作为感压弹性元件，往往做成凸缘结构形式，以便于固结在壳体上。需根据应力分布，如图2-17（b）所示粘贴应变片，并接成全桥电路。

筒式压力传感器一般用于测量较大压力，可达10^7Pa以上。筒形弹性体一般用薄壁管制成。其壁厚$h \ll r_o$时，管壁外表面的应变可表示为

$$\varepsilon = \frac{pr_i}{hE}(1 - 0.5\mu) \qquad (2-37)$$

式中　p——被测压力；

r_i——筒形弹性体的内半径；

μ——泊松系数；

E——弹性模量；

h——壁厚。

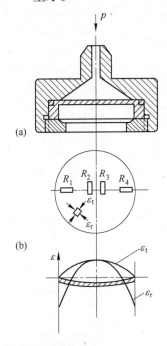

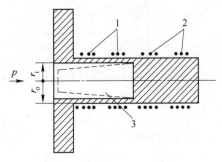

图 2 - 18　筒式压力传感器

图 2 - 17　平膜式压力传感器

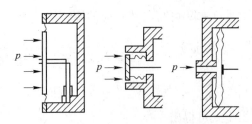

图 2 - 19　组合式压力传感器

传感器的两个工作用应变丝线圈 1（也可粘贴应变片）固定在筒的空心部分外表面，另外两个补偿用应变丝线圈 2 固定在筒的实心部分外表面，也可固定在锥形平衡器 3 上。

组合式压力传感器的压力敏感元件为膜片、膜盒、波纹管等，而应变片却粘贴在悬臂梁上。通常取悬臂梁的刚度比压力敏感元件的刚度高得多，以抑制后者的不稳定性和滞后等对测量的影响。它通常用于测量小压力。

2.2.4.3　应变式加速度传感器

应变式加速度传感器的结构原理图示于图 2 - 20。它主要由壳体、质量块、弹簧和应变片组成。内部充满硅油，以得到合适的阻尼。

为了研究加速度传感器的一般原理，可将图 2 - 20 所示加速度传感器抽象简化为图 2 - 21 所示的二阶机械系统模型。令其弹簧刚度为 k，阻尼系数为 c，质量块的质量为 m。壳体的位移为 x_1，质量块的绝对位移（即相对地面的位移）为 x_2，质量块相对壳体的位移为 x。

根据力平衡关系可列出质量块的运动方程为

$$m\ddot{x}_2 + c\dot{x} + kx = 0 \tag{2-38}$$

设壳体作简谐振动，即 $x_1 = x_{1m}\cos\omega t$；又知 $x_2 = x + x_1$，可得

$\ddot{x}_2 = \ddot{x} - \omega^2 x_{1m}\cos\omega t$；代入式 2 - 38 可得

$$m\ddot{x} + c\dot{x} + kx = x_0\cos\omega t \tag{2-39}$$

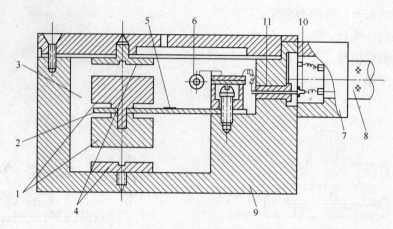

图 2-20　BAR-6 型加速度传感器结构图

1—质量块；2—应变梁；3—硅油阻尼液；4—保护块；5—应变片；6—温度补偿电阻；
7—压线板；8—电缆；9—壳体；10—接线柱；11—绝缘套管

式中，$x_0 = m\omega^2 x_{1m}$。

据式 2-39 可写出其对应的幅频特性为

$$\frac{x_m}{x_0} = |H(j\omega)| = \frac{K}{\{[1-(\omega/\omega_0)^2]^2 + 4\xi^2(\omega/\omega_0)^2\}^{1/2}}$$

式中，$K = \dfrac{1}{m\omega_0^2}$，$\omega_0 = \sqrt{k/m}$。

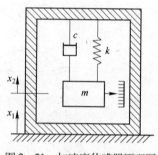

图 2-21　加速度传感器原理图

由上式可得出

$$\frac{x_m}{x_{1m}} = \frac{x_0}{x_{1m}}|H(j\omega)| = \frac{(\omega/\omega_0)^2}{\sqrt{[1-(\omega/\omega_0)^2]^2 + 4\xi^2(\omega/\omega_0)^2}}$$

令

$$M = \frac{1}{\sqrt{[1-(\omega/\omega_0)^2]^2 + 4\xi^2(\omega/\omega_0)^2}}$$

可得出

$$x_m = M\frac{\omega^2}{\omega_0^2}x_{1m} = M\frac{a_1}{\omega_0^2} \qquad (2-40)$$

式中，$a_1 = \omega^2 x_{1m}$，a_1 为壳体加速度。当取 $\xi = 0.6 \sim 0.7$ 之间，$\omega \ll \omega_0$ 时，M 值近似为 1，于是式 2-40 可简化表示为

$$x_m = \frac{a_1}{\omega_0^2} \qquad (2-41)$$

上式表明，质量块相对壳体的位移 x 与壳体的加速度 a_1，成正比，测出位移 x，即可知壳体加速度。

应变式加速度传感器不是直接测量质量块相对壳体的位移，而是借助应变片和弹簧片测量与位移成正比的应变值。从上式可知，系统的固有振动圆频率 ω_0 愈高，传感器的灵敏度愈低。但是，固有振动圆频率 ω_0 愈高，传感器的测试频率范围愈宽。显然，二者是互相矛盾的，设计传感器时应综合考虑。

2.3 电感式传感器

电感式传感器是基于电磁感应原理工作的。它将被测位移变化转换为自感系数 L 或互感系数 M 的变化，再经测量电路将 L 或 M 的变化转换为电压或电流变化，作为传感器的输出信号。

电感式传感器的主要优点是：

（1）结构简单、可靠，测量力小（电磁吸引力的数量级为 10^{-3}N）；

（2）灵敏度高，最高分辨力达 $0.1\mu m$；

（3）测量精确度高，输出线性度可达 $\pm 0.1\%$；

（4）输出功率较大，在某些情况下可不经放大直接接二次仪表。

当然，这种传感器也有缺点，其主要缺点是：传感器本身的频率响应不高，不适于快速动态测量；对激磁电源的频率和幅度的稳定度要求较高；传感器分辨力与测量范围有关，测量范围大，分辨力低，反之则高。电感式传感器除在工业测量领域中广泛用于测量机械位移外，它也广泛用于能转换成位移的各种参数的测量，如压力、张力等多种物理量。

电感式传感器可分为两类：一类是将被测位移转换为传感器线圈自感系数的变化，它又可分为可变磁阻式和电涡流式两类，其中可变磁阻式又可分为变气隙式和动铁芯式两种型式；另一类是将被测位移转换为传感器的初级线圈与次线线圈之间耦合程度的变化，由于它利用了变压器原理，又采用了差动结构，故通常称其为差动变压器。

2.3.1 可变磁阻式传感器

2.3.1.1 工作原理

变气隙式电感传感器的结构原理如图 2-22（a）所示。它由线圈、铁芯和衔铁三部分组成。当衔铁位移时，气隙厚度 δ 发生变化，从而使其电感量发生变化。线圈的电感值 L 可按下式计算

$$L = \frac{W^2}{R_M} \tag{2-42}$$

式中　W——线圈匝数；

　　　R_M——磁路总磁阻。

如果气隙厚度 δ 较小，且不考虑磁路的铁损，则总磁阻可表示为

$$R_M = \frac{l}{\mu S} + \frac{2\delta}{\mu_0 S} \tag{2-43}$$

式中　l——导磁体的长度，cm；

　　　μ——导磁体的磁导率，H/cm；

　　　S——导磁体的横截面积，cm^2；

　　　δ——气隙厚度，cm；

　　　μ_0——空气的磁导率，$\mu_0 = 4\pi \times 10^{-9}$H/cm。

通常导磁体的磁阻与气隙的磁阻相比很小，计算时可以忽略。线圈的电感值由式

2 - 42和式 2 - 43 导出，经简化后为

$$L = \frac{W^2 \mu_0 S}{2\delta} \tag{2-44}$$

从上式可以看出，电感 L 与气隙 δ 成反比，其关系曲线示于图 2 - 22（b）。图中 L_0 为漏磁产生的电感。当气隙变化 $\Delta\delta$，使电感变化 ΔL 时，若 $\Delta\delta \ll \delta$，可得 $\frac{\Delta\delta}{\delta} = -\frac{\Delta L}{L}$。将此关系代入式 2 - 44 中可得

$$\frac{\Delta L}{\Delta\delta} = -\frac{W^2 \mu_0 S}{2\delta^2} \tag{2-45}$$

上式表明，传感器灵敏度 $\frac{\Delta L}{\delta}$ 与 δ^2 成反比；气隙 δ 越小，传感器灵敏度越高。为了改善此种传感器的 $L - \delta$ 关系曲线的线性度，常采用差动结构。此种传感器的灵敏度较高，适于小位移测量，测量范围为 $0.001 \sim 1\text{mm}$。

螺管式电感传感器的结构原理如图 2 - 23 所示。它的作用原理是基于线圈漏磁路径中的磁阻变化。它主要由螺管线圈和圆柱形铁芯组成。传感器工作时，铁芯在线圈中伸入长度发生变化，引起螺管线圈电感值的变化；其间关系为非线性关系，为改善线性度，亦常采用差动结构。这种传感器的灵敏度比较低，适于测量比较大的位移，测量范围由数毫米到几百毫米。其主要优点是结构简单，易于制作。

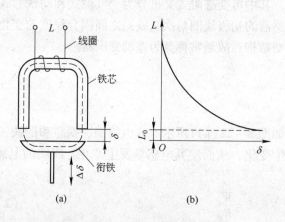

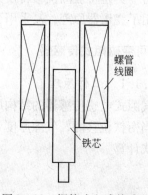

图 2 - 22　可变磁阻式传感器原理　　　　　图 2 - 23　螺管式电感传感器
（a）工作原理；（b）电感与气隙的关系

2.3.1.2　等效电路

由于电感式传感器常采用铁磁体作为铁芯，所以传感器线圈的等效电路可用图 2 - 24 所示电路表示。电路中与电感 L 并联的电阻 R_e 为铁芯的涡流损耗等效电阻，与电感 L 串联的电阻 R_c 为线圈的铜损等效电阻，电容 C 为线圈的固有寄生电容。下面将针对等效电路的诸参数分别加以讨论。

A　电感 L

对带铁芯的均匀绕制的环形线圈，若其匝数为 W，铁芯

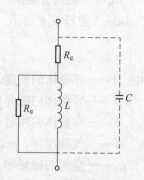

图 2 - 24　电感线圈的等效电路

长度为 $l(\mathrm{m})$，通过电流为 $I(\mathrm{A})$，则线圈内的磁场强度 $H(\mathrm{A/m})$ 为

$$H = \frac{WI}{l} \qquad (2-46)$$

磁感应强度 $B(\mathrm{T})$ 为

$$B = \mu_0\mu H = \mu_0\mu\frac{WI}{l} = 4\pi \times 10^{-7}\mu\frac{WI}{l} \qquad (2-47)$$

式中 μ_0——真空磁导率，$\mu_0 = 4\pi \times 10^{-7}\mathrm{H/m}$；

μ——铁芯的相对磁导率。

设 $S(\mathrm{m}^2)$ 为线圈的横截面积，则通过线圈中每一匝的磁通量为 $\Phi_1 = BS$，通过线圈 W 匝的总磁通量 $\Phi(\mathrm{Wb})$ 为

$$\Phi = \Phi_1 W = \mu_0\mu\frac{W^2 I}{l}S = 4\pi \times 10^{-7}\mu I\frac{W^2}{l}S \qquad (2-48)$$

则线圈的自感系数 $L(\mathrm{H})$ 为

$$L = \frac{\Phi}{I} = 4\pi \times 10^{-7}\mu\frac{W^2 S}{l} \qquad (2-49)$$

B 铜损电阻 R_c

设线圈由 W 匝，直径为 $d(\mathrm{m})$，电阻率为 $\rho_c(\Omega \cdot \mathrm{m})$ 的导线绕成，则其电阻为

$$R_c = \frac{4\rho_c W l_c}{\pi d^2} \qquad (2-50)$$

式中 l_c——线圈平均匝长，m。

当频率 $f = \dfrac{\omega}{2\pi}(\mathrm{Hz})$，电感为 $L(\mathrm{H})$，铜损电阻为 R_c 的线圈，其耗散因数 D_c 为

$$D_c = \frac{R_c}{\omega L} = \frac{\rho_c l l_c}{2\pi^3 W d^2 \mu S f} \times 10^7 = \frac{c}{f} \qquad (2-51)$$

式中，$c = \dfrac{\rho_c l l_c}{2\pi^3 W d^2 \mu S} \times 10^7$ 为比例系数。

由式 2-51 可知，线圈的耗散因数 D_c 与频率 f 成反比。

C 涡流损耗电阻 R_e

现考虑一个有小气隙的铁芯，它由厚度为 $t(\mathrm{m})$ 的铁芯片叠成。若 p 为涡流的透入深度，当 $t/p < 2$ 时，R_e 可用下式表示

$$R_e = \frac{6}{(t/p)^2}\omega L = \frac{12\rho_1 S W^2}{l t^2} \qquad (2-52)$$

涡流的透入深度 $p(\mathrm{m})$ 可表示为

$$p = \sqrt{\frac{\rho_1}{\mu_0\mu\pi f}} \qquad (2-53)$$

式中，ρ_1 为铁芯材料的电阻率，μ 为其磁导率。为了增加铁芯材料的电阻率，减少涡流损耗，铁芯可采用薄片叠成，或者采用铁氧体材料。

由 R_e 引起的线圈的耗散因数 D_e 为

$$D_e = \frac{\omega L}{R_e} = \frac{\pi f \mu_0 \mu t^2}{6 \rho_1} = \frac{2 \pi^2 f \mu t^2}{3 \rho_1} \times 10^{-7} = ef \tag{2-54}$$

式中 e——比例系数。

式 2-54 表明，D_e 与 f 成正比。

此外，还有磁滞损耗电阻 R_h 引起的线圈耗散因数 D_h。D_h 与气隙有关，气隙越大，D_h 越小，并且 D_h 不随频率变化。

D   耗散因数 D 和品质因数 Q

具有叠片铁芯的电感线圈，其总耗散因数 D 为三个耗散因数之和，即

$$D = D_c + D_e + D_h = \frac{c}{f} + ef + h \tag{2-55}$$

耗散因数的最小值发生在 f_m 处，f_m 的值为

$$f_m = \sqrt{\frac{c}{e}} \tag{2-56}$$

此时，$D_{min} = h + 2\sqrt{ce}$。

线圈的品质因数 Q 为耗散因数 D 的倒数。Q 的最大值为

$$Q_{max} = \frac{1}{h + 2\sqrt{ce}} \tag{2-57}$$

通常 h 与 ce 相比可以忽略，故

$$Q_{max} \doteq \frac{1}{2\sqrt{ce}} \tag{2-58}$$

E   有并联寄生电容的电感线圈

如图 2-24 所示，电感传感器的线圈中存在一个与线圈电感并联的寄生电容 C，此电容主要是绕组的固有电容及电缆电容所引起的。对于无并联电容的线圈，其阻抗为

$$Z = R + j\omega L$$

式中 R——线圈的总等效电阻。

对于有关联电容的线圈，其阻抗为

$$Z_s = \frac{R}{(1 - \omega^2 LC)^2 + \left(\frac{\omega^2 LC}{Q}\right)^2} + j\frac{\omega L \left[(1 - \omega^2 LC) - \left(\frac{\omega^2 LC}{Q^2}\right) \right]}{(1 - \omega^2 LC)^2 + \left(\frac{\omega^2 LC}{Q}\right)^2} \tag{2-59}$$

当线圈品质因数 $Q = \omega L/R$ 较高时，$(1/Q^2) \ll 1$，则上式可简化表示为

$$Z_s = \frac{R}{(1 - \omega^2 LC)^2} + \frac{j\omega L}{1 - \omega^2 LC} = R_s + j\omega L_s \tag{2-60}$$

由式 2-60 可以看出，当线圈有电容并联时，其等效串联损耗电阻和等效电感均增加了，而 Q 值却减小了。

考虑并联寄生电容的传感器，其等效电感的相对变化量为

$$\frac{dL_s}{L_s} = \frac{1}{1 - \omega^2 LC} \times \frac{dL}{L} \tag{2-61}$$

式 2-61 表明，并联电容后使电感传感器的灵敏度有所增加，因此需根据测量设备所用的电缆实际长度对传感器的灵敏度进行校准。

根据上列推导和分析可概括出下列结论：

（1）线圈的电感量随其匝数的平方线性增长，与其铁芯的尺寸和材质有关。

（2）线圈品质因数的最大值 $Q_{\max}$ 随铁芯片厚度 t 减小而增大，随铁芯电阻率 ρ_1 的增加而增加。

（3）耗散因数最小值发生时所对应的频率 f_m 随铁芯磁导率 μ 的增加而减小，而随气隙的增加而增加。

（4）除 t 以外，所有其他尺寸的增加，将使 $Q_{\max}$ 增加，f_m 减小。这意味着，在低频处 Q 值高的线圈无法做得小于某一尺寸。

2.3.1.3 输出特性

A 变气隙式电感传感器

一个具有铁芯磁路长度为 l，线圈匝数为 W，线圈横截面积为 S，气隙厚度为 δ 的电感线圈的电感量 L 已由式 2-49 给出，即

$$L = \frac{\mu_0 \mu W^2 S}{l} = 4\pi \times 10^{-7} \frac{\mu W^2 S}{l}$$

式中，μ 为含气隙磁路的等效磁导率，其值为 $\mu = \dfrac{\mu_s}{1 + (\delta/l)\,\mu_s}$，其中 μ_s 为铁芯材料的相对磁导率。

对已知线圈，其电感量 L 可简化表示为

$$L = K \frac{1}{\delta + l/\mu_s} \tag{2-62}$$

式中，$K = 4\pi \times 10^{-7} S W^2$ 为一常数。

若气隙减小 $\Delta\delta$，则电感量增加 ΔL，即

$$L + \Delta L = K \frac{1}{\delta - \Delta\delta + l/\mu_s} \tag{2-63}$$

将 K 值代入上式，并加以化简得

$$\frac{\Delta L}{L} = \frac{\Delta\delta}{\delta} \cdot \frac{1}{1 + l/(\delta \cdot \mu_s)} \cdot \frac{1}{1 - (\Delta\delta/\delta)\left[1/\left(1 + \dfrac{1}{\delta\mu_s}\right)\right]} \tag{2-64}$$

若 $\left|\dfrac{\Delta\delta}{\delta} \cdot \dfrac{1}{1 + l/(\delta\mu_s)}\right| \ll 1$，则式 2-64 可表示为

$$\frac{\Delta L}{L} = \frac{\Delta\delta}{\delta} \cdot \frac{1}{1 + l/(\delta\mu_s)}\left[1 + \frac{\Delta\delta}{\delta} \cdot \frac{1}{1 + l/(\delta\mu_s)} + \left(\frac{\Delta\delta}{\delta} \cdot \frac{1}{1 + l/(\delta\mu_s)}\right)^2 + \cdots\right]$$
$$\tag{2-65}$$

同理，若气隙增加，则电感量减小，于是可得

$$\frac{\Delta L}{L} = \frac{\Delta\delta}{\delta} \cdot \frac{1}{1 + l/(\delta\mu_s)}\left[1 - \frac{\Delta\delta}{\delta} \cdot \frac{1}{1 + l/(\delta\mu_s)} + \left(\frac{\Delta\delta}{\delta} \cdot \frac{1}{1 + l/(\delta\mu_s)}\right)^2 + \cdots\right]$$
$$\tag{2-66}$$

由式 2-65 和式 2-66 可以看出，若传感器的电感线圈作成差动结构形式，即衔铁位移使一个线圈电感增加，而使另一个线圈电感减小，则输出为两者的代数和，因而表达式中的偶次幂项互相抵消，使非线性大为减小。图 2-25 表示了单个线圈与差动结构时传感器的输出特性。

若气隙的相对变化量极小，则对式 2-62 两端取对数，再求导数可得

$$\frac{\mathrm{d}L}{L} = -\frac{\mathrm{d}\delta}{\delta} \cdot \frac{1}{1 + l/(\delta\mu_s)} \qquad (2-67)$$

式 2-67 表明，当 $\dfrac{\Delta\delta}{\delta} \ll 1$ 时，可近似用增量式表示

微分，即 $\dfrac{\Delta\delta}{\delta} \approx \dfrac{\mathrm{d}\delta}{\delta}$，$\dfrac{\Delta L}{L} \approx \dfrac{\mathrm{d}L}{L}$。这时传感器的输出特性有

较好的线性度。另一方面，可通过减小 $l/(\delta\mu_s)$ 值来提高传感器的灵敏度。显然，使铁芯长度 l 变短，选磁导率 μ_s 高的导磁材料作铁芯，就可实现这一目的。

B　螺管式电感传感器

对于一个有限长的螺管式线圈，如图 2-26 所示，其线圈长度为 l，线圈的平均半径为 r，线圈匝数为 W，流过线圈的电流为 I。

根据电磁学可知，沿着轴向的磁场强度 H 为

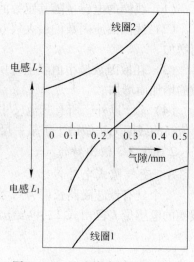

图 2-25　差动传感器的输出特性

$$H = \frac{IW}{2l}\left[\frac{l+2x}{\sqrt{4r^2+(l+2x)^2}} + \frac{l-2x}{\sqrt{4r^2+(l-2x)^2}} \right] \qquad (2-68)$$

从图 2-26 中的磁场强度分布曲线可以看出，在铁芯刚插入时的灵敏度比铁芯插入线圈一半左右时灵敏度低得多。只有在线圈中段才有较好的线性关系，此时 H 的变化比较小。

对于差动螺管线圈，如图 2-27 所示，它沿轴向的磁场强度 H 由下式给出

$$H = \frac{IW}{2}\left[\frac{l-2x}{\sqrt{4r^2+(l-2x)^2}} - \frac{l+2x}{\sqrt{4r^2+(l+2x)^2}} + \frac{2x}{\sqrt{r^2+x^2}} \right] \qquad (2-69)$$

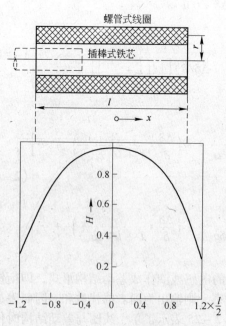

图 2-26　螺管式线圈沿轴向的磁场强度分布曲线

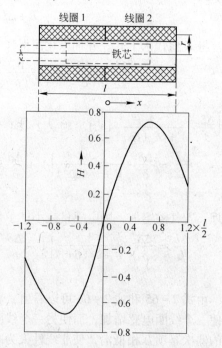

图 2-27　差动螺管线圈沿轴向磁场分布曲线

取铁芯长度在 $0.6l$ 左右时，铁芯工作在 H 分布曲线的转折处，可获得较好的线性

关系。

若忽略有限长线圈内磁场强度分布的不均匀性，就可以对螺管线圈的特性作近似地分析。如图 2 − 28 所示，对 W 匝单层线圈，线圈长度为 l，线圈半径为 r，则线圈的电感 L 为

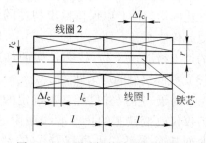

图 2 − 28　差动螺管线圈型传感器

$$L = \frac{\mu_0 W^2 \pi r^2}{l} \qquad (2 - 70)$$

若引进一铁芯，其长度亦为 l，半径为 r_c，则线圈电感增加为

$$L = \frac{\mu_0 W^2 \pi}{l} [r^2 + (\mu_m - 1) r_c^2] \qquad (2 - 71)$$

式中　μ_m——铁芯材料的相对磁导率。

若铁芯长度 l_c 小于线圈长度 l，则线圈的电感为

$$L = \frac{\mu_0 W^2 \pi}{l^2} [l r^2 + (\mu_m - 1) l_c r_c^2] \qquad (2 - 72)$$

如图 2 − 28 所示，将铁芯向线圈 2 中推进 Δl_c，则线圈 2 的电感 L 增加 ΔL，即

$$L + \Delta L = \frac{\mu_0 W^2 \pi}{l^2} [l r^2 + (\mu_m - 1) r_c^2 (l_c + \Delta l_c)] \qquad (2 - 73)$$

电感的变化量 ΔL 为

$$\Delta L = \frac{\mu_0 W^2 \pi}{l^2} r_c^2 (\mu_m - 1) \Delta l_c \qquad (2 - 74)$$

这种传感器的输出特性可表示为

$$\frac{\Delta L}{L} = \frac{\Delta l_c}{l_c} \cdot \frac{1}{1 + (l/l_c)(r/r_c)^2 [1/(\mu_m - 1)]} \qquad (2 - 75)$$

同理，图 2 − 28 中线圈 1 的电感相对变化也是如此，只不过需在前面加一负号，表示与线圈 2 的电感变化方向相反。

由式 2 − 75 可以看出，为了提高灵敏度，应适当减小比值 l/l_c 和 r/r_c，选择相对磁导率 μ_m 高的导磁材料作铁芯。

螺管式电感传感器与变气隙式电感传感器相比有如下特点：

（1）由于线圈的寄生电容较大，当激励源频率较高时，易产生谐振，其铜耗电阻较大，温度稳定性较差。

（2）由于其磁路的磁阻较大，因此灵敏度较低，但线性范围较大。

（3）其圆柱形铁芯通常较细，一般用工业纯铁制成，铁芯的涡流损耗较大，线圈的 Q 值较低。

（4）为了使线圈内磁场分布均匀地变化，对线圈绕制、铁芯和外壳的加工要求较高。

对于可变磁阻式传感器，应根据所要求的测量范围、线性度、灵敏度、使用环境温度和频率响应特性等方面来选择合理的结构形式和尺寸及参数。下面以差动螺管式电感传感器为例加以分析说明。图 2 − 29 所示为此种传感器的典型结构图，其铁芯长为 l_c，线圈总长为 l。

为了满足当铁芯移动时线圈内部磁通变化的均匀性，以保持输出特性的线性度，对此传感器有下列三方面要求：（1）铁芯的加工精度；（2）线圈骨架的加工精度；（3）线圈绕制的均匀性。

对于一个尺寸已经基本确定的传感器，若仅仅改变铁芯的长度或线圈匝数，而不改变其余参数，也可以使它的线性范围变化。

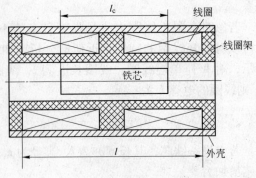

图 2-29　差动螺管式传感器简图

改变铁芯长度对传感器输出特性的影响示于图 2-30。从图中可以看出，当铁芯长 l_c 增大时，输出灵敏度下降。考虑到输出特性的线性范围，铁芯长度有一个最佳值，此最佳值一般由实验确定。

改变线圈匝数对传感器输出特性的影响示于图 2-31。从图中可以看出，线圈匝数 W 增加时，输出灵敏度相应增加。考虑到输出特性的线性度，匝数 W 也有一个最佳值，此最佳值也可以由实验确定。

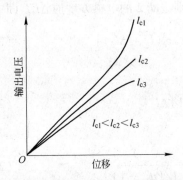

图 2-30　改变铁心长度时传感器的输出特性

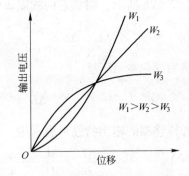

图 2-31　改变线圈匝数时传感器的输出特性

线圈的电感量取决于线圈的匝数和磁路的磁导率大小。电感量大些，输出灵敏度也高。但是，用提高匝数来增大电感量不是好办法，因为随着匝数的增加，线圈的电阻也增加；而线圈的电阻值受温度影响较大，使传感器的温度特性变差。因此，为了增加电感量，应尽量考虑增加磁路的等效磁导率。可行方法之一是，使铁芯外径尽量接近线圈骨架内径，但它们之间的间隙不能过小，否则铁芯与线圈骨架之间摩擦力过大，易卡住。

通常此种传感器的总磁阻比外壳和铁芯的磁阻大得多，因此只要选择磁导率值比较稳定，而且热膨胀系数较小的导磁材料制作外壳和铁芯即可。目前，差动螺管式电感传感器的外壳多采用低碳钢，其铁芯多采用工业纯铁和镍基合金制作。

2.3.1.4　测量电路

交流电桥是可变磁阻式电感传感器的主要测量电路。它的作用是将线圈电感的变化转换成桥路的电压或电流输出。交流电桥的形式较多，下面介绍两种应用较普遍的电桥。

A　变压器电桥

经常与差动可变磁阻式电感传感器相配合应用的变压器电桥原理图示于图 2-32。电桥由交流恒压源 E 供电，电源频率与被测位移信号的频率相比是较高的，约为位移变化频率的十倍。这样才能满足对传感器动态响应频率的要求。供桥电源频率取得较高，还可以减少传感器输出特性受温度变化的影响，并提高其输出灵敏度，但不利的是增加了铁芯涡流损耗和寄生电容带来的影响。

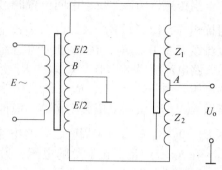

图 2 - 32　差动电感传感器的电桥电路

电桥的两臂 Z_1 和 Z_2 为传感器线圈的等效阻抗，另两臂分别为电源变压器次级线圈的一半。电桥对角线 A、B 两点的电位差为输出电压 $\dot{U}_o$。由图 2 - 32 可以看出，输出电压 $\dot{U}_o$ 可表示为

$$\dot{U}_o = \dot{E}\left(\frac{Z_2}{Z_1 + Z_2} - \frac{1}{2}\right) \qquad (2-76)$$

当传感器的铁芯处于中间位置时，两线圈的等效阻抗相等。此时电桥平衡，输出电压 $\dot{U}_o = 0$。当铁芯向下移动时，下面线圈的阻抗增加，即 $Z_2 = Z + \Delta Z$；而上面线圈的阻抗减小，即 $Z_1 = Z - \Delta Z$。由式 2 - 76 得

$$\dot{U}_o = \dot{E}\left(\frac{Z + \Delta Z}{2Z} - \frac{1}{2}\right) = \frac{\Delta Z}{2Z}\dot{E} \qquad (2-77)$$

令 $Z_1 = R_s + j\omega(L - \Delta L)$，$Z_2 = R_s + j\omega(L + \Delta L)$，则有

$$\dot{U}_o = \frac{\dot{E}}{2} \cdot \frac{j\omega\Delta L}{R_s + j\omega L} \qquad (2-78)$$

同理，当铁芯向上位移时，下面线圈的阻抗减小，即 $Z_2 = Z - \Delta Z$；上面线圈阻抗增加，即 $Z_1 = Z + \Delta Z$。此时输出为

$$\dot{U}_o = \left(\frac{Z - \Delta Z}{2Z} - \frac{1}{2}\right)\dot{E} = -\frac{\Delta Z}{2Z}\dot{E} \qquad (2-79)$$

若 $Z_1 = R_s + j\omega(L + \Delta L)$，$Z_2 = R_s + j\omega(L - \Delta L)$，则

$$\dot{U}_o = \frac{\dot{E}}{2} \cdot \frac{-j\omega\Delta L}{R_s + j\omega L} \qquad (2-80)$$

比较式 2 - 78 和式 2 - 80 可以看出，两者输出电压 $\dot{U}_o$ 的大小相等，但相位相反。由于输出电压 $\dot{U}_o$ 为交流电压，所以还需经交流放大、整流和滤波后才能输送给显示器进行测量结果显示。为了显示器的显示值能反映传感器铁芯的位移方向，最好采用相敏整流。这是因为相敏整流器的输出电压及性能反映输入交流电压的相位变化。

变压器电桥作为测量电路使用的优点是：电路所含元件数量少，结构简单；电路本身的输出阻抗低，线性度高；变压器副边作为电桥的两个臂，其中心接地有利于提高抗干扰能力和工作稳定性。

B　桥式相敏整流电路

桥式相敏整流电路又称二极管电感电桥，其电路原理图示于图 2 - 33。该电路由交流恒压源 $\dot{E}$ 供电。桥路的两臂 Z_1 和 Z_2 为传感器线圈的等效阻抗；另两臂分别为 R_3 和 R_4，取 $R_3 = R_4 = R$。利用 D_1、D_2、D_3、D_4 的单向导电性，将交流电压整流为单向脉动电压。R_φ、C_φ 为低通滤波器，用以滤除交流成分。

当传感器的铁芯位于中间位置时，两线圈的等效阻抗相等，即 $Z_1 = Z_2 = Z$。当 $\dot{E}$ 为正半周时，一路电流流经 Z_1、D_1、R_3，在 R_3 上产生上正下负的电压；另一路电流流经 Z_2、D_2、R_4，在 R_4 上产生下正上负的电压。由于 $Z_1 = Z_2$，$R_3 = R_4$，D_1、D_2 特性相同，所以 R_3 与 R_4 上的电压大小相等，极性相反，输出电压 $U_o = 0$。当 $\dot{E}$ 为负半周时，一路电流流经 R_4、D_3、Z_1，在 R_4 上产生上正下负的电压；另一路电流流经 R_3、D_4、Z_2，在 R_3 上产生下正上负的电压。由于 $Z_1 = Z_2$，$R_3 = R_4$，D_3、D_4 特性相同，R_3 与 R_4 上的电压大小相等，极性相反，输出电压 $U_o = 0$。

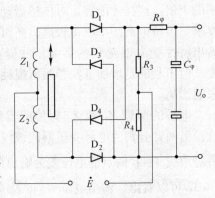

图 2-33　桥式相敏整流电路

当铁芯向下位移时，下面线圈的阻抗增加，即 $Z_2 = Z + \Delta Z$，而上面线圈的阻抗减小，即 $Z_1 = Z - \Delta Z$。在 $\dot{E}$ 为正半周时，一路电流流经 Z_1、D_1、R_3，在 R_3 上产生上正下负的电压；另一路电流流经 Z_2、D_2、R_4，在 R_4 上产生下正上负的电压。由于 $|Z_2| > |Z_1|$，使流过 Z_1、D_1、R_3 的电流大于流过 Z_2、D_2、R_4 的电流，所以 R_3 上电压幅值大于 R_4 上电压幅值。显然输出电压的极性为上正下负。在 $\dot{E}$ 为负半周时，由于 $|Z_2| > |Z_1|$，使流过 R_4、D_3、Z_1 的电流大于流过 R_3、D_4、Z_2 的电流，所以 R_4 上电压幅值大于 R_3 上电压幅值，输出电压 U_o 的极性与 R_4 上电压极性相同，仍为上正下负。

当铁芯向上位移时，上面线圈的阻抗增加，即 $Z_1 = Z + \Delta Z$；而下面线圈的阻抗减小，即 $Z_2 = Z - \Delta Z$。同理，输出电压 U_o 的极性是下正上负。

从上面分析可知，该测量电路输出直流电压的极性能反映传感器铁芯位移的方向，具有相敏特性。该测量电路从结构上将桥路与整流电路有机地结合为一体，因此兼有交流电桥和相敏整流电路的功能，但电路的元件数量少，结构简单，工作可靠。

桥式相敏整流电路的输出电压 U_o 可表示为

$$U_o = k_{ad}ER\left(\frac{1}{Z - \Delta Z + R_D + R} - \frac{1}{Z + \Delta Z + R_D + R}\right) = k_{ad}ER\frac{2\Delta Z}{(Z + R_D + R)^2 - \Delta Z^2}$$

$$\approx k_{ad}ER\frac{2\Delta Z}{(Z + R_D + R)^2} \tag{2-81}$$

式中　k_{ad}——交-直流变换系数。

从式 2-81 可以看出，输出电压 U_o 与 ΔZ 之间关系为非线性关系。但是，当 $|\Delta Z| \ll |Z|$ 时，U_o 与 ΔZ 之间有较好的线性关系。

除以上无源桥路外，还可以利用集成运算放大器组成有源桥路，将差动电感作为有源桥路的两个桥臂，将电感的变化转换成有源桥路的电压输出[7]。

2.3.1.5　传感器的应用

变气隙式电感传感器作为位移传感器，它经常用于小位移测量，螺管式电感传感器作为位移传感器，则经常用于比较大的位移测量。这两种传感器除可用于位移测量之外，还可用于压力、张力等参数测量。图 2-34 所示为测量压力差用的差动变气隙式电感传感器。当 $\Delta P = P_1 - P_2 = 0$ 时，即膜片（相当于衔铁）两面的压力相等，则 $\delta_1 = \delta_2 = \delta$。因此，线圈阻抗相等，$Z_1 = Z_2 = Z$，电桥处于平衡状态。电桥输出电压 $\dot{U}_o = 0$。当膜片两面的压力不等时，$\Delta P \neq 0$，膜片产生位移，于是 $\delta_1 \neq \delta_2$，$Z_1 \neq Z_2$，$\dot{U}_o \neq 0$。由于采用差动结构，当气隙变化 $\Delta\delta$ 很小时，输出电压 $\dot{U}_。$ 与压力差 ΔP 近似成正比关系；当压力差 ΔP 改变符号时，输出电压 $\dot{U}_。$ 则反相。

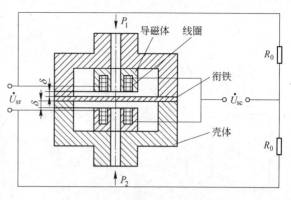

图 2-34　差动电感式压差传感器的结构示意和接线图

2.3.2　差动变压器式传感器

差动变压器式传感器简称差动变压器。它实质上是一种变压器，主要由原边绕组、副边绕组和铁芯组成。它往往做成差动结构形式，副边两个绕组进行"差接"。它能将被测位移转换为互感系数的变化。在其原边绕组施加电压后，由于互感系数变化，副边差接绕组的感应电势将相应地发生变化。由于它结构简单，测量精度较高，测量范围宽，作为位移传感器获得了较广泛应用。差动变压器的结构形式较多，主要分为变气隙式和螺管式两种形式。变气隙式差动变压器由于位移测量范围小，且结构较复杂，应用较少。目前应用最广泛的是螺管式差动变压器。下面将以这种结构形式为主进行讨论。

2.3.2.1　螺管式差动变压器

A　工作原理

螺管式差动变压器也叫做线性可变差动变压器（Linear Variable Differential Transformer，LVDT）。它主要由线圈和铁芯组成，如图 2-35 所示。线圈由初级线圈（又称一次线圈、原边绕组）P 和次级线圈（又称二次线圈、副边绕组）S_1 和 S_2 组成。线圈中插入圆柱形铁芯 b。图 2-35（a）为三段式差动变压器，即线圈骨架分成三段，中间为初级线圈，两侧为次级线圈；图 2-35（b）为两段式差动变压器，即线圈骨架分成二段，线圈绕制方式多为初级在内，次级在外。

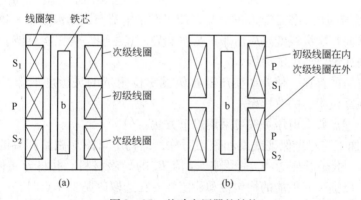

图 2-35　差动变压器的结构
（a）三段形；（b）二段形

差动变压器的电气连接方法示于图 2-36，次级线圈 S_1 和 S_2 应反极性串联，即相"差接"。当初级线圈 P 由交流恒压源 $\dot{E}_P$ 供电后，由于电磁感应，在次级线圈将产生感应电势 $\dot{E}_{s1}$ 和 $\dot{E}_{s2}$ 二者的差值 $\dot{E}_s = \dot{E}_{s1} - \dot{E}_{s2}$，其大小与铁芯的轴向位移成比例，其相位则取决于铁芯的位移方向，如图 2-37 所示。

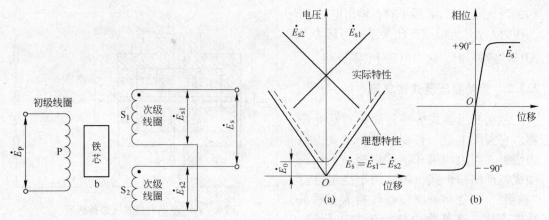

图 2-36　差动变压器的电气连接线路图

图 2-37　差动变压器输出特性曲线
（a）幅度特性；（b）相位特性

　　当铁芯处于线圈中心位置时，$\dot{E}_{s1} = \dot{E}_{s2}$输出 $E_s = 0$；当铁芯向上位移时，$|E_{s1}| > |E_{s2}|$；当铁芯向下位移时，$|E_{s1}| < |E_{s2}|$。随着铁芯位移量增大，$|E_s|$成比例增大。铁芯从线圈中心向上位移与向下位移相比较，输出 $\dot{E}_s$的相位变化180°，如图 2-37（b）所示。

　　实际的差动变压器当铁芯位于线圈中心位置时，输出电压值不为零，而是 $\dot{E}_0$。$\dot{E}_0$称为零点残余电压。因此差动变压器的实际输出特性如图 2-37（a）中虚线所示。产生零点残余电压 $\dot{E}_0$的原因主要有下列两项：

　　（1）由于两个次级线圈的绕制在工艺上不可能完全一致，因此它们的等效参数（互感、自感和损耗电阻）不可能完全相等。初级线圈中铜损和铁损的存在，以及匝间寄生电容的存在使激励电流与所产生的磁通之间有相位差。上述因素就使两个次级线圈的感应电势 $\dot{E}_{s1}$、$\dot{E}_{s2}$不仅数值不等，并且相位也不相同。这就是零点残余电压中所含基波分量产生的原因。

　　（2）由于磁滞损耗和铁磁饱和的影响，使得激励电流与磁通波形不一致，导致产生非正弦波磁通，从而在次级线圈感应出非正弦波电势，其主要是含三次谐波。这就是零点残余电压中所含高次谐波产生的原因。

　　零点残余电压的存在，使差动变压器在机械零位附近的灵敏度下降，非线性误差增大，降低了它在零位附近的分辨率。

　　消除或减小零点残余电压一般可采用以下方法：

　　1）设计和加工应尽量保证线圈和磁路对称，结构上可附加磁路调节机构。其次，应选用高磁导率 μ、低矫顽磁力 H_c、低剩磁感应 B_r的导磁材料，并将导磁体加以热处理，消除残余应力，以提高磁性能的均匀性和稳定性。在选取磁路工作点时，应使其不工作在磁化曲线饱和区。

　　2）选用合适的测量电路，如相敏检波和差动整流电路，其直流输出不仅可以鉴别铁芯位移方向，而且可以减小或消除零点残余电压。

　　3）采用补偿电路，如图 2-38 所示，为常采用的零点残余电压补偿电路原理图。消除零点残余电压的补偿电路比较多，但归纳起来，其思路只有下列四种：

　　①附加串联电阻以消除基波同相成分；

②附加并联电阻以消除基波正交成分；

③附加并联电容，改变相移，以补偿高次谐波分量；

④附加反馈绕组和反馈电容，以补偿基波及高次谐波分量。一般串联电阻的阻值很小，为 $0.5 \sim 5\Omega$；并联电阻的阻值为数十到数百千欧；并联电容的数值在数百皮法范围。实际数值通常由实验来确定。

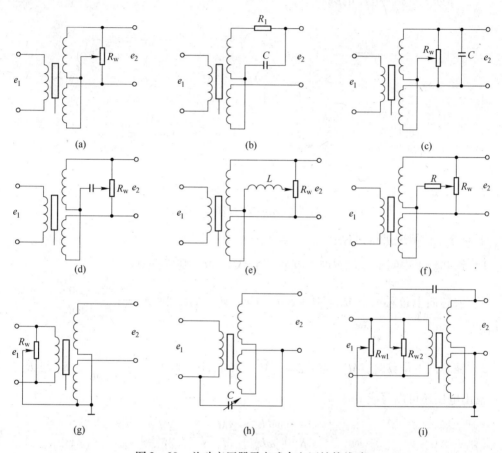

图 2-38　差动变压器零点残余电压补偿线路

B　基本特性

a　等效电路

对于理想的差动变压器，即忽略实际差动变压器中的涡流损耗、铁损和寄生电容等，其等效电路如图 2-39 所示。

由等效电路图可以列出下列方程组

$$\begin{cases} \dot{I}_p = \dot{E}_p/(R_p + j\omega L_p) \\ \dot{E}_{s1} = -j\omega M_1 \dot{I}_p \\ \dot{E}_{s2} = -j\omega M_2 \dot{I}_p \\ \dot{E}_s = \dfrac{-j\omega(M_1 - M_2)\dot{E}_p}{R_p + j\omega L_p} \end{cases} \qquad (2-82)$$

式中　L_p，R_p——初级线圈等效电感与等效电阻；

　　　　M_1，M_2——互感系数；

　　　　$\dot{E}_p$——激励电压；

　　　　$\dot{E}_s$——输出电压；

　　　　ω——激励电压的圆频率。

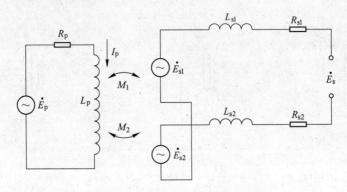

图 2 - 39　差动变压器的等效电路

下面分三种情况进行讨论：

1）铁芯处于中间平衡位置时，互感 $M_1 = M_2 = M$，则 $\dot{E}_s = 0$；

2）铁芯向上位移时，$M_1 = M + \Delta M$，$M_2 = M - \Delta M$，则 $\dot{E}_s = \dfrac{-2\mathrm{j}\omega\Delta M\dot{E}_p}{R_p + \mathrm{j}\omega L_p}$，$\dot{E}_s$ 与 $\dot{E}_{s1}$
同相；

3）铁芯向下位移时，$M_1 = M - \Delta M$，$M_2 = M + \Delta M$，则 $\dot{E}_s = \dfrac{2\mathrm{j}\omega M\dot{E}_p}{R_p + \mathrm{j}\omega L_p}$，$\dot{E}_s$ 与 $\dot{E}_{s1}$ 反相。

输出电压还可以写成

$$\dot{E}_s = \frac{-2\mathrm{j}\omega M\dot{E}_p}{R_p + \mathrm{j}\omega L_p} \cdot \frac{\Delta M}{M} = 2\dot{E}_{s0}\frac{\Delta M}{M} \qquad (2-83)$$

式中　$\dot{E}_{s0}$——铁芯处于中间平衡位置时单个次级线圈的感应电压。

　　以上仅是对差动变压器等效电路的简单分析，有关螺管式差动变压器分析的详细内容请参阅参考文献 [8]。

　　b　灵敏度

　　差动变压器的灵敏度是指在单位电压激励下，铁芯移动单位距离时的输出电压变化量，其单位为 mV（mm/V）。一般螺管式差动变压器的灵敏度大于 5mV（mm/V），如进行 60dB 的放大，可得到 5V（mm/V）的灵敏度。为提高灵敏度可采取下列措施：

　　（1）增大差动变压器的几何尺寸，以提高线圈的 Q 值，一般线圈的长度为其直径的 1.5～2.0 倍较为合适。

　　（2）适当提高激磁频率。

　　（3）增大铁芯直径，但不应触及线圈骨架；铁芯采用磁导率高，铁损小，涡流损耗小的材料。

(4) 在不使初级线圈过热的前提条件下尽量提高激励电压。

坡莫合金的导磁性能好，但涡流损耗较大，所以对激磁频率为500Hz以上的差动变压器，多使用铁氧体铁芯；低频激磁时，多采用工业纯铁作铁芯材料。在要求电流输出的场合，应采用次级线圈圈数较少的差动变压器，以降低其输出阻抗，再选择合适的输出电路，可得到1mA(mm/V) 的灵敏度。此时不经信号电流放大，也能使指示表头动作。

c 频率特性

差动变压器的激励频率一般在50Hz~10kHz范围较为合适。频率取得太低时，差动变压器的灵敏度显著降低，温度和频率附加误差增大；但频率太高，其涡流损耗和铁损增加，寄生电容影响加大。因此，需根据具体情况确定合适的工作频率。

当负载电阻 R_L 与次级线圈串联时，在 R_L 上的输出电压 $\dot{U}_s$ 可表示为

$$\dot{U}_s = \frac{R_L}{R_L + (R_{s1} + R_{s2}) + j\omega(L_{s1} + L_{s2})} \cdot \frac{j\omega(M_2 - M_1)}{R_p + j\omega L_p}\dot{E}_p$$

$$= \frac{R_L}{R_L + R_s + j\omega L_s} \cdot \frac{j\omega(M_2 - M_1)}{R_p + j\omega L_p}\dot{E}_p \qquad (2-84)$$

其幅值与相角分别为

$$U_s = \frac{R_L}{\sqrt{(R_L + R_s)^2 + \omega^2 L_s^2}} \cdot \frac{\omega(M_2 - M_1)}{\sqrt{R_p^2 + \omega^2 L_p^2}} \cdot E_p \qquad (2-85)$$

$$\varphi = \tan^{-1}\frac{R_p}{\omega L_p} - \tan^{-1}\frac{\omega L_s}{R_L + R_s} \qquad (2-86)$$

根据式2-85绘出的频率特性示于图2-40。当负载电阻与差动变压器内阻相比很大时，下限频率 f_e 为

$$f_e = \frac{(1 + n^2)R_p}{2\pi L_p} \qquad (2-87)$$

式中，n 为一次线圈与二次线圈的圈数比。一般选择激磁频率 f_0 为 $(1~1.4)$ f_e 较好。

差动变压器的频率特性也随负载电阻而变化，如图2-40（b）所示。随着激磁频率的变化，差动变压器的线性度也受到影响。为获得良好的线性度，对某一确定的激磁频率，需相应选择合适的铁芯长度。

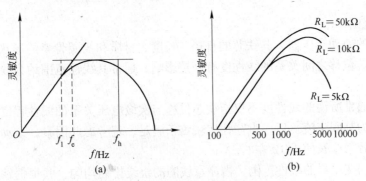

图2-40 差动变压器的频率特性曲线

（a）频率特性；（b）负载对频率特性的影响

d 相位

差动变压器的次级电压相对初级电压的相位通常超前几度到几十度。超前相角大小与差动变压器的结构和激磁频率有关。小型、低频者超前角大，大型、高频者超前角小。

差动变压器的初、次级的电压和电流相位关系示于图 2-41。实际的差动变压器不能忽略铁损，特别是涡流损耗的存在，次级电压相角的实际值比用式 2-86 计算的结果要小一些。使初级电压与次级电压相位一致时的激磁频率为

$$f_0 = \frac{1}{2\pi} \sqrt{\frac{R_p(R_L + R_s)}{L_p L_s}} \qquad (2-88)$$

对应的负载电阻为

$$R_{L0} = \frac{4\pi^2 f_0^2 L_p L_s}{R_p} - R_s \qquad (2-89)$$

铁芯通过机械零点时，在零点两侧次级电压相位发生 180° 变化，实际相位特性示于图 2-42。

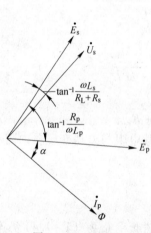

图 2-41 相量图

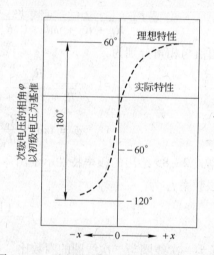

图 2-42 零点附近的一次电压相位角变化

在应用交流自动平衡电路对差动变压器输出电压进行测量时，需选择随铁芯位移而输出电压相位变化较小的差动变压器。为此，选择两段式差动变压器比选用三段式差动变压器更为有利。

e 线性范围

对于实际的差动变压器，其铁芯的直径、长度、材质和线圈骨架的形状、大小均对其次级电压与铁芯位移之间关系的线性度有直接影响，通常其线性范围约为线圈骨架长度的 1/10 到 1/4。

应注意，通常所说的线性度不仅指铁芯位移与次级电压关系的线性程度，还要求次级电压的相位角为某固定值。后一点往往比较难于满足，若考虑此因素，差动变压器的线性范围约为线圈骨架全长的 1/10 左右。

为扩大差动变压器的线性范围，需注意线圈的绕线排列均匀，并根据铁芯长度，确定使线性范围最大的最佳激磁频率；也可通过设计合适的测量电路来扩大线性范围，如差动整流电路能使输出电压线性度得到一定程度改善。

f　温度特性

在造成温度附加误差的多种因素中，影响最大的为初级线圈的电阻温度系数。铜导线的电阻温度系数约为 $+0.4\%/℃$，对于小型差动变压器且在较低频率下使用，其初级线圈总阻抗中，线圈电阻所占的比例较大，此时差动变压器的温度系数约为 $-0.3\%/℃$。对于大型差动变压器且使用频率较高时，其温度系数较小，一般为 $(-0.1 \sim -0.05)\%/℃$。

若温度变化 $\Delta\theta℃$，初级线圈电阻 R_p 增加 ΔR_p，由式 2-83 可以导出

$$\frac{\Delta E_s}{E_s} = \frac{\Delta R_p/R_p}{1+\omega L_p/R_p} = -\frac{0.004}{1+\omega L_p/R_p} \cdot \Delta\theta \qquad (2-90)$$

从式 2-90 可以看出，初级线圈的 $\omega L_p/R_p$ 越高，则由于温度变化引起次级感应电势 E_s 的变化 ΔE_s 越小。此外，由于温度变化使次级线圈电阻变化，所引起输出电压 U_s 变化较小，可以忽略。通常机械结构的尺寸，铁芯的磁特性和电阻率也随温度一起变化，但其影响较小，可忽略不计。差动变压器的使用温度通常可达 80℃，特殊的高温型可达 150℃。

g　吸引力

差动变压器铁芯所受磁性吸力的大小为

$$F = I_p^2 \frac{dL_p}{dx} \qquad (2-91)$$

式中　F——作用在铁芯上的轴向吸引力；

L_p——初级线圈等效电感；

I_p——初级线圈流过电流；

x——铁芯位移。

一般铁芯位移 x 增加，L_p 就减小，dL_p/dx 为负值。这表明，当铁芯离开机械零位后，则受到把其拉回零位的吸引力。图 2-43 所示吸引力特性为实际的差动变压器吸引力特性。从图中可见，随 x 增大，F 也随之增大。式 2-91 说明，吸引力与励磁电流的二次方成正比。虽然降低初级线圈励磁电压，可以减小吸引力，但输出电压也随之降低；在不牺牲灵敏度的条件下，减小吸引力的可行方法是把励磁频率适当提高。

h　结构设计

差动变压器很难用理论公式进行设计计算，通常是采用经验公式进行设计，差动变压器的结构如图 2-44 所示。图中铁芯应该采用导磁性能良好的材料制作，如工业纯铁、铁

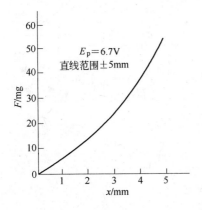

图 2-43　吸引力特性

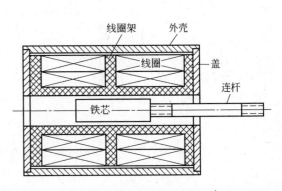

图 2-44　差动变压器结构

氧体、坡莫合金等。铁氧体的饱和磁通密度不算太高，但在较高的频率下，其涡流损耗比其他材料小得多；其缺点是加工比较困难。为消除机械加工应力，铁芯加工后需进行热处理。线圈骨架应采用热膨胀系数小的绝缘材料制作，如酚醛塑料、陶瓷或聚四氟乙烯等制成。

两段式差动变压器线圈骨架的结构如图 2-45 所示。该线圈骨架的设计采用的经验公式为 $B=10Z$ 和 $C=(7\sim8)Z$，其中 $Z=2|x|$，x 为铁芯线性范围内的最大位移量。

通常铁芯直径大一些，灵敏度也高一些，但需考虑线圈骨架材料的加工难易程度和实际应用时铁芯运动所需的间隙量。

线圈匝数在一定范围内变化，对差动变压器灵敏度的影响较小。通常对于小型差动变压器，初级线圈用高强度漆包线每段绕 750 匝左右，次级线圈也用高强度漆包线每段绕 1500 匝左右。

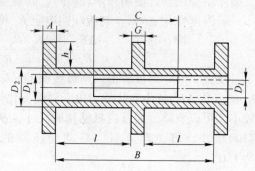

图 2-45　差动变压器线圈架结构

2.3.2.2　测量电路

差动变压器的输出为交流电压，如用交流电压表指示其输出值，只能反映铁芯位移的大小，不能反映位移的方向。其次，差动变压器的输出存在零点残余电压，虽经各种补偿方法的补偿，也不可能完全补偿掉，因此这种方法的实用价值较小。常用的测量电路应是既能反映铁芯位移的方向，又能消除零点残余电压的影响。下面介绍应用最普遍的相敏整流电路和差动整流电路。

A　相敏整流电路

相敏整流电路的原理图示于图 2-46。参比电压 $\dot{E}_k$ 与差动变压器的输出电压 $\dot{E}_s$ 具有相同的频率和相位。相敏整流电路的输出特性示于图 2-47。从图中特性曲线可以看出，相敏整流电路输出电压的极性能反映铁芯位移的方向。

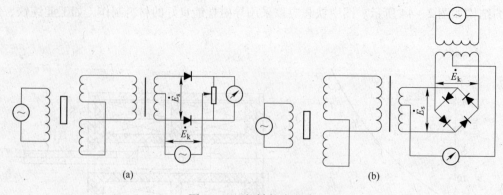

(a)　　　　　　　　　　　　　　(b)

图 2-46　相敏整流电路

(a) 半波整流；(b) 全波整流

这种电路对 $\dot{E}_k$ 和 $\dot{E}_s$ 的相位一致性要求很高。在低频激磁场合，次级电压对初级电压的超前角大，需设置移相电路使 $\dot{E}_k$ 与 $\dot{E}_s$ 相位一致；在高频激磁场合，差动变压器的初、次级电压之间相移较小，但振荡器同时供给差动变压器和参比电压电路激励用，负载较重。另外参比电压 $\dot{E}_k$ 振幅必须比 $\dot{E}_s$ 振幅的最大值还大；如果二者大小相近，则输出线性度变差。

具有相敏整流功能的差动变压器测量电路已有 AD598、AD698 等集成电路可用。

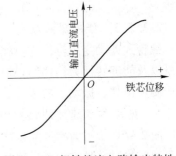

图 2-47 相敏整流电路输出特性

B 差动整流电路

这是一种最常用的测量电路形式。将差动变压器两个次级电压分别整流后，再以它们的差值作为输出，此时次级电压的相位和零点残余电压均不需考虑。图 2-48（a）、（b）所示电路用于连接低阻抗负载场合，例如动圈式电流表等，是电流输出型的差动整流电路。图 2-48（c）、（d）用于连接高阻抗负载场合，例如数字电压表等，是电压输出型的差动整流电路。

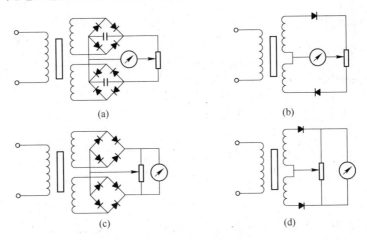

（a）   （b）

（c）   （d）

图 2-48 差动整流电路

（a）全波电流输出；（b）半波电流输出；（c）全波电压输出；（d）半波电压输出

差动整流后输出电压特性的线性度与未经整流的次级输出电压特性相比有些变化。当次级线圈阻抗高、负载电阻小、接入电容滤波时，其输出特性线性度的变化趋势是随铁芯位移增大，输出灵敏度增加。利用这一特性能够使差动变压器的线性范围得到扩展。

C 小位移测量电路

对于满量程为数微米到数十微米的小位移测量，前述测量电路不能满足灵敏度和零点漂移等方面的要求。一般差动变压器次级线圈的输出电压需经过交流放大后，再进行相敏整流，其原理方框图示于图 2-49。为提高放大器的稳定性和线性度，需在放大电路中引入深度的负反馈，同时在测量放大电路中还需考虑零点残余电压补偿和温度补偿

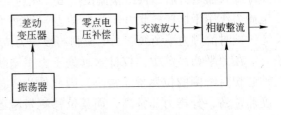

图 2-49 小位移测量电路方框原理图

措施。

2.3.2.3　传感器的应用

螺管式差动变压器作为位移传感器，其应用范围非常广泛。凡是与位移有关的任何机械量以及能够转换为位移的任何物理量均可以经过它转换成电量输出，进行测量。如它常用于测量位移、振动、加速度、应力、压力、密度、厚度等参数。

A　振动和加速度测量

图2-50所示为测量加速度的差动变压器和测量振动的线路方框图。测量振动物体的频率和振幅时，激磁频率必须是振动频率的十倍，这样测定的结果是十分精确的。可测量的振幅为0.1~5.0mm，振动频率范围为0~150Hz。采用特殊的结构设计，还可以提高其频率响应范围。

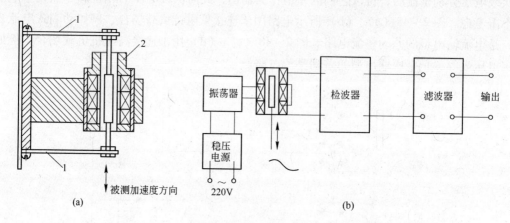

图2-50　加速度传感器及其测量电路的方框图
（a）加速度传感器的结构示意图；（b）测量电路方框图及测量振动时的波形
1—弹性支承；2—差动变压器

B　大型构件的应力、挠度等力学参数测量

用差动变压器测量这些参数较之常用的千分表，精确度高，分辨力高，重复性好，并且可以实现自动测量与记录。用差动变压器测量大型构件的挠度，其原理图示于图2-51。

C　力和差压的测量

用差动变压器测量力或差压时往往采用力平衡电路。力平衡电路的结构原理图示于图2-52。差动变压器在力平衡电路中作为零位检测元件使用。当杠杆受到被测力作用时就绕支点偏转，使差动变压器铁芯相对线圈产生位移，于是差动变压器输出电压信号；此电压经放大器放大后，再经整流便产生一相应的直流电流。该电流流过力平衡线圈，变换成电磁力作用于杠杆；此力作为反馈力与被测力共同作用于杠杆，使杠杆处于力矩平衡状态。这时流过力平衡线圈的电流则与被测力成比例。

在力平衡系统中，杠杆永远处于力平衡状态。在被测力发生变化时，差动变压器的铁芯相对线圈的位移量非常小，因此作为零位检测元件使用的差动变压器则要求其灵敏度非常高，分辨力非常高，而其位移测量范围则很窄，所以此时多采用变气隙式差动变压器。

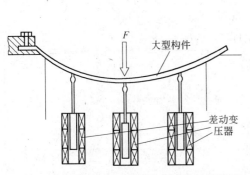

图 2-51 用差动变压器测量大型构件的挠度

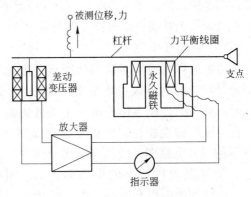

图 2-52 力平衡电路

2.3.3 电涡流式传感器

众所周知，通过金属导体中的磁通发生变化时，金属导体内就要产生感应电流，这种电流的流线在金属导体内自行闭合，所以称其为电涡流。电涡流的产生必然要消耗一部分磁场能量，从而使产生磁场的线圈等效阻抗发生变化。通常将线圈等效阻抗因产生电涡流而发生变化称其为涡流效应。

电涡流的大小与金属导体的电阻率 ρ、磁导率 μ、厚度 t 以及线圈与金属导体的距离 x，线圈的激磁电流角频率 ω 等参数有关。固定其中的若干参数，就能按电涡流的大小确定出另外某参数。

电涡流式传感器的最大优点是可以对一些参数进行非接触的连续测量，灵敏度也比较高，所以它在工业生产和科研部门已受到广泛重视和应用。

2.3.3.1 工作原理

A 基本原理

如图 2-53 所示，将一个扁平线圈置于金属导体附近，当线圈中通以正弦交变电流时，在线圈周围空间就产生了交变磁场 H_1，置于该磁场中的金属导体中就感应出电涡流，而此电涡流也将产生交变磁场 H_2，H_2 力图阻止 H_1 的变化。由于 H_2 的反作用使通电线圈的等效阻抗发生变化，此线圈等效阻抗的变化完整而唯一地反映了金属导体的涡流效应。理论和实验研究表明，线圈阻抗的变化既与电涡流效应有关，又与静磁学效应有关。也就是说，与金属导体的电导率、磁

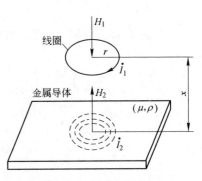

图 2-53 电涡流作用原理

导率、几何形状，线圈的几何参数，激励电流频率以及线圈到金属导体的距离等参数有关。假设金属导体是均质的，其性能为线性和各向同性的，则线圈-金属导体系统的物理性质可由磁导率 μ、电阻率 ρ、尺寸因子 r 及 x、激励电流强度 I 和角频率 ω 等参数来描述，线圈的阻抗 Z 可用下列函数表示：

$$Z = F(\mu, \ \rho, \ r, \ x, \ I, \ \omega) \tag{2-92}$$

如果控制上式中的某些参数恒定不变，而只改变其中的一个参数，这时阻抗 Z 就成为

该参数的单值函数。当 μ、ρ、r、I、ω 恒定不变时，阻抗 Z 就成为距离 x 的单值函数。利用此单值函数关系就可以进行位移测量。

B　等效电路

欲精确地列出线圈阻抗与线圈到被测导体距离等参数之间的函数关系是很困难的。为简化分析，可以把金属导体看成一个等效短路线圈，它与线圈磁性相连，因此可以得到图 2 - 54 所示的等效电路图。线圈与金属导体之间的互感系数 M 随着间距 x 的变小而增大。图中 R_1、L_1 为线圈的电阻和电感，R_2、L_2 为金属导体的等效电阻和电感，E 为激励电压。

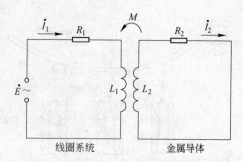

图 2 - 54　电涡流传感器与被测体的等效电路

根据基尔霍夫定律可以列出下列方程组

$$\begin{cases} R_1 \dot{I}_1 + j\omega L_1 \dot{I}_1 - j\omega M \dot{I}_2 = \dot{E} \\ -j\omega M \dot{I}_1 + R_2 \dot{I}_2 + j\omega L_2 \dot{I}_2 = 0 \end{cases} \qquad (2-93)$$

解方程组可得

$$\dot{I}_1 = \frac{\dot{E}}{R_1 + \dfrac{\omega^2 M^2}{R_2^2 + (\omega L_2)^2} R_2 + j\left[\omega L_1 - \dfrac{\omega^2 M^2}{R_2^2 + (\omega L_2)^2}\omega L_2\right]} \qquad (2-94)$$

$$\dot{I}_2 = j\omega \frac{M \dot{I}_1}{R_2 + j\omega L_2} = \frac{M\omega^2 L_2 \dot{I}_1 + j\omega M R_2 \dot{I}_1}{R_2^2 + \omega^2 L_2^2} \qquad (2-95)$$

从式 2 - 94 可以得出线圈受到金属导体影响后的等效阻抗为

$$Z = R_1 + R_2 \frac{\omega^2 M^2}{R_2^2 + \omega^2 L_2^2} + j\left(\omega L_1 - \omega L_2 \frac{\omega^2 M^2}{R_2^2 + \omega^2 L_2^2}\right) \qquad (2-96)$$

从而也可得出线圈的等效电感为

$$L = L_1 - L_2 \frac{\omega^2 M^2}{R_2^2 + \omega^2 L_2^2} \qquad (2-97)$$

由式 2 - 96 也可以得出线圈的品质因数 Q 为

$$Q = Q_0 \frac{1 - \dfrac{L_2}{L_1} \cdot \dfrac{\omega^2 M^2}{Z_2^2}}{1 + \dfrac{R_2}{R_1} \cdot \dfrac{\omega^2 M^2}{Z_2^2}} \qquad (2-98)$$

式中　Q_0——无涡流影响时的线圈 Q 值，$Q_0 = \dfrac{\omega L_1}{R_1}$；

Z_2^2——金属导体中产生涡流部分的等效阻抗，$Z_2^2 = R_2^2 + \omega^2 L_2^2$。

从式 2 - 96、式 2 - 97、式 2 - 98 可知，涡流影响的结果是使线圈的等效阻抗的实数部分（即电阻）增大，虚部部分（即电感）减小，从而使线圈的品质因数也减小。从物理意义上讲，等效电阻值的增大与品质因数值的减小，是由于涡流损耗功率的存在与增大。

C 电涡流的轴向渗透深度

由于趋肤效应，交变磁场不能透过厚度较大的金属导体。当交变磁场进入导体后，磁场强度随着离表面距离的增大而按指数规律衰减，所以电涡流密度在金属导体中的轴向分布也是按指数规律衰减的，其数学表达式为

$$j_x = j_0 \mathrm{e}^{-\frac{x}{d_s}}$$ (2-99)

式中 j_x——金属导体中离表面距离为 x 处的电涡流密度；

j_0——金属导体表面上的电涡流密度；

x——金属导体中某点离表面的距离；

d_s——电涡流密度等于 j_0/e 处离开金属导体表面的距离。

此处 d_s 就是人们通常所说的趋肤深度，在此称其为电涡流的轴向渗透深度。它的数值与线圈的激励频率 f、导体材料的磁导率 μ 和电阻率 ρ_1 有关，可由下式计算：

$$d_s = \sqrt{\frac{\rho_1}{\mu_0 \mu \pi f}}$$

由上式可以看出，金属导体材料的电阻率越大和磁导率越小，则渗透深度越大。例如，在激励频率为 $f = 1\mathrm{MHz}$ 的情况下，铁的渗透深度 p 为 $1.78\mu\mathrm{m}$，而铜的渗透深度 d_s 为 $65.6\mu\mathrm{m}$。

此外，激励频率越低，则渗透深度越大。渗透深度与激励频率之间的关系示于图 2-55。从图中可见，金属导体内的电涡流分布随着频率的升高而逐渐集中于表面。例如，当 $f = 1.245\mathrm{MHz}$ 时，铝（$\rho_{Al} = 2.9 \times 10^{-8}\Omega \cdot \mathrm{m}$）的渗透深度等于 $0.08\mathrm{mm}$。

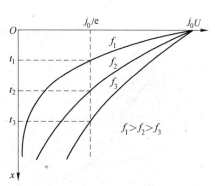

图 2-55 渗透深度与激励频率的关系

2.3.3.2 特性分析

A 线圈几何参数对灵敏度和线性范围的影响

电涡流式传感器的核心结构是安置在框架上的线圈。其典型结构示于图 2-56。它的线圈结构比较简单，属于扁平圆形线圈，可在骨架端部开槽，用高强度漆包线绕制。线圈骨架采用优良的绝缘材料，如聚四氟乙烯、环氧玻璃布棒料等经车床加工而成。

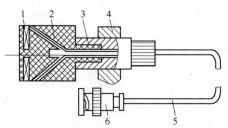

图 2-56 CZF-1 型传感器结构
1—线圈；2—框架；3—框架衬套；
4—支座；5—电缆；6—插头

对于一个传感器而言，总是希望灵敏度高，线性范围大。电涡流传感器的灵敏度和线性范围主要受线圈产生的磁场分布情况影响。要使其线性范围大，则要求线圈的磁场轴向分布范围要大；欲使其灵敏度高，则需要使被测导体在轴向移动时涡流损耗功率的变化要大，亦即轴向磁场强度变化的梯度要大。

单匝载流圆导线在轴上的磁感应强度 B_p 可根据毕奥-萨伐尔定律计算得出为

$$B_p = \frac{\mu_0 I}{2} \cdot \frac{r^2}{(x^2 + r^2)^{3/2}} \qquad (2-100)$$

式中　μ_0——真空磁导率，$\mu_0 = 4\pi \times 10^{-7}\,\mathrm{H/m}$；

　　　I——激励电流强度；

　　　r——线圈半径；

　　　x——轴上点离单匝线圈距离。

为了分析单匝圆线圈半径 r 对 $B_p - x$ 曲线的影响，令激励电流不变，并取 $\frac{\mu_0 I}{2} = 36 \times 10^{-10}$，计算并作出三种半径情况下的 $B_p - x$ 曲线，如图 2-57 所示。从图 2-57 中可见，半径小的载流单匝圆线圈，在近线圈处产生的磁感应强度大，而在远离线圈处，则是半径大的线圈产生的磁感应强度大。

载流扁平线圈产生的磁场可以看作由多个不同半径单匝圆线圈的磁场叠加而成。线圈的几何尺寸如图 2-58 所示。设线圈共 W 匝，当通以电流 I 时，则单位面积上的电流强度为

$$\Delta i = \frac{WI}{(r_{os} - r_{is})b_s} \qquad (2-101)$$

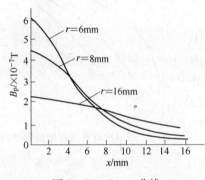

图 2-57　$B_p - x$ 曲线

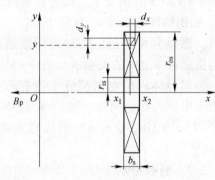

图 2-58　线圈几何尺寸

取通过截面为 dxdy 处的电流为 i，则

$$i = \frac{WI\mathrm{d}x\mathrm{d}y}{(r_{os} - r_{is})b_s} \qquad (2-102)$$

此电流在轴上某点 x 处所产生的磁感应强度为

$$\mathrm{d}B_p = \frac{\mu_0 i}{2} \cdot \frac{y^2}{(x^2 + y^2)^{3/2}} \qquad (2-103)$$

则整个载流扁平线圈在轴线上 x 处产生的磁感应强度为

$$B_p = \int \mathrm{d}B_p = \frac{\mu_0 WI}{2(r_{os} - r_{is})b_s} \int_{r_{is}}^{r_{os}} y^2 \mathrm{d}y \int_{x_1}^{x_2} \frac{\mathrm{d}x}{(x^2 + y^2)^{\frac{3}{2}}}$$

$$= \frac{\mu_0 WI}{2(r_{os} - r_{is})b_s} \left\{ (x + b_s)\ln\frac{r_{is} + \sqrt{r_{is}^2 + (x + b_s)^2}}{r_{os} + \sqrt{r_{os}^2 + (x + b_s)^2}} - x\ln\frac{r_{is} + \sqrt{r_{is}^2 + x^2}}{r_{os} + \sqrt{r_{os}^2 + x^2}} \right\} \qquad (2-104)$$

线圈的三个主要参数（r_{os}、r_{is}、b_s）用不同值代入式 2-104 进行计算，并将结果绘成 $B_p - x$ 曲线示于图 2-59。

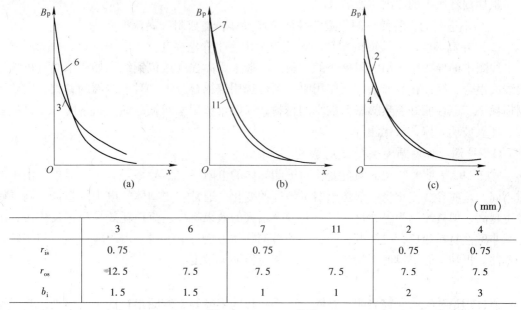

图 2 – 59　B_p – x 曲线

（a）线圈外径不同；（b）线圈内径不同；（c）线圈厚度不同

	3	6	7	11	2	4
r_{is}	0.75		0.75		0.75	0.75
r_{os}	12.5	7.5	7.5	7.5	7.5	7.5
b_i	1.5	1.5	1	1	2	3

对图 2 – 59 曲线分析比较可见，线圈外径大时，线圈的磁场轴向分布范围大，但磁感应强度的变化梯度小；而线圈外径小时，磁感应强度轴向分布范围小，但磁感应强度的变化梯度大。这表明，电涡流传感器的线圈外径越大，线性范围将越大，但灵敏度越低。与此相反，线圈外径越小，传感器的灵敏度将越高，而线性范围越小。线圈内径的变化，主要影响靠近线圈处的灵敏度；同样，线圈厚度的变化也仅在靠近线圈处对灵敏度稍有影响。

B　线圈的阻抗及其影响因素

电涡流式传感器的线圈是具有矩形截面的扁平线圈。此种线圈自感系数的计算在数学上是比较复杂的，佩利提出的经验公式，其计算结果比较正确，此公式为

$$L = \frac{W^2 D}{0.0369 + 0.14K_1 + 0.124K_2} \times 10^{-7} \tag{2 – 105}$$

式中，D 为线圈的平均直径；W 为线圈的匝数；$K_1 = b/D$；$K_2 = c/D$；b 为线圈的宽度；c 为线圈的径向厚度。

例如一个外径 9mm，内径为 1mm，厚度为 1mm，匝数为 110 匝的扁平线圈，由上式计算得到 $L = 36.9\mu H$，实测为 $40\mu H$，两者数值比较接近。从式 2 – 105 可以看出尺寸对 L 的影响。

线圈的电阻由以下三部分组成：

（1）导线的电阻。

（2）由磁性损耗引起的等效损耗电阻。

（3）高频时线圈及骨架中因介电损耗所造成的等效损耗电阻。必须尽量使线圈的损耗电阻保持最小，因为随着电阻的增大，传感器的灵敏度将降低。经试验证明，线圈中附加损耗还会影响其线性范围。

附加损耗产生的原因主要有：

（1）不适当的安装使线圈靠近非被测金属导体，造成附加涡流损耗。

（2）在高频时，于线圈的浸渍或粘接材料中产生介电损耗。

线圈中的导线应选用电阻率小的材料，一般采用高强度漆包铜线。如要求高，可选用银线或银合金线；在高温条件下使用时，则可选用铼钨合金线。对于线圈的骨架，则要求用损耗小、电性能好、热膨胀系数小的材料，一般可选用聚四氟乙烯、高频陶瓷、聚酰亚胺、环氧玻璃布棒、氧化硼等。

C　被测导体材质对灵敏度的影响

式 2-92 表明，线圈的阻抗变化与被测导体的电阻率、磁导率等有关。显然，由于材质不同，这些参数变化将引起传感器灵敏度的变化。通常被测物体的电阻率越低，则灵敏度也越高；但被测物为磁性材料时，磁导率增大的效果将与涡流损耗效果呈相反作用，因此与非磁性材料相比，灵敏度将降低。若被测物体表面有电镀层，由于镀层性质与基底材料不同，再加上镀层厚度不均匀，均影响传感器的灵敏度。

D　被测导体形状和尺寸对灵敏度的影响

通过理论和实验研究表明，被测导体平板环的半径等于线圈半径的 1.8 倍处，其涡流密度已衰减到最大值的 5%。显然，为了充分地利用电涡流效应，被测导体的半径应大于线圈半径的 1.8 倍，否则由于不能充分利用涡流效应，致使灵敏度降低。

同理，被测导体的厚度也不能太薄，通常 0.2mm 以上的厚度，灵敏度将不受影响。

E　传感器安装对灵敏度和线性范围的影响

当线圈与能够产生电涡流的不属于被测导体的任何金属导体接近，均能干扰线圈的磁场，产生线圈的附加损失，导致灵敏度的降低和线性范围的缩小。通常要求非被测导体与线圈之间至少要留有大于线圈直径的间距，否则将影响灵敏度和线性范围。

2.3.3.3　测量电路

根据电涡流测量的基本原理和等效电路可知，传感器线圈与被测金属导体之间距离的变化可以转换为线圈的品质因数，等效电感和等效阻抗这三个参数的变化来加以测量。因此，测量电路的任务就是将这三个参数进一步转换为电压或电流输出，并显示出测量结果。针对上述三个参数的变化，相应地有 Q 值测量电路、电感测量电路、阻抗测量电路三种类型的测量电路。下面介绍常用的测量电路。

A　调幅法测量电路

调幅法测量电路属于位移-阻抗转换法测量电路，其原理图示于图 2-60。传感器线圈 L_0 和电容 C_0 构成并联谐振回路，由频率稳定的石英振荡器提供高频激励信号。谐振时振荡回路频率 f_0 等于振荡器提供的激励信号频率，这时 $L_0 C_0$ 回路呈现的阻抗最大，通过与耦合电阻 R 串联所获取的分压输出 e 为最大。测量时，由于被测金属导体中涡流反射作用，使传感器线圈的阻抗改变，$L_0 C_0$ 回路失谐。当被测导体是非磁性材料，则谐振曲线右移；反之，被测导体为软磁材料，则谐振曲线左移，如图 2-61（a）所示。这时在频率 f_0 时的分压输出 e 将随之变化。因此可以由分压输出 e 来表示传感器与被测物体之间的距离，如图 2-61（b）所示。此特性曲线为非线性的，只有在一定范围即 $d_1 \sim d_2$ 之间才呈线性关系。因此传感器安装时应选择在线性段工作区。并联谐振回路输出电压是高频交变电

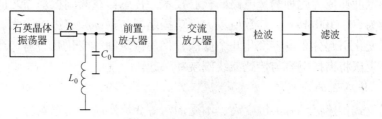

图 2-60　调幅法测量原理

压，不易直接测量，为此，需经过放大、检波、滤波等环节配合，最后输出直流电压以便于测量。

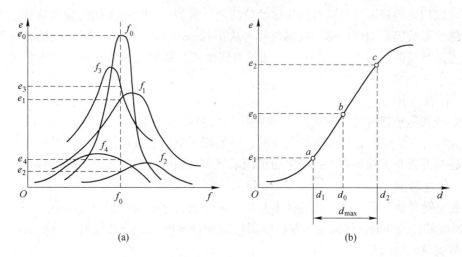

(a)　　　　　　　　　　　　(b)

图 2-61　谐振曲线（a）与特性曲线（b）

B　调频法测量电路

调频法测量电路的原理框图示于图 2-62。传感器线圈是接在 LC 振荡器的谐振回路中作为电感使用。与前述方法不同之处是取谐振回路的谐振频率作为输出量。当传感器线圈与被测物体之间距离发生变化时，线圈的等效电感因涡流效应而发生变化，从而改变了振荡器的频率。此频率的变化与传感器线圈到被测物体之间距离变化成比例。为了测量此频率信号，通常需经过放大、限幅、鉴频、功放等环节配合，最后输出直流电压以便于测量。调频法测量电路特性的稳定度主要由 LC 振荡器的频率稳定度决定。因此，提高 LC 振

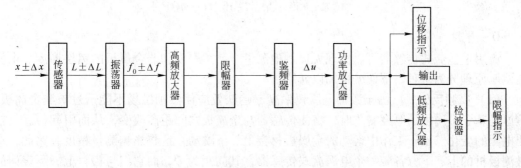

图 2-62　调频法测量电路原理方框图

荡器的频率稳定度便成为此种测量电路的核心技术。传感器线圈到振荡器之间连接电缆的分布电容一般为 50～100pF/m，其数值较大，对振荡器的振荡频率影响较大。例如在测量中，电缆位置变化引起分布电容变化几个皮法，将使振荡频率变化几千赫，严重影响测量结果。为此可设法将谐振电容与传感器线圈装在一起。

2.3.3.4 传感器的应用

由于电涡流式传感器具有灵敏度高、不受油污等介质影响、动态响应好、实现非接触测量、探头结构简单和安装方便等一系列独特的优点，已被广泛应用于各个领域。下面就其主要应用作简要介绍。

A 位移测量

它可以用来测量各种形状金属物体的位移值。例如，汽轮机主轴的轴向位移，金属试件的热膨胀系数等。测量位移的范围通常可从 0～1mm 到 0～30mm，特殊产品可达 80mm。分辨率可达测量范围的 0.1%。此外，凡是可变换成位移量的参数，都可用电涡流式传感器来测量，如钢水液位、流体压力等。

B 振幅测量

电涡流式传感器可实现无接触地测量各种机械振动的幅值。例如，旋转轴的径向振动，涡轮叶片的振幅。在研究轴的振动时，常需要了解轴的振动模式，这时可用多支电涡流式传感器并排布置在轴附近，用多通道记录仪记录轴的振形，见图 2-63（a）。

C 转速测量

将旋转体作成齿状，或在旋转体上开槽，涡流式传感器置于旋转体一侧，见图 2-63（b）。当旋转体转动时，传感器的输出电压将周期性地改变，将其放大、整形后接入频率计，则可实现转速测量。

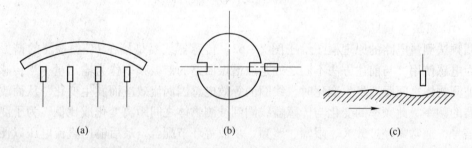

(a)   (b)   (c)

图 2-63 涡流传感器的应用
(a) 测量轴的振形；(b) 转速计；(c) 测量尺寸

D 厚度测量

应用电涡流式传感器可以实现无接触地测量金属板厚度和非金属板的镀层厚度。电涡流测厚原理分为两种，下面分别加以介绍。

（1）高频反射式。由于激励电压频率高，趋肤效应使激励磁场不能透过被测金属板，测厚是基于金属板的厚度变化时，将使传感器与金属板之间距离改变，从而引起传感器输出电压的变化。由于工作中运动的金属板材会上、下跳动，这将影响测量精度，为此，在被测板材的上、下方各装一个电涡流式传感器，其间距为 D，而它们与板材上、下表面的间距分别为 x_1 和 x_2，则板材厚度 $d = D - (x_1 + x_2)$。根据此式对两个传感器输出电压信号进行运算，可实现板材厚度测量。

（2）低频透射式。图 2 - 64 所示为低频透射式涡流测厚仪原理图。发射线圈 L_1 和接收线圈 L_2 分别位于被测板材的上、下方。由音频振荡器产生的低频交流电压 u_1 加到 L_1 的两端，并产生交变磁场。当 L_1 与 L_2 之间无被测板材 M 时，L_1 产生的磁通将无阻挡地直接贯穿 L_2，于是 L_2 两端感应出的交变电势 u_2 数值最大。若 L_1 与 L_2 之间放置板材 M 后，L_1 产生的磁力线在 M 中感应出电涡流 i，电涡流损耗了部分磁场能量，使到达 L_2 的磁力线减少，从而引起 u_2 的下降，M 的厚度 h 越大，电涡流损耗也越大，u_2 下降的也越多。可见，u_2

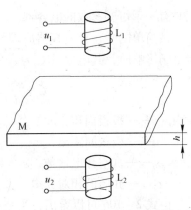

图 2 - 64 低频电涡流测厚仪原理图

的大小间接反映了 M 的厚度 h 变化。由于板材的电阻率 ρ 影响涡流的大小，从而影响 u_2 值，为此，需根据板材的化学成分和温度对 u_2 值进行校正和补偿。

E 涡流探伤

电涡流式传感器作为无损探伤装置，可以探测金属材料的表面裂纹、热处理裂纹以及焊缝裂纹。测试时，应保持传感器与被探伤件之间距离为常数，遇有裂纹时，金属等效电阻率，磁导率发生变化，裂纹处也有位移量的改变。这些参数的综合变化结果使传感器的输出电压发生变化，从而实现非接触、无损探伤。另外被探伤件中感应出的电涡流也将在周围产生交变磁场，采用布置在线圈附近的高灵敏度的磁场测量元件（如各向异性磁阻传感器、SQUID 等）测量被测区域周围磁场变化，也可实现无损探伤之目的[9~12]。

在探伤时，被探伤件与传感器线圈之间是有着相对运动速度的。这时传感器输出信号将被调制，此调制频率取决于相对运动速度和导体中物理性质变化速度，如缺陷、裂纹出现的信号总是比较短促的，所以缺陷、裂纹会产生较高频率的调幅波，剩余应力会产生中等频率的调幅波，热处理、合金成分变化趋向产生较低频率的调幅波。为了提取有用信号，还需采用滤波、幅值甄别等电路，以抑制各种干扰信号。

此外，根据磁导率与机械硬度的关系，利用电涡流式传感器做成硬度计，用于测量轧制钢板连续退火生产线上钢板的硬度。

2.4 电容式传感器

电容式传感器不但被广泛地用于位移、振动、加速度等机械量的测量，而且逐步地扩大应用于差压、液面、料面、成分含量等方面的测量。由于电容式传感器具有一系列突出的优点，并且随着电子技术的迅速发展，特别是集成电路的普遍应用，使这些优点得到进一步发扬，而它所存在的寄生分布电容、非线性等缺点已经得到克服，因此电容传感技术在自动检测技术领域占有十分重要地位。

2.4.1 电容式传感器工作原理

电容式传感器是指能将被测物理量的变化转换为电容量变化的一种传感器，它实质上是具有一个可变参数的电容器。

最简单的平行板电容器原理图如图 2-65 所示。当不考虑边缘电场影响时，其电容量 C 为

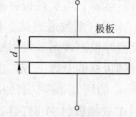

极板

$$C = \frac{\varepsilon S}{d} = \frac{\varepsilon_0 \varepsilon_r S}{d} \qquad (2-106)$$

图 2-65 平行板电容器

式中 S——极板面积，m^2；

  d——极板间距离，m；

  ε_0——真空介电常数，$\varepsilon_0 = 8.85 \times 10^{-12} F/m$；

  ε_r——介质的相对介电常数。

由式 2-106 可以看出，当被测参数使得 S、d 或 ε 发生变化时，电容量 C 随之变化。如果保持其中两个参数不变而仅改变另一参数，就可将该参数的变化单值地转换为电容量的变化。电容式传感器可分为改变极板间距离 d 的变间隙式、改变极板面积 S 的变面积式和改变介质介电常数 ε_r 的变介电常数式三种类型。

变间隙式电容传感器的特点是灵敏度高，一般用来测量微小的线位移，但是其 $C-d$ 特性曲线为非线性特性。变面积式电容传感器的 $C-S$ 特性曲线为线性特性，其灵敏度较低，一般用于测量较大线位移或角位移。变介电常数式电容传感器的 $C-\varepsilon_r$ 特性曲线为线性特性，常用于液体和固体的物位测量以及介质的湿度测量。下面分别介绍这三种类型电容传感器。

2.4.1.1 变间隙式电容传感器

由式 2-106 可见，此种传感器的电容量 C 与极板间距离 d 之间不是线性关系，而是如图 2-66 所示的双曲线函数关系。

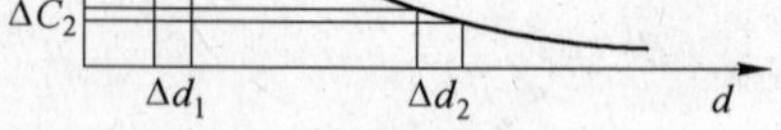

若电容传感器的极板间距离由初始值 d_0 变化 Δd，其电容量分别为 C_0 和 C_1，即 $C_0 = \dfrac{\varepsilon S}{d_0}$，而 C_1 可表示为

$$C_1 = \frac{\varepsilon S}{d_0 - \Delta d} = \frac{\varepsilon S(1 + \Delta d/d_0)}{d_0(1 - \Delta d^2/d_0^2)} \qquad (2-107)$$

当 $\Delta d \ll d_0$ 时，$1 - \Delta d^2/d_0^2 \approx 1$，则上式可简化为

$$C_1 = \frac{\varepsilon S(1 + \Delta d/d_0)}{d_0} = C_0 + C_0 \frac{\Delta d}{d_0} \qquad (2-108)$$

图 2-66 电容量与极板距离的关系

这时 C_1 与 Δd 近似呈线性关系，所以变间隙式电容传感器往往是设计成 Δd 在极小的范围内变化。由式 2-108 可以看出，为提高灵敏度，应减小初始间隙 d_0，但 d_0 的减小受到击穿电压值和加工精度的限制。同时，减小 d_0 会增大非线性误差。改善击穿条件的办法是在极板间放置一层云母或塑料薄膜，如图 2-67 所示。此时电容量变为

$$C = \frac{\varepsilon_0 S}{d_1/\varepsilon_1 + d_2/\varepsilon_2} \qquad (2-109)$$

式中 ε_1——厚度为 d_1 的空气的相对介电常数；

  ε_2——厚度为 d_2 的固体介质（如云母、塑料等）的相对介电常数。

一般电容式传感器的起始电容 C_0 在 20～300pF 之间，极板间初始间隙在 25～200μm

的范围内，最大位移应该小于初始间隙的 1/10。

在实际应用中，为了提高灵敏度，减小非线性和克服某些外界因素（如激励源电压、环境温度等）对测量的影响，通常把传感器做成差动结构形式，其原理图如图 2 - 68 所示。

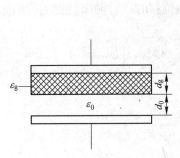

图 2 - 67　放置云母片的电容器

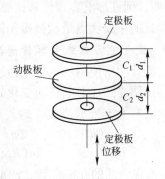

图 2 - 68　差动电容式传感器原理

当动极板发生位移后，其中一个电容器 C_1 的电容值随位移 Δd 增加，而另一个电容器 C_2 则相应减小。当 $\Delta d \ll d_0$ 时，略去非线性项，则有

$$\frac{\Delta C}{C_0} \approx \frac{2\Delta d}{d_0} \tag{2 - 110}$$

$$\Delta C = C_1 - C_2$$

式中　d_0——定极板与动极板之间的初始间隙。

可见，采用差动结构可使灵敏度提高一倍。

2.4.1.2　变面积式电容传感器

图 2 - 69 所示乃是角位移变面积式电容传感器的原理图。当动极板产生角位移时，动极板与定极板之间的遮盖面积就随之改变，从而改变了两极板之间的电容量。当角位移 $\theta = 0$ 时，其电容量 C 为 $C = C_0 = \frac{\varepsilon S}{d}$；当角位移 $\theta \neq 0$ 时，其电容量 C 为

$$C = C_1 = \frac{\varepsilon S(1 - \theta/\pi)}{d} = C_0 - C_0 \frac{\theta}{\pi} \tag{2 - 111}$$

从式 2 - 111 可以看出，这种结构形式传感器的电容量 C 与角位移 θ 是呈线性关系的。

图 2 - 70 为圆柱形电容式位移传感器的原理图。在初始位置即 $a = 0$ 时，动极板与定极板相互覆盖，其电容量 C 为

$$C = C_0 = \frac{2\pi\varepsilon_0\varepsilon_r l}{\ln(D_0/D_2)} = \frac{2\pi\varepsilon l}{\ln(D_0/D_2)} \tag{2 - 112}$$

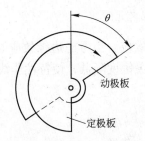

图 2 - 69　电容式角位移传感器原理图

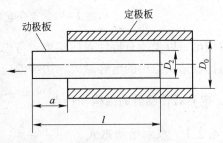

图 2 - 70　圆柱形电容式传感器

当动极板发生位移后，其电容量 C 为

$$C = \frac{2\pi\varepsilon(l-a)}{\ln(D_0/D_2)} = C_0 - C_0\frac{a}{l} \qquad (2-113)$$

式 2-113 表明，圆柱形电容式位移传感器的电容量 C 与线位移 a 是呈线性关系的。采用圆柱形结构形式的主要优点是动极板稍微有些径向位移时，对输出特性的影响很小。

2.4.1.3 变介电常数式电容传感器

电容式液面计中所使用的电容式传感器属于这一类，其原理图示于图 2-71。当被测介质的液面在两同心圆柱形电极间变化时，引起其等效介电常数的变化，因而导致电容量变化。其输出电容 C 与液面高度 x 的关系为

$$C = \frac{2\pi\varepsilon_0(h-x)}{\ln(R_2/R_1)} + \frac{2\pi\varepsilon_1 x}{\ln(R_2/R_1)} = \frac{2\pi\varepsilon_0 h}{\ln(R_2/R_1)} + \frac{2\pi(\varepsilon_1-\varepsilon_0)}{\ln(R_2/R_1)} \cdot x \qquad (2-114)$$

式中　ε_1——液体介质的介电常数，F/m；

ε_0——空气的介电常数，F/m；

h——电极的总长度，m；

R_1——内电极的外径，m；

R_2——外电极的内径，m。

由式 2-114 可以看出，输出电容 C 与液面高度 x 呈线性关系；传感器的灵敏度与介电常数差值（$\varepsilon_1-\varepsilon_0$）成正比。由于液体介质的介电常数 ε_1 通常随温度而变化，所以为消除温度对测量的影响，还需采取温度补偿措施。

另一种变介电常数式电容传感器的原理图示于图 2-72。当某种带状介质在两固定极板间运动时，输出电容 C 与带状介质的厚度 d 和介电常数 ε_r 之间的关系为

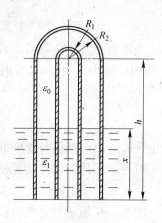

图 2-71　电容式液位传感元件

$$C = \frac{S}{\dfrac{\delta-d}{\varepsilon_0} + \dfrac{d}{\varepsilon_r\varepsilon_0}} = \frac{\varepsilon_0 S}{\delta-d+\dfrac{d}{\varepsilon_r}} \qquad (2-115)$$

由式 2-115 可见，当运动介质厚度 d 保持不变，而介电常数 ε_r 改变时，可用作介电常数测量装置；反之，若 ε_r 保持不变，则可作为测厚装置使用。

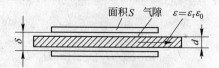

图 2-72　变介电常数的电容式传感元件

应指出，以上所有特性表达式均未考虑电场的边缘效应。当考虑边缘效应时，实际电容量将比表达式给出的电容量大。边缘效应使传感器的灵敏度降低，使特性非线性增加。

2.4.2 电容式传感器的结构和特点

2.4.2.1 基本结构形式

表 2-3 列出了电容式位移传感器的基本结构形式。依据将机械位移转换为电容变化

的基本原理，将电容式位移传感器分为变面积型、变极距型和变介质型三大类。这三种类型又按位移的形式分为线位移和角位移两种，每一种又依据传感器电容极板的形状分成平板形和圆筒形。依据传感器电容极板的结构形式又可分为单片型、多片型和特殊型，其中单片型又可分为单组式与差动式。

表2-3　电容式传感器的结构形式

参数变化	位移方式	单片型		多片型	特殊型
		单组式	差动式		
面积 S	线位移	平板形			
		圆筒形			
	角位移	平板形		—	
		圆弧形			
极距 d	线位移				—
	角位移			—	—
介质 ε	线位移	平板形			—
		圆筒形			—

从表2-3可以看出，电容式传感器的结构形式是多种多样的，每种具体结构形式都有其特点和适用场合。因此，需根据传感器的具体工作对象和工作条件，选择合适的结构形式。通常，差动式比单组式的灵敏度高，线性范围大，并具有较高的工作稳定性。电容传感器制成一极多板的形式，相当于一个大面积的单片型电容传感器，但是它能大大缩小传感器的尺寸，并能提高传感器的灵敏度。可见，电容式传感器的结构与其特性关系密切。

2.4.2.2　边缘效应

在电容式传感器中，为了减小边缘电场对测量的影响，电极应制做得尽量薄（如在绝缘材料上蒸镀金属膜），并尽量减小极板之间的间距。当极板的厚度与极板间距相比不太小时，边缘电场的影响就不能忽略。对于圆平行板电容器，其电容值可按下式计算

$$C = \varepsilon_0 \varepsilon_r \left\{ \frac{\pi r^2}{d} + 2r \left[\ln \frac{8\pi r}{d} - 3 + f\left(\frac{2t}{d} \right) \right] \right\} \qquad (2-116)$$

式中　t——极板厚度；

　　　r——极板半径；

　　　d——极板间距。

函数
$$f\left(\frac{2t}{d} \right) = \left(1 + \frac{2t}{d} \right) \ln\left(1 + \frac{2t}{d} \right) - \frac{2t}{d} \ln \frac{2t}{d} \qquad (2-117)$$

当 $\frac{2\pi r}{d} > 750$ 时，边缘电场的影响可以忽略，因此，对于圆平行板电容传感器在确定结构尺寸时，可按此关系计算。

消除边缘效应的较好方法是采用防护环，其原理图示于图 2-73。在使用防护环时，应使防护环与被防护环的极板具有相等的电位，但二者在电气上还应绝缘。这时被防护的工作极板面积上的电场基本上保持均匀，而发散的边缘电场将发生在防护环的外周。

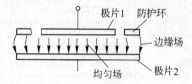

图 2-73　带有防护环的电容式传感元件

2.4.2.3　绝缘和屏蔽

电容式传感器的电容量一般都很小，仅有几十个皮法。对于如此小的电容量，若激励源频率又不高，则电容传感器本身的容抗就很高，可达几兆欧至上百兆欧。可见其绝缘和屏蔽问题十分突出。

A　绝缘问题

对于电容式传感器，几兆欧的绝缘电阻只能看作是传感器的一个漏电旁路。漏电阻将与传感器电容构成复数阻抗而通过测量电路影响输出，更为严重的是漏电阻会随环境温度和湿度而变化，以致使传感器的输出产生缓慢的零点漂移。因此在选择绝缘材料时，不仅要求有低的膨胀系数和几何尺寸的长期稳定性，还应具有高的绝缘电阻、低的吸潮性和高的表面电阻，如采用玻璃、石英、陶瓷、尼龙等材料，而不用夹布胶木等一般电气绝缘材料。为了防止水汽进入，可考虑采用密封外壳。此外，采用较高的激励源频率（如数十千赫至数兆赫），以降低传感器的容抗，也相应地降低了对绝缘电阻的要求。

B　屏蔽问题

寄生分布电容使传感器电容量改变，由于传感器本身电容量小，并且寄生分布电容又是极不稳定的，这就导致传感器特性的不稳定。克服寄生分布电容影响的最常用方法是对传感器电容及其引出线采取屏蔽措施，即将传感器电容置于金属壳体内，然后将金属壳体接大地，这样就消除了传感器电容与壳体外部导体之间不稳定的寄生电容耦合；金属外壳屏蔽同时起到了消除外界静电场和交变电磁场的干扰作用。同样，传感器电容的引出线必须采用屏蔽线，其屏蔽层应良好接地。但是，尽管采用接地良好的屏蔽线，电容传感器仍存在下列两个问题：

（1）屏蔽线本身电容量大，大的每米可达上百皮法。当屏蔽线较长且其电容与传感器电容相并联，使传感器的电容相对变化大大降低，因而使传感器的灵敏度大大降低。

（2）电缆本身的电容量由于放置位置和形状不同而有很大变化，这将使传感器特性不稳定。

电缆电容的影响是电容式传感器需要解决的关键技术问题，集成电路技术的发展，为此问题的解决创造了良好条件。一种解决方法是将测量电路的前级或全部放大环节装在离传感器机械部分很近的位置，以尽量缩短屏蔽线的长度，从而减小电缆电容的影响。另一种方法就是采用驱动屏蔽（参看 3.4 节的驱动屏蔽）技术。

2.4.2.4 温度的影响

电容式传感器的电容输出是其几何尺寸和电介质介电常数的函数。实际上传感器电容的几何尺寸和介电常数是随温度而变化的，因而温度也使电容量产生变化，从而给测量带来误差[13,14]。下面就这方面的问题分别加以介绍。

A 温度对结构尺寸的影响

温度变化使传感器电容的极板间隙和面积发生变化，产生附加电容变化。变间隙式电容传感器的电容由不同材料的零件组装而成，更应注意这一点。因为其间隙都取得很小，一般为零点几毫米左右，当零件的线膨胀系数相差较大时，因温度变化可能导致本来就很小的间隙产生较大的相对变化，造成很大的温度附加误差。下面以电容式压力传感器为例，研究此项误差及其补偿方法。

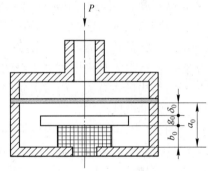

参看图 2-74 所示压力传感器，设温度为 t_0 时极板间隙为 δ_0，固定极板厚为 g_0，绝缘件厚为 b_0。膜片至绝缘件底部之间的壳体长度为 a_0，则 $\delta_0 = a_0 - b_0 - g_0$。当温度从 t_0 改变 Δt，各尺寸均要膨胀，设其膨胀系数相应地为 α_a、α_b、α_g，各尺寸膨胀后导致间隙改变为 δ_t，则 $\delta_t = a_0(1 + \alpha_a \Delta t) - b_0(1 + \alpha_b \Delta t) - g_0(1 + \alpha_g \Delta t)$，因此间隙的变化量为 $\Delta \delta_t = \delta_t - \delta_0 = (a_0\alpha_a - b_0\alpha_b - g_0\alpha_g)\Delta t$。因此其温度附加误差为

图 2-74 电容式传感器的温度误差

$$e_t = \frac{C_t - C_0}{C_0} = -\frac{(a_0\alpha_a - b_0\alpha_b - g_0\alpha_g)\Delta t}{a_0 - b_0 - g_0} \tag{2-118}$$

若进行温度补偿，其补偿条件为

$$a_0\alpha_a - b_0\alpha_b - g_0\alpha_g = 0 \tag{2-119}$$

由式 2-118 和式 2-119 可见，温度附加误差与组成零件的几何尺寸大小及零件材料的线膨胀系数大小有关，因此，通过适当选用材料及其尺寸可以减小温度附加误差。减小温度附加误差的另一重要措施，是采用差动结构，并在测量电路中加以补偿。

B 温度对介质介电常数的影响

温度变化引起介质介电常数的变化，使传感器电容改变，带来温度附加误差。温度对介电常数的影响随介质不同而异。对于以空气或云母为介质的传感器电容来说，这项误差很小，可忽略。但在电容式液位传感器中，被测介质的介电常数的温度系数较大，必须进行温度补偿。例如燃油的介电常数 ε_t 是随温度升高而近似线性地减小，其关系可表示为

$$\varepsilon_t = \varepsilon_{t0}(1 + \alpha_\varepsilon \Delta t) \tag{2-120}$$

式中 ε_t——温度改变 Δt 后燃油的介电常数；

ε_{t0}——起始温度 t_0 时燃油的介电常数；

α_ε——燃油介电常数的温度系数，对煤油 $\alpha_\varepsilon \approx -0.000684/℃$。

对于同心圆柱式电容传感器，当液面高度为 x 时，由于温度变化使 ε_t 改变，引起电容量的变化为

$$\Delta C_t = \frac{2\pi(\varepsilon_t - \varepsilon_0)}{\ln(R_2/R_1)}x - \frac{2\pi(\varepsilon_{t0} - \varepsilon_0)}{\ln(R_2/R_1)}x = \frac{2\pi x \varepsilon_{t0}\alpha_\varepsilon}{\ln(R_2/R_1)}\Delta t \qquad (2-121)$$

上式说明 ΔC_t 既与 $\Delta\varepsilon_t = \varepsilon_{t0}\alpha_\varepsilon\Delta t$ 成比例，还与液面高度 x 有关。为了补偿由于介电常数变化所引起的温度附加误差，可在测量电路中设置补偿传感器 C_K，并将其始终浸没在被测介质中，因此 C_K 将与液位高度变化无关，而只随着温度引起介电常数变化而变化；进而用 C_K 产生的温度补偿信号抵消测量传感器电容 C_t 产生的温度误差信号，从而达到温度补偿的目的。

2.4.2.5　等效电路

电容式传感器的等效电路如图 2-75 所示，图中 R_p 为并联损耗电阻，它代表极板间的泄漏电阻和极板间的介质损耗。这部分损耗的影响通常在低频时较大，随着频率增高，容抗减小，它的影响也就减弱了。串联电阻 R_c 代表引线电阻、电容器支架和极

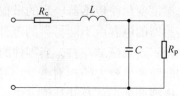

图 2-75　电容式传感元件的等效电路

板的电阻，其值通常很小。它随着频率增高而增大，但是即使在几兆赫频率下工作，R_c 仍然很小。电感 L 是由电容器本身的电感和外部引线的电感所组成。电容器本身的电感与电容器的结构形式有关，引线电感则与引线长度有关。如果使用电缆连接电容器，则 L 中应包括电缆的电感。

由图 2-75 可见，等效电路有一谐振频率，通常为几十兆赫。在谐振或接近谐振时，等效阻抗对频率的依从性强，它破坏了电容的正常作用。因此，只有工作频率大大低于谐振频率时（通常需低于谐振频率的 1/3 ~ 1/2），才能获得电容传感元件的正常运用。同时，由于电路的感抗抵消了一部分容抗，使传感元件的等效电容 C_e 有所增加，C_e 可近似由下式求得

$$C_e = \frac{C}{1 - \omega^2 LC} \qquad (2-122)$$

电容的相对变化量为

$$\frac{\Delta C_e}{C} = \frac{\Delta C/C}{1 - \omega^2 LC} \qquad (2-123)$$

式 2-123 表明，传感器电容的实际相对变化量与其固有电感有关。因此，在实际应用时必须与标定时条件相同，即电缆长度不能改变。

2.4.2.6　电容式传感器的优缺点

A　优点

（1）需要的作用能量低。传感器电容极板间的静电吸引力很小。由电工学可知，带电极板间的静电吸引力为

$$F = -\varepsilon_0 \frac{U^2 S}{2d^2} \qquad (2-124)$$

式中　F——极板间的静电吸引力；

U——极板间的电压；

S——极板的面积；

d——极板间的间隙。

式中的负号表明，力 F 的方向总是力图增加极板间的电容量。例如，极板直径为 12.7mm，间隙为 0.0254mm 的平行板电容，极板间电压 U 为 10V 时，静电吸引力为 0.87×10^{-4}N，这与电感式传感器相比是极小的。所以，电容式传感器需要的作用能量极小，特别适宜用来解决输入能量低的测量问题。

（2）动态响应快。由于电容式传感器具有较小的可动质量和只需较低的输入能量，其固有频率较高；同时，电容式传感器的介质损耗小，其激励频率可到兆赫，从而保证传感器系统具有良好的动态响应能力。

（3）本身发热的影响小。在电容式传感器中，无论是气体、还是液体介质的介质损耗都是很小的，因此介质损耗本身发热对传感器的影响，实际上可以不用考虑。

（4）能在恶劣环境条件下工作。由于传感器电容的制作通常不需要有机材料和磁性材料，只需用无机材料如玻璃、石英或陶瓷作为绝缘支架，上面镀以金属作为电极，因此在高温、低温和强辐射等恶劣环境中也能正常工作。

（5）可获得较大的相对变化量。电容式传感器的相对变化量只受其非线性和其他实际条件的限制。如匹配以高线性测量电路，电容相对变化量可达 100%，这时传感器将具有较高的信噪比。

B　缺点

（1）输出阻抗较高。通常传感器电容量都很小，因此电容式传感器的输出阻抗高。高输出阻抗使它容易受到外界干扰，产生不稳定现象。为此，需采取有效的技术措施，如适当提高激励频率，采取适当的屏蔽接地措施，尽量缩短传感器电容的引线长度等来提高其抗干扰能力。

（2）输出特性的非线性。对于变间隙式电容传感器，其电容量 C 与极板间隙 d 之间为非线性关系，采用差动结构可以改善非线性，但不能完全消除特性的非线性。为此，开发研究与该种电容式传感器匹配的专用测量电路，用该测量电路的非线性完全补偿传感器电容输出特性的非线性，其中较典型的是"运算放大器式电路"（参见后面的测量电路有关部分）。

2.4.3　电容式传感器的测量电路

在电容式传感器中，电容传感元件将被测物理量变换为电容变化后，还需要匹配以测量电路将电容变化继续变换为电压或电流信号，并同时完成电容传感元件输出特性的非线性补偿。电容式传感器的测量电路近年来发展很快，种类很多。下面仅就较为常用的一些电路进行介绍。

2.4.3.1　紧耦合电感比率臂电桥

图 2-76 所示为用于电容测量的紧耦合电感比率臂电桥。其中两个耦合电感臂之间的耦合系数为 $K = \pm M/L$；紧耦合时 $K = \pm 1$，不耦合时 $K = 0$。耦合线圈可以等效为一个 T 形网络，如图 2-77 所示。其相应关系为

$$Z_{12} = Z_s + Z_p = j\omega L$$

$$Z_p = j\omega M = j\omega KL = KZ_{12}$$

$$Z_s = Z_{12} - Z_p = (1 - K)Z_{12}$$
$$Z_{13} = 2Z_s = 2(1 - K)Z_{12}$$

根据图 2-76 和图 2-77 可以列出该电桥输出电压 U_o 的一般表达式为

$$\dot{U}_o = \frac{\Delta C}{C} \cdot \frac{[1 + Z_{12}(1 - K) \cdot j\omega C]/[1 + Z_{12}(1 + K) \cdot j\omega C]\dot{E}}{1 + \frac{1}{2}\left[Z_{12}(1 - K) \cdot j\omega C + \frac{1}{Z_{12}(1 - K) \cdot j\omega C}\right] + \frac{(1/j\omega C) + Z_{12}(1 - K)}{Z_L}}$$

式中　Z_L——该桥路输出端的负载阻抗。

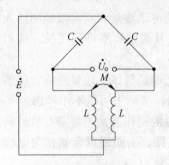

图 2-76　用于电容测量的紧耦合电感臂电桥

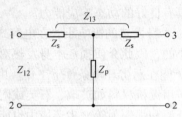

图 2-77　耦合电感臂的等效电路

在紧耦合时，$K = -1$；取 $Z_L = \infty$，代入上式可得

$$U_o = \frac{\Delta C}{C} \cdot \frac{1 - 2\omega^2 LC}{1 - \omega^2 LC - (1/4\omega^2 LC)}E = \frac{\Delta C}{C}E\frac{4\omega^2 LC}{2\omega^2 LC - 1} \qquad (2-125)$$

式 2-125 给出了差动电容式传感器和紧耦合电感比率臂电桥在高阻抗负载时的输出电压。

系数 $4\omega^2 LC/(2\omega^2 LC - 1)$ 为桥路灵敏度。灵敏度以 $\omega^2 LC$ 为变量所画的曲线示于图 2-78。从图中可以看出，谐振发生在 $\omega L = 1/2\omega C$ 处；低于谐振点，且有 $\omega^2 LC \ll 1$ 时，灵敏度与 $\omega^2 LC$ 成正比；在高于谐振点，且 $\omega^2 LC \gg 1$ 时，灵敏度渐近地趋于 2，呈现水平特性。因此为了获得高稳定度，应尽量增大 $\omega^2 LC$，使灵敏度不随频率和电感的改变而改变。

为了便于比较，取 $K = 0$ 可导出无耦合时的桥路输出电压为

$$U_o = \frac{\Delta C}{C} \cdot \frac{-2\omega^2 LC}{(\omega^2 LC - 1)^2}E \qquad (2-126)$$

式 2-126 以 $\omega^2 LC$ 为变量所画曲线也画在图 2-78 中，可以发现，对于高 $\omega^2 LC$ 值，无耦合电感臂电桥没有水平特性。总之，紧耦合电感比率臂电桥比其他形式电桥有较高的稳定度。应指出的是，上述结果仅适用于纯容抗的传感器和纯感抗的固定桥臂所组成的电桥。在实际应用中，只要传感器阻抗和固定桥臂阻抗的 Q 值不太低，则可以有良好的近似，从而得到良好的应用效果。

2.4.3.2　运算放大器式电路

运算放大器式电路的最大优点是能够克服变间隙式电容传感器的电容输出特性非线性，而使其输出电

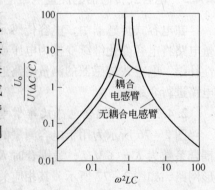

图 2-78　用紧耦合与不耦合电感作桥臂时的灵敏度

压与输入位移有线性关系。图2-79所示为运算放大器式电路的原理图。下面推导其输出电压u_o与传感器电容C_x的间隙d之间关系。设运算放大器为理想放大器，据图2-79可得出

$$u_o = -u_i \frac{C_0}{C_x} \tag{2-127}$$

将$C_x = \varepsilon S/d$代入式2-127，可得到

$$u_o = -u_i \frac{C_0}{\varepsilon S} d \tag{2-128}$$

式中　u_o——测量电路输出电压；

u_i——激励源电压；

C_0——固定电容。

由式2-128可知，输出电压u_o与动极板位移d呈线性关系。但是，实际运算放大器的放大系数和输入阻抗均为有限值，所以仍存在很小的非线性误差。此外，还可看出输出电压u_o还与激励源电压u_i、固定电容C_0、ε和S等参数有关。为减小这些参数变化对测量的影响，应相应地采取技术措施。

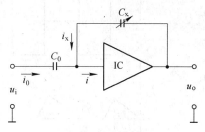

图2-79　运算放大器式电路

除了将电容传感器如图2-79所示连接在运算放大器反相输入端和输出端之间，还可以将C_0和C_x位置对调，将C_x连接在激励源和运算放大器反相输入端之间，此时输出u_o正比于C_x[15~19]。

2.4.3.3　脉冲宽度调制电路

脉冲宽度调制电路原理图示于图2-80。设传感器差动电容为C_1和C_2，当双稳态触发器的输出一端为高电位时，另一端为低电位。若A点为高电位，则其通过R_1对C_1充电，一直到C点充电电位高于参比电位U_f时，比较器A_1翻转，将使触发器翻转。在翻转前，B点为低电位，电容C_2通过二极管D_2迅速放电，使D点电位迅速降为零值。一旦双稳触发器翻转后，A点变为低电位，B点变为高电位。这时将在反方向上重复上述过程，即C_2充电，C_1放电。当$C_1 = C_2$时，电路中各关键点波形如图2-81（a）所示。由图可见A与B两点之间电压平均值为零。但是当$C_1 \neq C_2$时，若$C_1 > C_2$时，则C_1、C_2充电时间常数将发生变化。此时电路中各关键点电压波形如图2-81（b）所示。由图可见，A与B两点之间电压平均值不再为零。

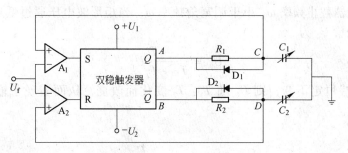

图2-80　脉冲宽度调制电路

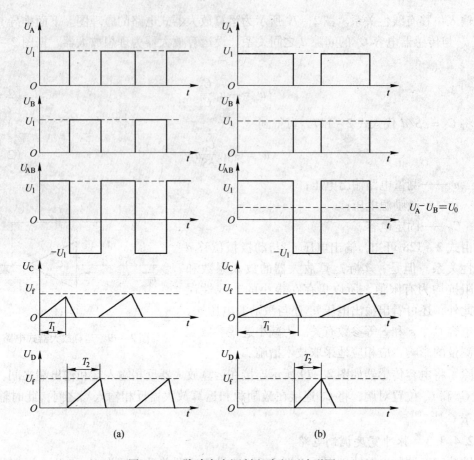

图 2 - 81 脉冲宽度调制电路电压波形图

矩形波电压可用傅里叶级数表示为

$$U_{AB} = \frac{T_1 - T_2}{T_1 + T_2}U_1 + \frac{2U_1}{n\pi}\sum_{n=1}^{\infty}(-1)^n\sin n\pi\frac{T_1 - T_2}{T_1 + T_2}\cos n\omega t + \left[1 - (-1)^n\cos n\pi\frac{T_1 - T_2}{T_1 + T_2}\right]\sin n\omega t$$

$$(2-129)$$

式中 T_1——C 点电压充电时间；

T_2——D 点电压充电时间；

U_1——双稳态触发器高电平电位值；

ω——脉冲调宽角频率。

取低通滤波器截止频率 ω_A 小于调宽角频率 ω；当矩形波电压通过低通滤波器后，则可得出其直流分量 U_0 为

$$U_0 = \frac{T_1 - T_2}{T_1 + T_2}U_1 \qquad (2-130)$$

若使 U_1 保持恒定不变，则 U_0 随 T_1、T_2 变化而改变，从而实现了输出脉冲电压的调宽。

可以证明

$$T_1 = R_1 C_1 \ln\frac{U_1}{U_1 - U_f} \qquad (2-131)$$

$$T_2 = R_2 C_2 \ln \frac{U_1}{U_1 - U_f} \tag{2-132}$$

取充电电阻 $R_1 = R_2 = R$，将式 2-131 和式 2-132 代入式 2-130，即可得出

$$U_0 = \frac{C_1 - C_2}{C_1 + C_2} U_1 \tag{2-133}$$

将差动平行板电容公式代入式 2-133，在变间隙情况下可得

$$U_0 = \frac{d_2 - d_1}{d_2 + d_1} U_1 \tag{2-134}$$

式中，d_1、d_2 分别为差动平行板电容 C_1、C_2 的电极板间距离。

当差动电容 $C_1 = C_2 = C_0$ 时，即 $d_1 = d_2 = d_0$ 时，$U_0 = 0$；若差动电容 $C_1 \neq C_2$，设 $C_1 > C_2$，即 $d_1 = d_0 - \Delta d$，$d_2 = d_0 + \Delta d$，则有

$$U_0 = \frac{\Delta d}{d_0} U_1 \tag{2-135}$$

同理，在变面积式差动电容传感器情况下有

$$U_0 = \frac{S_1 - S_2}{S_1 + S_2} U_1 \tag{2-136}$$

式中，S_1 和 S_2 分别为差动电容 C_1 和 C_2 的极板面积。当 $S_1 = S_2 = S_0$ 时，$C_1 = C_2 = C_0$，$U_0 = 0$；若 $C_1 \neq C_2$，设 $C_1 > C_2$，即 $S_1 = S_0 + \Delta S$，$S_2 = S_0 - \Delta S$，则有

$$U_0 = \frac{\Delta S}{S_0} U_1 \tag{2-137}$$

由此可见，对于脉冲宽度调制电路，不论是改变差动平行板电容的极板间距离，还是改变差动电容的极板面积，其变化量与输出电压之间均呈线性关系。还应指出，脉冲宽度调制电路还具有以下优点，这些优点是其他测量电路无法比拟的。

（1）不需要另加解调器，只要对矩形波电压经过低通滤波器就有较大的直流电压信号输出。

（2）当 $\omega_A < \omega$ 时，调宽角频率 ω 的变化对输出电压信号无影响。

（3）由于低通滤波器作用，对输出矩形波电压纯度要求不高。

（4）对传感器电容输出特性无线性要求。

2.4.3.4 调频式电路

把传感器电容接入高频振荡器的振荡回路中，当被测量使传感器电容发生变化时，则振荡频率亦产生相应的变化，也即振荡频率受传感器电容的调制，故称调频式电路。调频式振荡器的典型电路示于图 2-82。图中 C_1 为传感器电容，它与 C_2、C_3、C_4、L 及三极管 T_1 接成电容三点式 LC 振荡器，T_2 为射极输出器。振荡器的振荡频率可由下式决定：

$$f_0 = \frac{1}{2\pi} \sqrt{\frac{C_0 + C_s}{L C_0 C_s}} \tag{2-138}$$

式中 f_0——振荡器初始频率；

      C_0——传感器初始电容 C_{10} 与固定电容 C_2 的并联值，即 $C_0 = C_{10} + C_2$；

      C_s——振荡器与谐振回路的耦合电容，$C_s = C_3 C_4 / (C_3 + C_4)$。

当传感器初始电容 C_{10} 发生 ΔC_1 变化时，振荡频率的相对变化为

$$\frac{\Delta f}{f_0} = -\frac{1}{2} \cdot \frac{C_s}{C_s + C_0} \cdot \frac{\Delta C_1}{C_{10}} + \frac{1}{4} \cdot \frac{C_s}{C_s + C_{10}} \cdot \frac{1.5C_s + 2C_{10}}{C_s + C_0} \left(\frac{\Delta C_1}{C_{10}}\right)^2 + \cdots \quad (2-139)$$

若略去高次项，并考虑到一般 $C_s \gg C_0$，则得到理想输出特性为

$$\frac{\Delta f}{f_0} = -\frac{1}{2} \cdot \frac{\Delta C_1}{C_{10}} \approx \frac{1}{2} \cdot \frac{\Delta d}{d_0} \quad (2-140)$$

式 2-140 说明振荡器输出频率相对变化约为传感器电容极板位移相对变化的一半。

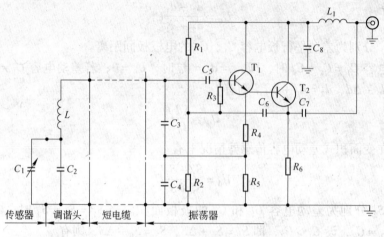

图 2-82　调频式线路

由式 2-138 可知，振荡频率除与传感器电容有关外，还受回路中其他参数的影响。若这些参数受外界干扰而发生变化时，同样将引起输出频率的改变。为此需要采用具有高稳定度的电感、电容作为谐振回路中的元件，以保证振荡频率的稳定度。由于回路中其他元件不稳定所产生的频率变化，可按下式估算：

$$\frac{\mathrm{d}f}{f_0} = -\frac{1}{2}\left(\frac{\mathrm{d}L}{L} + \frac{C_s}{C_s + C_0} \cdot \frac{\mathrm{d}C_2}{C_2} + \frac{C_0}{C_s + C_0} \cdot \frac{\mathrm{d}C_s}{C_s}\right) \quad (2-141)$$

因为 $C_s \gg C_0$，由式 2-141 可知，C_2 的变化比 C_s 的变化对 f 的影响大的多，因此调谐头应尽量靠近振荡器，以尽量减小电缆寄生电容的影响。

振荡频率除了主要与振荡回路的元件参数有关外，它还受晶体管的输入阻抗、输出阻抗等参数的影响，因此在图 2-82 电路中，除了采用稳压电源外，还采取了下列措施以稳定频率：如加大 C_3、C_4 以减小晶体管极间电容的影响；T_1 接成低输出阻抗的射极输出，并由 T_2 的射极通过 C_6、R_3 反馈至 T_1 基极，构成自举电路，减小基极偏置电阻的分流作用，以保证 T_1 具有高输入阻抗；T_2 接成射极输出器，以减少输出负载对振荡器的影响等。总之，保证振荡频率具有足够高的稳定度是整个测量电路的关键。

振荡器输出的调频信号还需通过限幅、鉴频、直流放大，将频率变化转换成直流电压才能应用，这就是通常所说的直放式调频测量电路方案。

实际应用更为广泛的是外差式调频测量电路，其原理框图示于图 2-83。图中调频信号 f_0 与本机振荡器的高频信号 $f_本$ 同时加至混频器，混频后得到中频信号 $f_中$，它仍然是受传感器电容调制的调频波，只是其中心频率下降为 465kHz（与外差式收音机相似），即 $f_中 = f_{0中} \pm \Delta f$，$f_{0中} = f_0 - f_本 = 465\text{kHz}$。混频的主要目的是为了降低调频波的中心频率，使在同样被测量作用下，频率相对变化增大，以提高系统的灵敏度和抗干扰能力。中频调频信号

经限幅放大后，输出振幅恒定的调频信号，经鉴频、直流放大后，将频率变化转换为直流电压，然后经过非线性补偿后，输出与被测量呈线性关系的直流电压。

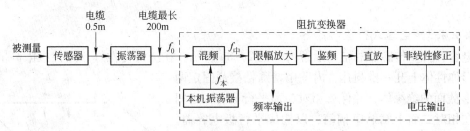

图 2-83 调频式测量线路原理框图

调频式测量电路的优点是灵敏度高，可测至 $0.01\mu m$ 级位移变化量；且为频率输出，易于转换为数字量输出，而不需附加模-数转换器。缺点是振荡频率受温度和电缆电容影响较大，电路较复杂且不易作得高稳定度，输出特性非线性较大等。

2.4.4 电容式传感器的应用

电容式传感器与其他类型传感器相比有许多突出优点。特别是电子技术的高速发展，集成电路的广泛应用，使电容式传感器的寄生分布电容和非线性等缺点不断得到克服，促进了非电量电测技术中广泛地采用电容传感技术。电容式传感器不但应用于位移、振动、角速度、荷重等机械量的测量，也广泛应用于压力、差压、液位、料位等参数测量。

2.4.4.1 电容式压力传感器

电容式压力传感器是利用弹性膜片在压力作用下变形所产生的位移来改变传感器电容，此时膜片是作为电容器的一个动极板。图 2-84 所示的乃是用金属弹性膜片和两个镀金属膜的凹玻璃圆片组成的差动电容式压力传感器。当两个腔的压差变化时，膜片弯向低压的一侧，这一微小位移改变了作为动极板的膜片与作为定极板的凹球面形金属镀膜之间的两个差动电容的电容量。这种结构形式的压力传感器，由于采用了先进的镀膜工艺和弹性膜片张紧焊接工艺，其灵敏度和特性稳定度均很高。

2.4.4.2 电容式加速度传感器

电容式加速度传感器的优点是频率响应范围宽，量程范围大。图 2-85 是空气阻尼的

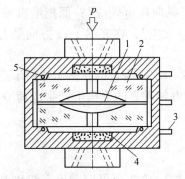

图 2-84 差动式电容压力传感器
1—膜片（动电极）；2—凹玻璃圆片（定电极）；
3—接线柱；4—过滤器；5—保护环

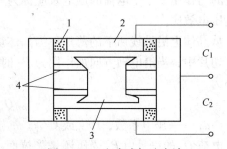

图 2-85 电容式加速度计
1—绝缘体；2—固定电极；
3—振动质量（动电极）；4—弹簧片

电容式加速度传感器的结构原理图。为了获得对温度不敏感的阻尼，采用了黏度的温度系数很小的空气作为阻尼介质。通过弹性系统的适当设计，可以得到所需的频率响应和量程范围。

2.4.4.3　电容式荷重传感器

电容式荷重传感器的结构示意图如图 2－86 所示。在浇铸特性好、弹性极限高的镍铬钢矩形弹性体上开一排圆孔，内壁用特殊粘接剂固定两个 T 形截面的绝缘体，并保持相对二面平行又有一定间隙。在相对二面上粘贴康铜箔，以构成平行板电容器。当弹性体承受重量时，将使圆孔变形，从而使各孔的电容极板间的间隙变小，相应地使电容量增大。由于将全部电容相并联，所以传感器电容输出变化所反映的是弹性体所承受的总重量。

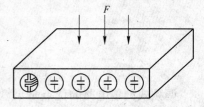

图 2－86　电容式荷重计结构示意图

此种荷重传感器的特点是受接触面和载荷分布的影响小，能适应较高的环境温度。

2.5　压电式传感器

压电式传感器是一种有源传感器，它具有频响宽、灵敏度高、结构简单、体积小等优点，适合于压力、振动、加速度等动态测量。

2.5.1　压电效应

压电式传感器的工作原理是以某些物质的压电效应为基础的。某些电介质物体在沿一定方向受到压力或拉力作用而发生变形，并且在其表面上会产生电荷，若将外力去掉时，它们又重新回到不带电的状态，这种现象称为压电效应。而具有这种压电效应的物体称为压电材料或压电元件。

为了说明压电材料的性质和压电效应，现以石英为例来加以说明。图 2－87 所示为天然结构的石英晶体，它是个六角形晶柱。在晶体学中可以把它用三根互相垂直的轴来表示，其中纵向轴 $z-z$ 称为光轴，经过正六面体棱线并垂直于光轴的 $x-x$ 轴称为电轴，与 $x-x$ 轴和 $z-z$ 轴同时垂直的 $y-y$ 轴（垂直于正六面体的棱面）称为机械轴。通常把沿电轴 $x-x$ 方向的力作用下产生电荷的压电效应称为"纵向压电效应"；而把沿机械轴 $y-y$ 方向的力作用下产生电荷的压电效应称为"横向压电效应"，在光轴 $z-z$ 方向受力时则不产生压电效应。

从晶体上沿轴线切下的薄片称为晶体切片，图 2－88 即为石英晶体切片的示意图。在每一切片中，当沿电轴方向加作用力 P_x 时，则在与电轴垂直的平面上产生电荷 Q_x，它的大小为

$$Q_x = d_{33}P_x \qquad\qquad (2-142)$$

式中　d_{33}——压电系数，C/g 或 C/N。

电荷 Q_x 的符号由 P_x 受压还是受拉而决定，从式 2－142 中可以看出，切片上产生的电荷多少与切片的几何尺寸无关。

如果在同一切片上作用的力是沿着机械轴 $y-y$ 方向的，其电荷仍在与 x 轴垂直的平

面上出现，而极性方向相反，此时电荷的大小为

$$Q_y = -d_{31}\frac{a}{b}P_y \tag{2-143}$$

式中　a，b——晶体切片的长度和厚度；

　　　d_{31}——y 轴方向受力时的压电系数。

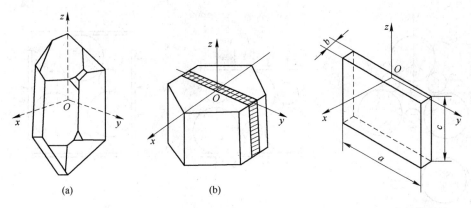

| (a) | (b) |

图 2 – 87　石英晶体　　　　　　图 2 – 88　石英晶体切片

从式 2 – 143 可见，沿机械轴方向的力作用在晶体上时产生的电荷与晶体切片的尺寸有关。式中的负号说明沿 y 轴的压力所引起的电荷极性与沿 x 轴的压力所引起的电荷极性是相反的。

根据前面所讲，晶体切片上电荷的符号与受力方向的关系可用图 2 – 89 表示。图 2 – 89 中（a）是在 x 轴方向受压力，（b）是在 x 轴方向受拉力，（c）是在 y 轴方向受压力，（d）是在 y 轴方向受拉力。

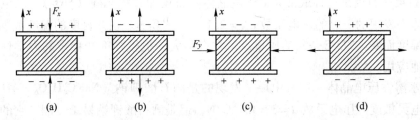

图 2 – 89　晶体切片上电荷符号与受力方向的关系

在片状压电材料的两个电极面上，如果加以交流电压，那么压电片能产生机械振动，使压电片在电极方向上有伸缩的现象。压电材料的这种现象称为"电致伸缩效应"。因为这种现象与压电效应相反，因而也叫做"逆压电效应"。下面以石英晶体为例来说明压电晶体是怎样产生压电效应的。石英晶体的化学式为 SiO_2，在一个单元中，它由三个硅原子和六个氧原子组成，如图 2 – 90（a）所示。硅原子核带有 4 个正电荷，而氧原子核带有 2 个负电荷，因而电荷是互相平衡的，所以外部没有带电现象。

如果在 x 轴方向压缩，如图 2 – 90（b）所示，则硅离子 1 就挤入氧离子 2 和 6 之间，而氧离子 4 就挤入硅离子 3 和 5 之间。如果在表面 A 上呈现负电荷，而在 B 表面呈现正电荷。如所受的力为拉伸，则硅离子 1 和氧离子 4 向外移。在表面 A 和 B 上的电荷符号就与

前者正好相反。这就是纵向压电效应。

如果沿 y 轴方向压缩，如图 2 - 90（c）所示，在电极 C 和 D 上仍不呈现电荷，而在表面 A 和 B 上，分别呈现正电荷与负电荷。如果使其受拉力，则在表面 A 和 B 的电荷符号与它相反，这就是横向压电效应。在 z 轴方向受力时，由于硅离子和氧离子是对称的平移，故在表面上没有电荷呈现，因而没有压电效应。

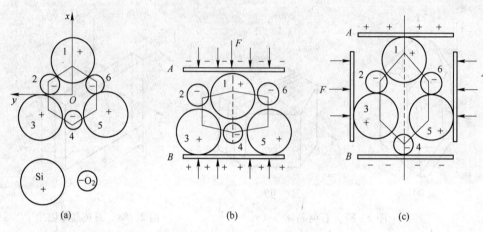

图 2 - 90　石英的晶体模型

2.5.2　压电材料

压电材料可以分为两大类，即压电晶体与压电陶瓷。前者是一种单晶体，而后者为多晶体。

2.5.2.1　压电晶体

（1）石英。石英是一种最常见的压电晶体。石英即二氧化硅（SiO_2）。压电效应就是在这种晶体中发现的。它的压电系数 $d_{33} = 2.1 \times 10^{-11} C/N$。在几百度的温度范围内，压电系数不随温度而变，575℃是它的居里点。它有很大的机械强度和稳定的力学性能，因而曾被广泛地应用。

（2）水溶性压电晶体。这其中最早发现的是酒石酸钾钠（$NaKC_4H_4O_6 \cdot 4H_2O$）它有很大的压电灵敏度，压电系数 $d = 3 \times 10^{-8} C/N$，但是酒石酸钾钠易于受潮，它的机械强度低，电阻系数也低，因此应用只限于在室温和湿度低的环境下。

人们发现酒石酸钾钠后，又人工培育出一系列水溶性压电晶体，并且已在实际中应用。

2.5.2.2　压电陶瓷

A　钛酸钡压电陶瓷

钛酸钡（$BaTiO_3$）是由 $BaCO_3$ 和 TiO_2 二者在高温下合成的，具有比较高的压电系数（$d_{33} = 107 \times 10^{-11} C/kg$）和介电常数。它的居里点约为120℃，此外机械强度也不及石英。在压电式传感器中得到非常广泛的应用。

B　锆钛酸铅系压电陶瓷（PZT）

锆钛酸铅是 $PbTiO_3$ 和 $PbZrO_3$ 组成的固溶体 $Pb(Zr \cdot Ti)O_3$。它具有较高的压电系数

（$d_{33} = (200 \sim 500) \times 10^{-12} C/N$）和居里点（$T_c = 300℃$以上），各项机电参数随温度、时间等外界条件的变化小，是目前经常采用的一种压电材料。在锆钛酸铅的基方中添加一种或两种微量的其他元素，如镧（La）、铌（Nb）、锑（Sb）、锡（Sn）、锰（Mn）、钨（W）等，可以获得不同性能的 PZT 材料。

C 铌酸盐系压电陶瓷

铌酸盐系压电陶瓷这一系中是以铁电体铌酸钾（$KNbO_3$）和铌酸铅（$PbNb_2O_3$）为基础的。

铌酸铅具有很高的居里点（$T_c = 570℃$）和低的介电常数。它的密度为 $10kg/cm^3$。在铌酸铅中用钡或锶替代一部分铅，可引起性能的根本变化，从而得到具有较高机械品质因数 Q_m 的铌酸盐压电陶瓷。

铌酸钾是通过热压过程制成的，它的居里点也较高（$T_c = 435℃$），特点是适用于作 $10 \sim 40MHz$ 的高频换能器。

D 铌镁酸铅压电陶瓷（PMN）

铌镁酸铅压电陶瓷是由 $Pb(Mg_{1/3}Nb_{(2/3)})O_3 - PbTiO_3 - PbZrO_3$ 三元系组成，具有较高的压电系数（$d_{33} = (800 \sim 900) \times 10^{-12} C/N$）和居里点，它能在 $700 \times 10^5 Pa$ 压力时继续工作，因此可作为高温下的力传感器。

2.5.3 压电式传感器及其等效电路

2.5.3.1 压电式传感器

压电式传感器的基本原理就是利用压电材料的压电效应这个特性，即当有一力作用在压电材料上时，传感器就有电荷（或电压）输出。

由于外力作用而在压电材料上产生的电荷只有在无泄漏的情况下才能保存，即需要测量回路具有无限大的输入阻抗，这实际上是不可能的，因此压电式传感器不能用于静态测量。压电材料在交变力的作用下，电荷可以不断补充，可以供给测量回路以一定的电流，故适宜用于动态测量。

在压电式传感器中，压电材料一般不用一片，而常常采用两片（或是两片以上）粘结在一起。由于压电材料的电荷是有极性的，因此接法也有两种，如图 2-91 所示。图 2-91（a）所示接法叫做"并联"，其输出电容 C' 为单片电容的两倍，但输出电压 U' 等于单片电压 U，极板上的电荷量 Q' 为单片电荷量 Q 的两倍，即

$$Q' = 2Q \quad U' = U \quad C' = 2C$$

图 2-91（b）所示接法称为两压电片的"串联"。从图中可知，输出的总电荷 Q' 等于单片电荷 Q，而输出电压 U' 为单片电压 U 的两倍，总电容 C' 为单片电容 C 的一半，即

$$Q' = Q \quad U' = 2U \quad C' = \frac{C}{2}$$

在这两种接法中，并联接法输出电荷大、本身电容大、时间常数大，适宜用在测量慢变信号并且以电荷作为输出量的地方。而串联接法输出电压大，本身电容小，适宜用于以电压作输出信号，并且测量电路输入阻抗很高的地方。

压电片在电传感器中必须有一定的预应力。因为这样首先可以保证压电片在受力时，

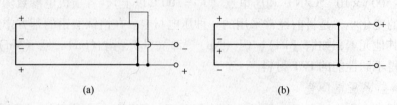

图 2 - 91　两个压电片的联接方式

始终受到压力。其次是保证压电材料的电压与作用力之间的线性关系。

在压电传感器中，一般利用压电材料的纵向压电效应较多，这时压电材料大多做成圆片式，也有利用其横向压电效应的。

从上面分析可知，压电式传感器主要是用于动态作用力、压力和加速度的测量，其优点为尺寸小、结构简单、工作可靠。它最主要的用途是用于加速度的测量。

2.5.3.2　压电式传感器的等效电路

当压电片受力时在电极的表面就出现电荷，并且在一个极板上聚集正电荷，另一个极板上聚集负电荷。这两种电荷量相等，极性相反，如图 2 - 92（a）所示。两极板间聚集电荷，中间为绝缘体，使它成为一个电容器，如图 2 - 92（b）所示。其电容量为

$$C = \frac{\varepsilon S}{h} = \frac{\varepsilon_r \varepsilon_0 S}{h} \qquad (2 - 144)$$

式中　S——极板面积；

　　　　h——压电片厚度；

　　　　ε——介质介电常数；

　　　　ε_0——空气介电常数，其值为 $8.86 \times 10^{-8}\ \text{pF/m}$；

　　　　ε_r——压电材料的相对介电常数，随材料不同而变。

当两极板聚集异性电荷时，它们两极板间就呈现电压，其大小为

$$U = \frac{Q}{C} \qquad (2 - 145)$$

所以可以把压电式传感器等效成为一个电压 $U = Q/C$ 和一个电容 C 的串联电路，如图 2 - 93 所示。由图可见，只有在外电路负载无穷大，内部也无漏电时，受力所产生的电压 U 才能长期保存下来。

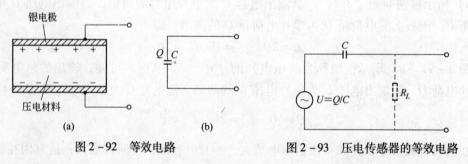

图 2 - 92　等效电路　　　　　　图 2 - 93　压电传感器的等效电路

为此在测量一个变化频率很低的参数时，就必须保证负载 R_L 具有很大的数值，从而保证有很大的时间常数 $R_L C$，使漏电造成的电压降很小，不致造成显著误差。这时 R_L 常要达到数百兆欧以上。

如果把压电式传感器与测量仪表连在一起时，还应考虑到连接电缆的等效电容 C_c。如果放大器的输入电阻为 R_i，输入电容为 C_i，那么完整的等效电路如图 2 - 94 所示。图 2 - 94（a）为压电式变换器以电压灵敏度表示时的等效电路，即把传感器等效电路再并以 C_c、R_i 和 C_i；而图 2 - 94（b）是传感器以电荷灵敏度表示的等效电路，图中 C_a 是传感器的电容，R_a 是传感器的漏电阻。

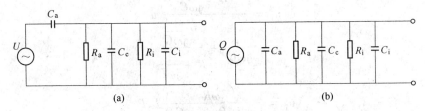

(a)　　　　　　　　　　　(b)

图 2 - 94　放大器输入端等效电路

2.5.4　压电式传感器测量电路

与压电式传感器配用的测量电路，必须是一个高输入阻抗的放大器。为了使放大器有高的输入阻抗，常在压电式传感器输出端后面，先接入一个高输入阻抗的前置放大器，然后再接一般的放大电路及其他电路。因此，压电式传感器的测量电路关键在于高输入阻抗的前置放大器。

前置放大器有两个作用，第一是把压电式传感器的微弱信号放大；第二是把传感器的高阻抗输出变换为低阻抗输出。

压电式传感器的输出可以是电压，也可以是电荷。因此，它的前置放大器也有电压和电荷型两种形式。

2.5.4.1　电压型前置放大器

图 2 - 95 为电压型前置放大器等效电路，图中 R_1、R_2 为输出端电阻，A 为放大器开环放大倍数。

前置放大器的输入端的简化等效电路，如图 2 - 96 所示。图中 $C = C_c + C_i$；$R = \dfrac{R_a R_i}{R_a + R_i}$；$u = \dfrac{Q}{C_a}$。其中，$Q$ 为传感器输出电荷；u_i 为放大器输入电压。

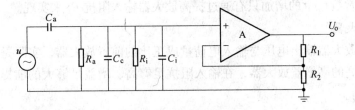

图 2 - 95　电压型前置放大器等效电路

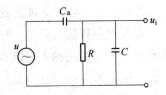

图 2 - 96　输入端简化等效电路

当压电传感器沿电轴受力为

$$P = P_m \sin\omega t \tag{2 - 146}$$

在压电元件的两极板上产生的电荷为

$$Q = d_{33}P = d_{33}P_m \sin\omega t$$

$$u = \frac{Q}{C_a} = \frac{d_{33}P_m}{C_a}\sin\omega t \tag{2-147}$$

在放大器的输入端形成的电压为

$$u_i = \frac{\dfrac{R\dfrac{1}{j\omega C}}{R + \dfrac{1}{j\omega C}}}{\dfrac{1}{j\omega C_a} + \dfrac{R\dfrac{1}{j\omega C}}{R + \dfrac{1}{j\omega C}}}u$$

$$u_i = \frac{j\omega R}{1 + j\omega R(C + C_a)}d_{33}P$$

传感器的传递函数为

$$W(s) = \frac{U_i(s)}{P(s)} = \frac{R_s}{1 + R(C_a + C)s}d_{33} = \frac{d_{33}}{C + C_a} \times \frac{\tau s}{\tau s + 1} \tag{2-148}$$

式中，$\tau = R(C + C_a)$，$\dfrac{\tau s}{\tau s + 1}$ 为实际微分环节。

放大器的输出电压 U_o，可根据图 2-95 求出。放大器输入端虚地，故有 $u_i \approx u_\text{反}$。

$$u_\text{反} = \frac{u_o}{R_1 + R_2}R_2$$

则有

$$u_o = \frac{R_1 + R_2}{R_2}u_\text{反} = \frac{R_1 + R_2}{R_2}u_i$$

将传感器的传递函数关系代入上式，可得出

$$U_o(s) = \frac{d_{33}}{C + C_a} \times \frac{R_1 + R_2}{R_2} \times \frac{\tau s}{\tau s + 1}P(s) \tag{2-149}$$

将 $U_o(s)$ 取拉氏反变换，即可得到 u_o 的瞬态表达式。

从上式可以看出：压电式传感器是一个实际微分环节，所以它只能用于动态测量；灵敏度与 $C = C_i + C_c$ 有关，电缆的长度及质量对灵敏度有影响，若更换电缆时必须重新标定；减慢漏电速度，需增加时常数 τ，τ 的增加只有通过提高放大器输入阻抗 R_i 来实现。

2.5.4.2 电荷型前置放大器

电荷型前置放大器是一种放大器输出电压与输入电荷量成正比的前置放大器，实际是具有电容负反馈的输入阻抗极高的高增益放大器，在输入阻抗足够高、增益足够大的前提下，克服了 C_c 对灵敏度的影响。

A 工作原理

电荷型前置放大器（简称电荷放大器）的等效原理电路如图 2-97 所示。图中 C_F 为反馈电容，其余各符号意义同电压型前置放大器。

为分析方便，暂不考虑电阻 R_a、R_i 的影响。输入到放大器的电荷量 Q_i 为压电元件输出电荷 Q 与反馈电荷 Q_F 之差。

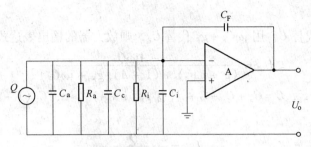

图 2-97 电荷放大器等效电路

$$Q_i = Q - Q_F$$

$$Q_F = (u_i - U_o)C_F = \left(-\frac{U_o}{A} - U_o\right)C_F = -(1 + A)\frac{U_o}{A}C_F$$

$$u_i = \frac{Q_i}{C}$$

$$C = C_i + C_c + C_a$$

$$Q_i = u_i C = -C\frac{U_o}{A}$$

所以有

$$-C\frac{U_o}{A} = Q - \left[-(1 + A)\frac{U_o}{A}C_F\right] = Q + (1 + A)\frac{U_o}{A}C_F$$

从而得到输入输出关系

$$U_o = -\frac{AQ}{C + (1 + A)C_F} \tag{2-150}$$

当 $A \gg 1$，而且在一般情况下满足 $(1 + A)C_F \gg C$，因而得到输入输出关系为

$$U_o = -\frac{Q}{C_F} \tag{2-151}$$

从得到的输入输出的关系式 2-151 可以看出，由于引入了电容负反馈，使电缆分布电容对灵敏度的影响减小，以致可以忽略。

B 特性分析

(1) 被测信号的频率对电荷放大器有直接影响。下面对图 2-98 所示实际等效电路进行分析。

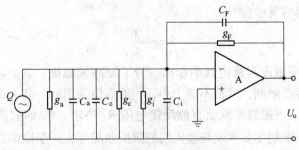

图 2-98 电荷放大器实际等效电路

图中 g_a、g_c 和 g_i 分别为压电元件、连接电缆和放大器输入端的电导，g_F 为直流负反

馈电导。

若用 $j\omega C + g$ 代替 C，用 $j\omega C_F + g_F$ 代替 C_F，则放大器的输出表达式为

$$U_o = \frac{-Aj\omega Q}{(g + j\omega C) + (1 + A)(g_F + j\omega C_F)}$$

式中，$g = g_a + g_c + g_i$，$C = C_a + C_c + G_i$；且有 $g_F(1 + A) \gg g$，$C_F(1 + A) \gg C$。因此上式可简化为

$$U_o = -\frac{Q}{C_F + \dfrac{g_F}{j\omega}} \tag{2-152}$$

从式 2 - 152 可以看出：U_o 不仅取决于输入量 Q，还取决于负反馈网络 C_F、R_F 及信号频率。

当频率很高时 $C_F \gg \dfrac{g_F}{j\omega}$，$U_o$ 与频率无关，即灵敏度为常数，U_o 表达式简化为

$$U_o = -\frac{Q}{C_F}$$

放大器的上限频率由运算放大器的频率响应决定。

当频率很低时，$\dfrac{g_F}{\omega}$ 增加，当其增至 $\dfrac{g_F}{\omega} = C_F$ 时，U_o 下降至原来的 $\dfrac{1}{\sqrt{2}}$。这时的频率称为下限频率 f_{min}。

$$\omega_{min} = \frac{g_F}{C_F} = \frac{1}{R_F C_F}$$

$$f_{min} = \frac{1}{2\pi R_F C_F} \tag{2-153}$$

当 g_i 与 g_F 可比时

$$f_{min} = \frac{g_F + \dfrac{g_i}{A}}{2\pi C_F} \tag{2-154}$$

输出 U_o 与输入 Q 之间的相移为

$$\theta = \tan^{-1}\frac{1}{\omega R_F C_F} \tag{2-155}$$

（2）反馈网络 C_F、R_F 对灵敏度及下限频率 f_{min} 影响很大，具体分析如下：通过前面分析，可知电荷放大器的灵敏度 S 为

$$S = -\frac{1}{C_F} \tag{2-156}$$

反馈电容 C_F 对灵敏度起决定性的作用。为了提高灵敏度，就要减小 C_F 值。C_F 的取值受到输入端各电容的限制，取值不能太小，一般取值为 $10pF \sim 0.1\mu F$。

当 C_F 选定之后，下限频率就由直流反馈电阻 R_F 决定。R_F 的取值应考虑放大器工作稳定性、被测信号下限频率要求及与输入端的阻抗匹配等，一般取值为 $10^8 \sim 10^{10}\Omega$。

（3）电荷放大器是高输入阻抗（$10^{10}\Omega$ 左右）放大器，它对内部、外部干扰都很敏感。在设计放大器时，在保证它有高开环增益、高输入阻抗的前提下，必须考虑抗干扰问

题。一般从两方面入手来解决抗干扰问题，首先用低噪声电子器件，特别是放大器的第一级；然后再采用各种抗外部干扰措施。

由式 2-153 可以看出，电荷放大器的下限频率与直流反馈电阻 R_F 有关。增大 R_F，可使下限频率降低，但对运算放大器的漂移提出了更严格的要求。为了解决这一问题，采取给 R_F 并联电子开关，定时控制电子开关的导通实现反馈电容放电复位，实际电路可参考文献 [20~23]。

2.6 压磁式传感器

压磁式传感器是测力传感器的一种。它利用铁磁材料受力后导磁性能的变化，将被测力转换为电信号。它是一种输出信号大，输出阻抗低，抗电磁干扰能力强，结构简单，过载能力强，适用于在恶劣环境中工作的传感器。

2.6.1 压磁式传感器工作原理

2.6.1.1 压磁效应

当铁磁材料受机械力 P（压力、张力、扭力、弯力）作用后，在它内部产生了机械应力 σ，从而引起铁磁材料磁导系数 μ 发生变化；还存在一种相反的现象，当把铁磁材料放在磁场中时，它的尺寸会发生变化，即外界磁场能引起铁磁材料的机械变形。

由于铁磁材料的机械状态和磁状态的相互作用引起的现象通常称为磁致伸缩效应。这里，把"磁致伸缩"理解为在外界磁场作用下尺寸的变化，而把在机械变形影响下所引起的磁状态变化的现象称为压磁效应。压磁效应规律是：铁磁材料受到拉力时，在作用力方向磁导率 μ 提高，而在与作用力相垂直的方向，磁导率 μ 略有降低；铁磁材料受到压力作用时，其效果相反。当外作用力消失后，铁磁材料的导磁性能复原。

压磁式传感器所使用的铁磁材料，一般为硅钢片、坡莫合金等。又因硅钢片性能稳定、价格便宜，故选用者居多。

2.6.1.2 压磁式传感器工作原理

把硅钢片做成图 2-99 所示形状，在中间部分开有四个对称的小孔 1、2 和 3、4。在孔 1、2 和 3、4 间分别绕以绕组，其中孔 1、2 间绕组为 W_{12}，孔 3、4 间绕组为 W_{34}，并且使 W_{12} 与 W_{34} 成垂直状态[24]。

当在绕组 W_{12} 上通以交流电流时，称它为激磁绕组或一次绕组。这时绕组 W_{34} 为测量绕组或二次绕组。

现假设把压磁元件中间部分的空间分成 A、B、C、D 四个区域。在传感器不受外力的情况下，由于铁芯中 A、B、C、D 四个区域的磁导系数各向同性，这时磁力线分布均匀，合成磁场强度 H 平行于测量绕组 W_{34} 的平面，磁力线不与绕组 W_{34} 交链，在 W_{34} 上没有感应电势，如图 2-99（a）所示。

当传感器在有力 P 作用时，A、B 区域将受到很大压应力 σ，而在 C、D 区域基本上仍处在自由状态。于是 A、B 区域的磁导系数 μ 下降，磁阻增大；C、D 区域的磁导系数 μ 仍保持基本不变或者说略有增加。这样就使磁力线改变了均匀分布状态，有一部分磁力线不

再通过 A、B 区域，而绕过 C、D 区域而闭合。合成磁场强度 H 不再与测量绕组 W_{34} 平面平行，而与 W_{34} 交链。交链的磁力线在测量绕组 W_{34} 上产生了感应电势，如图 2 – 99（b）所示。力 P 值愈大，产生的与 W_{34} 交链的磁通或称转移磁通就愈多，产生的感应电势 E 愈大。将此感应电势 E 经过处理后，就得到力 P 与电压 U 或电流 I 的对应关系，即可用电压 U 或电流 I 表示被测力的大小。

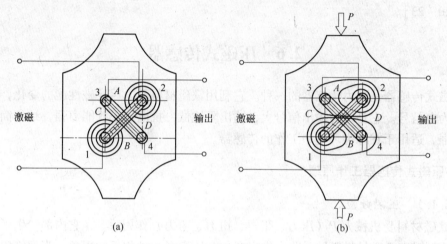

图 2 – 99　压磁元件工作原理

除了基于以上原理组成接触式力传感器外，还可以将激磁/测量线圈外置，与压磁元件分离，构成非接触式力传感器或扭矩传感器[24~29]。其基本原理是：当传感器在有力或扭矩的作用下，部分区域因应力作用引起磁导系数 μ 变化，进而线圈自感或线圈间的互感发生变化，测量此变化即可实现力或扭矩的非接触测量。

2.6.2　压磁式传感器的基本特性

2.6.2.1　激磁安匝特性

激磁绕组的匝数及给它所通电流的大小直接影响压磁式传感器输出特性的灵敏度和线性度，这一对应关系称为激磁安匝特性。这是因为激磁安匝数决定了磁场强度，磁场强度决定了输出特性的灵敏度和线性度。因此，对于压磁式传感器应选取合理的激磁安匝数。

图 2 – 100 为在不同激磁安匝数的情况下，压磁式传感器所受压力 P 和输出电压 U_2 之间的关系。图中曲线 1 为激磁安匝数过大，灵敏度高，但呈非线性，且零点输出大；曲线 3 为激磁安匝数过小，灵敏度低；曲线 2 为激磁安匝数合理，灵敏度较高，且线性度也好。

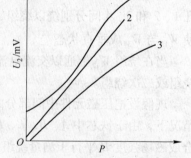

图 2 – 100　压力与输出关系

2.6.2.2　输出特性

测量过程中，当激磁安匝数选定之后，测量绕组的输出电压 U_2 与压磁传感器上所承受的被测压力 P 之间的关系称为传感器的输出特性，可写成

$$U_2 = f(P) \tag{2-157}$$

影响输出特性的因素很多，现主要分析以下几点。

A　材料的冲剪对输出特性的影响

由于硅钢片具有一定的组织结构，同时由于轧制加工的影响，其各向的导磁性能是不一致的，使用不同方向的冲片对传感器的性能有很大影响。

全部冲片受力方向皆沿硅钢片轧制方向冲剪、粘结成的压磁式传感器的输出特性曲线如图2－101中的曲线1所示。其输出灵敏度很高，但很快达到饱和，它的测量范围小。

全部冲片受力方向皆沿硅钢片轧制方向的垂直方向冲剪、粘结成的传感器的输出特性曲线如图2－101中的曲线2所示。其输出零点值很大，且灵敏度很低。

全部冲片受力方向皆沿硅钢片轧制方向成45°冲剪、粘结成的传感器的输出特性曲线如图2－101中的曲线3所示。其输出零点值虽小，但灵敏度很低。

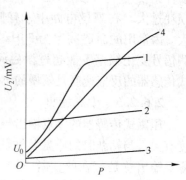

图2－101　材料冲剪对特性的影响

图2－101中特性曲线4是用沿轧制方向冲剪的冲片与垂直于轧制方向冲剪的冲片交替粘结而成的传感器的输出特性曲线。它的输出零点值小、灵敏度高、线性范围较广，是比较理想的输出特性。

B　铁芯（冲片）形状对输出特性的影响

不同形状的冲片粘结成的压磁式传感器，具有不同的输出特性。为了适应各种测量要求，把传感器做成不同的形状。

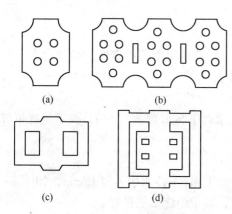

图2－102　几种压磁元件单片的形状

压磁式传感器单片形状，通常采用图2－102所示的几种类型。图2－102中各种形状的冲片都采用倒角形式，以缩小受力面。这相当于压应力增大，从而提高了测量灵敏度。图2－102（a）形状多用于测量50t以下压力；图2－102（b）形状用于高吨位，在四个对称孔上下两端再开两个孔，是为了分散一部分压力，以减小中间部分受力，这样就扩大了量程；图2－102（c）形状用于要求不太高的场合，如报警等；图2－102（d）形状是灵敏度高的传感器，中间部分为受力面，采用桥式测量电路，用测量电感量变化办法进行测量，它多用于测量5000N以下的压力。

2.6.2.3　非线性

在采取选用合理的安匝数、冲剪迭片等措施后，传感器还会出现非线性。产生非线性的原因是：硅钢片一般工作在磁化曲线的饱和区，当激磁电压波形为正弦波时，输出电压波形发生畸变，其中三次和五次谐波的比重很大，如图2－103所示。当传感器受力P增大时，三次和五次谐波的振幅不按比例增大，因而造成输出特性的非线性。为了解决这一矛盾，需在测量电路中加低通滤波器，滤掉三次以上各谐波，只保留基波成分。

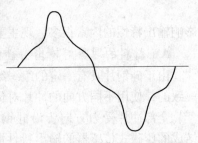

图2-103　压磁传感器的输出波形

2.6.2.4　动态响应

由于压磁式传感器本身是具有铁芯的电感性元件，惯性比较大。同时对激磁频率也有限制，频率高，铁芯损耗过大。在测量电路中，有低通滤波器，惯性也很大。因常用的激磁频率为50Hz及400Hz，这就要求被测信号变化频率不能超过激磁频率的1/10。可见压磁式传感器的反应速度是较慢的。

2.6.2.5　零点输出

压磁式传感器的零点输出与冲剪材料的取向有关，与材料的退火消除内应力的完善程度有关，与粘结时的质量及粘贴时施加的压力有关。一般零点输出总是存在的，但应控制在满负荷输出的10%以下。在测量电路中应设有调零措施。

2.6.2.6　力滞回线

当压磁式传感器被施加作用力P后，可以测得输出电压。力P的上升曲线与下降曲线常出现不重合，如图2-104所示。这种回线称为力滞回线。它由材料质量决定，对压磁式传感器精度有影响。通常回线在全负荷的25%～40%处为最大，并与最大负荷P_2有关。P_2愈大，回线也就愈明显。

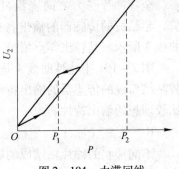

图2-104　力滞回线

2.6.3　压磁式传感器环境试验

由于压磁式传感器长期工作在恶劣的环境中，对其长期使用的可靠性，必须有充分的把握。因此要进行一定的环境试验后，才能投入使用。

2.6.3.1　防水试验

防水试验如图2-105所示，将压磁式传感器在水面下5cm处放置24h，要求绝缘依然良好。

2.6.3.2　浸水周期试验

浸水周期试验是将压磁式传感器交替放在65℃温水和0℃冷水中各浸15min，如图2-106所示。做两个周期后，再在常温下放置4h以上，要求绝缘依然良好。

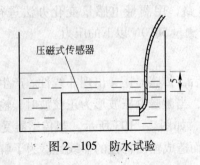

图2-105　防水试验

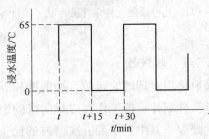

图2-106　浸水周期

2.6.3.3 振动试验

（1）谐振点试验。将压磁式传感器放在振动台上，垂直、水平、前后各方向上的谐振点频率都应不低于2000Hz，因为一般工业信号频率在2000Hz以内。

（2）扫描寿命试验。在10～2000Hz之间，分两段进行，即：10～82Hz，振幅1.5mm；82～2000Hz，加速度为20g。

扫描速度：20分钟/周期。

试验时间：垂直放、水平放、前后方向放各进行6h的扫描寿命试验。输出变化在满刻度的0.5%以下，如图2－107所示。

2.6.3.4 冲击试验

冲击试验是将压磁式传感器放在地上，垂直、水平、前后方向上加以80g的冲击后，输出变化在满刻度的0.5%以下。

2.6.3.5 磁场干扰的影响

压磁式传感器与控制柜之间用350m电缆连接。在旁边用其他电缆60m紧贴着它，如图2－108所示。在60m电缆上连续通以450A的交流和直流电流，其输出不应有所改变。

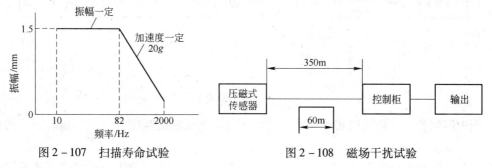

图2－107 扫描寿命试验　　　　　图2－108 磁场干扰试验

2.6.4 压磁式传感器测量电路

压磁式传感器的测量电路一般由供电（交流）电源、滤波装置、整流、运算电路及输出、显示等几部分组成。

压磁式传感器的供电电源，可根据对传感器反应速度的要求，选择不同频率的电源。可用工频电源供电，也可以用400Hz中频电源供电。为提高测量精度，还可以考虑加入稳压措施。

滤波电路是为了提高测量精度而加的。通常可以加在供电电源之后，从而保证供电电源频率的单一性。还可加在传感器的输出端，滤掉高次谐波，保证传感器输出信号频率的单一性。

整流电路是把传感器输出的交流信号变换成直流信号，以便于运算和输出。

运算电路是把传感器所测得的信号，根据需要进行放大和必要的运算（如和、差运算），以供给输出电路。

输出电路的输出方式主要有显示、输出控制或报警等。

传感器测量电路中有时还加有附加电路，如补偿电路或零位调整电路及负载调整电路等。

测量电路组成方案举例：

方案 1：在直流信号处调零，如图 2 – 109 所示。

方案 2：在交流信号处调零，如图 2 – 110 所示。

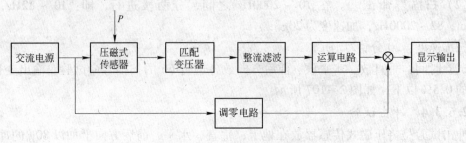

图 2 – 109　测量电路方案 1

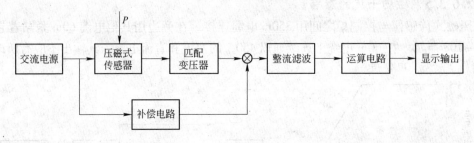

图 2 – 110　测量电路方案 2

图中匹配变压器是用以实现传感器与后接电路之间阻抗匹配，以达到提高信号的传输效率。

两个方案的组成环节基本相同，只是为消除传感器的零点输出所采用的方式不同。方案 1 在直流信号部分调零，调零电路为输出可调的整流电路。方案 2 在交流信号部分调零，用补偿电路来实现。它是一个幅值和相位均可调的电路，用它的输出去抵消传感器的零点输出。

2.7　光电式传感器

光电式传感器是将光量的变化转变为电量变化的一种变换器，其理论基础是光电效应，在光线的作用下，能使电子逸出物体表面的现象称为外光电效应；在光线作用下，能使物体的电阻率改变的现象称为内光电效应；在光线作用下，能使物体产生一定方向的电动势的现象称为阻挡层光电效应。

由于光电元件反应快、结构简单，而且有较高的可靠性等优点，它在自动化系统中得到了非常广泛的应用。光电元件是构成光电式传感器最主要的部件。

2.7.1　外光电效应器件

利用物质的外光电效应制成的光电器件，一般都是真空的或充气的，主要器件有光电管和光电倍增管。

2.7.1.1　光电管

图 2 - 111 是光电管的外形和构造示意图。它是一个抽成真空的玻璃泡，在泡的内壁上有一部分涂有金属或金属氧化物作为光电管的阴极。光电管的阳极是一根环状的细金属丝或半圆的金属球。阳极接高电位，阴极接低电位，在阳极和阴极之间形成一加速电场，电场方向由阳极指向阴极，当阴极没有受到光照射时，几乎没有电子发射；当

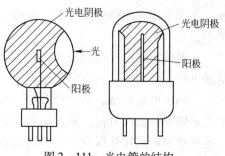

图 2 - 111　光电管的结构

阴极受到光照射时，阴极产生电子发射，在极电场作用下电子飞向阳极而形成电流。

A　光电管的伏安特性曲线

如图 2 - 112 所示，从图中可以看出，光电流随加速电压 U 的增加而增加。当电压增加到一定数值后，光电流就不再增加而达到某一饱和值 I_m。这说明此时从阴极 K 释放出来的光电子全部到达阳极。当加速电压 U 由正值减小到零时，光电流并不降到零，当阳极 A 接低电位，阴极 K 接高电位，即光电管接反向电压，并且电压由零反向增加时，光电流也不立刻降到零。这说明从阴极 K 释放出来的电子具有一定大小的初速度。尽管电子的运动受到电场的减速作用，但仍然有一些电子达到阳极 A。当反向电压增加到 U_a 时，光电流才降到零。U_a 叫做截止电压。

B　光电管的光电特性

当光电管的阳极和阴极之间所加的电压一定时，光通量与光电流之间的关系叫光电管的光电特性。其特性曲线如图 2 - 113 所示。光电特性曲线的斜率（光电流与入射光光通量之比）称为光电管的灵敏度。

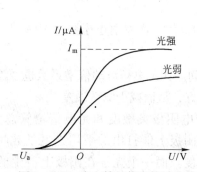

图 2 - 112　光电管的伏安特性曲线

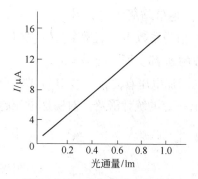

图 2 - 113　光电管的光电特性

C　光电管光谱特性

光电阴极材料不同的光电管，有不同的红限 v_0，因此可用于不同的光谱范围。除此之外，即使照射在阴极上的入射光的频率大于红限 v_0，并且强度相同时，但随着频率的不同，阴极发射的光电子的数量还会不同，即同一光电管对不同频率的光的灵敏度不同，这就是光电管的光谱特性。所以，对各种不同波长区域的光，应选用不同材料的光电阴极。

2.7.1.2　光电倍增管

A　光电倍增管的工作原理

当入射光很微弱时，普通光电管产生的光电流很小，只有零点几微安，很不容易探

测。这时常用光电倍增管对光电流进行放大。图 2 - 114 是光电倍增管的外形图和工作原理图。

光电倍增管除光电阴极外，还有若干个倍增电极。使用时在各个倍增电极上均加上电压。阴极电位最低，从阴极开始，各个倍增电极的电位依次升高，阳极电位最高。同时这些倍增电极用次级发射材料制成，这种材料在具有一定能量的电子轰击下能够产生更多的"次级电子"。由于相邻两个倍增极之间有电位差，因此存在加速电场，对电子加速。从阴极发出的光电子，在电场的加速下，打到第一个倍增电极上，引起二次电子发射。每个电子能从这个倍增电极上打出

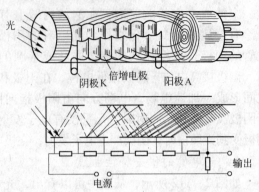

图 2 - 114 光电倍增管的外形及工作原理

3～6 个次级电子。被打出来的次级电子再经过电场的加速后，打在第二个倍增电极上，电子数又增加 3～6 倍。如此不断倍增，阳极最后收集到的电子数将达到阴极发射电子数的 10^5～10^8 倍。即光电倍增管的放大倍数可达到几万倍到几百万倍。光电倍增管的灵敏度比普通光电管高几万倍到几百万倍。因此有微弱的光照时，它就能产生很大的光电流。

B 光电倍增管的结构

光电倍增管由光阴极、次阴极（倍增电极）和阳极三部分组成。光阴极是由半导体光电材料锑铯做成。次阴极是在镍或铜 - 铍的衬底上涂上锑铯材料而形成的。次阴极多的可达 30 级，通常为 13～14 级。阳极是最后用来收集电子的。它输出的是电压脉冲。

C 光电倍增管主要参数

（1）倍增系数 M。倍增系数 M 等于各个倍增极的二次发射电子数 δ_i 的乘积。如果 n 个倍增极的 δ_i 都一样，则 $M = \delta_i^n$。

M 与所加电压有关，一般 M 在 10^5 到 10^8 之间。如果电压波动倍增系数也要波动，因此 M 具有一定的统计涨落。对所加电压越稳定越好，从而减少测量误差。

（2）光电阴极灵敏度和光电倍增管总灵敏度。一个光子在阴极上能打出的平均光电子数叫做光电阴极的灵敏度。而一个光子在阳极上产生的平均电子数叫做光电倍增管的总灵敏度。

光电倍增管的实际放大倍数或灵敏度如图 2 - 115 所示。它的最大灵敏度可达 10A/lm。极间电压越大，灵敏度越高。但极间电压也不能太高，太高反而会使阳极电流不稳。

另外，由于光电倍增管的灵敏度很高，所以不能受强光照射，以避免损坏。

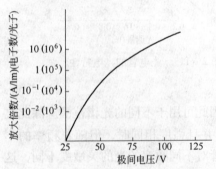

图 2 - 115 光电倍增管的特性曲线

（3）暗电流和本底脉冲。在使用光电倍增管时，必须把管子放在暗室里避光使用，使其只对入射光起作用。但是由于环境温度、热辐射和其他因素的影响，即使没有光信号输

入,加上电压后阳极仍有电流,这种电流称为暗电流。这种暗电流可以用补偿电路加以消除。

光电倍增管的阴极前面放一块闪烁体,就构成闪烁计数器。在闪烁体受到人眼看不见的宇宙射线的照射后,光电倍增管就会有电流信号输出。这种电流称为闪烁计数器的暗电流,一般把它称为本底脉冲。

(4)光电倍增管的光谱特性光电倍增管的光谱特性与相同材料的光电管的光谱特性很相似。

2.7.2 内光电效应器件

利用物质在光的照射下电导性能改变的内光电效应器件,常见的有光敏电阻。

2.7.2.1 光敏电阻的结构与工作原理

光敏电阻又称光导管,它是利用内光电效应的原理而制成的。光敏电阻几乎都是用半导体材料制成。光敏电阻在受到光的照射时,如果光子能量 hv 大于本征半导体材料的禁带宽度,则价带中的电子吸收一个光子后就足以跃迁到导带,产生一个自由电子和一个自由空穴。从而使其导电性能增加,电阻值下降。光照停止,自由电子与空穴逐渐复合,电阻又恢复原值。

如果把光敏电阻连接到电路中,用光的照射就可以改变电路中电流的大小。

光敏电阻的结构很简单,如图 2-116 所示。它是涂于玻璃底板上的一薄层半导体物质,半导体的两端装有金属电极。金属电极与半导体层保持着可靠的电接触,再将涂有半导体物质的玻璃板压入塑料盒内。金属电极与引出线端相连接,光敏电阻就通过引出线端接入电路。为了防止周围介质的影响,在半导体光敏层上覆盖了一层漆膜。漆膜的成分选择应该使它在光敏层最敏感的波长范围内透射率最大。

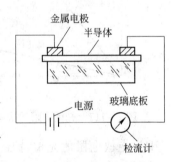

图 2-116 光敏电阻结构

并非一切纯半导体都显示出光电特性。对于不具备这一条件的物质可以加入杂质使之产生光电效应特性。用来产生这种效应的物质是由金属的硫化物、硒化物、碲化物等组成。如硫化镉、硫化铅、硫化铊、硫化铋、硒化镉、硒化铅、碲化铅等。

光敏电阻的使用取决于它的一系列特性,如暗电流、亮电流、光电流、光敏电阻的伏安特性、光照特性、光谱特性、频率特性、温度特性等,以及光敏电阻的灵敏度、时间常数和最佳工作电压等。

光敏电阻由于具有很高的灵敏度,很好的光谱特性,很长的使用寿命,高度的稳定性能,很小的体积以及简单的制造工艺,被广泛地用于自动化技术中。

2.7.2.2 光敏电阻的特性

A 暗电阻、亮电阻与光电流

光敏电阻在不受光照射时的阻值称为暗电阻,此时流过的电流称为暗电流。在受光照射时的电阻称为亮电阻,此时的电流称为亮电流。亮电流与暗电流之差称为光电流。

一般希望暗电阻越大越好，亮电阻越小越好。此时光敏电阻的灵敏度高。实际光敏电阻的暗电阻的阻值一般在兆欧数量级，亮电阻在几千欧以下。

B　光敏电阻的伏安特性

光敏电阻的伏安特性曲线如图 2 - 117 所示。由曲线可知，所加的电压越高，光电流越大，而且没有饱和现象。在给定的光照下，电阻值的相对改变与外加电压无关。在给定的电压下，光电流的数值将随光照的增强而增大。

光敏电阻的最高使用电压是由光敏电阻的耗散功率所决定的，而耗散功率又和面积大小、散热情况等有关。

C　光敏电阻的光照特性

光敏电阻的光照特性是描述光电流和光照强度之间的关系，其特性曲线是非线性的，如图 2 - 118 所示。因此光敏电阻不能用作测量元件，只能用作开关式的光电转换器。对于不同光敏电阻的光照特性是不相同的。

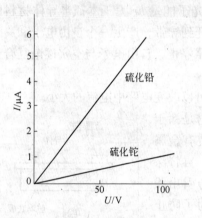

图 2 - 117　光敏电阻的伏安特性　　　　图 2 - 118　光敏电阻的光照特性

D　光敏电阻的光谱特性

对应于各种不同材料光敏电阻的光谱特性如图 2 - 119 所示。对于不同波长，光敏电阻的灵敏度是不同的。从图中看出，硫化镉的峰值在可见光区域，而硫化铅的峰值在红外区域。因此在选用光敏电阻时，应当把元件和光源的种类结合起来考虑，才能获得满意的结果。

E　光敏电阻的频率特性

光敏电阻的频率特性曲线如图 2 - 120 所示。光敏电阻中发生的光电流过程有一定的惯性，即

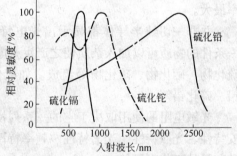

图 2 - 119　光敏电阻的光谱特性

光电流并不立刻随着光照的改变而改变。这种惯性常用时间常数 τ 来描述。所谓时间常数即为光敏电阻自停止光照起到电流下降到原来的 63% 所需的时间，因此时间常数越小越好，以便反应迅速。大多数光敏电阻的时间常数都较大，这是它的缺点。

硫化铅的使用频率范围最大，其他都较差。目前正在通过工艺上的改进来改善各种材料光敏电阻的频率特性。

F 光敏电阻的温度特性

光敏电阻的温度特性随着温度升高，光敏电阻的暗电阻和灵敏度都要下降，同时温度变化也影响它的光谱特性曲线。图2－121表示出硫化铅的光谱温度特性曲线。从图中可以看出，它的峰值随着温度上升向波长短的方向移动。因此有时为了提高元件的灵敏度，或为了能够接受较长波段的红外辐射而采取一些制冷措施。

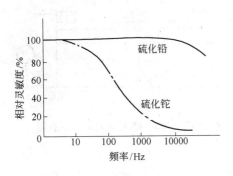

图2－120　光敏电阻的频率特性　　　　图2－121　硫化铅光敏电阻的光谱温度特性

2.7.3 阻挡层光电效应器件

2.7.3.1 光电池

根据阻挡层光电效应而工作的光电池，在有光线作用下实质上就是电源。电路中有了这种光电元件就不再需要外加电源。

光电池的种类很多，有硒光电池、氧化亚铜光电池、硫化铊光电池、硫化镉光电池、锗光电池、硅光电池、砷化镓光电池等。其中最受重视的是硅光电池，因为它有一系列优点，例如性能稳定、光谱范围宽、频率特性好、转换效率高、能耐高温辐射等。另外，由于硒光电池的光谱峰值位置在人眼的视觉范围，所以很多分析仪器、测量仪表也常常用到它。下面着重介绍硅光电池。

A 光电池的结构原理

硅光电池是在一块N型硅片上用扩散的办法掺入一些P型杂质（例如硼）形成P－N结，如图2－122所示。

当入射光照射P型区表面时，若光子能量 hv 大于半导体材料的禁带宽度，则在P型区每吸收一个光子便产生一个自由电子和空穴。P型区表面吸收的光子最多，激发出的电子空穴对也最多。越向内部电子空穴对越少。由于浓差便形成从表面向体内扩散的自然趋势。空穴是P型区的多数载流子。入射光所产生的空穴浓度比原有热生空穴要低得多，而入射光所产生的电子则向内部扩散。若能在它复合之前到达P－N结过渡区，则在结电场的作用下正好将电子推向N型区。这样光照所产生的电子空穴对就被结电场分离开来，从而使P型区带阳电，N型区带阴电，形成光生电动势。

硒光电池是在铝片上涂硒，再用溅射的方法，在硒层上形成一层半透明的氧化镉。在正反两面喷上低熔合金作为电极，如图2－123所示。由于硒和氧化镉的逸出功不同，氧化镉中的电子向硒扩散，使得硒的表面带负电，氧化镉的表面因失去电子而带正电，从而在两者的交界面上出现一内电场。内电场的方向由氧化镉指向硒。当硒被光照后，原来被原子束缚的电子，吸收光子的能量后，离开原来的原子，变成自由电子。自由电子在内电场作用下，跑向氧化镉，经外电路形成光电流，所以光电池的特点是电路中不需要外接电源就能产生电流。

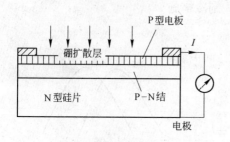
图 2-122　硅光电池结构示意图

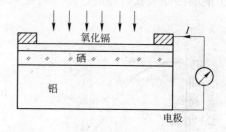
图 2-123　硒光电池结构示意图

B　光电池的光谱特性

硒光电池和硅电光池的光谱特性曲线如图 2-124 所示。从曲线上可以看出，不同的光电池，光谱峰值的位置不同，例如硅光电池在 800nm 附近，硒光电池在 540nm 附近。

硅光电池的光谱范围宽广，为 450～1100nm 之间；硒光电池的光谱范围为 340～750nm。因此硒光电池适用于可见光，常用于照度计测定光的强度。

在实际使用中，应根据光源性质来选择光电池。反之也可以根据光电池特性来选择光源。

C　光电池的光照特性

光电池在不同的光强照射下，有不同的光电流和光生电动势。硅光电池的光照特性曲线如图 2-125 所示。从曲线可以看出，短路电流在很大范围内与光强呈线性关系。开路电压随光强变化是非线性的，并且当照度在 2000lx 时就趋于饱和了。因此把光电池作为测量元件时，应把它当做电流源的形式来使用，不能用作电压源。

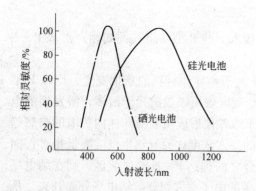
图 2-124　光电池的光谱特性

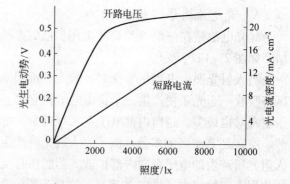
图 2-125　硅光电池的光照特性

光电池的所谓短路电流，是指外接负载电阻相对于光电池内阻来讲是很小的光电流。而光电池的内阻是随着照度增加而减少的，所以在不同照度下可用大小不同的负载电阻来近似满足"短路"条件。

D 光电池的频率特性

光电池作为测量、计算、接收元件时，常用交变光照。光电池的频率特性就是反映光的交变频率和光电池输出电流的关系，如图 2 – 126 所示。从曲线可以看出，硅光电池有很高的频率响应，可用在高速计数、有声电影方面。这是硅光电池在所有光电元件中最为突出的优点。

E 光电池的温度特性

光电池的温度特性是描述光电池的开路电压和短路电流随温度变化的情况。由于它关系到应用光电池设备的温度漂移，影响到测量精度或控制精度等主要指标，因此它是光电池的重要特性之一。光电池的温度特性曲线如图 2 – 127 所示。从曲线看出，开路电压随温度升高而下降的速度较快，而短路电流随温度升高而缓慢增加。因此当光电池作为测量元件时，在仪器设计时就应该考虑到温度的漂移，从而采取相应措施来进行补偿。

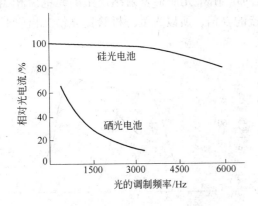

图 2 – 126 光电池的频率特性

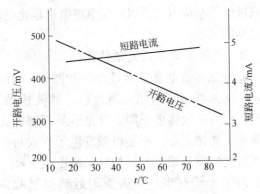

图 2 – 127 光电池温度特性

2.7.3.2 光敏晶体管

A 光敏二极管和光敏三极管的结构原理

光敏二极管的符号如图 2 – 128 所示。

光敏二极管的结构与一般二极管相似。它装在透明玻璃外壳中，其 P – N 结装在管顶，可直接受到光照射。光敏二极管在电路中一般是处于反向工作状态，如图 2 – 129 所示。

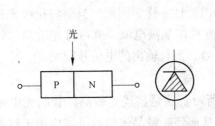

图 2 – 128 光敏二极管符号图

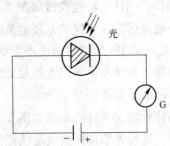

图 2 – 129 光敏二极管接线法

光敏二极管在没有光照射时，反向电阻很大，反向电流很小。反向电流也叫暗电流。当光照射时，光敏二极管的工作原理与光电池的工作原理很相似。光子打在 P – N 结附近，使 P – N 结附近产生光生电子和光生空穴对。这些光生电子和光生空穴，在 P – N 结处的

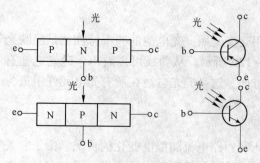

图 2 - 130　光敏三极管的符号图

内电场作用下作定向运动，形成光电流。光的照度越大，光电流越大。因此在不受光照射时，光敏二极管处于截止状态，受光照射时，光敏二极管处于导通状态。

光敏三极管有 PNP 型和 NPN 型，如图 2 - 130 所示。

光敏三极管的结构与一般三极管很相似，只是它的发射极一边做得很大，以扩大光的照射面积。

光敏三极管的工作原理是这样的，当光照射到 P - N 结附近，使 P - N 结附近产生光生电子和光生空穴对。这些光生电子和光生空穴在 P - N 结处内电场的作用下，作定向运动形成光电流，因此 P - N 结的反向电流大大增加。由于光照射发射结产生的光电流相当于三极管的基极电流，因此集电极电流是光电流的 β 倍，所以光敏三极管比光敏二极管具有更高的灵敏度。

B　光敏晶体管的光谱特性

光敏晶体管的光谱特性曲线如图 2 - 131 所示。从曲线可以看出，当入射光的波长增加时，相对灵敏度要下降。这是容易理解的，因为光子能量太小，不足以激发电子空穴对。当入射光的波长缩短时，相对灵敏度也下降。这是由于光子在半导体表面附近就被吸收，并且在表面激发的电子空穴对不能达到 P - N 结，因而使相对灵敏度下降。

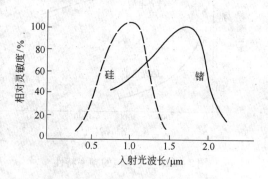

图 2 - 131　光敏晶体管的光谱特性

硅的峰值波长为 0.9μm 左右，锗的峰值波长为 1.5μm 左右。由于锗管的暗电流比硅管大，因此锗管的性能较差。故在可见光或探测赤热状态物体时，一般都选用硅管。但对红外光进行探测时，则采用锗管较为合适。

C　光敏晶体管的伏安特性

光敏晶体管的伏安特性曲线如图 2 - 132 所示。光敏晶体管在不同的照度下的伏安特性，就像一般晶体管在不同的基极电流时的输出特性一样。因此，只要将接收光在发射极 e 与基极 b 之间的 P - N 结附近所产生的光电流看作基极电流，就可将光敏晶体管看作成一般的晶体管。光敏晶体管把光信号变成电信号，而且输出的电信号较大。

D　光敏晶体管的光照特性

光敏晶体管的光照特性曲线如图 2 - 133 所示。这是描述光敏晶体管的光电流和照度之间关系的。这种光照特性曲线是线性关系，从而使光敏晶体管有可能应用于测量技术领域中。

E　光敏晶体管的温度特性

光敏晶体管的温度特性曲线如图 2 - 134 所示。它指的是光敏晶体管的暗电流及光电流与温度的关系。从特性曲线可以看出，温度变化对光电流的影响很小，因为光电流主要

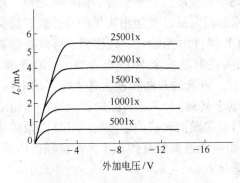

图 2 - 132　光敏晶体管的伏安特性

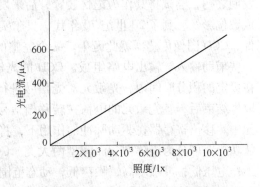

图 2 - 133　光敏晶体管的光照特性

由光照强度来决定。另外温度变化对暗电流的影响很大。所以在电子线路中应该对暗电流进行温度补偿，否则将会导致输出误差。

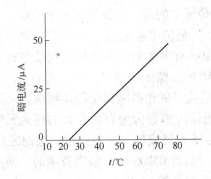

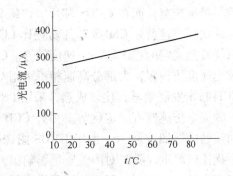

图 2 - 134　光敏晶体管的温度特性

F　光敏晶体管的频率特性

光敏晶体管的频率特性曲线如图 2 - 135 所示。对于锗管，入射光的调制频率要求在 5000Hz 以下。硅管的频率响应要比锗管好。实验证明，光敏晶体管的截止频率和它的基区厚度成反比关系。如果要求截止频率高，那么基区就要薄。但基区变薄，光电灵敏度要降低。在制造时要适当兼顾两者。

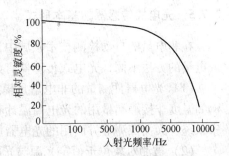

图 2 - 135　光敏晶体管的频率特性

2.7.4　图像传感器

图像传感器是一种能感受光学图像信息并转换成电子信号的传感器，是数字摄像头的重要组成部分，它被广泛地应用在数码相机和其他电子光学设备中。根据元件的不同，常用图像传感器可分为 CCD（Charge Coupled Device，电荷耦合元件）和 CMOS（Complementary Metal - Oxide Semiconductor，金属氧化物半导体元件）两大类，两者有着共同的历史渊源。

电荷耦合器件 CCD（Charge Couple Device）是于 1969 年由美国贝尔实验室（Bell Labs）的维拉·波义耳（Willard S. Boyle）和乔治·史密斯（George E. Smith）所发明的。

发明之初，尝试将其作为记忆装置，后来发现光电效应能使这种器件表面产生电荷，而组成数位影像。到了 20 世纪 70 年代，贝尔实验室的研究员已经能用简单的线性装置捕捉影像，CCD 图像传感器就此诞生。一个完整的 CCD 器件由光敏元、转移栅、移位寄存器及一些辅助输入、输出电路组成。CCD 的光敏元实质上是一个 MOS 电容器。CCD 工作时，在设定的积分时间内，光敏元对光信号进行取样，将光的强弱转换为各光敏元的电荷量。取样结束后，各光敏元的电荷在转移栅信号驱动下转移到 CCD 内部的移位寄存器相应单元中。移位寄存器在驱动脉冲的作用下，将信号电荷顺次转移到输出端。CCD 图像传感器从功能上可分为线阵型和面阵型两大类。CCD 图像传感器具有体积小，重量轻；功耗低，工作电压低；灵敏度高，噪声低，动态范围大等优点。

CMOS 图像传感器与 CCD 图像传感器光电转换的原理相同，它们最主要的差别在于信号的读出过程不同。由于 CCD 仅有一个（或少数几个）输出节点统一读出，其信号输出的一致性非常好；而 CMOS 芯片中，每个像素都有各自的信号放大器，各自进行电荷－电压的转换，其信号输出的一致性较差。但是 CCD 为了读出整幅图像信号，要求输出放大器的信号带宽较宽，而在 CMOS 芯片中，每个像元中的放大器的带宽要求较低，大大降低了芯片的功耗，这就是 CMOS 芯片功耗比 CCD 要低的主要原因。CCD 采用逐个光敏元输出，只能按照规定的程序输出，速度较慢。CMOS 有多个电荷－电压转换器和行列开关控制，读出速度快很多，大部分高速相机采用 CMOS 图像传感器。

CCD 技术发展较早，比较成熟，采用 PN 结或二氧化硅隔离层隔离噪声，成像质量相对 CMOS 光电传感器有一定优势。另外 CCD 图像传感器因为有着更大的感光元件，而带来更加强劲的低照度能力。由于 CMOS 图像传感器集成度高，各元件、电路之间距离很近，干扰比较严重，噪声对图像质量影响很大。随着 CMOS 电路消噪技术的不断发展，为生产高密度优质的 CMOS 图像传感器提供了良好的条件。

2.7.5　光电式传感器的基本形式

在非电量的自动检测技术领域中，根据把非电量变成光量，然后再通过光电器件变换成电量的方法不同，光电式传感器有如下几种类型：

（1）光电器件测量的非电量是辐射源或辐射线的照度、频谱成分或变化频率的函数，例如温度非接触测量用的光电高温计和光电比色高温计等。此外在防火报警装置、红外侦察系统、天文探测等方面用的光电器件也都属于这种类型。

（2）被测对象位于恒定光源与光电器件之间，根据被测对象阻挡光通量的多少来测量被测对象的几何尺寸（如长度、厚度等）和运动状态（如线位移、角位移、速度等），还根据阻挡光的频率来测量速度和进行计数等。

（3）被测对象位于恒定光源与光电器件之间，根据被测对象对辐射线的吸收量或对频谱的选择性来测量液体、气体的透明度和混浊度，或者对气体进行成分分析、对液体中某种物质含量进行测定等。

（4）恒定光源发出的辐射通量投射到被测对象上，光电器件测量的是它的反射通量。由于反射通量的多少决定于被测对象的表面性质和状态，因此可以测量如机械加工零件的表面光洁度、白度、露点和湿度等。

（5）恒定光源发出的辐射通量投射于目的物，光电器件接受其反射通量，然后根据发射与接收之间的时间差来测量距离。

（6）利用图像传感器获取目的物图像，对图像中目标或区域的特征进行量测和估计。图像测量主要包括几何尺寸测量、形状参数测量、距离测量、空间关系测量。

2.8 核辐射传感器

核辐射传感器是核辐射式检测仪表的重要组成部分。它是利用放射性同位素来进行测量的。因此，核辐射式检测仪表也称放射性同位素仪表。

核辐射传感器包括放射源、探测器以及电信号转换电路部分。本节主要介绍各种探测器及其有关电路。

2.8.1 放射源

我们知道各种物质都是由一些最基本的物质所组成。人们把这些最基本的物质称为元素。组成每种元素的最基本单元就是原子，每种元素的原子都不是只存在一种，具有相同的质子数而有不同的中子数的原子所构成的元素称同位素。

假如某种同位素的原子核在没有任何外因的作用下，它的核成分自动变化，这种变化称为放射性衰变。这种在衰变过程中将放出射线的同位素就称为放射性同位素。

2.8.1.1 辐射的种类

放射性同位素的原子核进行变化时放出 α 粒子、β 粒子或 γ 射线而变为另外的同位素，这种现象称为核衰变（也叫放射性蜕变）。核衰变是不稳定同位素的必然现象，它不受外界条件的任何影响。有的衰变后就变成了稳定的同位素，有的衰变后仍然是不稳定的，并且继续衰变直到变为稳定的同位素为止。核衰变中放出不同的带有一定能量的粒子或射线的放射性现象称为核辐射。核辐射的种类可以分为 α 辐射、β 辐射、γ 辐射和中子辐射。

核衰变中，核辐射粒子或量子具有能量。为了估计这个能量的数量，在原子物理中使用了专用的单位电子伏特（eV）。电子伏特是一个电子在 1V 电压的作用下被加速所获得的能量数值。

2.8.1.2 常用放射性同位素和放射源

从元素周期表看，放射性同位素种类很多。由于核辐射式检测仪表要采用的放射性同位素的半衰期应该比较长，对放射出来的射线能量也有一定要求，因此常用的放射性同位素只有二十种左右，例如 Sr^{90}（锶）、Co^{60}（钴）、Cs^{137}（铯）、Am^{241}（镅）等。

放射源一般为圆盘状（β 放射源）或丝状、圆柱状或圆片状（γ 放射源）。

放射源的强度单位是"Ci"（在 SI 单位中，放射性强度用"Bq"作单位，$1Ci = 3.7 \times 10^{10} Bq$）。一居里的放射源每秒钟有 3.7×10^{10} 次核衰变。仪表常用 mCi 为单位，1mCi 的放射源每秒钟有 3.7×10^{7} 次衰变。放射源的强度是随着时间按指数定律而减低的，即

$$a = a_0 e^{-\lambda t} \tag{2-158}$$

式中　a——经过时间为 t 秒以后的放射源强度；

　　　a_0——开始时的放射源强度；

　　　λ——放射性衰变常数。

2.8.2　探测器

射线和物质的作用是探测射线存在和强弱的基础，探测器就是以射线和物质的相互作用为基础而设计的。

2.8.2.1　射线和物质的作用

A　带电粒子和物质的作用

带电粒子和物质的作用，如果不考虑带电粒子深入到原子核的核力场以内时，则主要是电离、散射和吸收，其次是次级射线如韧致辐射等。

（1）电离和激发。带电粒子通过物质时，将逐渐损失自己的能量而逐渐减速以致停止，其能量主要是消耗到对物质中原子的电离和激发上。所谓电离就是当入射粒子靠近原子时和物质中的原子发生静电作用，使原子中的束缚电子产生加速运动而变为自由电子。若入射粒子距原子远、束缚电子所获得的能量还不够使它逃出来时，则原子核由低能级跳到高能级而处于激发状态。若束缚电子变成自由电子所获得能量是从入射粒子得来的则叫直接电离，若是从入射带电粒子打出的较高能量电子得来的，则叫间接电离。

（2）散射。带电粒子穿过物质因受原子核的电场作用而改变方向称为散射。假如带电粒子垂直地射到散射体上，经散射后大部分粒子的散射角都是比较小的。当散射角大于90°时，即经过散射之后，粒子将折返回去，这样的散射称为反射或反散射。

（3）吸收。电离、激发和散射的结果就表现为入射粒子被吸收。α粒子在通过物质时的电离和激发几乎可以代表α粒子所损失的全部能量。它们被阻止以前各α粒子的总射程是差不多的，即在较短射程内α粒子总数不变，到了一定射程α粒子很快就被阻止了，如图2－136所示。β粒子的穿透本领较α粒子强，但它无明确的射程，就是同一能量的粒子在通过物质后，它们所走的轨迹也不一样。有的β粒子在比较短的射程内就被散射或吸收了，而有的却没有被散射或吸收。β射线在物质中的吸收和α射线不一样，它可以近似地用指数曲线来表示，如图2－137所示。

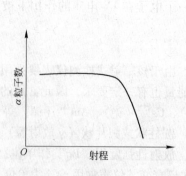
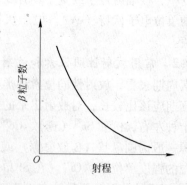

图2－136　α粒子在物质中的射程　　　图2－137　β粒子在物质中的射程

（4）韧致辐射。韧致辐射就是快速电子被物质阻止突然减速，而有一部分动能转变为连续能量的电磁辐射。例如高能β射线打到高原子序数的物质时就产生韧致辐射。

B　γ射线和物质的作用

γ射线和物质的作用效应主要有光电效应、康普顿效应和电子对的生成三种。γ射线和物质的作用不像带电粒子和物质的作用那样逐渐损失自己的能量,而是整个 γ 光子的丢失。

(1) 光电效应。当 γ 光子穿过物质时,γ 光子和物质中的原子发生碰撞而把自己的能量交给原子核外的一个电子使它脱离原子而运动,而 γ 光子本身则被吸收,这种反应称为光电效应。光子所带走的能量 $E_γ$ 为

$$E_γ = hν - ε_i \qquad (2-159)$$

式中 h——普朗克常数;

$ν$——光子的频率;

$ε_i$——从 i 层移去一个电子所需的能量。

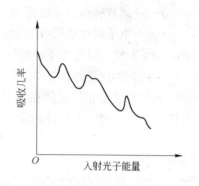

入射 γ 光子的能量越大而被吸收的几率越小。一般在 2MeV 以上,这种产生光电效应的几率就很小了。随着入射光子的能量增高,光电效应的吸收几率的变化可以用图 2-138 所示。当能量增加时,内层电子也逐渐吸收能量,当能量相当于某一层电子的结合能时,吸收特别强烈。

图 2-138 入射光子能量与吸收几率的关系

(2) 康普顿效应。随着入射 γ 光子能量的增加,能量损失主要表现在康普顿散射。它实际上是入射 γ 光子和物质中的电子发生弹性碰撞,即 γ 光子偏离它原来的方向,失去一部分能量,然后将能量转让给了电子。电子以与光子按初始运动成 φ 角的方向射出,随着入射光子能量的逐渐增加,散射角 θ 大于 90° 的几率减少,散射情况如图 2-139 所示。

(3) 电子对的生成。当 γ 光子的能量大于所形成的电子对的静止能量(大于 1.002MeV),这时就在物质中形成电子 - 正电子对,而 γ 光子则消失了。电子和正电子的运动方向和光子运动的方向成一个角度,当光子的能量大时,角度变得很小。电子对生成的概率是随着 γ 辐射能量增加而增大的,且与该种物质的原子序数平方成正比关系增加。电子对的生成情况如图 2-140 所示。

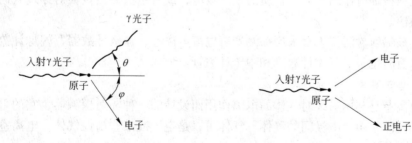

图 2-139 γ 光子的康普顿散射   图 2-140 电子对的生成

(4) γ 射线的吸收。由于光电效应、康普顿效应和电子对的生成,γ 射线通过物质时其强度逐渐减弱,它的减弱按指数曲线下降,可用下式表示:

$$I = I_0 e^{-μx} \qquad (2-160)$$

式中 I——通过物质以后的辐射强度;

I_0——没有通过物质以前的辐射强度;

x——物质的厚度；

μ——物质对 γ 射线的线性吸收系数。

μ 值随着吸收物质的材料和 γ 射线的能量而改变。它是三种效应的结果，故可以用下式表示

$$\mu = \tau + \sigma + k \tag{2-161}$$

式中 τ——光电吸收系数；

σ——康普顿散射吸收系数；

k——电子对生成吸收系数。

σ、τ、k 和入射 γ 光子能量的关系如图 2-141 所示。

C 中子和物质的作用

中子与物质相互作用的概率是以各种相互作用现象的有效截面来表示的。有效截面 σ_s 由下式表示

$$\sigma_s = \frac{n_b}{n_a} \tag{2-162}$$

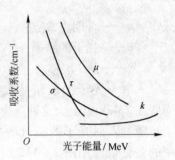

图 2-141 吸收系数与入射 γ 射线能量的关系

式中 n_b——在单位路程中相互作用的次数；

n_a——在单位体积中的原子数。

中子与原子核相碰击后，由于损失了一部分能量而减速。越是轻的物质越能使中子损失能量。因此当中子与氢原子核相碰击时，中子的速度大大减慢，中子的能量也损失很多。经过若干次碰击后，快中子就变成热中子，这就叫做中子的慢化过程。

慢中子与物质相互作用时，中子受到物质中原子核的俘获，从而使得慢中子很容易被很多物质所吸收。俘获了中子的原子核通常便射出各种核子和 γ 射线。

2.8.2.2 核辐射探测器

核辐射探测器又称核辐射接收器，它是核辐射传感器的重要组成部分。核辐射探测器的用途是将核辐射信号转换成电信号，从而探测出射线的强弱和变化。由于射线的强弱和变化与测量参数有关，因此它可以探测出被测参数的大小及变化。这种探测器的工作原理或者是根据在核辐射作用下某些物质的发光效应，或者是根据当核辐射穿过它们时发生的气体电离效应。

目前，核辐射检测仪表常采用探测器有电流电离室、盖格计数器、闪烁计数器和半导体探测器。有时也采用正比计数管和中子计数管。

A 电流电离室

电流电离室是利用射线对气体的电离作用而设计的一种辐射探测器，它的重要部分是两个电极和充满在两个电极间的气体。气体可以是空气或某些惰性气体。电离室的形状有圆柱体和方盒状。

在核辐射的作用下，电离室中的气体介质即被电离。离子沿着电场的作用线移动，这时候在电离室的电路中产生电离电流。核辐射的强度越大，在电离室中所产生的离子对愈多，而产生的电流亦愈大。电流 I 与两个电极间所加的电压 U 的关系曲线如图 2-142 所示（曲线 1、2 和 3 分别代表不同的辐射强度下的特性曲线）。图中线段 OU_1 称为线性段，在这一线段上，当电压不大时，电离室中的离子的移动速度亦不大，有部分离子在移动时就重新复合，而只有余下的部分离子能够到达电极上。电极上电压愈高，离子移动速度越

快，离子复合就愈为减少，电流就会增加。线段 U_1U_2 称为饱和段，在这段上的工作电压很大，所以实际上全部生成的离子都能到达电极上。一般是工作在特性曲线的饱和段，以使输出电流正比于射到电离室上的核辐射强度。

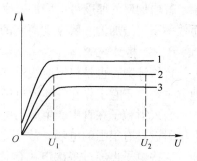

图 2-142　电离室的特性曲线

在核辐射式检测仪表中，有时用一个电离室，有时也用两个电离室。为了使两个电离室的性质一样，以减少测量误差，故通常设计成差分电离室，如图 2-143 所示。在高电阻上流过的电流为两个电离室收集的电流之差，这样可以有效减小高电阻、放大器、环境温度等变化而引起的测量误差。

电离室内所充气体的压力，极板的大小和两极的距离对电离电流都有较大的影响，例如增大气体压力或增大电极面积都将会使电离电流增大，电离室的特性曲线也将向增大电离电流的方向移动。

电离室的结构如图 2-144 所示。电离室内有彼此绝缘得很好的两个电极，其间为有效灵敏体积。在集电极周围通常都有一个保护环，它的主要作用是把集电极上的漏电流分路掉，它的电位和集电极电位相等，并且与高压电极和集电极很好地绝缘。集电极、高压极以及保护环都利用高质量的绝缘体来固定，它可以防止高压漏电到集电极上去。高压电流绝对不漏是很难做到的，但是应使漏电电流大大地小于信号电流。常用的高质量绝缘材料有聚四氟乙烯和陶瓷等。

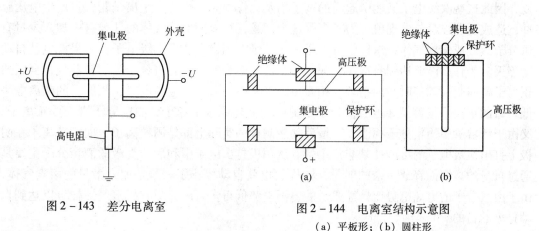

图 2-143　差分电离室

图 2-144　电离室结构示意图
（a）平板形；（b）圆柱形

在电离室接受到射线后所产生的离子流一般是很小的，其数值可以这样估计：如每秒进入电离室内的放射性粒子数为 n，则这些粒子在路程 R 上产生的离子流强度 i 为

$$i = K' \cdot n \cdot R \times 1.6 \times 10^{-19} \text{（A）} \tag{2-163}$$

式中　　K'——辐射粒子在 1 厘米路程上所产生的离子对数；

1.6×10^{-19}——一个电子的电荷数量，C。

在同样的条件下，进入电离室的 α 粒子比 β 粒子所产生的电流大 100 多倍。利用电离室测量 α、β 粒子时，其效率可以接近 100%，而测量 γ 射线则效率却很低。这是因为 γ 射线没有直接电离的本领，它是靠从电离室的壁上打出二次电子，而由二次电子起电离作用。若增加壁的厚度可以增加二次电子的数量，但当增到一定数量时，由于电子被壁吸收而效率不再增加。一般 γ 电离室的效率只有 1% ~ 2%。

B 盖格计数管

盖格计数管也是根据射线对气体的电离作用而设计的辐射探测器。它与电离室不同的地方主要在于它工作在气体放电区域，具有放大作用。

当入射粒子在管中产生原始电离后，电离电子在电场作用下向正电极漂移。由于在正电极附近具有很强的电场，故当电子漂移到正极附近时，就能在很短距离内得到很大动能。这些电子再经过多次电离碰撞，结果在接近正电极的小区域内，离子很快地增多起来，形成所谓电子雪崩。在离子增多过程中，同时产生大量光子，这些光子被猝灭，气体吸收或射到阴极时打出光电子。这些光电子被电场加速又能引起离子增加，以后再产生光子，再打出光电子，如此不断继续，使离子越来越多。离子的增加主要发生在整个阳极附近，在这些粒子中，电子很快被阳极收集掉，而在很短时间内，阳极附近留下了大量正离子。这些正离子包围中央阳极而形成一个正离子鞘，正离子鞘的形成使阳极附近的电场下降，直到不再能产生离子的增殖，此时原始电离的放大过程就停止了。放大过程停止后，在电场作用下，正离子鞘向阴极移动。正离子鞘移动的结果，就在串联电阻上产生一个电压脉冲。这个脉冲既然是正离子运动所引起的，所以脉冲大小就只决定于正离子鞘的总电荷，而与原始电离无关。因此输出脉冲都一样大。在第一次放大过程停止，以及电压脉冲出现后，计数管并不回到原始的状态。由于正离子鞘到达阴极时得到一定的动能，所以正离子也能从阴极中打出次级电子。同时，由于正离子鞘到达了阴极，中央阳极电场已恢复，因此这些次级电子又能引起新的离子增殖，像原先一样再产生离子鞘，再产生电压脉冲，造成所谓连续放电现象。为了克服这个问题，在充满惰性气体的计数管中加入少量有机分子蒸气或卤族气体，这样就可以避免正离子在阴极上产生次级电子，结果放电就自动地猝灭。为什么能够达到自动猝灭呢？若惰性气体为氩气，有机分子为酒精蒸气，当氩的正离子鞘向阴极漂移时与酒精蒸气相碰撞。由于酒精分子的电离电势比氩原子的电离电势低，氩的正离子很容易夺走酒精分子中的电子而还原成氩原子，酒精分子则变成正离子。又由于计数管中酒精分子相当多，最后到达阴极的实际上都是酒精离子，而酒精离子在阴极上打出次级电子的可能性是非常小的。从阴极打出电子中和后，受激的酒精分子主要是通过自身的离解而释放多余的能量，这样放电就自动停止了。若是加入微量的卤素气体，由于卤素分子的电离电势比惰性原子的电离电势低得多，因此与有机蒸气一样可以达到自动猝灭的目的。

计数管是以金属圆筒为阴极，以筒中心的一根钨丝或钼丝为阳极，筒和丝之间用绝缘体隔开。计数管内充以惰性气体，并加少量的卤素气体或有机气体，故计数管又分有机计数管和卤素计数管。为了便于密封，计数管常用玻璃作外壳，而阴极用金属或石墨涂盖于玻璃表面内部或在外壳内用金属筒作阴极。计数管接线如图 2-145 所示。盖格计数管由于它有气体放大作用，则所产生的电流比电离室的离子流大好几千倍，因此它不需要高电阻，其负载电阻一般不超过 $1M\Omega$，输出的脉冲一般为几伏到几十伏。图 2-146 表示计数管的特性曲线，在一定的核辐射照射下，当增加两极间的电压时，在一定范围内只增加脉冲的幅度 U，而计数率 N 只有微弱的增加。图中 ab 段对应的曲线称为计数管的坪，这段线的斜率一般为 0.01% ~ 0.1%/V。计数管所加的电压由所加气体决定，卤素计数管为

280～400V，有机计数管为 800～1000V。

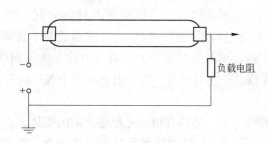

图 2-145　盖格计数管接线图

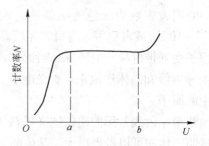

图 2-146　盖格计数管特性曲线

计数管输出脉冲可以为正或为负。若将输出电阻接在计数管的阴极端，则输出为正脉冲。不过一般线路都是取负脉冲。计数管的输出也可以按电流法连接，即在输出端不用射极输出器，而用积分线路，其连接情况如图 2-147 所示，它所产生的电流 i 可用下面公式来表示。

$$i = Kn(U_c - U_0) \qquad (2-164)$$

式中　K——取决于计数管的系数；

　　　n——平均计数率；

　　　U_c——加在计数管上的电压；

　　　U_0——开始计数的电压。

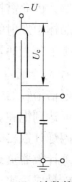

图 2-147　计数管输出
按电流法接线图

计数管是常用的辐射探测器。它的优点是结构简单，缺点是记录了辐射粒子后计数管内形成电子云，从而影响了电场的分布。在这种影响没恢复前，计数管不能记录入射粒子或所产生的脉冲很小。计数管不记录粒子的时间称为死时间，图 2-148 中的 t_D 即为死时间。计数管的分辨时间是接上记录装置后记录两粒子间的最短时间，它在 t_D 和 $t_D + t_R$ 之间（t_R 为恢复时间）。计数管的死时间一般为几十微秒，最大计数率为 10^3～10^4 数量级。它探测 γ 射线的效率为 0.5%～1.5%，探测 α、β 粒子的效率接近 100%。

C　闪烁计数器

闪烁计数器先将辐射能变为光能，然后再将光能变为电能而进行探测，它由闪烁晶体、光电倍增管和输出电路所组成，如图 2-149 所示。

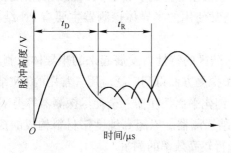

图 2-148　在示波器上看到的计数管死时间

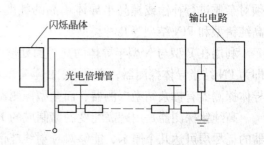

图 2-149　闪烁计数器示意图

闪烁晶体分为有机和无机两大类，同时又有固体、液体和气体等形态。放射性同位素仪表中现在常用固体晶体，如无机晶体 NaI(Tl)（铊激活的碘化钠），有机晶体 $C_{14}H_{10}$（蒽）等。它们大多数为无色透明晶体。入射粒子进入晶体后，晶体发光的持续时间一般为 $10^{-16} \sim 10^{-3}$s 或者更短。有机和无机晶体的发光过程不一样，但总的来讲都是由于晶体中的原子受到带电粒子的激发、当原子由激发态回到基态时即发光。若入射粒子为 γ 射线，则由 γ 射线和晶体作用先产生光电子、康普顿电子或电子对，然后由这些带电粒子激发晶体中的原子。

测量 γ 射线常用的碘化钠（铊激活）晶体，是一种具有很大光能输出的闪烁体。它无色透明，体积可以做得很大。晶体的大小必须和光电倍增管的光阴极大小相配合。若两者大小不一样，则可以在中间加光导体。碘化钠晶体的发光时间为 $0.25\mu s$，它的缺点是十分容易潮解，因此需把它装在密封的匣子内。

由晶体中发射的光子投到光电倍增管的光阴极上，根据光电特性而打出光电子。入射到光阴极上的光通量 F 与阳极电流 i_A 之间关系称为光电倍增管的光电特性。一般光电倍增管的 i_A 与光通量 F 成正比（在 F 为 $10^{-13} \sim 10^{-4}$lm 之间的条件下）。在一定的光通量 F 下，光电倍增管的阳极电流与工作电压的关系是电流随工作电压的增加而急剧上升，到某一值后就达到饱和。光谱响应是指光阴极发射光电子的效率随入射光波长而变化的关系。在组合闪烁计数器时，光电倍增管的光谱灵敏度范围必须和闪烁晶体发出的光谱相配合。

闪烁计数器负载电阻上产生的脉冲，其幅度一般为零点几伏到几伏，输出脉冲与入射粒子的能量成正比。

D 半导体探测器

半导体探测器是用半导体材料作为探测器介质的一种辐射探测器，它的发展、完善是与半导体材料科学的发展密切相关的，随着半导体新材料、新工艺的发展，新型半导体探测器不断开拓新的局面，在 α、β、γ 及中子的能谱测量方面得到了越来越多的应用。

最通用的半导体材料是锗和硅，其基本原理与气体电离室相类似，故又称固体电离室。半导体探测器有两个电极，加有一定的偏压。当入射粒子进入半导体探测器的灵敏区时，即产生电子－空穴对。在两极加上电压后，电荷载流子就向两极作漂移运动，收集电极上会感应出电荷，从而在外电路形成信号脉冲。但在半导体探测器中，入射粒子产生一个电子－空穴对所消耗的平均能量为气体电离室产生一个离子对所消耗的十分之一左右，因此半导体探测器比闪烁计数器和气体电离探测器的能量分辨率好得多。半导体探测器的灵敏区应是接近理想的半导体材料，而实际上一般的半导体材料都有较高的杂质浓度，必须对杂质进行补偿或提高半导体单晶的纯度。通常使用的半导体探测器主要有 PN 结型、高纯锗型和 PIN 结型等几种类型。

利用在 P 型与 N 型半导体的交界面处形成的结区的特性，发展起来的半导体探测器，即为 PN 结半导体探测器，它在 α、β 等带电粒子探测方面得到广泛应用。常用的 PN 结半导体探测器有掺杂结型探测器、面垒型探测器、钝化平面探测器、全耗尽探测器等类型。

高纯锗探测器是用超高纯度的锗制成的 PN 结探测器。以超高纯度锗材料构成的探测器的耗尽层可达几个厘米，能够对 γ 射线能谱进行较高效率的测量。

在 PN 结的 P 和 N 之间构建一本征层 I，I 层位于内电场中，没有载流子，处于耗尽状态。此时，耗尽层宽度主要由 I 层的宽度决定，能达到几个厘米，可用于 γ 射线能谱测量。I 层是通过补偿效应，利用间隙性杂质 Li^+ 在 Si 或 Ge 中的漂移实现的。这种方法制成的探测器称为锂漂移探测器，也称为 PIN 结探测器。用硅和锗都可以制作锂漂移探测器，分别叫做硅锂探测器和锗锂探测器。锂漂移探测器的灵敏层厚度可以做的较大，适合用于高能粒子和 X 射线、γ 射线的测量。到 20 世纪 80 年代，锗锂探测器已逐步被高纯锗探测器所取代，但硅锂探测器仍具有重要的实用价值，尤其适用于低能 γ 射线和 X 射线的探测。

2.8.3 核辐射传感器测量电路

核辐射传感器测量电路的种类很多，它随着所用探测器的不同而不同。尽管用于不同的核辐射检测仪表中的前置放大器略有不同，但不管对哪一种结构的探测器来说，前置放大电路都是必不可少的。

2.8.3.1 用于电离室的前置放大电路

因为一个电离粒子每损失 1MeV 的能量，约产生 3 万个电子或 $5 \times 10^{-15} C$（即 A·s）电荷。当电离室的积分电容取 20pF 典型数值时，其脉冲幅度也只有 0.25mV/MeV，因此所得脉冲必须放大。放大电路中系统的噪声，限制了仪表的能量分辨率及灵敏度。

通常放大过程由低噪声前置放大器和主放大器两部分承担。而低噪声前置放大器是基本输入电路。图 2-150 中给出了两种典型前置放大电路。增益为 A 的差分放大器有一个反相输入端（-）和一个正相输入端（+）。

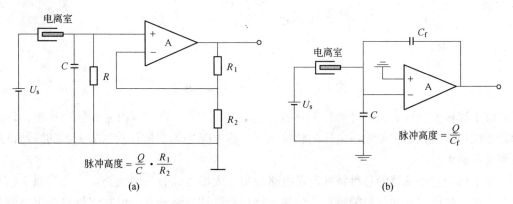

图 2-150 前置放大器的电路图
(a) 电压放大器；(b) 电荷灵敏放大器

从图 2-150（a）可以看出，电容 C 两端的电压脉冲被放大。C 代表电离室输出端的总电容，它等于电离室电容、从电离室到前置放大器输入的电缆电容及前置放大器输入电容的总和。由分压器 R_1 及 R_2 组成的反馈回路，当 $R_2 \ll R_1$ 和 $AR_2 \gg R_1$ 时，使增益稳定在近似 R_1/R_2 值上。脉冲形状一方面由电离室几何形状决定，另一方面由输入网络的时间常数 RC 所决定。前置放大器的输入阻抗包括在 R 内。通常选择 $RC \gg T_{电子}$（电子收集时间），同时在主放大器的第一级进行微分，因为这样可以得到比较好的信噪比。

由于回路增益较高，这类前置放大器的电压增益能保持恒定，并与元件的寿命无关。

但是由于最后还是要从总的脉冲电荷 Q 来得知能量信息，而电压脉冲幅度又由 Q/C 决定，所以系统增益的稳定性最终还要依赖于电容 C 的稳定性。在电离室中，从结构上讲电容是不变化的，除非发生撞击或是振动。如果采用图 2 – 150 中（b）的电路，可以避免这种影响。电路中加一个电容反馈，这时前置放大器就变成电荷灵敏型前置放大器。具有反馈电容 C_f 的电荷灵敏放大器，其输出脉冲幅度为 Q/C_f。当回路增益很高即 $A \to \infty$ 时，系统增益的稳定性不依赖于 C。

2.8.3.2　用于闪烁计数器的前置放大电路

在以闪烁计数器作为探测器时，信号脉冲幅度比一般前置放大器的噪声电平往往高很多，所以前置放大器就不需要是低噪声型的。它往往只起一个作用，就是让光电倍增管的输出阻抗与所连接的屏蔽电缆的特性阻抗相匹配。图 2 – 151 中给出了光电倍增管输出端的情况。假如阴极接地，大约有一千伏高压全部加在阳极上，因此前置放大器必须通过一个高压耦合电容 C_1 与之连接。C_a 及 C_b 分别表示光电倍增管输出端和前置放大器输入端的寄生电容，而且 $C_p = C_a + C_b$ 表示总的寄生电容。大多数的情况下，$C_a \approx C_b = 10 \times 10^{-6} \mu F$。假如阳极电路接地，负高压 $-U_s$ 加于阴极上，就不再需要专门的高压电容 C_{10}。图中 R_a 代表阳极电阻，R_b 代表前置放大器的输入阻抗。

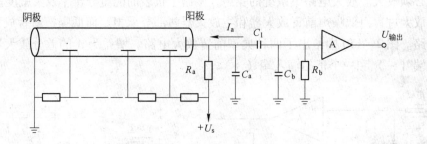

图 2 – 151　光电倍增管的信号输出

由于这种前置放大器的计数时间常数 τ 较大，而且在主放大器内完成脉冲成形，许多脉冲迭加起来后，通常使输出电压的脉冲幅度可达 10V 左右，所以前置放大器的线性范围必须要足够大。

用于核辐射传感器的各种特殊测量电路很多，大概可以分为两大类。一类是属于信号处理电路，包括对脉冲信号的甄别、分频、整形、计数、显示等，以数字量显示出被测量的数值，或通过数模变换电路，以模拟量的形式给出测量结果。另一类是为了使检测仪表提高测量精度、灵敏度或改善性能的辅助电路。它包括猝灭电路，稳定电路，线性化电路以及各种补偿电路等。

2.8.4　核辐射传感器的应用

核辐射传感器是根据被测物质对射线的吸收、反散射或射线对被测物质的电离激发作用而进行工作的。所谓被测物质对射线的吸收是指当射线投射到被测物以后，一部分射线为被测物质吸收，而一部分射线穿过被测物质。穿过被测物质后的射线强度，在物质成分一定的情况下和被测物的厚度和密度有关。因此若被测物的密度为已知时，则可以根据射线强度来测出被测物质的厚度。厚度仪表就是利用这种关系制成的。若被测物质的厚度已知，则可以制成密度计。被测物质对射线的反散射是指射线投射到被测物质时，有一部分射线反散射回来，而反散射回来的射线强度在物质成分一定的情况下，和物质厚度、密度以及射线源与被测物的相互位置有一定关系，因此在密度和相互位置已知的情况下就可以制成反射式厚度计。

近年来，除了以上核辐射传感器以外，穿透式X射线测厚仪在冶金工业板带厚度测量中获得了广泛应用。由X射线管发出的X射线穿过被测物体时射线强度按指数曲线逐渐减弱，类似于γ射线通过物质时的吸收作用。X射线测厚方法与使用同位素的射线测厚方法相比，具有高精度、可以通过单独设定X射线管高压对入射辐射进行最优调整、停止X射线管高压给定后放射立即停止而没有任何残余辐射等优点。应当指出，虽然X射线与γ射线都是波长很短的电磁辐射，两者没有本质区别，但产生的方式不同，尽管可以利用放射性同位素作激发源，激发某些元素原子中的电子跃迁而得到，但并非放射性同位素原子核直接放出，因此X射线不属于核辐射。另外工业及医疗用X射线通常由X射线管产生。

2.9 激光式传感器

激光技术是20世纪60年代初发展起来的一门新兴技术，目前在生产和科研等许多方面都已有很多应用。

激光式传感器是对它输入一定形式的能量，经转换变成一定波长的光的形式发射出来。激光式传感器包括激光发生器、激光接收器及其相应的有关电路。

2.9.1 激光的特点

（1）高方向性。高方向性就是高平行度，即光束的发散角小。激光束的发散角已达到几分甚至可小到1s，所以通常称激光是平行光。

（2）高亮度。激光在单位面积上集中的能量很高。一台较高水平的红宝石巨脉冲激光器亮度达$10^{15}\mathrm{W/(cm^2 \cdot sr)}$，比太阳发光亮度高出很多倍。把这种高亮度的激光束会聚后能产生几百万度的高温。在这种高温下，就是最难熔的金属，在一瞬间也会熔化。

（3）单色性好。单色光是指谱线宽度很窄的一段光波。用λ表示波长，$\Delta\lambda$表示谱线宽度，则$\Delta\lambda$越小，单色性越好。在普通光源中，最好的单色光源是氪〔Kr^{86}〕灯。它的波长$\lambda = 605.7\mathrm{nm}$，$\Delta\lambda = 0.00047\mathrm{nm}$。而普通的氦氖激光器所产生的激光，其波长$\lambda = 632.8\mathrm{nm}$，$\Delta\lambda < 10^{-8}\mathrm{nm}$。由此可以看出：激光光谱单纯，波长范围小于$10^{-8}\mathrm{nm}$与普通光源相比缩小了几万倍。

（4）高相干性。相干性就是相干波在迭加区得到稳定的干涉条纹所表现的性质。普通光源是非相干光源，激光是极好的相干光源。

相干性有时间相干性和空间相干性。时间相干性是指光源在不同时刻发出的光束间的相干性，它与单色性密切相关，单色性好，相干性就好；空间相干性是指光源处于不同空间位置发出的光波间的相干性，一个激光器设计得好，则有无限的空间相干性。

从波动方程

$$y = A\sin\left(2\pi\,\frac{t}{\pi} - 2\pi\,\frac{x}{\lambda} + \varphi_0\right)$$

可以看出两束光因时间 t 或空间位置 x 不同而造成相干。

　　由于激光具有上述特点，利用激光可以导向，做成激光干涉仪测量物体表面的平整度、测量长度、速度、转角，切割硬质材料等。随着科学技术的发展，激光的应用会更加普遍。

2.9.2　激光器

　　激光器分类方法很多。按工作物质可分为气体、液体、固体、半导体激光器。

2.9.2.1　气体激光器

　　气体激光器的工作物质是气体，其中有各种惰性气体原子，金属蒸气，各种双原子和多原子气体、气体离子等。

　　气体激光器通常是利用激光管中的气体放电过程来进行激励；光学共振腔一般由一个平面镜和一个球面镜构成，球面的半径要比腔长大一些，如图 2 - 152 所示。

　　氦氖激光器是应用最广泛的气体激光器。它的结构形式如图 2 - 153 所示。它有内腔式、外腔式。在放电管内充有一定气压和一定氦氖混合比的气体。共振腔长 l 要满足

$$l = \frac{N\lambda}{2}$$

式中，N 为任意整数。

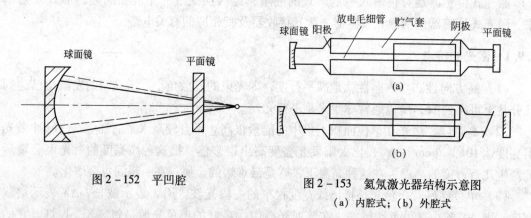

图 2 - 152　平凹腔　　　　　　　图 2 - 153　氦氖激光器结构示意图
　　　　　　　　　　　　　　　　　　　（a）内腔式；（b）外腔式

　　氦氖激光器有许多振荡谱线。主要振荡波长是 632.8nm（最强，呈橘红色），1152.3nm 和 3391.3nm（红外光）。它的发光机理是：在激光管内充入按比例的几个毫米水柱压力的氦氖混合气，形成低压放电管。在阳极与阴极之间加几千伏高压，使之产生辉光放电，产生大量的动能很高的自由电子去碰击氦原子，氦原子被激发到 2^1s、2^3s 能级。氦的 2^1s、2^3s 能级是亚稳态，它的粒子数积累增加。由于氦的 2^1s 能级与氖的 $3s$ 能级、氦的 2^3s 能级与氖的 $2s$ 能级接近，氦原子与氖原子碰撞后，氦原子回基态，而氖原子被激发到 $2s$、$3s$ 能级（亚稳态），并且很快地积累增加。氖的 $2p$、$3p$ 是激发态，粒子数比较少，但在 $2s$ 与 $2p$ 之间、$3s$ 与 $3p$、$2p$ 之间建立了粒子数反转分布。在入射光子的作用下，氖原子在 $2s$、$3s$ 与 $2p$、$3p$ 之间产生受激辐射。然后以自发辐射的形式，从 $2p$、$3p$ 能级回到 $1s$

能级，再通过与管壁碰撞形式释放能量（即产生管壁效应）回到基态，如图 2 - 154 所示。从以上分析可以看出氦（He）原子只起了能量传递作用，产生受激辐射的是氖（Ne）原子。它的能量小，转换效率低，输出功率一般为毫瓦级。

二氧化碳（CO_2）激光器是典型的分子气体激光器，如图 2 - 155 所示。它的工作物质是 CO_2 气体，常加入氮、氦及一些其他辅助气体。最常用的激光波长是 10.6μm 的红外光。CO_2 激光器的能量转换效率很高，可达 10% ~ 30%。它的输出功率大，可有几十到上万瓦。因此它可用于打孔、焊接、通信等方面。

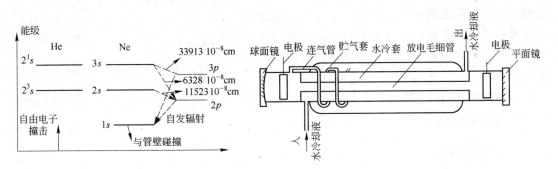

图 2 - 154　发光机理示意图　　　　图 2 - 155　二氧化碳激光器

2.9.2.2　固体激光器

固体激光器的工作物质主要是掺杂晶体和掺杂玻璃，最常用的是红宝石（掺铬）、钕玻璃（掺钕）、钇铝石榴石（掺钕）。

固体激光器的常用激励方式是光激励（简称光泵），也就是用强光去照射工作物质（一般为棒状，在光学共振腔中，它的轴线与两个反光镜相垂直），使它激发起来，从而发出激光。为了有效地利用泵灯（用脉冲氙灯、氪弧灯、汞弧灯、碘钨灯等各种灯作为光泵源的简称）的光能，常采用各种聚光腔，如图 2 - 156 所示。如果工作物质和泵灯一起放在共振腔内，则腔内壁应镀上高反射率的金属薄层，使泵灯发出的光能集中照射在工作物质上。

红宝石激光器是世界上第一台成功运转的激光器，它发出的是红色的波长为 694.3nm 的激光。但在常温下，它只能脉冲运转，而且效率较低。

图 2 - 157 示出了固体激光器的一般结构。

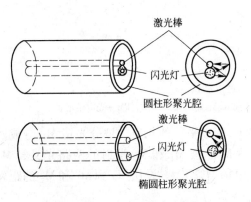

图 2 - 156　常用的各种聚光腔

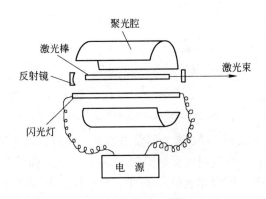

图 2 - 157　固体激光器的一般结构

2.9.2.3　半导体激光器

半导体激光器最明显的特点是体积小、重量轻、结构紧凑。

半导体激光器的工作物质是某些性能合适的半导体材料，如砷化镓等。其中砷化镓应用最广，常常将它做成二极管。当把适当大的电流（如每平方厘米面积上通过上万安培脉冲电流）通过 P - N 结时，就会发出激光。这种激励方式称为注入式电流激励。砷化镓激光器的共振腔也十分巧妙，它是利用这种晶体的两个自然解理面而形成的。它们本身十分平滑，而且彼此平行，无需再外加反射镜，如图 2 - 158 所示。

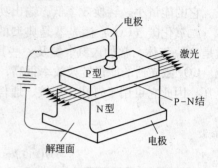

图 2 - 158　砷化镓激光器的谐振腔

半导体激光器效率很高，但是它也有缺点，如激光方向性比较差，输出功率比较小，受环境温度影响比较大等。

2.9.3　激光的应用

激光具有高亮度、高方向性、高单色性和高相干性的特点，应用于测量方面，可实现无触点远距离测量，高速、高精度测量，测量范围广，抗光、电干扰能力强，因此激光在长度测量、速度测量、角速率测量、成分分析等方面得到了广泛的应用。下面举例说明应用激光实现长度测量、流速测量及气体成分分析的原理。

2.9.3.1　长度测量

一般用的干涉测长仪是迈克尔逊干涉仪，其结构如图 2 - 159 所示。

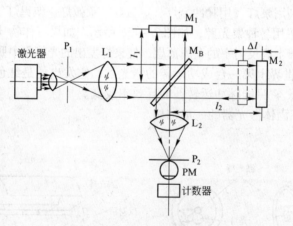

图 2 - 159　迈克尔逊干涉仪

M_B—半透过式分光镜；M_1，M_2—反射镜；L_1—准直透镜；L_2—聚光透镜；PM—光电倍增管

从 He - Ne 激光器发出的光，通过准直透镜 L_1 变成平行的光束，被分光镜 M_B 分成两半：一半反射到反射镜 M_1，另一半透射到反射镜 M_2。被 M_1 和 M_2 反射的两路光又经 M_B 重叠，被聚光透镜 L_2 聚集，穿过针孔 P_2 进到光电倍增管 PM。设从 M_B 到 M_1 和 M_2 的距离分别为 l_1 和 l_2，则被分后再合的两束光的光程差 δ 为

$$\delta = 2(l_2 - l_1) = 2\Delta l$$

$$(2 - 165)$$

如果反射镜 M_2 沿光轴方向从 $l_2 = l_1$ 的点平行移动 Δl 的距离，那么光程差 $\delta = 2\Delta l$。当 $\Delta l = N\frac{\lambda}{4}$ 时出现明暗干涉条纹。因此，在移动 M_2 过程中，PM 端计数得到的干涉条纹数 N，将 N 乘以 $\frac{\lambda}{4}$，就得到了 M_2 移动的距离 Δl，从而实现了长度检测。

2.9.3.2 流速测量

用激光进行流速测量的原理结构，如图 2-160 所示。

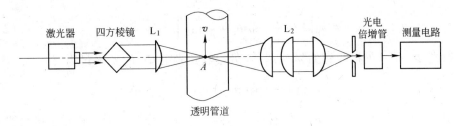

图 2-160 流速测量结构原理图

激光器产生的激光被四方棱镜分成两束光，这两束光经透镜 L_1 汇聚于 A 点。两束光同时照在 A 点的被测流体的某一微粒上，这时便产生向各个方向的散射。用一组透镜 L_2 收集散射光，并汇集到光电倍增管的阴极上。由于两束光入射方向不同，产生多普勒频移的结果，使产生的散射光频不同，因而光电倍增管所接收到的光频不同。利用光电倍增管的非线性，将两束不同频率的光进行混频，产生和频及差频信号，用滤波器取出差频信号，然后再利用差频信号与流速之间的固定关系测出流速 u。

光学多普勒效应是光源发出 ν_0 频率的光时，接收器相对于光源以速度 v 运动，或光源相对于接收器以速度 v 运动，这时接收器接收到的频率 ν 为

$$\nu = \nu_0\left(1 \pm \frac{v}{c}\right) \tag{2-166}$$

式中，c 为光速。"+"为二者相对运动，"-"为二者远离运动。

根据光学多普勒效应可推导测速关系式。流体中粒子 A 的直径与激光波长相当，当光束 Φ_1、Φ_2 照射 A 后，因散射，A 实际上变成了点光源。在 A 没有运动时，散射光与入射光频率相同。当 A 以速度 v 运动时，在 B 处观察其频率变化，如图 2-161（a）所示。

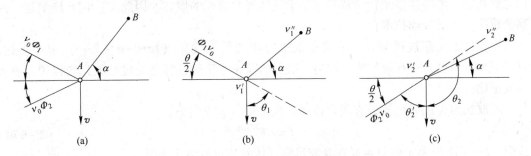

图 2-161 B 处频率的变化

入射光 Φ_1 在 B 处被接收到的频率 ν_1''：A 处所接收到 Φ_1 的光频 ν_1' 为

$$\nu'_1 = \nu_0 \left(1 - \frac{v}{c} \cos\theta_1 \right)$$

如图 2 - 161（b）所示，ν'_1 是散射频率。作为光源的粒子 A，它相对于接收器 B 也有运动，在 B 处接收到的光频为

$$\begin{aligned}
\nu''_1 &= \nu'_1 \left(1 - \frac{v}{c} \sin\alpha \right) \\
&= \nu_0 \left(1 - \frac{v}{c} \cos\theta_1 \right) \left(1 - \frac{v}{c} \sin\alpha \right) \\
&= \nu_0 \left[1 - \frac{v}{c} (\cos\theta_1 + \sin\alpha) \right]
\end{aligned} \tag{2-167}$$

入射光 Φ_2 在 B 处接收到的频率 ν''_2：A 处接收到光束 Φ_2 的光频 ν'_2 为

$$\nu'_2 = \nu_0 \left(1 + \frac{v}{c} \cos\theta_2 \right) = \nu_0 \left(1 - \frac{v}{c} \cos\theta_2 \right)$$

如图 2 - 161（c）所示，ν'_2 是散射频率。粒子 A 同样作为光源，相对于接收器 B 有运动，在 B 处接收到的光频为

$$\begin{aligned}
\nu''_2 &= \nu'_2 \left(1 - \frac{v}{c} \sin\alpha \right) \\
&= \nu_0 \left(1 - \frac{v}{c} \cos\theta_2 \right) \left(1 - \frac{v}{c} \sin\alpha \right) \\
&= \nu_0 \left[1 - \frac{v}{c} (\cos\theta_2 + \sin\alpha) \right]
\end{aligned} \tag{2-168}$$

因此在 B 处得到的多普勒频移 ν_D 为

$$\nu_D = \nu''_2 - \nu''_1 = \nu_0 \frac{v}{c} (\cos\theta_1 - \cos\theta_2) = 2\nu_0 \frac{v}{c} \sin\frac{\theta}{2} \tag{2-169}$$

由式 2 - 169 可以看出：ν_D 与 α（即 B 点的位置）无关，与 v 成正比。由于 θ、ν_0 为已知，测出频移 ν_D 就可以计算出流速 v。

2.9.3.3　激光气体在线分析仪

激光气体在线分析仪是基于可调谐激光光谱技术（Tunable Diode Laser Absorption Spectroscopy, TDLAS）的气体浓度在线测量仪器。TDLAS 本质上是一种光谱吸收技术，通过分析激光被气体的选择性吸收来实现气体浓度的测量。它与传统红外光谱吸收技术的不同之处在于，半导体激光光谱宽度远小于气体吸收谱线的展宽。因此，TDLAS 技术是一种高分辨率的光谱吸收技术。

半导体激光穿过被测气体的光强衰减可用朗伯 - 比尔（Lambert - Beer）定律表述。当一束平行单色光垂直通过某一均匀非散射的吸光物质时，其吸光度与吸光光程和介质浓度成正比。

当波长为 λ 的单色光，在吸收传播距离 L 后，其光强为：

$$I = I_0 e^{-\alpha_\lambda c L} \tag{2-170}$$

式中　I——波长为 λ 的单色光在含有待测气体时透过气室的光强；

　　　　I_0——波长为 λ 的单色光在不含待测气体时透过气室的光强；

　　　　c——吸收气体的浓度；

α_λ——单位长度单位浓度的吸收系数。

TDLAS 通过快速调制激光频率使其扫过被测气体吸收谱线的定频率范围。半导体激光管的发射波长直接受激光器的驱动电流和激光管环境温度影响。两者相比，温度调制相当于"粗调"，而驱动电流调制类似于"细调"且响应迅速。因此，在应用中需设置恒定的温度，即通过温度调整将半导体激光管的发射波长调整至待测气体特征吸收峰附近后保持温度恒定，调整半导体激光管的驱动电流来持续不断扫描待测气体分子的特征吸收峰。透射光束被光电二极管所探测后放大，然后采用相敏检波技术测量被气体吸收后透射谱线中的谐波分量来分析气体的吸收情况从而实现气体浓度测量。

根据信号检测方法的不同，TDLAS 可分为直接吸收、波长调制、频率调制等类型。在激光气体在线分析仪中常采用直接吸收或波长调制方式。波长调制方式相比于直接吸收方式抗干扰能力更强，检测灵敏度更高。波长调制式 TDLAS 系统原理框图如图 2 - 162 所示。直接吸收式 TDLAS 系统相比于波长调制式 TDLAS 系统，激光管驱动信号仅需要扫描信号，不需要加调制信号，相应的信号检测电路部分不需要锁相放大电路，其余部分基本相同。TDLAS 系统中半导体激光管的温度调整是使用半导体制冷器（Thermoelectric Cooler，TEC）来实现的，温度检测元件采用热敏电阻。

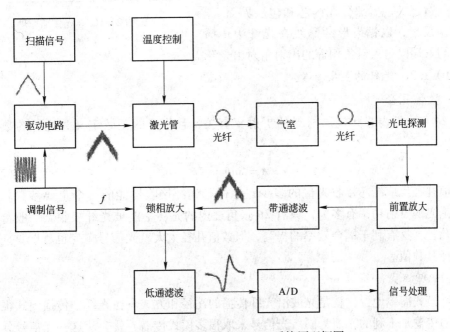

图 2 - 162　波长调制式 TDLAS 系统原理框图

2.10　光纤传感器

光纤传感器是 20 世纪 70 年代以来异军突起的一项新技术。与传统的传感器相比，它不受电磁干扰，体积小，重量轻，可挠曲，灵敏度高，动态范围大，电绝缘性能好，在易燃易爆、强腐蚀、高压、强电磁场等恶劣环境中发挥其传感器功能。它能用于位移、速度、加速度、压力、液位、流量、温度、声、磁、电流等各种物理量的测量，具有极为广泛的应用前景。

2.10.1　光纤及光纤传感器

2.10.1.1　光纤及其传输原理

A　光纤

光导纤维简称为光纤，它是用直径为微米级的石英玻璃制成的。每根光纤由一个圆柱形的内芯和包层组成，内芯的折射率略大于包层的折射率。

B　光纤的传输原理

光在空间是直线传播的。在光纤中，光的传输却能限制在光纤中，随光纤的弯曲而走弯曲的路线，并能传送到很远的距离。当光纤的直径比光的波长大很多时，可以用几何光学的方法来说明光在光纤内的传播。当光线从光密物质射向光疏物质，而入射角大于临界角时，光线产生全反射，即反射光不再离开光密介质。根据这个原理，光纤由于其圆柱形内芯的折射率 n_1 大于包层的折射率 n_2，因此如图 2 – 163 所示，在角 2θ 之间的入射光，除了在内芯中吸收和散射之外，大部分在内芯和包层界面上产生多次全反射，以锯齿形的路线在光纤中传播，在光纤的末端以与入射角相等的出射角射出光纤。

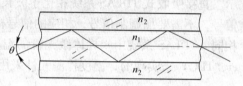

图 2 – 163　光传输原理

2.10.1.2　光纤的主要参数

A　数值孔径

角 2θ 与光纤内芯和包层材料的折射率有关，且将 θ 的正弦定义为光纤的数值孔径 $(N \cdot A)$。

$$N \cdot A = \sin\theta = \sqrt{n_1^2 - n_2^2} \tag{2 – 171}$$

数值孔径反应纤芯接收光量的多少，是标志光纤接收性能的一个重要参数。其意义是：无论光源发射功率有多大，只有 2θ 张角之内的光功率能被光纤接收。一般希望有大的数值孔径，这有利于耦合效率的提高，但数值孔径太大，光信号畸变也越严重，所以要适当选择其数值。

B　光纤模式

光纤模式简单地说，就是光波沿光纤传播的途径和方式。在光纤中传播模式很多，这对信息的传输是不利的，因为同一光信号采取很多模式传播，就会使这一光信号分裂为不同时间到达接收端的多个小信号，从而导致合成信号畸变。因此希望模式数量越少越好。阶跃型的圆筒波导内传播的模式数量可简单表示为

$$V = \pi d (n_1^2 - n_2^2)^{\frac{1}{2}} / \lambda_0 \tag{2 – 172}$$

式中　d——纤芯直径；

　　　λ_0——真空中入射光的波长。

希望 V 小，d 则不能太大，d 一般为几个微米，不会越过几十微米；n_1 与 n_2 之差要很小，一般不大于 1%。

C　传播损耗

由于光纤纤芯材料吸收、散射以及光纤弯曲处的辐射损耗等影响，光信号在光纤中的传播不可避免地要损耗。假设从纤芯左端输入一个光脉冲，其峰值强度（光功率）为 I_0，如图 2 - 164 所示。当通过光纤时，其强度通常按指数下降，即光纤中任一点处的光强度为

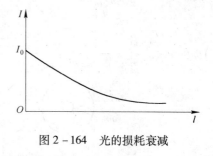

图 2 - 164　光的损耗衰减

$$I = I_0 e^{-al} \tag{2 - 173}$$

式中　I_0——光进入纤芯始端的初始光强度；

　　　l——光沿光纤的纵向长度；

　　　a——强度衰减系数。

以每公里分贝损失（dB/km）来定义衰减率，在 $l = 1\text{km}$ 时，衰减速率定义为

$$A = -10\lg\left(\frac{I}{I_0}\right) \tag{2 - 174}$$

D　色散

输入光纤的光可以是强度连续变化的光束，或者是一组轮廓清晰的光脉冲。当光脉冲通过光纤传播时，其幅值因衰减而降低。此外，由于许多其他因素的影响，光脉冲也会展宽。如果光脉冲变得太宽，它们将在时间和空间两方面都发生互相重叠或完全重合。如果这种情况发生，原来施加在光束上的信息就会丧失。在光纤中产生的脉冲展宽现象称为色散。它依赖于各种允许模式的传播速度差以及模式速度随光波长度的变化。色散以光脉冲在光纤中每传输一公里时脉冲宽度增加纳秒数（ns/km）为单位来表示。

E　光纤强度

光纤强度主要取决于光纤包层包制后外表面上的擦伤和其他缺陷的程度，以及包层表面在缠绕、成缆和使用期间得到保护的程度，其单位为 kN/m^2。

2.10.1.3　光纤的类型

下面介绍按折射率变化和按传输模式多少的两种分类，如图 2 - 165 所示。

A　按折射率变化分类

（1）阶跃型。阶跃型光纤的纤芯与包层间的折射率是突变的，如图 2 - 165（a）、（b）所示。

（2）渐变型。渐变型光纤在横截面中心处折射率最大，其值为 n_1，由中心向外折射率逐渐变小，到内芯边界处变为包层折射率 n_2。通常折射率变化为抛物线形式，如图 2 - 165（c）所示。其折射率的变化，在中心轴附近有较陡的折射率梯度，而在接近边缘处折射率减小得非常缓慢，保证传递的光束集中在光纤轴附近前进。因为这类光纤有聚焦作用，所以也称自聚焦光纤。

B　按传输模式分类

（1）单模光纤。单模光纤是指阶跃型光纤中内芯直径很小（通常仅有几个微米），因而光纤传播的模式很少，原则上只能传递一种模式的光纤。这类光纤传输性能好，频带很宽，制成的单模传感器较多模传感器有更好的线性、灵敏度及动态范围。但单模光纤由于

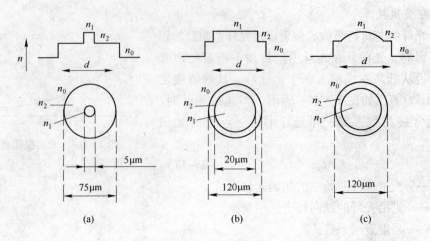

图 2 - 165　光纤的类型
(a) 单模阶跃型；(b) 多模阶跃型；(c) 多模渐变型

芯径太小，制造连接及耦合工艺都很困难。

（2）多模光纤。多模光纤是指阶跃型光纤中，内芯直径较大（大部分为几十微米），因而传输模式很多。这类光纤性能较差、带宽较窄，但内芯直径大，容易制造，连接耦合也比较方便。

2.10.1.4　光纤元件之间的连接

目前，光纤中的光功率损耗已降到 0.14dB/km。降低光纤衰减速率势必使光纤元件连接所产生的衰减成为需要考虑的问题，特别对于比通讯光纤短得多的光纤传感器尤为重要。

A　光纤的接头

接头在光纤传感器制造中的作用为：光源和探测器与光纤的连接；光源的输出在多个传感器之间的分束；干涉仪中光的分束与合并以及光纤之间的连接等。所有接头都必须在设计时考虑反射和必然产生的插入损耗，使插入损耗最小。

接头可以分为三类：活接头（两光纤元件间或光纤与某些元件，如光源、探测器或集成电路片之间的可拆卸接头）；死接头（两光纤之间，光纤与某些光学元件之间的烙触式永久接头）；耦合器（在两根以上的光纤之间实现能量再分配的接头）。

活接头和死接头的功率损耗分为内因功率损耗和外因功率损耗两大类。内因功率损耗是由于光纤制造过程中工艺条件发生变化或其不完善引起的，如纤芯面积失配、数值孔径失配、折射率分布失配等。外因功率损耗则产生于制造过程之后，如端面分离、角度没对准、侧向偏移等。它可以采用机械的方法或外界的方法加以修正。

B　光纤耦合器

在有必要将光源的出射光分束并使之进入两根或多根光纤中时，就需要应用光纤耦合器。光纤耦合器是将两根或多根光纤进行研磨或抛光，去掉保护层和部分包层，并把它们重叠或对准，以获得期望的耦合比，然后再将它们扭绞并固定封装在一起，根据不同的加工方法即可制成各种类型的光纤耦合器。

2.10.1.5　光纤传感器分类

光纤传感器可以分为传光型（结构型）和传感型（功能型）两大类。利用其他敏感元件感受被测量，而后用光纤进行信息传输的传感器称为传光型光纤传感器。利用外界物理因素改变光纤中的光的强度、相位、偏振态或波长，从而对外界物理量进行检测和数据传输的传感器称为传感型光纤传感器。

2.10.2 传光型光纤传感器

传光型光纤传感器有两种类型，如图 2 – 166 所示，一种是在送光光纤和受光光纤间放置对被测对象敏感的传感器，并用机械或光学方法接通或断开传输路径一部分或全部，改变光的透射率，如图 2 – 166（a）所示。另一种是在光纤端面安装对被测对象敏感并发光的传感器，或用光学系统收集被测对象发出的光。光纤只作为光的传送路径，它可以用单模光纤，也可以用多模光纤，如图 2 – 166（b）所示。

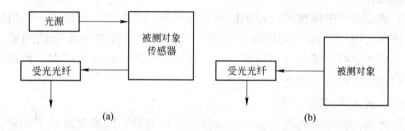

图 2 – 166　传光型光纤传感器类型

下面举两个应用例子。

2.10.2.1 光纤位移传感器

光纤位移传感器是利用光纤传输光信号的功能，根据探测到的反射光的强度来测量被测反射表面的距离[30~32]，其原理示意图如图 2 – 167 所示。

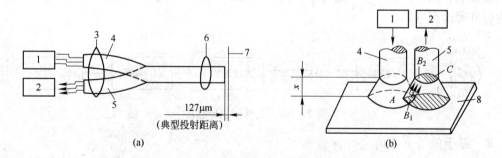

图 2 – 167　光纤位移传感器的工作原理示意图

（a）结构示意图；（b）测量原理图

1—发光器件；2—光敏元件；3—分叉端；4—发射光纤束；
5—接收光纤束；6—测量端；7—被测体；8—被测面

光纤位移传感器的工作原理是：光源发出的光，经发射光纤到达被测位移表面，反射光由接收光纤传回到光敏元件并转换为电信号，由反射光的大小测量位移的大小。当光纤探头端部紧贴被测表面时，即位移为 0，发射光纤中的光不能反射到接收光纤中去，因而不能产生光电信号。当被测表面逐渐远离光纤探头时，即有位移信号，发射光纤照亮被测

表面的面积 A 越来越大，相应的发射光纤重合面积 B_1 越来越大，因而接收光纤端面上照亮的 B_2 区也越来越大，即接收的光信号越来越强，并为一个线性增长的输出信号。当整个接收光纤端面被全部照亮时，输出信号就达到了位移 - 输出曲线上的"光峰"点。光峰点以前的这段曲线称为前坡区。当被测表面继续远离时，由于被反射光照亮的 B_2 面积大于接收光纤截面积 C，即有部分反射光没有反射进入接收光纤，由于接收光纤更加远离被测表面，接收到的光强逐渐减弱，光敏元件的输出信号逐渐减小，便进入曲线的后坡区，如图 2 – 168 所示。在后坡区，信号的减弱与探头和被测表面之间的距离的平方成反比。

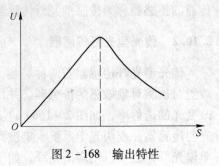

图 2 – 168　输出特性

在位移 - 输出曲线的前坡区，输出信号的强度增加得很快，所以这一区可以进行微位移测量。后坡区可以用于距离较远而灵敏度、线性度和精度要求不高的测量。而在光峰区，输出信号对于光强度变化的灵敏度要比对位移变化的灵敏度大得多，所以这个区域可以用于对表面状况进行光学检测。

2.10.2.2　光纤测温传感器

应用光纤测温传感器进行温度检测的方法和原理的种类因被测对象不同而异。下面介绍用于低温、高温测量的例子。

A　用于高温检测的光纤测温传感器

用于高温检测的光纤测温传感器是利用被测对象表面辐射能随温度变化而变化的特性，利用光纤将辐射能量传输到温度敏感元件上，经过信号处理再变换成可供记录或显示的电信号，它的构成框图如图 2 – 169 所示。这种传感器的突出优点是克服光路干扰、环境温度影响、探头体积小、光路可以弯曲，因而对于许多工艺上有特别要求的地方，都可以进行准确地测量。

图 2 – 169　光纤测温传感器

B　用于低温检测的光纤传感器

用于低温测量的温度传感器有多种，这里以半导体光吸收型为例介绍其工作原理。这种传感器是由一个半导体光吸收器、光纤、发射光源和包括光探测器的信号处理系统组成。这种传感器具有体积小，灵敏度高，工作可靠，没有杂散光损耗等特点，适用于高压力装置中的温度检测等特殊需要的场合。它的构成原理简图如图 2 – 170 所示。

工作原理：半导体具有陡峭的光学基带吸收沿波长 $\lambda_g(T)$，通过 $\lambda_g(T)$ 波长的光几乎全部被吸收，而且 $\lambda_g(T)$ 随着温度升高向长波一侧移动，如图 2 – 171 所示。如果选用 $\lambda_g(T)$ 处于光源的发光光谱内的半导体材料，把半导体与光发射、光接收装置用光纤连接起来，则半导体的透射光强度随温度升高而降低，根据从光纤输出的透射光强度就能够测定温度。温度的测量范围为 $-60 \sim +300℃$，精度可达 $\pm 0.5℃$，反应速度为 $2s$。

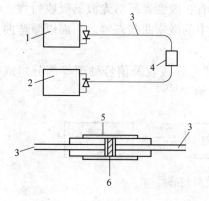

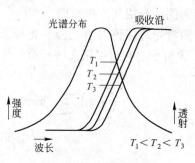

图2-170　半导体光纤传感器原理

1—光发射器；2—光接收器；3—光纤；4—光传感器；

5—支架；6—半导体光吸收器

图2-171　温度特性

实用的半导体光吸收型光纤温度传感器如图2-172所示。其工作原理是：两个脉冲发射器1发出的电脉冲，经驱动器2分别作用在两个发光二极管3、4上，3上产生$\lambda_1 = 0.88\mu m$、4上产生$\lambda_2 = 1.27\mu m$波长光脉冲，经光耦合器5传输到输入光纤上，再经光连接器10作用光传感器11上。两个波长光脉冲进探头后，传感器中半导体元件对λ_1光的吸收随被测温度T而变化，对λ_2光不吸收，故λ_2光作为参考信号。经过传感器的λ_1、λ_2光脉冲由输出光纤传输到光接收器6后变换成电脉冲、进入采样放大器7变换成正比于脉冲高度的直流信号。除法器8以参考光（λ_2）为标准将与被测温度T相关的信号λ_1进行处理，而得到被测温度值。

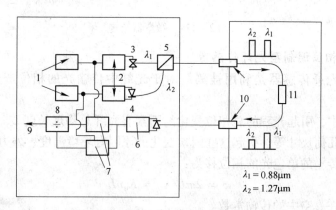

图2-172　实用半导体光纤传感器

1—光发射器；2—LED驱动器；3—AlGaAs发光二极管；4—InGaAsP发光二极管；5—光耦合器；

6—光接收器；7—采样放大器；8—除法器；9—输出；10—光连接器；11—光传感器

2.10.3　传感型光纤传感器

传感型光纤传感器分为振幅调制型、相位干涉型及偏振态变化型等多种类型。

2.10.3.1　振幅调制型光纤传感器

振幅调制型光纤传感器是利用在外部被测量作用下，使光纤中传输光的强度发生变化的传感器。利用被测量进行光强调制的主要形式有：改变光纤对光波的吸收特性；改变光纤中的折射分布，从而改变传输功率；改变光纤中的微弯曲状态等。下面以微弯曲光纤传感器为例，介绍其工作原理。

微弯光纤传感器由光源、光纤、微弯曲器和光纤接收及信号处理等部分组成，如图2-173所示。它可以用来进行力、位移等参数的测量[33]。

图2-173　微弯光纤传感器

微弯器的结构如图2-174所示。光纤置于使光纤发生微弯曲的齿板中间，相邻齿间距离为A_1，决定变形器的空间几何频率，使在光纤纤芯传输的光部分地透射进包层，如图2-174（b）所示，这样使光纤纤芯中传输的光随外力的增加而减弱，通过检测光纤中传输光强的变化就可以检测出被测量。

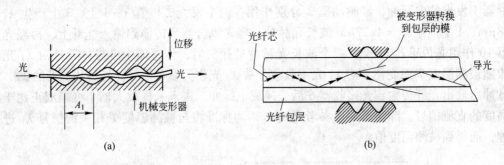

图2-174　微弯器结构

2.10.3.2　相位调制型光纤传感器

相位调制型光纤传感器是利用被测量对于光纤中传输光的相位产生影响而实现测量的。

在单模光纤中，引起光程的总相位变化的因素有光纤总物理长度L、折射率n及其分布、光纤的横向几何尺寸等。引起这些因素变化的原因有环境温度、外力作用等。对于确定的单模光纤中传输的单色光的相位移为：

$$\varphi = 2\pi L/\lambda_0 = K_0 nL \qquad\qquad (2-175)$$

式中　K_0——光在真空中的传输常数。

如果光纤的折射率n和长度L发生变化，则引起相位变化量为：

$$\Delta\varphi = K_0(\Delta nL + \Delta Ln) \qquad\qquad (2-176)$$

根据光纤中单色相位的变化，采用适当的调制方法，可以实现对温度、压力、应变、位移、振动和速度等参数的检测。下面介绍一种光纤加速度计。

光纤加速度计的构成原理示意图如图2-175所示。光源采用激光光源，光纤用单模光纤，变形体材料为橡胶或塑料。质量块M、变形体及其在上缠绕的N匝光纤构成加速度$a(t)$的检测器。直径为d的光纤受到加速度作用后，产生的伸长量

$$\Delta l = 4\sigma NMa(t)/ED \qquad\qquad (2-177)$$

式中　σ——变形体的泊松比；

　　　E——杨氏模量；

　　　D——变形体直径。

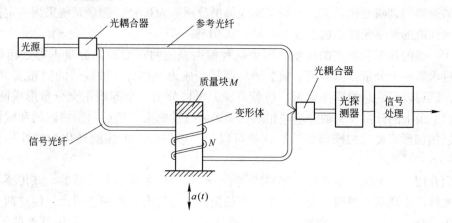

图 2-175　光纤加速度传感器原理图

在已变形的光纤中传播的激光产生的相位变化为

$$\Delta\varphi = \beta\Delta l\left[1 - \frac{1}{2}n^2(1 - \sigma_1)p_{11} - \sigma_1 p_{11}\right] \qquad (2-178)$$

$$\beta = 2\pi n/\lambda$$

式中　λ——激光波长；

　　　n——纤芯折射率；

　　　σ_1——光纤泊松比；

　　　p_{ij}——应变-光学张量。

激光光源发出的单色光射入单模光纤，经光耦合器分成参考光纤和信号光纤两路，信号光纤经过加速度检测器把光相移 $\Delta\varphi$，再与参考光纤传输的光一起经光耦合器送入光探测器，两路光产生相干，再由信号处理装置进行处理，输出与被测加速度成正比的输出信号。

2.10.3.3　偏振变化态光纤传感器

偏振变化态光纤传感器是利用外界因素使光纤中的光偏振态发生变化，并加以检测的光纤传感器。

光的偏振态有线偏振、圆偏振、椭圆偏振。多种物理现象都会影响光的偏振状态，通过这些物理现象对光进行偏振态调制。

偏振光调制的探测，可有已知光处在特殊的偏振状态（例如线性偏振和圆偏振）和完全未知光的偏振状态两种情况。对于线性偏振光，可把入射的正交偏振线性分量的输出分解为水平方向 I_1 和垂直方向 I_2。当入射光处在未调制位置时，两轴的输出 $I_1 = I_2$。当取向偏离这个平衡位置 θ 角时，则有

$$I_1 = A\sin\left(\frac{\pi}{4} + \theta\right) \quad I_2 = A\cos\left(\frac{\pi}{4} + \theta\right)$$

可以测得的强度正比于两个分量振幅的平方，由此可得到：

$$\sin2\theta = \frac{I_1 - I_2}{I_1 + I_2} \qquad (2-179)$$

从式 2-179 可以看出，这一结果纯属比例关系，它与光源的强度起伏及光源与探测器之间的通路的衰减变化无关。一般可实现偏振分辨率为 0.1°，测量系统采用一定措施和选用精密性能的光学元件，偏振分辨率可达 0.01°。

对于一般的偏振状态光的探测，因为这种偏振光的两正交轴上分量不再是相移 90°，可以通过求解一个分量，例如说 y 轴上的分量转变成为一些沿 x 轴旋转的同相或 90°相移的分量，就可以得到总的输出偏振。也就是说，可以分出一个等幅正交分量形成圆偏振。而在 y 轴上余下的分量与 x 轴分量同相地相加形成线性偏振。最后，这些圆的和线性的分量又可以相加形成离轴的椭圆偏振。这就可以把一般偏振态的探测转化为线性偏振光的探测。

下面介绍一个偏振态型光纤传感器的例子——偏振型光纤压力传感器。该传感器是利用单模光纤产生高双折射偏振光，两个正交偏振模式的传播常数相差很大，使这两个模式之间产生干涉而被用于压力检测。图 2-176 为单光纤偏振干涉型压力传感器的示意图。激光光源发出的光束经起偏器和 1/4 波片后，变成圆偏振光，对高双折射单模光纤的两个正交偏振模式均匀激励。单模光纤受到外界压力 P 的作用，使光纤中这两个模式产生了不同的相移，输出光合成的旋转偏振态通过棱镜后，获得两束偏振光，一束是 45°线偏振光 I_1。另一束是 135°线偏振光 I_2，分别表示为

$$I_1 = \frac{1}{2}I_0(1 + \cos\Delta\varphi) \qquad (2-180)$$

$$I_2 = \frac{1}{2}I_0(1 - \cos\Delta\varphi) \qquad (2-181)$$

式中　I_0——入射激光的强度；

　　　$\Delta\varphi$——光纤模式由外界压力 P 作用而引起的相移。

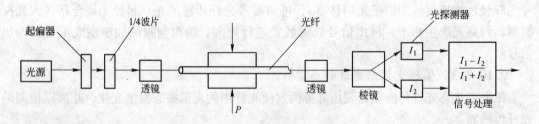

图 2-176　偏振型光纤压力传感器

为了抵消光源强度波动的影响，通过两个光探测器把这两束偏振光接收后，经信号处理装置，可得到：

$$\frac{I_1 - I_2}{I_1 + I_2} = \cos\Delta\varphi \qquad (2-182)$$

式中的测量结果与相移是余弦函数关系，这将导致小信号区域灵敏度降低。为了改善这种情况，可在光路加个补偿器，使输出光信号产生 1/2 波长相位移，这样输出结果与 $\Delta\varphi$ 将变成正弦函数关系：

$$\frac{I_1 - I_2}{I_1 + I_2} = \cos\left(\frac{\pi}{2} + \Delta\varphi\right) = -\sin\Delta\varphi \qquad (2-183)$$

由于相移 $\Delta\varphi$ 是两个正交偏振模式所形成的，这里的 φ 为

$$\varphi = (\beta_x - \beta_y)l = \Delta\beta \cdot l \qquad (2-184)$$

式中　β_x，β_y——分别为两个正交偏振模式的传播常数；

l——光纤长度。

若认为

$$\Delta\beta = K_0(n_x - n_y) = K_0 \cdot \Delta n$$

则有

$$\Delta\varphi = K_0 \cdot \Delta n \cdot \mathrm{d}l + K_0 \cdot l \cdot \mathrm{d}(\Delta n)$$

或

$$\frac{\Delta\varphi}{l \cdot \Delta l} = \frac{\Delta\beta}{l} + \frac{\mathrm{d}(\Delta\beta)}{\mathrm{d}l} \qquad (2-185)$$

对于高双折射光纤，只考虑轴向应变时，Δl 与被测压力 P 的关系为

$$\Delta l = -Pl(1 - 2\mu)/E \qquad (2-186)$$

将式 2-186 代入式 2-185 得

$$\frac{\Delta\varphi}{Pl} = -\left(\frac{\Delta\beta}{l} + \frac{\mathrm{d}(\Delta\beta)}{\mathrm{d}l}\right)l(1 - 2\mu)/E \qquad (2-187)$$

或

$$\Delta\varphi = -\left(\frac{\Delta\beta}{l} + \frac{\mathrm{d}(\Delta\beta)}{\mathrm{d}l}\right)Pl^2(1 - 2\mu)/E$$

从而得到光纤中两个正交模式之间相移变化与被测压力 P 的关系，通过对 $\Delta\varphi$ 的检测可实现对压力 P 的检测。

2.10.3.4　光纤光栅传感器

光纤光栅是一种通过一定方法使光纤纤芯的折射率发生轴向周期性调制而形成的衍射光栅，是一种无源滤波器件[34]。由于光纤光栅具有体积小，熔接损耗小，全兼容于光纤的特点，并且其谐振波长对温度、应变等外界变化比较敏感，在光纤通信和光纤传感领域具有广泛的应用。

目前常用的光纤光栅传感器为光纤布拉格光栅传感器。世界上第一根光纤布拉格光栅（Fiber Bragg Grating，FBG）诞生于 1978 年，由加拿大通信研究中心的 Hill 等发明[35]。布拉格光纤光栅是通过改变光纤芯区折射率，使其产生小的周期性调制而形成，如图 2-177 所示。由于周期性折射率的扰动仅会对较窄的一段光谱产生影响（典型光谱宽度为0.05~0.3nm），当宽带光波在光栅中传输时，入射光将在相应的频率上被反射回来，其余的透射光波则几乎不受影响，如图 2-178 所示。这样光纤光栅实际上就起到了光波选择反射镜的作用，根据光纤耦合模理论，当宽带光在 FBG 中传输时，就会产生模式耦合，满足反射条件（式 2-188）的光被反射。

$$\lambda_B = 2n_{\mathrm{eff}}\Lambda \qquad (2-188)$$

式中　λ_B——反射中心波长；

n_{eff}——有效折射率；

Λ——光栅周期。

当 FBG 的温度或者应力发生变化时，将导致光栅栅距周期及纤芯折射率的变化，从而使光纤光栅中心波长发生移动，通过检测 FBG 波长移动的情况，即可以获得待测温度、

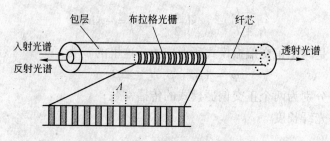

图 2 - 177　布拉格光纤光栅结构图

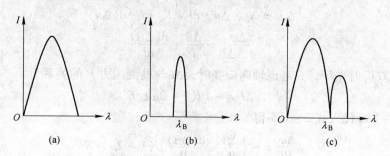

图 2 - 178　FBG 光谱特性示意图
（a）入射光谱；（b）反射光谱；（c）透射光谱

应力、应变的变化情况。进一步来说，力、位移、加速度等参数，只要它能够引起光栅轴向变形从而引起光栅周期变化，就可以转换为 FBG 波长变化。通过检测 FBG 波长移动的情况，就可以实现这些参数的检测。

　　光纤光栅除光纤布拉格光栅外，还有近年来出现的长周期光纤光栅（Long Period Fiber Grating，LPFG）。两者工作原理不同。光纤布拉格光栅的光学性质是基于光纤反向模式之间的谐振耦合而实现的，而长周期光纤光栅的光学性质则是基于光纤内满足相位匹配条件的同向模式之间的谐振耦合。因此，与光纤布拉格光栅相比，长周期光纤光栅具有许多显著不同的特点。长周期光纤光栅也可用于温度、应力、应变等参数的测量，具体内容请参考相关文献。

2.11　数字式传感器

　　随着工业生产的发展，对测量提出了高精度、数字化等方面的要求。用码盘、光栅、磁栅、感应同步器等数字式传感器能适应这一要求。数字式传感器可借助于电子技术，达到足够高的测量精度，且没有人为读数误差；易于实现测量系统的快速、自动化和数字化；测量范围广，抗干扰能力强。

2.11.1　转角 - 数字式传感器

2.11.1.1　光电脉冲盘式转角 - 数字转换器

　　光电脉冲盘式转角 - 数字转换器是将转动物体的转角转换成电脉冲的变换器。它的结构形式如图 2 - 179 所示。它由光源、转动圆盘、透镜、光敏元件及有关电路组成。

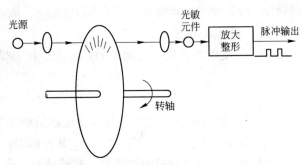

图 2-179　光电脉冲盘式转角-数字变换器

在转动圆盘边缘上开等角距的孔或采用光栅均可，视测量对象和要求而定。开孔一般数量较少，精度较低。对测量精度要求较高者，则采用光栅。

将圆盘安装在被测物体的转轴上，使其与被测物体一起转动。光源发出的光经圆盘的孔或光栅透过，被光敏元件接收。当圆盘转动时光源发出的光就经圆盘遮挡交替地照射到光敏元件上，经放大整形后，就有一个个脉冲输出。转动角度越大，产生的脉冲个数越多。经过计算脉冲个数，可测得转角的大小；经过电路的适当变换亦可测量转动物体的转速。

2.11.1.2　磁电式转角-数字转换器

磁电式转角-数字转换器的结构如图 2-180 所示。此种结构形式多用于转速测量。转子和定子均用工业纯铁做成，在它们的圆形端面上均匀地铣出等角距的槽子，使其成为齿状，如图 2-180（b）所示。

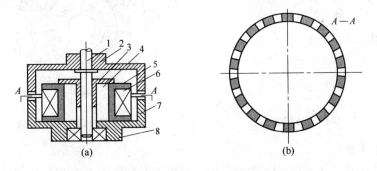

图 2-180　磁电式转角-数字转换器结构示意图

（a）结构图；（b）转子（定子）磁齿

1—转轴；2—转子；3—压块；4—永久磁铁；5—线圈框架；6—线圈；7—定子；8—轴承

在测量时，将转轴 1 与被测物转轴相连接，因而被测物就带动转子 2 转动。当转子与定子的齿凸凸相对时，气隙最小，磁通最大；当转子与定子的齿凸凹相对时，气隙最大，磁通最小。这样定子不动而转子转动时，磁通就周期性地变化，从而在线圈 6 中感应出近似正弦波的电压信号。该信号经整形后可变为脉冲输出。输出脉冲的频率为

$$f = 60Nn \tag{2-189}$$

式中　N——定子和转子端面的齿数；

　　　n——被测物体的转速。

当测得输出电脉冲频率 f 后，根据已知的 N，可以求得转速 n，从而达到测量的目的。

2.11.1.3　码盘式转角-数字转换器

码盘式转角-数字转换器是按角度直接进行编码的转换器。按其结构可分为接触式、光电式和电磁式。

A　接触式码盘

图 2-181 所示为一个四位接触式码盘。涂黑部分为导电区，输出为"1"；空白部分不导电，输出为"0"。所有导电部分连在一起，接高电位。共有四圈码道，在每圈码道上都有一个电刷，电刷经电阻接地。当码盘与被测物转轴一起转动时，电刷上将出现相应的电位，对应一定的数码。

若采用 n 位码盘，则能分辨的角度为 $\alpha = \dfrac{360°}{2^n}$。位数 n 越大，能分辨的角度越小，测量越精确。

二进制码盘很简单，但在实际应用中对码盘制作和电刷安装（或光电元件安装）要求十分严格，否则就会出现非单值性误差。

为了消除非单值性误差，可采用循环码盘，其结构如图 2-182 所示。它的特点是相邻的两个数码间只有一位是变化的，因此即使安装制作有误差，产生的误差最多也只是最低位的一位数。

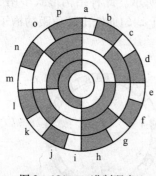
图 2-181　二进制码盘

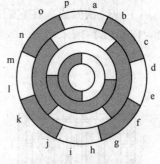
图 2-182　四位循环码盘

B　光电式码盘

码盘是用透明及不透明区按一定编码构成。码盘上的码道条数就是数码的位数。对应每一条码道有一个光电转换元件。当码盘处于不同角度时，光电转换器的输出呈现出不同的数码，如图 2-183 所示。

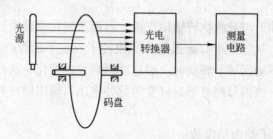
图 2-183　光电码盘式转角-数字转换示意图

C　电磁式码盘

电磁式码盘是在导磁体（软铁）圆盘上用腐蚀的方法做成一定的编码图形，使导磁性有的地方高，有的地方低。再用一个很小的马蹄形磁芯作磁头，上面绕两组线圈，原边用正弦电流激励。由于副边感应电势与整个磁路磁导有关，因而可以区分出码盘随被测物体所转动的角度。

2.11.2　光栅式传感器

计量光栅广泛用于测量技术中，它可以测量直线位移和转角位移。

2.11.2.1　光栅结构

计量光栅是在透明的玻璃上均匀地刻划线条，或是在不透明但具有强反射能力的基体上均匀地刻划间距、宽度相等的条纹。使用的透明材料一般是主光栅用普通工业用白玻璃，而指示光栅最好用光学玻璃；非透明材料基体一般用不锈钢。

根据用途不同，光栅做成长光栅和圆光栅两种。光栅根据刻划的形式不同分为黑白光栅（或叫幅值光栅）和相位光栅。按光栅的光线走向又可分为透射光栅和反射光栅两种。

A　长光栅

图 2-184（a）所示为透射长光栅结构示意图。将黑白光栅线纹放大，如图 2-184（b）所示，a 表示线纹宽，b 表示刻线的间距，W 为光栅节距（栅距）或称光栅常数，$W = a + b$。计量光栅条纹密度一般为 25 条/mm、50 条/mm、100 条/mm 和 250 条/mm 四种。

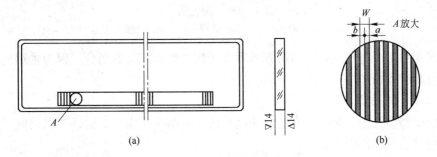

图 2-184　透射长光栅

图 2-185 所示为反射式相位光栅的线纹结构。光栅的沟槽截面做成这种形状，其目的是使 0 次和 1 次衍射光的强度大约相等并且特别强。这样就会增强莫尔条纹的反差，使光电元件得到较大的信号。其斜面的倾角是根据光栅材料的折射率与入射光的波长来确定的。这种光栅的线纹是直接刻制的，条纹密度一般为每毫米 100~200 条，刻线宽一般为 0.4~7μm。

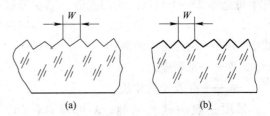

图 2-185　反射式相位光栅线纹形状
（a）不对称型；（b）对称型

B　圆光栅

图 2-186 为圆光栅的结构示意图。圆光栅只有黑白透射光栅，整个圆周刻线数为 2700~86400 条，$W = 0.01~0.05$mm。

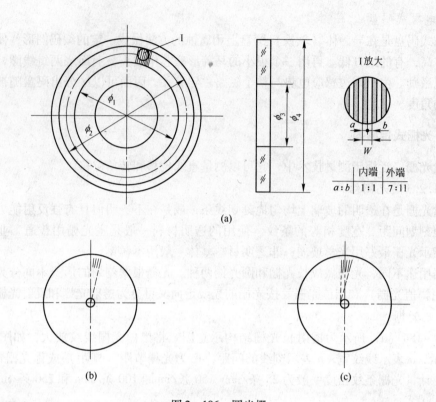

图 2 - 186　圆光栅

（a）结构图；（b）径向光栅；（c）切向光栅

径向光栅可用于各种场合，切向光栅适用于精度要求较高的场合，因为采用整个光栅平均效应可减少光栅刻划安装误差的影响。

2.11.2.2　工作原理

光栅传感器由光栅、光路和光电元件以及转换电路等组成。下面以黑白透射光栅为例说明光栅传感器的工作原理。

如图 2 - 187 所示，主光栅与指示光栅之间的距离为 d。d 应根据光栅的栅距来选择，对于每毫米 25～100 线的黑白光栅，指示光栅应置于主光栅的"费涅耳第一焦面上"，即

$$d = W^2 / \lambda \tag{2 - 190}$$

式中　d——两光栅的距离；

　　　　W——光栅栅距；

　　　　λ——有效光的波长。

采用一般的硅光电池，λ 可取 $0.8\mu m$，对于每毫米 25 条线的光栅，$d = 2mm$；对于每毫米 100 条线的光栅，$d = 0.125mm$；对于每毫米 250 条线的光栅，因为 d 太小，结构上不易保证，故很少使用。

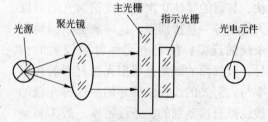

图 2 - 187　黑白透射光栅光路

当指示光栅的线纹与主光栅的线纹相交一个微小的夹角，由于挡光效应（对线纹密度 ≤50 条/mm 的粗光栅，衍射现象是次要的）或光的衍射（对线纹密度 ≥100 条/mm 的细

光栅）在与光栅线纹大致垂直的方向上，即两刻线交角的二等分线处，产生明暗相间的条纹。这些条纹称为莫尔条纹，如图 2-188 所示。它有如下特征：

（1）莫尔条纹由光栅的大量刻线共同形成，对光栅刻线的刻线误差有平均作用，从而能在很大程度上消除短周期误差的影响。

（2）在两块光栅沿刻线垂直方向作相对移动。莫尔条纹通过栅外固定点（装有光电元件的测量点）的数量则刚好与光栅移动的刻线数量相等。光栅作反向移动时，莫尔条纹移动方向亦相反。从固定点观察到的莫尔条纹光强的变化近似于正弦波变化，光栅移动一个栅距，光强变化一个周期，如图 2-189 所示。

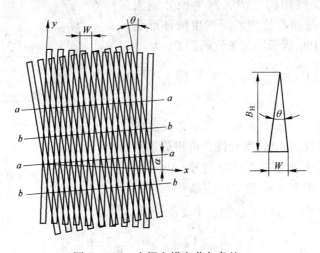

图 2-188 光栅和横向莫尔条纹

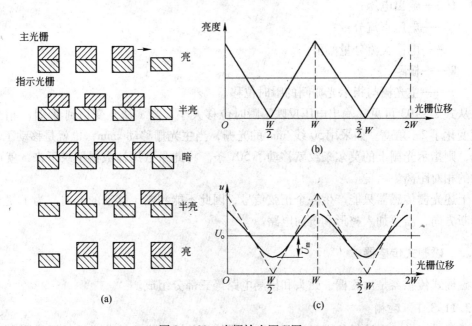

图 2-189 光栅输出原理图

（a）几何干涉（挡光）原理；（b）理想光栅亮度变化；（c）光栅输出实际电压波形

（3）莫尔条纹的间距随着光栅线纹交角而改变，其关系如下

$$B_H = \frac{W}{2\sin\dfrac{\theta}{2}} \approx \frac{W}{\theta} \qquad\qquad (2-191)$$

式中 B_H——条纹间距；

W——光栅栅距；

θ——两光栅线纹夹角。

从式 2-191 可以看出，θ 越小，B_H 越大，相当于把栅距扩大了 $1/\theta$ 倍。

应用两块刻线数相同，切线圆半径分别为 r_1、r_2 的切向圆光栅同心放置，所产生的环形莫尔条纹，如图 2-190 所示。其条纹间距 B_H 为

$$B_H = \frac{WR}{r_1 + r_2} \qquad\qquad (2-192)$$

通常 $r_1 = r_2$。

当主光栅移动一个栅距 W 时，莫尔条纹就变化一个周期 2π。通过光电转换元件，可将莫尔条纹的变化变成近似于正弦波形的电信号。电压小的相应于暗条纹，电压大的相应于明条纹。它的波形可视为在一个直流分量上迭加一个交流分量，即

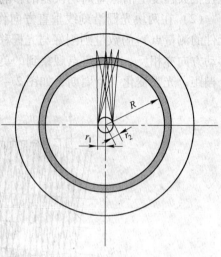

图 2-190 环形莫尔条纹

$$U = U_0 + U_m \sin\left(\frac{x}{W}2\pi\right) \qquad\qquad (2-193)$$

式中 U——输出电压；

U_0——电压直流分量；

U_m——电压交流分量幅值；

W——栅距；

x——主光栅与指示光栅间的瞬时位移。

从式 2-193 可见，输出电压反映了瞬时位移大小。当 x 从 0 变化到 W 时，相当于电角度变化了 2π 角度。如采用 50 线/mm 的光栅，当主光栅移动 $x$mm，也就是移动了 $50x$ 条刻线，则指示光栅上的莫尔条纹就移动了 $50x$ 条。将此条数用计数器记录下来，就可知道移动的相对距离。

上述光栅传感器只能产生一个正弦信号，因此不能判断 x 移动的方向。为了便于计数和判断方向，需要加入整形和辨向电路。

2.11.3 磁栅式传感器

磁栅式传感器是由磁栅、磁头和检测电路等三部分组成。

2.11.3.1 磁栅

磁栅是记录一定波长的矩形波或正弦波磁信号的涂有磁粉的非磁性长尺或圆盘。非磁性的基底材料一般采用不导磁金属或采用在表面镀上一层抗磁材料的钢材，常用的基底材料是 Ni-Co-P 合金。

按磁栅的结构，可把它分成长磁栅和圆磁栅两种。

长磁栅用以测量长度。进行一般测量时，多用尺形长磁栅；当安装不方便时，采用带形长磁栅；要求结构紧凑的场合，采用同轴型长磁栅。其结构形式如图 2 – 191 ~ 图 2 – 193 所示。

圆磁栅用以测量角度，其结构如图 2 – 194 所示。

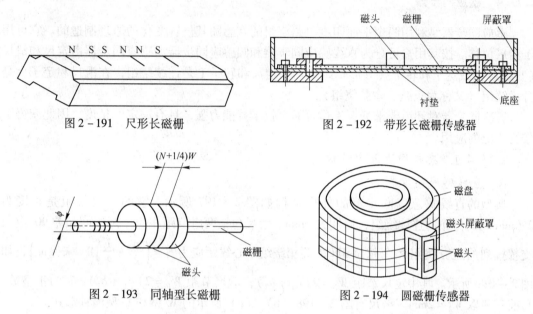

图 2 – 191　尺形长磁栅　　　　图 2 – 192　带形长磁栅传感器

图 2 – 193　同轴型长磁栅　　　　图 2 – 194　圆磁栅传感器

2.11.3.2　磁头

磁头的作用是把磁栅的信号检测出来，并转换成电信号。按读取信号方式，可将磁头分为动态和静态两种。

动态磁头又称速度响应式磁头。它只有一组输出绕组。只有磁头与磁栅之间有相对运动时，才有信号输出。读出信号为正弦，该信号在 N、N 重叠处为正的最强，在 S、S 重叠处为负的最强，如图 2 – 195 所示。

静态磁头又称磁通响应式磁头，用它可以在没有相对运动时进行检测。它有两组绕组，一组绕组为激磁绕组 W_1，另一组绕组为输出绕组 W_2，如图 2 – 196 所示。在激磁绕组中通入交变的激磁信号，使截面小的铁芯部分在每周期内两次被电流产生的磁通所饱和。

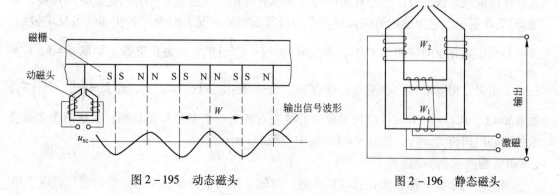

图 2 – 195　动态磁头　　　　图 2 – 196　静态磁头

这时铁芯的磁阻很大，磁栅上漏磁通就不能由铁芯流过输出绕组产生感应电动势。只有在激磁电流每周期两次过零时，可饱和的截面小的铁芯不出现饱和，磁栅上的漏磁通因变化率大，才使输出绕组上产生电动势，其频率为激磁电流频率的两倍。输出幅值与磁栅进入铁芯漏磁通的大小成比例，由磁尺与磁头的相对位置决定。

2.11.4　感应同步器

感应同步器是利用两个平面印刷电路绕组的互感随其位置变化的原理制造的。它可用于测量位移。按其用途可分为直线感应同步器和圆感应同步器。感应同步器由定尺和滑尺（直线形）或定子和转子（圆形）组成。在定尺和转子上是连续绕组，在滑尺和定子上是分段绕组（又称为正弦、余弦绕组）。

感应同步器对环境要求低，工作可靠，抗干扰能力强，具有一定的精度，因此获得了较为广泛的应用。

2.11.4.1　感应同步器的结构

A　直线感应同步器

典型的直线式感应同步器的外形结构如图 2 – 197 所示。它的定尺绕组是长度为 250mm 均匀分布的连续绕组，周期为 2mm。滑尺包括两组节距相等、两组间相差 90°电角交替排列的正弦绕组和余弦绕组$\left(\text{由两相绕组中心线距应为 } l_1 = \left(\dfrac{n}{2} + \dfrac{1}{4}\right)W_2 \text{ 来保证}\right)$，如图 2 – 198 所示。其中定尺节距 $W_2 = 2(a_2 + b_2)$，滑尺节距 $W_1 = 2(a_1 + b_1)$，n 为正整数。目前一般取 $W_2 = 2mm$。滑尺有图 2 – 198 （b）、(c) 所示的 W 型和 U 型两种形式。

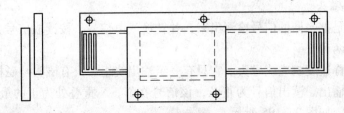

图 2 – 197　直线感应同步器的外形

滑尺的配置与接线如图 2 – 199 所示，它共有 48 个 U 型激磁绕组。为了减少由于定尺和滑尺工作面不平行或气隙不均匀带来的误差，正弦和余弦绕组交替排列。为了消除 U 型绕组各横向段导线部分产生的环流电势，两同名（正弦或余弦）相邻绕组要反串接线，如图 2 – 200 所示。它为前四组端部环流电势局部抵消的情况。因为同名相邻绕组反串接线，其中心线距离在空间应相差 180°，为此取 $l_1' = \left(n + \dfrac{1}{2}\right)W_2$，$n$ 为正整数。如取 $n = 1$，$l_1' = 3mm$。相邻二相绕组的中心距离 l_1 要保证、余弦绕组空间位置正交，即 $l_1 = \left(\dfrac{n}{2} + \dfrac{1}{4}\right)W_2$。如取 $n = 1$，则 $l_1 = 1.5mm$。滑尺对称中心线左右各是一个余弦 U 型绕组，故这两个余弦绕组的中心距离应为 nW_2。如取 $n = 1$，则中心距为 2mm。

B　圆感应同步器

圆感应同步器又称旋转式感应同步器，其转子相当于直线感应同步器的定尺，定子相

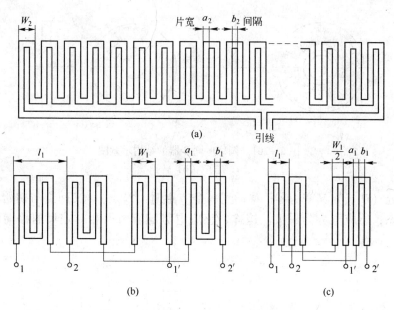

图 2-198 绕组结构

（a）定尺绕组；（b）W 型滑尺绕组；（c）U 型滑尺绕组

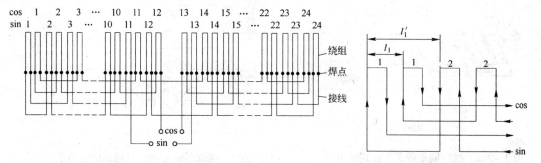

图 2-199 滑尺正弦、余弦绕组排列和接线示意图　　　图 2-200 端部环流电势抵消示意图

当于滑尺。目前按圆感应同步器直径大致可分成 302mm、178mm、76mm、50mm 四种，其径向导体数，也称极数，有 360 极、720 极、1080 极和 512 极。一般说来，在极数相同的情况下，圆感应同步器的直径做得越大，越容易做得准确，精度也就越高。圆感应同步器的结构如图 2-201 所示。

2.11.4.2　感应同步器的工作原理

当激磁绕组（滑尺或定尺）用正弦电压激励时，将产生同频率的交变磁通，如图 2-202 所示（这里只画了一相激磁绕组）。这个交变磁通与感应绕组耦合，在感应绕组上产生同频率的交变电势。该电势的幅值，除了与激磁频率、感应绕组耦合的导体组、耦合长度、激磁电流、两绕组间隙有关外，还与两绕组的相对位置有关。

图 2-203 示出了感应电势与位置的对应关系。当滑尺上的正弦绕组 S 和定尺上的绕组位置重合（A 点）时，耦合磁通最大，感应电势最大；当继续平行移动滑尺时，感应电势慢慢减小，当移动到 1/4 节距位置处（B 点）时，在感应绕组内的感应电势相抵消，总电势为零；继续移动到半个节距时（C 点），可得到与初始位置极性相反的最大感应电势；

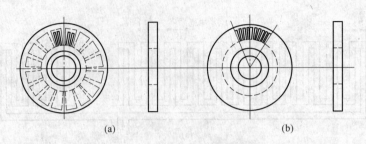

图 2－201　圆感应同步器的结构示意图

（a）定子；（b）转子

在 3/4 节距处（*D* 点）又变为零；移动到一个节距时（*E* 点），又回到与初始位置完全相同的耦合状态，感应电势为最大。这样，感应电势随着滑尺相对定尺的移动而呈周期性变化。

图 2－202　感应同步器工作原理示意图

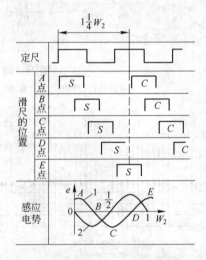

图 2－203　感应电势与两绕组相对位置关系

1—由 *S* 激磁的感应电势曲线；2—由 *C* 激磁的感应电势曲线

同理可以得到定尺绕组与滑尺上余弦绕组 *C* 间感应电势的周期变化波形，如图 2－203 所示。

适当加大激磁电压将获得较大的感应电势，为防止过大的激磁电流，一般选激磁电压为 1～2V。测量时选用的激磁频率应根据测量精度和测量速度的要求来确定。

在其他参数选定之后，通过信号处理电路就能得到被测位移与感应电势的对应关系，从而实现了测量。

2.11.5　信号处理

从转角－数字转换器、光栅、磁栅及感应同步器得到的信号还不能直接进行显示或输出。必须按照测量任务的需要，经过适当的电路进行一系列的处理之后，才能对信号进行显示或输出。

2.11.5.1　辨向

不管是测量角位移还是测量直线位移，都存在移动方向问题。移动方向不同，输出应相应地显示对应的结果。例如移动方向向右或顺时针旋转输出值增加,那么移动方向向左或逆时针方向旋转输出值就应该减小。

下面以光电转换器(它可以是光栅或光电式转角－数字转换器)为例,说明辨向原理。其逻辑电路框图如图 2 - 204 所示,波形如图 2 - 205 所示。

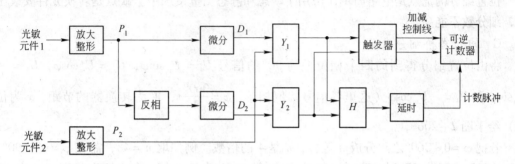

图 2 - 204　辨向环节逻辑电路框图

为了判断位移方向,采用两套光电转换装置。在安装上保证它们产生的电信号在相位上相差 1/4 周期。

设光电转换器正转时,光敏元件 2 比光敏元件 1 先感光。此时,光敏元件 2 输出的电信号经整形放大成方脉冲 P_2 首先加到与门 Y_1、Y_2 上。经 1/4 周期后,光电元件 1 输出的电信号经整形放大成方脉冲 P_1,再经微分成正负尖脉冲 D_1 加到与门 Y_1。P_1 的另一路信号经反相再微分成正负尖脉冲 D_2 加至与门 Y_2。Y_2 没有输出,而 Y_1 有一正尖脉冲系列输出,它将加减控制触发器置"1",使可逆计数器的加法母线为高电位;同时 Y_1 的输出脉冲又经或门 H 送到可逆计数器的计数输入端,计数器进行加法计数。

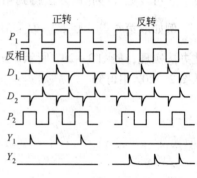

图 2 - 205　辨向波形关系

当光电转换器反转时,光敏元件 1 比光敏元件 2 先感光,计数器进行减法计数。这样可以区别旋转方向,自动进行加法或减法计数。

2.11.5.2　细分

随着对测量精度要求的提高,希望传感器有较小的分度值。所谓细分就是在信号变化的一个周期内,发出若干个脉冲,以减小脉冲当量(即每个脉冲所相当的位移减小到原来的 $1/n$,从而使测量精度提高 n 倍)。由于细分后计数脉冲频率提高 n 倍,因此又称 n 倍频。

A　直接倍频

将转换器输出的电信号,经整形放大之后,对这一系列脉冲用倍频电路直接进行二倍频或多级二倍频,然后把经过倍频后的系列脉冲进行有关处理。

B　位置细分

在相差为 90° 的位置上放两个检测元件,可以获得两个电信号 $U_1 = U_{10} + U_{1m}\sin\left(\dfrac{2\pi}{W}x\right)$

和 $U_2 = U_{20} + U_{2m}\cos\left(\dfrac{2\pi}{W}x\right)$。式中，$W$ 为节距，x 为位移量。再用反相器反相后则有 $U_3 = -U_1$，$U_4 = -U_2$。略去直流分量，就可得到四个相差为 90° 的交流信号。这样就把一个周期内的信号变成了 4 倍，即信号实现了 4 倍频。

位置细分的优点是电路简单，可用于动态和静态测量系统中。缺点是转换元件安装困难，细分数不能高。

C　电位器桥细分

将由位置细分得到的四个相位差为 90° 的信号 $U_1 = U_m\sin\varphi$，$U_2 = U_m\cos\varphi$，$U_3 = -U_m\sin\varphi$ 和 $U_4 = -U_m\cos\varphi$（这里各信号幅值相等，$\varphi = \dfrac{360°}{W}x$，$W$ 为转换器的节距，x 为位移）绘于图 2 - 206 中。

若把 $\varphi = 0 \sim 360°$ 之间分成 n 等分，n 是 4 的倍数。例如取 $n = 48$，需在 $\varphi = 0° \sim 90°$、$90° \sim 180°$、$180° \sim 270°$、$270° \sim 360°$ 间皆均分为 12 等分，在一个周期内就实现了 48 等分。它可以通过移相的办法得到角距为 7.5° 的 48 个信号。

例如取第 4 点，则 $U_4 = U_m\sin\left(\varphi - \dfrac{4}{48} \times 360°\right) = U_m\sin(\varphi - 30°)$。实现移相 30° 可由下述办法实现，如图 2 - 207 所示。R_L 为负载电阻，R_4 为电位器，$R_4 = R_4' + R_4''$，U_4 为输出。从图 2 - 207 中可知

$$\begin{cases} I_1 = I_2 + I_L \\[2mm] I_1 = \dfrac{U_1 - U_4}{R_4'} \\[2mm] I_2 = \dfrac{U_4 - U_2}{R_4''} \\[2mm] U_4 = I_L R_L \end{cases}$$

解联立方程可得

$$U_4 = \left(\dfrac{U_1}{R_4'} + \dfrac{U_2}{R_4''}\right) \bigg/ \left(\dfrac{1}{R_4'} + \dfrac{1}{R_4''} + \dfrac{1}{R_L}\right) = \left(\dfrac{U_m\sin\varphi}{R_4'} - \dfrac{U_m\cos\varphi}{R_4''}\right) \bigg/ \left(\dfrac{1}{R_4'} + \dfrac{1}{R_4''} + \dfrac{1}{R_L}\right)$$

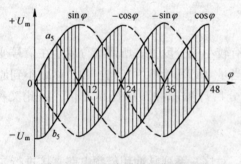

图 2 - 206　电位器桥细分原理图

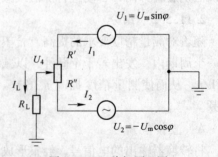

图 2 - 207　移相原理图

设在每一个细分点取出一个零信号，则需要适当地选取 R_4' 与 R_4'' 的比值。这时有

$$U_4 = \dfrac{U_m\sin 30°}{R_4'} - \dfrac{U_m\cos 30°}{R_4''} = 0$$

$$\frac{R_4'}{R_4''} = \frac{\sin 30°}{\cos 30°} = \tan 30°$$

若在第 i 点，则有一般表达式

$$\frac{R_i'}{R_i''} = \left| \tan \frac{2\pi}{n} i \right| \tag{2-194}$$

式中　n——细分数；

　　　i——电位器编号；

　R_i'，R_i''——第 i 个电位器动臂两侧电阻值。

　　因为 $\sin\varphi$、$\cos\varphi$ 均可能为负值，而电阻不可能为负值，故取绝对值。在每个电位器的动臂上依次取出零号，就实现了检测信号的 n 倍细分。图 2-208 示出 48 点电位器桥细分电路。

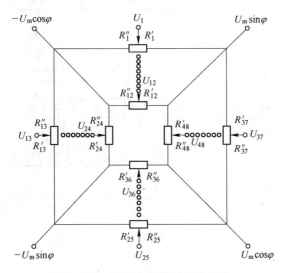

图 2-208　48 点电位器桥细分电路

　　这种细分电路，细分数较大（一般为 12～60），精度较高；对原始信号 $U_m \sin\varphi$ 与 $U_m \cos\varphi$ 的正交性有严格要求；可用于动、静态测量；对电位器的稳定性、直流放大器稳定性、过零触发器均有较严的要求。

2.11.5.3　鉴幅型检测电路

对于调制型信号的检测通常采用鉴幅型或鉴相型检测电路。

A　鉴幅型检测电路原理和电路组成

鉴幅型检测电路以磁栅式传感器中的静态磁头为例说明它的原理和电路组成。静态磁头一般选两组磁头，布置成相位差为 90°，它们的输出电压表达式为

$$\begin{cases} u_1 = U_m \sin \dfrac{2\pi}{W} x \sin\omega t \\[2mm] u_2 = U_m \cos \dfrac{2\pi}{W} x \sin\omega t \end{cases} \tag{2-195}$$

式中　U_m——输出电压幅值；

　　　W——磁栅节距；

x——位移量；

ω——载波角频率。

图 2-209 为鉴幅型检测电路方框图。磁头的输出信号经放大并滤掉高频载波，得到

$$\begin{cases} u_1 = U_m \sin \dfrac{2\pi}{W} x \\[2mm] u_2 = U_m \cos \dfrac{2\pi}{W} x \end{cases} \qquad (2-196)$$

从式 2-196 可以看出，输出电压与位移量 x 有关。这个电压波形经放大整形，变成方脉冲。脉冲的个数反映了位移 x 等于多少个节距数，即 $x = nW$，n 为计数脉冲个数。整个电路具有辨向作用。

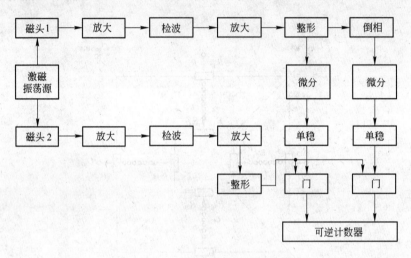

图 2-209   鉴幅型检测电路方框图

B   鉴幅法细分原理

当把激励绕组加一个具有一定相角 θ_d 的交流电压激励时，把两个静磁头输出信号迭加得到差值信号

$$\Delta u = U_m \sin(\theta - \theta_d) \sin\omega t \qquad (2-197)$$

$$\theta = \frac{2\pi}{W} x$$

式中 θ_d——按细分要求等角距的激励电压相角。

当 $\theta = \theta_d$ 时，$\Delta u = 0$，经过检零电路就可有一个输出脉冲。若在一个周期内细分数取 M，每个脉冲当量 $\theta = \dfrac{W}{M}$，θ_d 在 360°被 M 等分内取值。这时 θ 每变化 $\dfrac{360°}{M}$ 角度就有一个脉冲输出，在一个周期内，则有 M 个脉冲输出。

在测量系统中，θ_d 的取得是通过抽头式函数变压器完成的。抽头数由细分数 M 确定。采用自动切换系统转换抽头接点来实现 θ_d 对 $\theta(x)$ 的跟踪。

图 2-210 为 $M = 10$ 的函数变压器结构。θ_d 的取值为 36°，72°，108°，144°，180°，216°，252°，288°，324°，360°。由于 36°与 144°幅值相等，72°与 108°幅值相等……，因此函数变压器除 0 线外，共需 4 个抽头，每个抽头配两个开关。

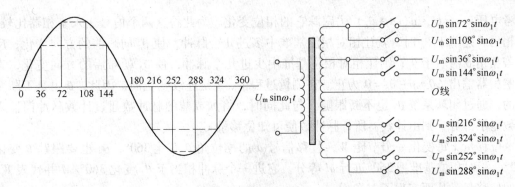

图 2-210　函数变压器结构示意图

2.11.5.4　鉴相法测量电路

鉴相型测量法就是根据信号的相位来鉴别位移量。这种方法适用于对调制信号进行处理。下面以感应同步器为例说明它的工作原理。

在感应同步器的滑尺上装有正弦、余弦绕组，它们之间的相位差为 90°。当正弦绕组单独激磁时，激磁电压为

$$u_s = U_m \sin\omega t$$

在定尺绕组上产生的感应电势为

$$e_s = k\omega U_m \cos\omega t \sin\theta$$

当余弦绕组单独激磁时，激磁电压为

$$u_c = -U_m \cos\omega t$$

在定尺绕组上产生的感应电势为

$$e_c = k\omega U_m \sin\omega t \cos\theta$$

$$\theta = \frac{2\pi}{W}x$$

式中　　k——电磁耦合系数；

　　　　ω——激磁角频率。

在定尺绕组上产生总的电势为

$$e = e_c + e_s = k\omega U_m [\sin\omega t\cos\theta + \cos\omega t\sin\theta] = k\omega U_m \sin(\omega t + \theta) \qquad (2-198)$$

从式 2-198 可看出输出电势与位移 x 的对应关系。通过对 e 的测量，可实现对位移 x 的测量。

在测量精度要求高的情况下，需要进行细分。鉴相法细分也是采用相位跟踪法，其原理框图如图 2-211 所示。

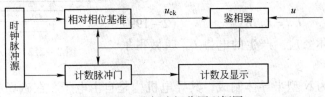

图 2-211　鉴相法细分原理框图

当滑尺移动时，移位信号 $u = U_m \sin(\omega t + \theta)$ 的相角 $\theta = \dfrac{2\pi}{W}x$ 不断变化，然后用另一个

参考电压 $u_{ck} = U_m \sin(\omega t + \theta_d)$ 去跟踪它的相位变化。为此将这两个信号送入鉴相器比较。当相角 θ 超前于 θ_d 时，就让相对相位基准中多进几个脉冲，使 θ_d 向超前的方向变化；反之若相角 θ 滞后于 θ_d，则让相对相位基准中少进几个脉冲，使 θ_d 朝滞后的方向变化，直至鉴相器输出 $\Delta\theta = \theta - \theta_d = 0$ 为止。在测量过程中，x 是连续变化的，因此，θ 也是不断变化的，通过闭环系统 θ_d 也不断跟随。与此同时，将加或减的脉冲数通过计数脉冲门输入计数显示部分，则由计数器所计脉冲数便可知位移量 x。

位移量 x 每变化一个节距 W，位移信号 u 的相位角 θ 变化 360°，θ_d 也要跟踪 θ 变化 360°。相对相位基准把 360° 进行 M 等分。它进一个脉冲相当于 θ_d 变化 360°/M 并代表 W/M 的位移量，从而实现了 M 细分。

图 2-211 中的鉴相器是一个相位比较装置，其输入为 u_{ck} 和 u。输出有两个：一个是代表相位差大小的 $\Delta\theta$；另一个是反应 θ 与 θ_d 之间滞后、超前关系的信号，以控制计数机构进行减法计数还是进行加法计数。

相对相位基准（或称脉冲移相器），实际上是一个数-模转换器，其主要功能是把一个数字量（加减脉冲数）转换为模拟量（电的相位变化）。它由分频器（分频数为 M）和加减脉冲机构组成。它的输入有时钟脉冲、相位差 $\Delta\theta$ 和反映 θ 与 θ_d 超前、滞后关系的信号；输出为 u_{ck}，角频率为 ω，相角为 θ_d。

2.12　其他传感器

在工业上应用的传感器种类很多，前面 11 节重点介绍了一些传感器，下面再简要地介绍几种。

2.12.1　霍尔式传感器

霍尔式传感器是一种利用霍尔效应进行工作的传感器。根据霍尔效应原理制成的元件称为霍尔元件，它是霍尔式传感器的核心敏感部件。

2.12.1.1　霍尔元件的工作原理

A　霍尔效应

如图 2-212 所示，在一个 N 型半导体薄片（霍尔元件）相对两侧面通以控制电流 I，在薄片垂直方向加以磁场 B，则在半导体另两侧面会产生一个大小与控制电流 I 和磁场 B 相乘积成正比例的电势 U_H，即

$$U_H = K_H I B \qquad (2-199)$$

这一现象叫做霍尔效应。产生的电势 U_H 叫做霍尔电势。

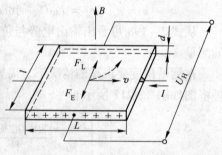

图 2-212　霍尔效应原理图

设霍尔元件为 N 型半导体制成，其导电机构是自由电子。在磁场中运动的电子（电流）受洛仑兹力 F 的作用，即

$$F_L = q\boldsymbol{v} \times \boldsymbol{B} \qquad (2-200)$$

式中　v——电子运动的速度矢量；

B——磁场矢量；

q——带电粒子的电量。

由于洛仑兹力 F_L 的作用，使电子向垂直于磁场和自由电子运动的方向移动，并在端面上产生电荷积累。由于电荷的积累而产生了静电场，这个电场对电子的作用力 F_E 为

$$F_E = -eE_H = -eU_H/l \qquad (2-201)$$

式中　F_E——电场力；

E_H——霍尔电场强度；

U_H——霍尔电势；

l——霍尔元件宽度。

F_E 的作用方向与 F_L 相反。随着电荷积累增多，电场增强，F_E 增大。当 F_E 与 F_L 对导电机构的电子作用达到平衡时，电荷积累稳定在一定的数值上。这时

$$F_E = F_L$$

因为 $F_L = -evB$，$F_E = -eE_H = -e\dfrac{U_H}{l}$，所以有

$$U_H = lvB \qquad (2-202)$$

流过霍尔元件的电流 I 为

$$I = \frac{\mathrm{d}Q}{\mathrm{d}t} = l \cdot d \cdot v \cdot n \cdot (-e) \qquad (2-203)$$

式中　Q——电量；

d——霍尔元件的厚度；

n——单位体积内的电子数；

e——电子的电量。

将式 2-203 代入式 2-202 得到

$$U_H = -\frac{IB}{ned} \qquad (2-204)$$

若是 P 型半导体霍尔元件，则

$$U_H = \frac{IB}{ped} \qquad (2-205)$$

式中　p——单位体积内空穴数。

为方便起见，一般对 N 型半导体霍尔元件的表达式也不写负号。

B　霍尔系数及灵敏度

把式 2-204 中的 $\dfrac{1}{ne}$ 用 R_H 表示，即取

$$R_H = \frac{1}{ne}$$

则有

$$U_H = R_H \frac{IB}{d} \qquad (2-206)$$

式中　R_H——霍尔系数。

霍尔系数 R_H 由半导体材料决定，它反映了材料的霍尔效应的强弱。单位体积内导电

粒子数越少，霍尔效应越强。半导体比金属导体霍尔效应强。

另外定义

$$K_{\mathrm{H}} = \frac{R_{\mathrm{H}}}{d} \tag{2-207}$$

为霍尔元件的灵敏度。这时，霍尔电势表示为

$$U_{\mathrm{H}} = K_{\mathrm{H}} I B \tag{2-208}$$

式中，K_{H} 表示在单位电流、单位磁场作用下，开路的霍尔电势输出值。它与元件的厚度成反比，降低厚度 d，可以提高灵敏度。但在考虑提高灵敏度的同时，必须兼顾元件的强度和内阻。

　　C　霍尔元件的基本电路

根据霍尔效应原理，霍尔元件的基本电路形式，如图 2-213 所示。控制电流 I 由电源 E 供给，R 为可调电阻，以保证得到所需的控制电流数值。霍尔输出端接负载电阻 R_{L}，它可以是放大器输入电阻或表头内阻。磁场 B 要与元件平面垂直，图示为 B 指向纸面。在 I 和 B 作用下，产生霍尔输出。

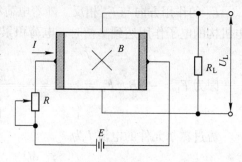

图 2-213　霍尔元件基本电路

在实际测量中，可以把 I 与 B 的乘积作为输入，也可把 I 或 B 单独作为输入，通过霍尔电势输出得到测量结果。

2.12.1.2　零位误差及补偿

霍尔元件在不加控制电流或不加磁场时，出现的霍尔电势称为零位误差。它主要有下面几种。

　　A　不等位电势 U_0

不等位电势是零位误差的主要来源。由于在制作两个霍尔电势极时不可能绝对对称地焊在霍尔元件两侧，如图 2-214（a）所示，因此当控制电流 I 流过时，c、d 两电极就不处在同一等位面上。这时虽未加磁场，c、d 之间也存在电位差，该电位差称为不等位电势。

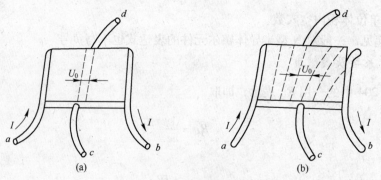

图 2-214　不等位电势产生示意图
（a）电势极不对称；（b）电流极接触不良

由于电阻率不均匀、霍尔元件的厚度不均匀或控制电流极的端面接触不良，如图 2-

214(b) 所示，也会产生不等位电势。在使用中为了克服不等位电势带来的影响，可以通过电桥平衡原理加以补偿。

B 寄生直流电势

在没有磁场下，元件通以交流控制电流，它的输出除了交流不等位电势外，还有一直流电势分量，此电势称为寄生直流电势。

元件制作及安装时，尽量改善电极的欧姆接触性能和元件的散热条件，并做到散热均匀，是减少寄生直流电势的有效措施。

C 感应零电势 U_{i0}

当没有控制电流时，在交流或脉动磁场作用下产生的电势称为感应零电势 U_{i0}。它与霍尔电势极引线构成的感应面积 A 成正比，如图 2-215(a) 所示。根据电磁感应定律

$$U_{i0} = -A\frac{\mathrm{d}B}{\mathrm{d}t} \tag{2-209}$$

感应零电势的补偿可采用图 2-215(b)、(c) 所示的方法，使霍尔电势极引线围成的感应面积 A 所产生的感应电势互相抵消。

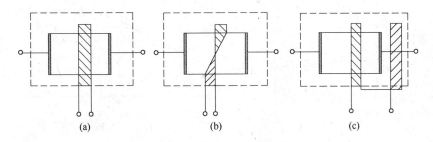

图 2-215 磁感应零电势及其补偿

(a) 感应零电势示意图；(b) 自身补偿法；(c) 外加补偿法

D 自激场零电势

当霍尔元件通以控制电流时，此电流就会产生磁场，这一磁场称为自激场，如图 2-216(a) 所示。由于元件的左右两半场相等，故产生的电势方向相反而抵消。实际应用时元件多为图 2-216(b) 所示形状，由于控制电流引线也产生磁场，使元件左右两半场强不等，因而有霍尔电势输出，这一输出电势称为自激场零电势。

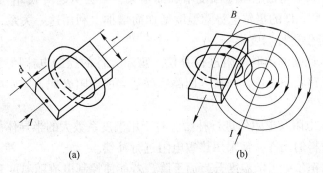

图 2-216 元件自激场零电势示意图

要克服自激场零电势的影响，只要将控制电流引线在安装过程中适当安排即可。

2.12.1.3　霍尔元件的温度特性及补偿方法

一般半导体元件对温度都比较敏感,其输入、输出电阻及霍尔电势都与温度有关。

A　温度对内阻的影响

所谓内阻是霍尔元件控制电流两端之间的输入电阻和霍尔电势两输出端的输出电阻。不同材料制成的霍尔元件,其内阻与温度的关系不同。

B　温度对霍尔输出的影响

图 2 - 217 绘出了各种材料的霍尔输出随温度变化的情况。从图 2 - 217 (a) 中可以看出锑化铟 InSb 变化最显著,硅的霍尔电势温度系数最小,其次是砷化铟 InAs 和锗 Ge。

HZ 型元件的霍尔输出电势与温度的关系,如图 2 - 217 (b) 所示。当温度在 50℃ 左右时,HZ - 1、HZ - 2、HZ - 3 输出的温度系数由正变负,而 HZ - 4 则在 80℃ 左右由正变负。此转折点的温度称为元件的上限温度。考虑到元件工作时的温升,工作温度还要适当降低。

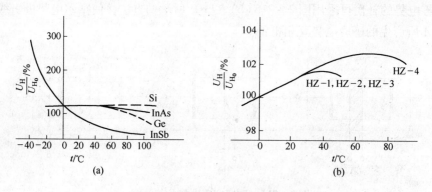

图 2 - 217　霍尔电势与温度的关系
（a）各种材料；（b）HZ 型元件

C　温度补偿

(1) 恒流源补偿。当负载电阻比霍尔元件输出电阻大很多时,输出电阻变化对输出的影响很小。在这种情况下,只考虑在输入端进行补偿。一种简单的办法就是采用恒流源。

(2) 利用输出回路负载进行补偿。在输入端控制电流恒定,即输入电阻随温度变化可以忽略的情况下,如果输出电阻随温度增加而增大,则会引起负载 R_L 上的电压随温度上升而减小,而 HZ 型元件的霍尔电势随温度增加而增加。利用这一关系,只要选择合适的负载 R_L,有可能补偿这种温度影响。

(3) 利用输入回路的串联电阻进行补偿。霍尔元件的控制电流回路用稳压电源 E 供电,霍尔输出端开路状态工作,当输入回路串联适当的电阻 R 时,霍尔电势随温度的变化可得到补偿。

(4) 利用热敏电阻及电阻丝进行补偿。对于用温度系数大的半导体材料制成的霍尔元件,例如锑化铟材料的元件,常采用热敏电阻进行补偿。

锑化铟元件的霍尔输出随温度升高而下降,若能使控制电流随温度升高而上升,就能进行补偿。在输入回路串热敏电阻,当温度上升时其阻值下降,使控制电流上升。在输出回路补偿,负载上得到的霍尔电势随温度上升而下降,被热敏电阻阻值减小所补偿。

在使用时，热敏电阻或电阻丝最好和霍尔元件封在一起或靠近，使它们温度变化一致。

2.12.1.4　霍尔元件的电磁特性

霍尔元件的电磁特性包括输出电势与控制电流、外加磁场的关系，输入、输出电阻与外加磁场的关系等。

A　霍尔电势与控制电流的关系

在固定的磁场下，温度不变时，霍尔输出电势 U_H 与控制电流 I 有良好的线性关系，如图 2 - 218 所示。其直线斜率以 K_I 表示，即

$$K_I = (U_H/I)_{B=C}$$

式中，C 为常数。

从式 $U_H = K_H IB$ 可以得到

$$K_I = K_H B \qquad (2-210)$$

定义 K_I 为霍尔元件的控制电流灵敏度。

B　霍尔电势与磁场的关系

在控制电流恒定、温度不变的条件下，元件的霍尔电势 U_H 与磁场 B 的关系如图 2 - 219 所示。纵坐标为 $\dfrac{U_H(B)}{U_H(B_0)}$，$U_H(B)$ 为磁感应强度为 B 时的测量值，$U_H(B_0)$ 为磁感应强度为 B_0 时的计算值。由图 2 - 219 可见，锑化铟的霍尔电势 U_H 对磁场 B 的线性度最差，硅的线性度最好。对锗而言，沿着（100）晶面切割的晶片的线性度优于沿着（111）晶面切割的晶片的线性度。

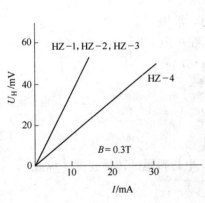

图 2 - 218　元件的 $U_H - I$ 关系

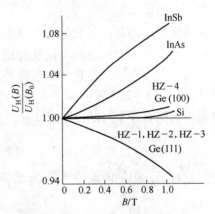

图 2 - 219　元件的 $U_H - B$ 关系

C　输入、输出电阻 R 与磁场的关系

霍尔元件的内阻 R 随磁场的绝对值增加而增加，这种现象称为磁阻效应。磁阻效应对霍尔元件工作很不利，特别是在强磁场时更为突出。由于磁阻效应的存在使霍尔电势减小。

2.12.1.5　霍尔元件的频率特性

霍尔效应本身的频率响应是很好的，一般霍尔效应的建立时间为 $10^{-12} \sim 12^{-13}$ s，工作频率可达 10^9 Hz。但在交流磁场中，霍尔元件产生一些附加效应影响了 U_H 而造成误差。

2.12.1.6 霍尔式传感器的应用

由霍尔元件制成的传感器，具有在静止状态下感受磁场的能力，而且具有结构简单、小型、频率响应宽、动态范围大、无接触、寿命长等特点，但它的温度稳定性较差，转换效率较低。

根据霍尔电势的表达式，霍尔式传感器可以用于下述三个方面：

（1）当控制电流不变时，使传感器处于非均匀磁场中，传感器的输出正比于磁感应强度。因此，对能转换为磁感应强度变化的量都能进行测量，例如可以进行磁场、位移、角度、转速、加速度等测量。

（2）磁场不变时，传感器输出值正比于控制电流值。因此，凡能转换成电流变化的各量，均能进行测量。

（3）传感器输出值正比于磁感应强度和控制电流之积。因此，它可以用于乘法、功率等方面计算与测量。

2.12.2 超声式传感器

超声式传感器是靠超声波的特性进行自动检测的，它的输出量是电参数。

声波是一种机械波。频率超过 20000Hz 的叫超声波，一般可以高达 10^{11} Hz。

2.12.2.1 超声波的发生

超声波是由超声波发生器产生的。超声波发生器主要是电声型，它是将电磁能转换成机械能。其结构分为两部分，第一部分是产生高频电流或电压的电源；另一部分是换能器，它的作用是将电磁振荡变换成机械振荡而产生超声波。

A 压电式换能器

压电式换能器就是利用电致伸缩现象制成的。常用的压电材料为石英晶体、压电陶瓷锆钛酸铅等。在压电材料切片上施加交变电压，使它产生电致伸缩振动，而产生超声波，如图 2 – 220 所示。

图 2 – 220　压电式换能器

压电材料的固有频率与晶片厚度 d 有关，即

$$f = n \frac{c}{2d} \qquad (2-211)$$

式中，$n = 1, 2, 3, \cdots$ 是谐波的级数；c 为波在压电材料里的传播速度（纵波）。

$$c = \sqrt{\frac{E}{\rho}} \qquad (2-212)$$

式中　E——杨氏模量；

　　　ρ——压电材料的密度。

对于石英

$$E = 7.70 \times 10^{10} \, \text{N/m}^2$$

$$\rho = 2654 \, \text{kg/m}^3$$

对于锆钛酸铅

$$E = 8.30 \times 10^{10} \, \text{N/m}^2$$

$$\rho = 7400 \, \text{kg/m}^3$$

因此压电材料的固有频率为

$$f = \frac{n}{2d}\sqrt{\frac{E}{\rho}} \qquad\qquad (2-213)$$

根据共振原理，当外加交变电压频率等于晶片的固有频率时，产生共振，这时产生的超声波最强。

压电效应换能器可以产生几十千赫兹到几十兆赫兹的高频超声波，产生的声强可达每平方厘米几十瓦。

B　磁致伸缩换能器

磁致伸缩换能器是把铁磁材料置于交变磁场中，使它产生机械尺寸的交替变化，即机械振动，从而产生出超声波。

磁致伸缩换能器是用厚度为 0.1 ~ 0.4mm 的磁致伸缩材料薄片迭加而成的，片间绝缘以减少涡流电流损失。其结构形状有矩形、窗形等，如图 2-221 所示。

换能器的机械振动固有频率的表达式与

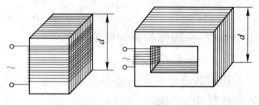

图 2-221　磁致伸缩换能器

压电式的相同，即 $f = \frac{n}{2d}\sqrt{\frac{E}{\rho}}$，如果振动器是自由的，则 $n = 1$，2，3，…如果振动器的中间部分固定，则 $n = 1$，3，5，…。

磁致伸缩换能器只能用在几万赫兹的频率范围以内，但功率可达十万瓦，声强可达每平方厘米几千瓦，能耐较高的温度。

2.12.2.2　超声波的接收

在超声波技术中，除了需要能产生一定的频率和强度的超声波发生器以外，还需要能接收超声波的接收器。一般的超声波接收器是利用超声波发生器的逆效应而进行工作的。

压电式超声波接收器是利用正压电效应进行工作的。它的结构和超声波发生器基本相同，有时就用同一个换能器兼做发生器和接收器两种用途。

磁致伸缩超声波接收器是利用磁致伸缩的逆效应而进行工作的。当超声波作用到磁致伸缩材料上时，使磁致材料伸缩，引起它的内部磁场（即导磁特性）的变化。根据电磁感应，磁致伸缩材料上所绕的线圈里便获得感应电势。它的结构也与发生器差不多。

2.12.2.3　超声波的传播特性

超声波是一种在弹性介质中的机械振荡，它是由与介质相接触的振荡源所引起的。设有某种弹性介质及振荡源，如图 2-222 所示。振荡源在介质中可产生两种形式的振荡，即横向振荡（图 2-222a）和纵向振荡（图 2-222b）。横向振荡只能在固体中产生，而纵向振荡可在固体、液体和气体中产生。为了测量在各种状态下的物理量多采用纵向振荡。

超声波的传播速度与介质的密度和弹性特性有关。

对于液体及气体，其传播速度 c 为

$$c = \sqrt{\frac{1}{\rho B_g}} \qquad\qquad (2-214)$$

式中　ρ——介质的密度；

　　　B_g——绝对压缩系数。

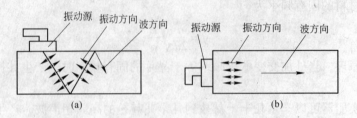

图 2 – 222   介质中的振荡形式

(a) 横向振荡；(b) 纵向振荡

对于固体，其传播速度 c 为

$$c = \sqrt{\frac{E}{\rho} \times \frac{1-\mu}{(1+\mu)(1-2\mu)}} \qquad (2-215)$$

式中 E——固体的弹性模量；

      μ——泊松系数。

超声波在通过两种不同的介质时，产生折射和反射现象。超声波在通过同种介质时，随着传播距离的增加，其强度因介质吸收能量而减弱。

2.12.2.4   超声波在检测中的应用

超声波已广泛地用于工业的各技术部门中。下面举几个例子说明它在检测中应用的测量原理。

A   超声探伤

高频超声波，由于它的波长短，不易产生绕射，碰到杂质或分界面就会有明显的反射，而且方向性好，能成为射线而定向传播，在液体、固体中衰减小，穿透本领大。这些特性使得超声波成为无损探伤方面的重要工具。

（1）穿透法探伤。穿透法探伤是根据超声波穿透工件后的能量变化状况，来判断工件内部质量的方法。穿透法用两个探头，置于工件相对两面，一个发射声波，一个接收声波。发射波可以是连续波，也可以是脉冲。其结构如图 2 – 223 所示。

在探测中，当工件内无缺陷时，接收能量大，仪表指示值大；当工件内有缺陷时，因部分能量被反射，接收能量小，仪表指示值小。根据这个变化，就可把工件内部缺陷检测出来。

（2）反射法探伤。反射法探伤是以声波在工件中反射情况的不同，来探测缺陷的方法。下面以纵波一次脉冲反射法为例，说明检测原理。

结构图 2 – 224 是以一次底波为依据进行探伤的方法。高频脉冲发生器产生的脉冲（发射波）加在探头上，激励压电晶体振动，使之产生超声波。超声波以一定的速度向工件内部传播，一部分超声波遇到缺陷 F 时反射回来；另一部分超声波继续传至工件底面 B 后，也反射回来。由缺陷及底面反射回来的超声波被探头接收时，又变为电脉冲。发射波 T、缺陷波 F 及底波 B 经放大后，在显示器荧光屏上显示出来。荧光屏上的水平亮线为扫描线（时间基准），其长度与时间成正比。由发射波、缺陷波及底波在扫描线上的位置，可求出缺陷位置。由缺陷波的幅度，可判断缺陷大小；由缺陷波的形状，可分析缺陷的性质。当缺陷面积大于声束截面时，声波全部由缺陷处反射回来，荧光屏上只有 T、F 波，

没有 B 波。当工件无缺陷时，荧光屏上只有 T、B 波，没有 F 波。

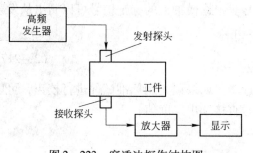

图 2-223　穿透法探伤结构图

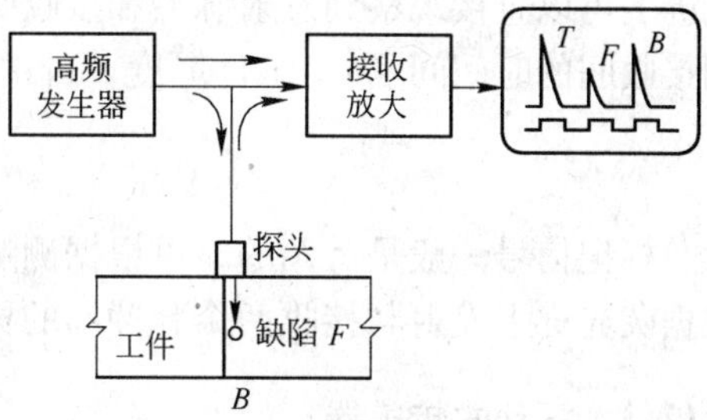

图 2-224　反射法探伤结构图

B　超声测液位

超声测液位是利用回声原理进行工作的，如图 2-225 所示。当超声探头向液面发射短促的超声脉冲，经过时间 t 后，探头接收到从液面反射回来的回声脉冲。因此探头到液面的距离 L 可由式 2-216求出。

$$L = \frac{1}{2}ct \qquad (2-216)$$

图 2-225　超声测液位原理示意图

式中　c——超声波在被测介质中的传播速度。

由此可见，只要知道超声波速度，就可以通过精确地测量时间 t 的方法来精确测量距离 L。

声速 c 在各种不同的液体中是不同的。即使在同一种液体中，由于温度和压力不同，其值也不相同。由于液体中其他成分的存在及温度的不均匀都会使 c 发生变化，引起测量误差，故在精密测量时，要考虑采取补偿措施。

C　超声波测厚度

在超声波测厚技术中，应用较为广泛的是脉冲回波法，其原理框图如图 2-226 所示。

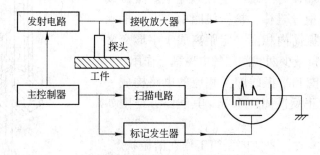

图 2-226　脉冲回波法测厚方框图

脉冲回波法测量试件厚度原理主要是测量超声波脉冲通过试件所需的时间间隔，然后根据超声波脉冲在试件中的传播速度求出试件的厚度。

主控制器产生一定频率的脉冲信号并控制发射电路把它经电流放大接到换能器上去。换能器激发的超声脉冲进入试件后，到底面反射回来，并由同一换能器接收。收到的脉冲信号经放大器加至示波器垂直偏转板上。标记发生器输出一定时间间隔的标记脉冲信号，也加到示波器的垂直偏转板上。扫描电压加到示波器的水平偏转板上。这样，在示波器荧光屏上可以直接观察到发射脉冲和接收脉冲信号。根据横轴上的标记信号可以测出从发射到接收间的时间间隔 t。试件厚度 d 可用下式求出

$$d = \frac{ct}{2} \tag{2-217}$$

标记信号一般是可调的，可根据测量要求选择。如果预先用标准试件进行校正，可以根据荧光屏上发射与接收两个脉冲间的标记信号直接读出厚度值。

2.12.3 振动式传感器

振动式传感器是利用弹性元件的振动频率随被测力的变化来实现测量的。弹性元件的谐振频率可用式 2-218 表示：

$$f_0 = k\sqrt{\frac{EK}{m}} \tag{2-218}$$

式中 f_0——零输入时，弹性元件的谐振频率；

k——与量纲有关的常数；

E——弹性元件的模量；

m——弹性元件的质量；

K——弹性元件的刚度。

当弹性元件受力之后，其振动频率会发生变化。根据弹性元件结构不同，可制成振筒式、振弦式、振膜式和振梁式等各类传感器。

2.12.3.1 振筒式传感器

振筒式传感器由振动筒、激振线圈和拾振线圈、基座、屏蔽与外壳等部分组成，其结构示意图如图 2-227 所示。振动筒是传感器的敏感元件，通常是一个壁厚仅为 0.08mm 左右的合金材料薄壁圆筒。通过改变壁厚可获得不同的测压范围。圆筒一端密闭，为自由端，另一端固定在基座上。激振线圈骨架中心装有一根导磁棒，拾振线圈中心有一根永久磁棒，两线圈在振筒内相隔一定距离成十字形交叉排列，以防止或尽量减少两线圈间的电磁耦合作用。

振筒、激振线圈和拾振线圈及相应的电路构成一个满足自激振荡的正反馈闭环系统，其线路方框图如图 2-228 所示。

在被测压力为零时，要使内振筒工作在谐振状态。在电源未接通时，振筒处于静止状态，一旦直流电源接通激振放大器，放大器的固有噪声便在激振线圈中产生微弱的随机脉冲。该脉冲通过激振线圈时引起磁场改变，形成脉动力，从而引起筒壁变形，使圆筒以低振幅的谐振频率振动。筒壁位移被拾振线圈感受，在拾振线圈上就有感应电势产生。通过外电路将这一感应电势反馈到激振线圈，使振筒迅速进入大幅度的谐振状态，以一定的

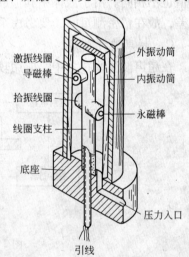

图 2-227 振动筒压力传感器的结构示意图

振型维持振荡。

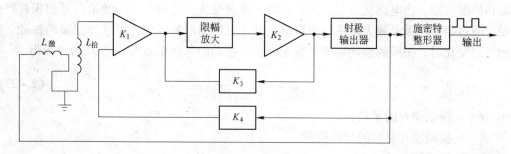

图 2 - 228   激励放大器方框图

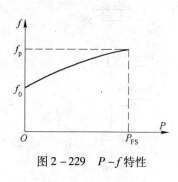

图 2 - 229 $P - f$ 特性

当被测压力通过圆筒内腔时，由于被测压力的作用，沿轴向和径向被张紧的振筒的刚度发生变化，从而改变了振筒的谐振频率。拾振线圈一方面直接检测出随压力而变的振动频率增量，另一方面又不断地把感应电势反馈到激振线圈产生激振力，使振筒维持振动。

系统的振动频率是振筒材料和形状的函数。当振筒材料选定，在不考虑温度等外界因素影响的条件下，振动频率f_p为被测压力 P 的单值函数关系，其特性如图 2 - 229 所示。振动频率f_p与被测压力 P 的关系式为：

$$P = a'_1(\Delta f) + a'_2(\Delta f)^2 + a'_3(\Delta f)^3 \qquad (2 - 219)$$

式中，a'_1、a'_2、a'_3可用实验方法求得。

$$\Delta f = f_p - f_0$$

一般情况下，系数 a'_3很小，可忽略。在系数 a'_1，a'_2满足一定条件下，可得到输出频率f_p与被测压力 P 的关系式为

$$f_p = f_0 \sqrt{1 + AP} \qquad (2 - 220)$$

式中 P——待测压力；

　　　　A——振筒常数，它与振筒材料和物理尺寸有关，当压力通入振筒内腔时取正值，通入外腔时取负值。

传感器通常工作在 3 ~ 6kHz 范围，Δf 变化约为 0.8 ~ 1.2kHz。在测量中等压力时，其非线性一般在 5% ~ 6% 左右。

2.12.3.2　振膜式传感器

振膜式传感器利用恒弹性膜片的固有频率可随膜片上所受力而变化的原理构成的，广泛地用于压力测量。用金属膜片构成的振膜式传感器的结构如图 2 - 230 所示。它由空腔、压力膜片、振动膜片、激振线圈、拾振线圈及放大振动电路组成。

在空腔受到被测压力作用时，压力膜片发生变形，在压力膜片的支架上装有一振膜，压力引起压力膜片变形，使支架角度改变并张紧振动膜片使其刚度变化。

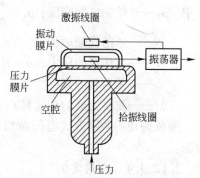

图 2 - 230   振膜式传感器

膜片的振动频率取决于振膜的刚度、压力膜片和支架的刚度。在振膜的两侧分别放置激振线圈和拾振线圈。当电路接通时，激振线圈中流过交流电流而产生一激励信号使膜片产生振动，通过拾振线圈及放大振荡电路输出，又正反馈给激振线圈，以维持振膜的振动。当被测压力变化时，振膜的振动频率亦发生变化。振动的角频率 ω 与压力 P 的关系为

$$\omega = k \frac{1}{r^2} \sqrt{\frac{Eh^2}{P}} \qquad (2-221)$$

式中　r——振动膜片的半径；

　　　E——振动膜片材料的弹性模量；

　　　h——振动膜片的厚度；

　　　k——常数。

2.12.3.3　振弦式传感器

振弦式传感器是以被拉紧的钢弦作为敏感元件，其固有频率与拉紧力的大小有关。当弦的长度确定后，弦的振动频率的变化量即可表征拉力的大小。振弦式传感器的原理结构如图 2-231 所示，振弦 1 放置在永久磁铁 4 形成的磁场内，振弦的一端固定，另一端与传感器的弹性敏感元件相连；弦的中部固定一软铁块 6，永久磁铁与线圈 5 构成弦的激振器，同时兼作振弦振动的拾振器；压力敏感元件 3 受外力 P 作用，使振弦受到随被测力 P 驱使的张力 T 作用。振弦的振动固有频率为

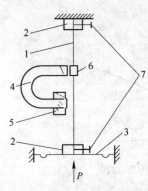

图 2-231　振弦式传感器原理结构图
1—振弦；2—夹块；3—感压膜片；4—永久磁铁；
5—线圈；6—软铁块；7—紧固螺钉

$$f_0 = \frac{1}{2l} \sqrt{\frac{T}{\rho_1}} \qquad (2-222)$$

式中　l——弦的长度；

　　　ρ_1——振弦的线密度，$\rho_1 = m/l$，m 为弦的质量；

　　　T——振弦受的张力，$T = \sigma S$。

式 2-222 可变换为

$$f_0 = \frac{1}{2l} \sqrt{\frac{\sigma S l}{m}} = \frac{1}{2l} \sqrt{\frac{\sigma}{\rho_v}} \qquad (2-223)$$

式中　ρ_v——弦的体积密度，$\rho_v = \dfrac{m}{Sl}$；

　　　S——弦的横截面积；

　　　σ——弦所受的应力，$\sigma = E \cdot \Delta l / l$；

　　　E——弦材料的弹性模量；

　　　Δl——弦受力后的伸长量。

振弦振动的激励方式有间歇激励和连续激励两大类。连续激励又可分为电流法和电磁法。

2.12.3.4　应用实例

以振弦式压力传感器为例介绍振动式传感器的应用。图 2-232 为振弦式压力传感器

结构图。它由底座、铁芯、电磁线圈、振弦及其夹紧装置、引线等部分组成。

在测量时，传感器底座上的膜片和被测压力直接接触，被测压力一变化，膜片即受到压力后发生挠曲，带动两个振弦支架向两侧张开，振弦因此被拉紧，于是振弦的频率改变。从频率变化的大小可测知膜片受压力的大小。

在传感器中，磁力线通过铁芯—振弦—底座—铁芯形成磁回路。当振弦振动时，由于铁芯与振弦间的空隙发生变化，使得电磁线圈铁芯中通过的磁通也发生变化，因而在线圈中就产生了感应电势。这个电势的变化频率与振弦振动的频率相同。把感应电势通过电缆引到测量电路，就可测出电路的变化频率。

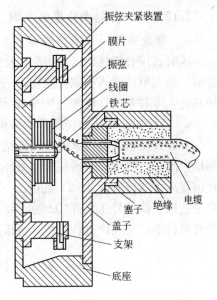

图 2-232 振弦式压力传感器

2.12.4 智能式传感器

2.12.4.1 概述

随着现代科学技术飞速发展，对传感器的要求越来越高，从精度、品种、功能、体积等方面都提出了更新更高的要求，微电子技术的发展，特别微机技术的迅猛发展和它在传感技术中的广泛应用，促使传感器技术产生一个飞跃。智能化传感器就是微机与传感器相结合的结果。

智能式传感器就是一种带有微处理机，兼有检测、判断和信息处理功能的传感器。智能式传感器与传统的传感器相比有如下特点：

（1）它具有判断和信息处理功能，可对测量值进行各种修正和误差补偿，因此提高了测量精度。

（2）可实现多传感器多参数复合测量，扩大了测量与使用范围。

（3）它具有自诊断、自校准功能，提高了可靠性。

（4）测量数据可以存取，使用方便。

（5）具有数字通信接口，能与计算机直接联机。

2.12.4.2 智能式传感器的构成

智能式传感器的基本组成部分有：

（1）主传感器，用于检测被测参数。

（2）微处理器，包括地址/数据总线、存储器等，用于信号的处理、运算、存储等。

（3）接口，包括 A/D 转换器，数字通信接口等，用于传感器模拟信号转换及与微机的通信。

（4）辅传感器，用于检测影响测量精度的温度、湿度、压力等环境条件变化，并运用微处理器的判断、计算功能，对主传感器测量值作出修正。

（5）电源，用于供给传感器和微处理器能源。

2.12.4.3　智能式传感器举例

A　智能式压阻压力传感器

压阻式压力传感器已经得到广泛的应用，但是它的测量精度受到非线性和环境温度的影响。利用单片微机构成智能化传感器，对其非线性和温度变化产生的误差进行修正，可使环境温度和非线性误差的95%得到修正，在10~60℃范围内，其输出值几乎不变。

a　智能式压阻压力传感器的结构

智能式压阻压力传感器的硬件结构如图2-233所示。其中压阻式压力传感器用于被测压力测量；温度传感器用来测量环境温度，以便进行温度误差修正。两个传感器的输出经前置放大器放大成0~5V的电压信号送至多路转换器，多路转换器将根据单片机发出的命令选择一路信号送到A/D转换器，A/D将输入的模拟信号转换为数字信号送入单片机，单片机根据已定程序进行工作，将被测量显示出来。

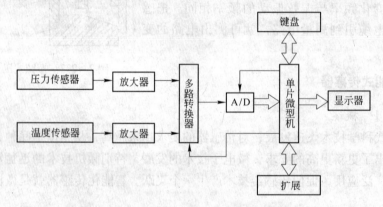

图2-233　智能式压阻压力传感器硬件框图

b　智能式压阻压力传感器的软件设计

智能式压阻压力传感器系统是在软件支持条件下工作的，由软件来协调各部分的工作和各种功能的实现。图2-234为智能式压力传感器的源程序流程图。从图2-234中可以看出，除按常规的使被测参数从检测到显示完成整个流程外，还实现了自动调零和非线性及温度误差的实时自动修正。

c　非线性与温度误差的修正

非线性和温度误差的修正方法很多，要根据实际情况确定误差修正与补偿方案。这里采用二元线性插值法，对传感器的非线性与温度误差进行综合修正与补偿。

如果只考虑环境温度的影响，可以将传感器的输出作为二元函数来处理，其表达式为

$$u = f(P, T)$$

或

$$p = f(u, T) \tag{2-224}$$

式中　u——传感器的输出；

　　　P——被测压力；

　　　T——环境温度。

设 $P = f(u, T)$ 为已知二元函数，它在图形上呈曲面。为使推导公式更容易理解，用图2-235（a）所示平面图形表示。若选定n个u的插值点，m个T的插值点，即可把函数$P = f(u, T)$划分为$(n-1) \cdot (m-1)$个区域。其中(i, j)区表示于图2-235（b），图

中 a、b、c、d 点为选定的插值基点，各点上的变量值和函数值都是已知的，则该区内任何点的函数值 P 都可用线性插值法逼近。其步骤如下：

（1）先保持 T 不变，而对 u 进行插值，即先沿 ab 线和 cd 线进行插值，分别求得 u 所对应的函数值 $f(u, T_j)$ 和 $f(u, T_{j+1})$ 的逼近值 $\hat{f}(u, T_j)$ 和 $\hat{f}(u, T_{j+1})$。显然

$$\hat{f}(u, T_j) = f(u_i, T_j) + \frac{f(u_{i+1}, T_j) - f(u_i, T_j)}{u_{i+1} - u_i}(u - u_i) \qquad (2-225)$$

$$\hat{f}(u, T_{j+1}) = f(u_i, T_{j+1}) + \frac{f(u_{i+1}, T_{j+1}) - f(u_i, T_{j+1})}{u_{i+1} - u_i}(u - u_i) \qquad (2-226)$$

式 2-225、式 2-226 的等号右边除 u 外，均为已知量。故对落于 (u_i, u_{i+1}) 区间内的任何值 u，都可求得相应函数 $f(u, T_j)$ 和 $f(u, T_{j+1})$ 的逼近值 $\hat{f}(u, T_j)$ 和 $\hat{f}(u, T_{j+1})$。由图 2-235（b）可知，前者为 e、f 点上的值，而后者为 e'、f' 点上的值。

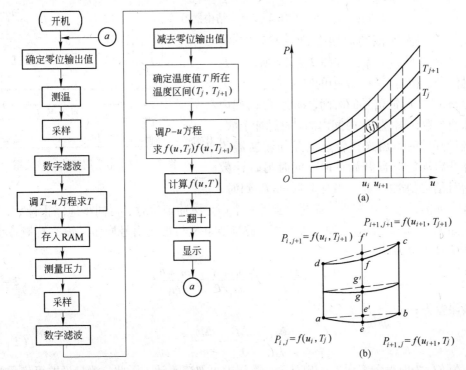

图 2-234　智能式压力传感器源程序流程图　　　　图 2-235　二元线性插值

（2）基于上述结果，再固定 u 不变而对 T 进行插值，即沿 $e'f'$ 线插值，可得

$$\hat{f}(u, T) = \hat{f}(u, T_j) + \frac{\hat{f}(u, T_{j+1}) - \hat{f}(u, T_j)}{T_{j+1} - T_j}(T - T_j) \qquad (2-227)$$

上式右边除 T 以外，其他都为已知量或已算得的量。故对任何落在 (T_j, T_{j+1}) 区间的 T 都可求得函数 $f(u, T)$ 的逼近值 $\hat{f}(u, T)$。

　　B　智能转速传感器

智能转速传感器可实现全量程等精度测量。它由转速-脉冲转换器和以单片机为核心的信号处理系统组成，其结构框图如图 2-236 所示。

为了实现全量等精度测量，采用不定周期测量法。这种方法是一种完全同步的多周期

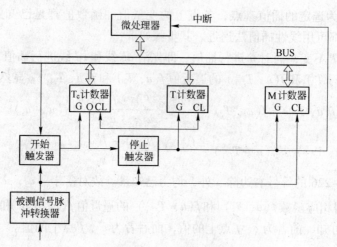

图 2 - 236　结构框图

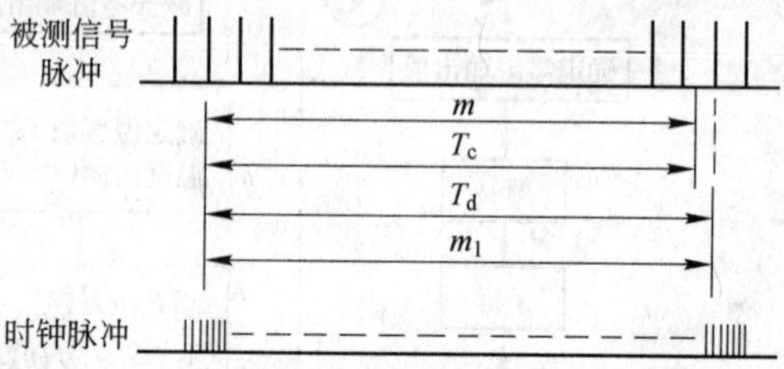

测量法，但一次所测的周期个数是不固定的，取决于被测信号的频率。如图 2 - 237 所示，T_c 为定时信号，相当于测频法中的时基时间，T_d 为完整的 $m + l$ 个脉冲信号的时间，m 为 T_c 时间内完整脉冲个数，m_1 为 T_d 时间内的时标脉冲个数。

图 2 - 237　不定周期法信号关系

测量开始时，由来自转速 - 脉冲转换器的信号脉冲启动定时器开始计时，同时另一计数器开始对信号脉冲计数。当计时时间 T_c 到时，对信号脉冲的计数并不停止，而是等到下一个信号脉冲到达时，再同步地停止计数，其程序流程如图 2 - 238 所示。这样测量的开始与结束都与被测信号同步。设时标频率为 f_c，则被测信号频率为

$$f_x = \frac{m + 1}{T_d} = \frac{m + 1}{m_1 / f_c} = \frac{m + 1}{m_1} f_c \qquad (2 - 228)$$

其误差为：

$$\frac{\Delta f_x}{f_x} = \frac{\Delta f_c}{f_c} - \frac{\Delta m_1}{m_1} \qquad (2 - 229)$$

其中，$\Delta f_c / f_c$ 为时标频率误差，相对于计数误差可忽略不计，因此，测量误差可表示为：

$$\frac{\Delta f_x}{f_x} = \frac{\Delta m_1}{m_1} = \pm \frac{1}{m_1} \qquad (2 - 230)$$

设 T_x 为被测信号周期，T_c 恒定，f_c 为时标频率，当 $T_c > T_x$ 时

$$m_1 = T_x f_c + \Delta t f_c$$

其中，$\Delta t = T_d - T_c$。这时 m_1 最大为 $2T f_c$，最小为 $T_c f_c$；当 $T_x > T_c$ 时，$m_1 = T_x f_c$，这时不定周期测量法实际演变为一般的测频法。由此可见这种方法具有一定的自适应能力。

由于不定期测量法的精度可通过设定时间 T_c 来保证，且误差的最大值是与频率无关的。因此这是一种能同时兼顾测量速度与测量精度的频率测量方式，在整个测量范围内，精度基本是恒定的。测得的频率经过运算转化为转速值。整个测量过程是在软件支持下运行的。

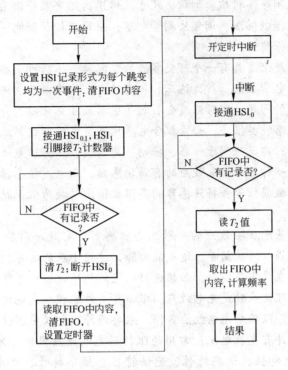

图 2-238　程序流程

———— 本 章 小 结 ————

　　传感器是非电量电测系统中完成将被测非电量单值地变换为电量的环节。传感器一般是依据某些物理效应实现此变换的。

　　金属导体材料或半导体材料的电阻应变效应是应变式传感器赖以工作的物理基础。应变式传感器通常由弹性体、应变片与应变胶、桥路组成。应变片存在横向效应，受其影响电阻应变片工作时的灵敏系数与标定的灵敏系数可能不相等。当应变片用于动态测量时，应考虑应变片长度的平均效果所造成的测量误差。弹性体、应变胶均参与物理量转换，在设计、加工、粘贴时应予以高度重视。应变式传感器通常采用桥路将应变片的电阻变化转换为输出电压或电流变化，设计时需考虑参数调整与补偿问题。应变式传感器可用于力、力矩、压力、加速度、位移等物理量的测量。

　　电感式传感器是基于电磁感应原理工作的，分为可变磁阻式、差动变压器式、电涡流式。可变磁阻式传感器分为变气隙式和螺管式；为了减小非线性，通常采用差动结构；测量电路多采用交流电桥形式；主要用于位移测量及可转换为位移测量的压力、张力等参数的测量。应用最广泛的差动变压器式传感器是螺管式差动变压器；零点残余电压的存在使差动变压器在机械零点附近特性变差，应采取措施消除或减小零点残余电压；基于特性分析，确定影响传感器特性的参数，传感器特性包括灵敏度、频率特性、线性范围、温度特性、吸引力等；差动变压器常用测量电路有相敏整流电路和差动整流电路等；差动变压器式传感器作为位移传感器，凡是与位移有关或可转换为位移的变量均可用它实现测量。电涡流式传感器是基于涡流效应的；线圈几何参数对灵敏度、线性范围的影响是设计传感器线圈的重要依据，被测导体材质、形状、尺寸及传感器的安装等因素对传感器特性均有影响；常用测量电路包括调幅法、调频法测量电路；应用包括位移测量、振幅测量、转速测量、厚度测量、涡流探伤等。

电容式传感器实质上是具有一个可变参数的电容器，根据可变参数的不同分为变间隙式、变面积式、变介电常数式三种，这三种各有特点；边缘效应、绝缘、屏蔽是电容式传感器应用中影响较大的问题，同时温度会引起传感器尺寸变化以及介质介电常数变化；电容式传感器的测量电路种类很多，如紧耦合电感比率臂电桥、运算放大器式电路、脉宽调制电路、调频电路等；广泛应用于位移、振动、角速度、压力、差压、液位等参数测量。

压电式传感器是一种基于压电效应的有源传感器；压电式传感器的前置放大器作用是放大压电式传感器的微弱信号并将传感器的高阻抗输出转换为低阻抗输出，有电压型和电荷型两种。

压磁式传感器是基于压磁效应的一种测力传感器，它是一种输出信号大，输出阻抗低，抗电磁干扰能力强，结构简单，过载能力强，适用于在恶劣环境中工作的传感器。压磁式传感器长期工作在恶劣环境中，必须进行一定的环境试验后才能投入使用。

光电式传感器的理论基础是光电效应。根据其工作原理，光电元件分为外光电效应器件、内光电效应器件、阻挡层光电效应器件。主要的外光电效应器件有光电管、光电倍增管；常用的内光电器件有光敏电阻；常用的阻挡层光电效应器件有光电池、光敏晶体管。光电效应器件的光电特性、伏安特性、光谱特性、频率特性、温度特性等对应用十分重要。

核辐射传感器是利用放射性同位素来进行测量的，包括放射源、探测器以及测量电路等部分。核辐射的种类分为α辐射、β辐射、γ辐射和中子辐射。射线与物质的作用是设计探测器的基础，常用的探测器包括电流电离室、盖革计数器、闪烁计数器和半导体探测器。核辐射传感器测量电路随着探测器不同而不同。核辐射传感器根据被测物质对射线的吸收、反散射或射线对被测物质的电离激发作用而进行工作的，可实现密度、厚度等的测量。

激光式传感器包括激光发生器、激光接收器及其相应的有关电路。激光发生器分为气体激光器、固体激光器、半导体激光器。激光具有高亮度、高方向性、高单色性和高相干性的特点，应用于测量方面，可实现无触点远距离测量，高速、高精度测量，测量范围广，抗光、电干扰能力强，因此激光在长度测量、速度测量、角速率测量、成分分析等方面得到了广泛的应用。

光纤传感器可以分为传光型（结构型）和传感型（功能型）两大类。利用其他敏感元件感受被测量，而后用光纤进行信息传输的传感器称为传光型光纤传感器。利用外界物理因素改变光纤中的光的强度、相位、偏振态或波长，从而对外界物理量进行检测和数据传输的传感器称为传感型光纤传感器。

以码盘、光栅、磁栅、感应同步器为代表的数字式传感器具有抗干扰能力强，测量精度高，无人为读数误差等优点。从转角－数字转换器、光栅、磁栅及感应同步器得到的信号还不能直接进行显示或输出；必须按照测量任务的需要，经过适当的电路进行辨向、细分等一系列的处理之后，才能对信号进行显示或输出。

在工业上常用的传感器还有霍尔式传感器、超声式传感器、振动式传感器等。霍尔式传感器是利用霍尔效应进行磁场测量的传感器，零位误差补偿及温度补偿是需要在应用中解决的主要问题。超声式传感器采用压电式换能器或磁致伸缩换能器来发生、接收超声波；超声波应用广泛，如探伤、测厚、测液位等。振动式传感器是利用弹性元件的振动频率随被测力而变化的性质实现测量的；根据弹性元件不同，可制成振筒式、振弦式、振膜式和振梁式等各种传感器。

智能传感器是微机与传感器相结合的结果，具有判断和信息处理功能，可实现多参数复合测量，可对测量值进行各种修正和误差补偿，提高了测量精度。

习题及思考题

2-1 非电量电测技术有哪些优点？怎样构成非电量的电测系统？各组成环节的功能是什么？

2-2 什么是金属导体的应变效应？电阻应变片由哪几部分组成？各部分的作用是什么？

2-3 什么是电阻应变片的横向效应？怎样表示？它对测量有什么影响？什么是电阻应变片的灵敏系数？它的标定条件是什么？

2-4 电阻应变式传感器由哪几部分组成？各部分的功能是什么？

2-5 将应变式传感器用于动态测量时，怎样根据测量误差要求选择应变片线栅长度？

2-6 对电阻应变式传感器应考虑进行哪些参数调整与补偿？其内容要点是什么？

2-7 一电阻应变式传感器，其弹性体为圆柱形，材质为合金结构钢，其弹性模量 $E = 205 \times 10^9 \text{N/m}^2$，线膨胀系数为 $\beta_n = 11 \times 10^{-6}/\text{℃}$；电阻应变片的应变丝材质为康铜，其电阻温度系数 $\alpha = 15 \times 10^{-6}/\text{℃}$，线膨胀系数 $\beta_m = 14.9 \times 10^{-6}/\text{℃}$，应变片灵敏系数 $K = 2$；弹性体直径 $D = 10 \text{cm}$，被测力为 50 吨重；若设计传感器时没有考虑温度补偿，试计算由于温度变化所造成的测量误差（可忽略横向效应影响）。

2-8 如图 2-239 所示的应变片贴在圆轴上，应变片灵敏轴与圆轴的轴线成 45°角。已知应变片的纵向应变 $\varepsilon_Z = 1000\mu\varepsilon$，横向应变 $\varepsilon_H = -1000\mu\varepsilon$，纵向灵敏系数 $K_Z = 2.0$，横向效应系数 $C = 4\%$，求应变片的电阻相对变化 $\Delta R/R$。

2-9 图 2-240 所示为硅固态压力传感器的结构原理图。它的敏感元件是硅杯，其结构原理图示于图 2-241。用平面工艺在硅杯的杯底制造四个扩散电阻，两个分布在正应力区，两个分布在负应力区。当压力或差压作用在膜片时，沿径向的应力分布如图 2-242 所示。硅膜片上的四个扩散电阻作为四臂电桥的四个桥臂电阻，则该不平衡电桥的输出电压即可表示作用在硅膜片上的压力或差压的大小。试分析该压力传感器的工作原理，并与贴片式应变传感器进行比较，指出其特点。

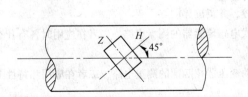

图 2-239　习题 2-8 图

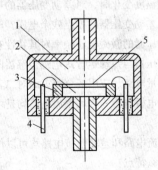

图 2-240　固态压力传感器结构简图
1—低压腔；2—高压腔；3—硅杯；4—引线；5—硅膜片

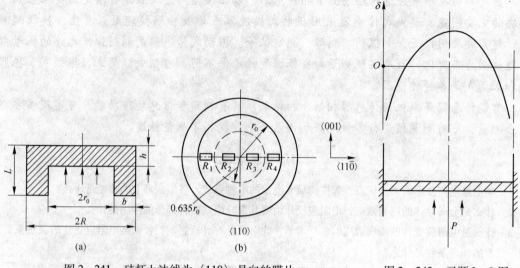

图 2 - 241　硅杯上法线为〈110〉晶向的膜片　　　　图 2 - 242　习题 2 - 9 图

2 - 10　电阻应变式传感器作为测力传感器，与其他测力传感器相比有什么特点？试举例说明它在测力方面的应用。

2 - 11　电阻应变片有几种？各有什么特点？

2 - 12　常用弹性体的结构形式有几种？各有什么特点？适用于什么场合？在确定弹性体几何尺寸时，应考虑哪些因素？

2 - 13　电阻应变式传感器的测量电路多采用四臂电桥，试说明组桥原则与方式，直流和交流供桥电源二者的特点及应用场合。

2 - 14　何谓应变式传感器的输出灵敏度？它与哪些因素有关？

2 - 15　可变磁阻式电感传感器有几种结构形式？特点如何？应用场合如何？

2 - 16　可变磁阻式电感传感器的等效电路包括哪些元件？各自的含义是什么？

2 - 17　变气隙式电感传感器的输出特性与哪些因素有关？怎样改善其非线性？怎样提高其灵敏度？

2 - 18　螺管式电感传感器的灵敏度与哪些因素有关？欲提高其灵敏度有哪些可能途径？

2 - 19　差动变压器式传感器有几种结构形式？各有什么特点？应用场合如何？

2 - 20　差动变压器式传感器的等效电路包括哪些元件和参数？各自的含义如何？

2 - 21　影响差动变压器式传感器灵敏度的因素有哪些？怎样提高其灵敏度？

2 - 22　当环境温度变化时，对差动变压器的特性带来什么影响？怎样补偿温度对它的影响？

2 - 23　什么是差动变压器的零点残余电压？产生的原因是什么？怎样减小和消除它的影响？

2 - 24　差动变压器的激磁电压频率对其特性有什么影响？怎样选择其激磁频率？

2 - 25　差动变压器与差动螺管式电感传感器同属电感式传感器，且均是位移传感器，试从工作原理、特性、测量电路、应用场合等方面对二者进行比较，并指出异同点。

2 - 26　变压器电桥与桥式相敏整流电路均是可变磁阻式电感传感器的测量电路，二者在应用时各有什么特点？

2 - 27　相敏整流电路和差动整流电路均可以作为与差动变压器相匹配的测量电路，二者在应用和特性上各有什么特点？

2 - 28　已知变气隙式电感传感器的铁芯截面积 $S = 1.5\text{cm}^2$，磁路长度 $l = 20\text{cm}$，相对磁导率 $\mu_s = 5000$；气隙 $\delta_0 = 0.5\text{cm}$，$\Delta\delta = \pm 0.1\text{mm}$，真空的磁导率 $\mu_0 = 4\pi \times 10^{-7}\text{H/m}$；线圈匝数 $W = 3000$。求单端

式传感器的灵敏度 $\Delta L/\Delta\delta$，若做成差动结构形式，其灵敏度将如何变化？

2－29　若将差动变压器用于动态位移测量，应考虑采取哪些技术措施？

2－30　何谓涡流效应？怎样利用涡流效应进行位移测量？

2－31　在高频反射式涡流传感器中，由于电涡流的影响，将使线圈的等效阻抗怎样变化？其等效电路包括哪些参数？含义如何？

2－32　何谓电涡流的轴向渗透深度？它与哪些因素有关？

2－33　在高频反射式涡流传感器中，线圈的几何参数对传感器的灵敏度和线性范围有什么影响？

2－34　用高频反射式涡流传感器测量金属导体的位移，被测金属导体的材质对其灵敏度有什么影响？

2－35　在高频反射式涡流传感器中，常用的测量电路有几种？其测量原理如何？各有什么特点？

2－36　用低频透射式涡流传感器测量金属板材厚度时，其发射线圈的激励源工作频率如何选取？被测板材的材质对测量有什么影响？怎样减小或消除材质对测量的影响？

2－37　根据电容式传感器的工作原理，可将其分为几种类型？每种类型有什么特点？各适用于什么场合？

2－38　什么是电容式传感器的边缘效应？有哪些方法可以减弱或消除它的影响？

2－39　寄生分布电容对电容式传感器的特性有何影响？怎样减小或消除寄生分布电容的影响？

2－40　环境温度变化对电容式传感器的特性有何影响？怎样减小或消除温度对其特性的影响？

2－41　图2－243所示为电容式液位计的电容测头原理图。请为该测头设计匹配测量电路，要求输出电压 U_0 与液位 x 之间为线性关系，并要求使用集成运算放大器作为信号放大环节。

2－42　图2－244所示为电容式传感器的双 T 电桥测量电路，已知 $R_1 = R_2 = R = 40\text{k}\Omega$，$R_L = 20\text{k}\Omega$，$E = 10\text{V}$，$f = 1\text{MHz}$，$C_0 = 10\text{pF}$，$C_1 = 10\text{pF}$，$\Delta C_1 = 1\text{pF}$。求 U_L 的表达式及对应上列已知参数时的 U_L 值。

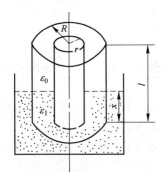
图2－243　电容式流位计的电容测头原理图

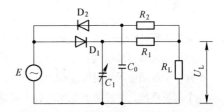
图2－244　电容式传感器双 T 电桥测量电路

2－43　何为介质的压电效应？以石英晶体为例说明它的原理。

2－44　试画出压电式传感器的低频等效电路，并指出各元件的含义。

2－45　压电式传感器测量电路（前置放大器）的作用是什么？有几种类型？指出其各自的特点。

2－46　电荷放大器所要解决的核心问题是什么？试推导其输入输出关系。

2－47　用压电敏感元件和电荷放大器组成的测量系统能否用于静态测量？对被测信号的变化速度有何限制？这种限制由哪些因素决定？

2－48　图2－245所示为压电式加速度传感器，试说明它的工作原理。

2－49　什么是铁磁材料的压磁效应？在外力的作用下，其磁导率变化有什么规律？

2－50　压磁式传感器有哪些主要特性？它们分别与哪些因素有关？

2－51　压磁式传感器为什么要进行环境试验？它包括哪些试验内容？

2－52　压磁式传感器产生零点输出的原因是什么？怎样进行补偿？

2-53　在压磁式传感器测量电路中，为什么要加入滤波电路？

2-54　试述压磁式传感器的工作原理和特点。

2-55　图2-246为测量5000N以下压力所采用的压磁元件示意图。试说明其测量原理，并画出测量电路（提示：用四个测量线圈，采用差动桥式测量原理）。

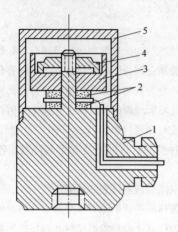 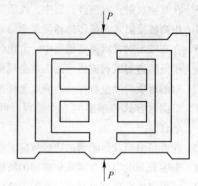

图2-245　习题2-48图　　　　　　　图2-246　压磁元件示意图

1—基座；2—压电片；3—质量块；4—弹簧；5—壳体

2-56　什么是物质的光电效应？光电效应分为几种？各自的物理含义是什么？

2-57　应用外光电效应可以做成什么器件？它们的工作原理是什么？有哪些主要特性？

2-58　试述光敏电阻的工作原理和主要特性。

2-59　试述光电池的工作原理和主要特性。

2-60　何谓物质的核辐射？它有哪几种？各有什么特点？

2-61　射线被物质吸收的规律是什么？利用β射线、γ射线进行对物体的厚度和密度测量的原理是什么？

2-62　电离室由哪几部分组成？试述它的工作原理。在电离室中加金属保护环的作用是什么？

2-63　试述闪烁计数器的结构和工作原理，指出各部分所完成的变换。

2-64　现有一个运动中的钢材厚度待测，运动速度为10m/s，标准厚度为5mm，试为这一测量任务设计一个测量系统，并说明所采用的各主要部件的作用。

2-65　图2-247所示为一镀层厚度测量系统，试说明它的工作原理。

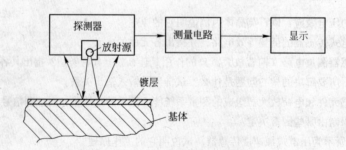

图2-247　镀层厚度测量系统

2-66　什么是激光？它有什么特点？产生激光的条件是什么？

2-67　激光器有哪几类？各有什么特点？以氦氖激光器为例说明它的工作原理。

2-68　用激光测量流体的流速（流量）的原理是什么？可否用于纯净流体的流速测量？

2-69　用激光测量长度或距离的原理是什么？为什么它的测量精度高？

2-70　光在光纤中是怎样传输的？对光纤及入射光的入射角有什么要求？

2-71　标志光纤性能的主要参数有哪几种？各自的含义是什么？

2-72　光纤分哪几类？各有什么特点和用途？

2-73　光纤元件之间的连接方式有哪几种？各有什么用途？为什么要考虑光纤之间的连接问题？

2-74　传光型光纤传感器中，光纤的作用是什么？以位移传感器为例，说明这类传感器的工作原理。

2-75　光纤温度传感器有什么优点？以用于低温测量的半导体光纤温度传感器为例，说明它的工作原理。

2-76　传感型光纤传感器中，光纤的作用是什么？这类传感器可分为几种类型？

2-77　何谓光的偏振态？偏振态光纤传感器由哪几部分组成？以偏振型压力传感器为例说明其工作原理。

2-78　数字式传感器有什么特点？可分几种类型？

2-79　转角-数字式传感器有哪几种？其基本组成部分有哪些？

2-80　码盘式转角-数字传感器的工作原理是什么？采用循环码盘有什么优点？

2-81　光栅有哪几种？采用光栅作为测量传感器的工作原理是什么？

2-82　什么是光栅的莫尔条纹？它有什么特点？在测量中应用莫尔条纹有什么优点？

2-83　磁栅式传感器有几种？静磁头、动磁头各适用于什么场合？

2-84　感应同步器有几种？试述它的工作原理。

2-85　数字式传感器的信号处理电路中，为什么常采用辨向电路？简述它的工作原理。

2-86　数字式传感器的信号处理电路中，为什么要采用细分电路？简述电位器细分电路的工作原理。

2-87　什么是半导体材料的霍尔效应？霍尔电势与哪些因素有关？

2-88　影响霍尔元件输出零点的因素有哪些？怎样补偿？

2-89　温度变化对霍尔元件输出电势有哪些影响？怎样补偿？

2-90　影响霍尔元件电磁特性的因素有哪些？

2-91　霍尔式传感器有何特点？可以应用到哪些方面的测量？

2-92　欲进行两个电压 U_1、U_2 乘法运算，若采用霍尔元件作为运算器，请提出设计方案，画出测量系统的原理图。

2-93　图2-248所示为转速测量系统，转轮以转速 n 转动，在磁铁 N 极端面上贴有霍尔元件，试说明它的工作原理。

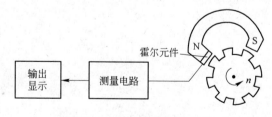

图2-248　转速测量系统图

2-94　常用的超声波发生器（换能器）有哪几种？简述它们的工作原理。

2-95　超声波在介质中传播的速度和强度变化规律是什么？与哪些因素有关？

2-96　超声波用于探伤有哪两种方法？试述反射法探伤的原理？

2-97　振动式传感器有哪几种类型？它们适合于应用在什么场合？

2-98　作为敏感元件的弹性体，它的谐振频率与哪些因素有关？

2-99   振弦式传感器由哪几部分组成？试述它的工作原理。

2-100   振膜式传感器由哪几部分组成？试述它的工作原理。

2-101   振筒式传感器由哪几部分组成？试述它的工作原理。

2-102   可用于测力的传感器有哪几种？各有什么特点？适用于什么场合？

2-103   可用于位移测量的传感器有哪几种？各有什么特点？适用于什么场合？

2-104   可用于材料厚度测量的传感器有哪几种？各有什么特点？适用于什么场合？

2-105   学过的测量电路有哪几种形式？各适用于什么场合？

2-106   智能式传感器有什么特点？它的基本组成结构是什么？

3 电测技术中的抗干扰问题

3.1 干扰与防护

3.1.1 干扰与防护

检测仪表在工作过程中，有时会出现某些不正常的现象，例如指针式仪表的指针抖动、突跳以及数字式仪表的数码不规则跳动等。产生这些现象的原因，可能是仪表本身电路结构、器件质量、制造工艺等存在问题，也可能是受仪表外部的工作环境如电源电压波动、环境温度变化或其他电气设备等的影响。这说明，对于电测装置永远存在着影响其工作的各种外部和内部因素，尤其是当被检测信号很微弱的时候，问题就更加突出。这些来自外部和内部，影响仪表和装置正常工作的各种因素，总称为"干扰"。例如，在开启或关闭某一电气设备时，附近的数字式电压表乱跳几个字，晶体管毫伏表的指针不规则抖动，收音机出现"喀啦"声，电视机屏幕上出现闪烁的亮点等。

为了消除或减弱各种干扰对仪表或装置工作的影响，必须采取必要的技术措施。各种抗干扰技术措施，总称为"防护"。辩证法告诉我们，任何事物总是与周围物质世界有着各种具体的联系，并且通过这些联系相互作用着，互相影响着。当然，电测装置和仪表也不例外。仪表和装置与外界事物的联系可分为两类：一类是有用的联系，它包括输入信号、输出信号和电源；另一类是有害的联系，它包括各种外界环境条件，例如，温度、湿度、压力、电场强度、磁场强度和机械振动等，它是外界干扰的来源。仪表和装置的内部各部分之间的联系亦可分为两类：有用的联系包括有用信号的正向传输与反馈，有害的联系主要是指各部分之间的寄生耦合与寄生反馈。防护的任务是消除或减弱各种干扰对仪表和装置正常工作的影响，防护的手段就是设法割断或减弱那些有害的联系，而同时又不损害那些为了正常进行测量所需要的联系。实践证明，不同的测量原理和测量方法受干扰的影响不同。例如，数字式检测仪表的数字部分受干扰的影响要小一些，即抗干扰能力强一些。这是因为较小的电压和电流干扰不至于影响电脉冲的变换与传输。这表明，干扰对检测仪表工作的影响是通过仪表的内在原因而起作用的，即外因通过内因起作用。可见，研究仪表和装置的抗干扰问题，不能完全归结为防护措施问题，而应当与测量原理、测量方法结合在一起统一研究。

3.1.2 干扰的类型及防护

根据产生干扰的物理原因，通常可分为下列几种类型的干扰。

3.1.2.1 机械的干扰

机械的干扰是指由于机械的振动或冲击，使仪表或装置中的电气元件发生振动、变形，使连接导线发生位移，使指针发生抖动等。这些都将影响仪表和装置的正常工作。声波的干扰类似于机械振动，从效果看，也可列入这一类中。对于机械的干扰主要是采取减振措施来解决，例如应用减振弹簧或减振橡胶垫等。

3.1.2.2　热的干扰

设备和元器件在工作时产生的热量所引起的温度波动和环境温度的变化等都会引起仪表和装置的电路元件参数发生变化，或产生附加的热电势等，从而影响仪表或装置的正常工作。

对于热的干扰，工程上通常采取下列几种方法进行抑制：

（1）采用热屏蔽，将某些对温度变化敏感的元器件或电路中的关键元器件和组件，用导热性能良好的金属材料做成的屏蔽罩包围起来，使罩内温度场趋于均匀和恒定。

（2）采用恒温措施，例如将石英振荡晶体和基准稳压管等与精确度有密切关系的元器件置于恒温槽中。

（3）采用对称平衡结构，如采用差分放大电路、电桥电路等，使两个与温度有关的元器件处于平衡结构的两侧对称位置，因此温度对二者的影响，在输出端可互相抵消。

（4）采用温度补偿元件，以补偿环境温度变化对仪表和装置的影响。

3.1.2.3　光的干扰

在检测仪表中广泛使用着各种半导体元器件，但是半导体材料在光线的作用下会激发出电子–空穴对，使半导体元器件产生电势或引起阻值的变化，从而影响检测仪表的正常工作。因此，半导体元器件应封装在不透光的壳体内。对于具有光敏作用的元件，尤其应该注意光的屏蔽问题。

3.1.2.4　湿度变化的影响

湿度增加会使绝缘体的绝缘电阻下降，漏电流增加；会使高值电阻的阻值下降；会使电介质的介电常数值增加；会使吸潮的线圈骨架膨胀等等。这样必然会影响检测仪表的正常工作。在设计检测仪表时，应当考虑潮湿的防护。尤其是用于南方潮湿地带，船舶及锅炉房等地方的仪表，更应注意密封防潮措施。例如，电气元件和印刷电路板的浸漆、环氧树脂封灌和硅橡胶封灌等。

3.1.2.5　化学的干扰

化学物品，如酸、碱、盐及腐蚀性气体等，一方面会通过化学腐蚀作用损坏仪表元件和部件，另一方面会与金属导体形成化学电势。例如应用检流计时，手指上脏物（含有酸、碱、盐等）被弄湿后，与导线形成化学电势，使检流计偏转。因此，良好的密封和注意清洁对仪表是十分必要的防护化学干扰的措施。

3.1.2.6　电和磁的干扰

电和磁可以通过电路和磁路对检测仪表产生干扰作用，电场和磁场的变化也会在检测仪表的有关电路中感应出电势，从而影响检测仪表的正常工作。这种电和磁的干扰对于检测仪表来说是最为普遍和影响最严重的干扰。因此，必须认真对待这种干扰。有关电和磁的干扰及抑制方法。将在本章后面内容中加以详细讨论。

3.1.2.7　射线辐射的干扰

射线会使气体电离、半导体激发出电子–空穴对、金属逸出电子等，从而影响检测仪表的正常工作。射线的防护是一门专门技术，主要用于原子能工业、核武器生产等方面。

3.2 噪声源与噪声耦合方式

3.2.1 噪声与信噪比

3.2.1.1 噪声

检测仪表在工作时，往往除了有用信号之外，还附带着一些无用的信号。这种无用的、变化不规则的信号会影响测量结果，有时甚至会完全将有用信号淹没掉，使测量工作无法进行。这种在检测仪表中出现的、不希望有的、无用的信号称之为"噪声"，通常所说的干扰就是噪声造成的不良效应。当噪声电压使电路不能正常工作时，该噪声电压就称之为干扰电压。噪声与有用信号不同，有用信号可以用确定的时间函数来描述，而噪声则不能够用一个预先确定的时间函数来描述。噪声属于随机过程，必须用描述随机过程的方法来描述。

3.2.1.2 信噪比

在测量过程中，人们不希望有噪声，但是人们也无法完全排除噪声，实际上只能要求噪声尽可能小些。究竟允许多大的噪声存在，则必须与有用信号联系在一起考虑。显然，有用信号很强，则允许有较大的噪声；当有用信号很微弱时，则允许的噪声必须很小。于是，很自然就产生了"信噪比"这一概念。

"信噪比" S/N 指的是在信号通道中，有用信号功率与伴随的噪声功率之比。它表示噪声对有用信号影响的大小。设有用信号功率 P_S，有用信号电压为 U_S，噪声功率为 P_N，噪声电压为 U_N，则用贝尔（B）单位表示的信噪比为

$$S/N = \lg \frac{P_S}{P_N}$$

由于贝尔单位太大，常用分贝（dB）单位表示信噪比，其表达式为

$$S/N = 10\lg \frac{P_S}{P_N} \ [dB] \ = 20\lg \frac{U_S}{U_N} \ [dB] \tag{3-1}$$

由式 3-1 可知，信噪比越大，表示噪声的影响越小。

3.2.2 噪声源

噪声来源于噪声源。噪声源是多种多样的，常见的噪声源主要可归纳为三类：放电噪声源、电气设备噪声源和固有噪声源。

3.2.2.1 放电噪声源

由各种放电现象产生的噪声称为放电噪声。在放电过样中，放电噪声会向周围辐射出从低频到甚高频的电磁波，而且还会传播到很远的距离。它是对电子仪表影响最严重的一种噪声干扰。在放电现象中属于持续放电的有电晕放电、辉光放电和弧光放电；属于过渡现象的有火花放电。

A 电晕放电噪声

电晕放电具有间歇性质，并产生脉冲电流，而且随着电晕放电过程还会出现高频振

荡，这些都是产生噪声的原因。电晕放电噪声主要来自高压输电线。电晕放电噪声随距离的衰减特性大致与距离的平方成反比。因此，对于一般的检测仪表来说，电晕放电噪声对其影响不大。

B　火花放电噪声

自然界的雷电，电机整流子炭刷上的火花，接触器、断路器、继电器接点在闭合和断开时的火花，电蚀加工过程中产生的电火花，汽车发动机的点火装置以及高电压器件由于绝缘不良等引起的闪烁放电等都是火花放电噪声源。火花放电噪声可以通过直接辐射和电源电路向外传播，它可以在低频至甚高频造成干扰。

C　放电管噪声

放电管放电属于辉光放电或弧光放电。通常放电管具有负阻特性。所以与外电路连接时很容易引起振荡，此振荡有时可达甚高频段。对于交流供电的荧光灯，在半个周期内，由于其起始和终了时放电电流的变小，也会产生再点火振荡和灭火振荡。近年来大量使用的荧光灯和霓虹灯，也成为一种较严重的噪声源。

3.2.2.2　电气设备噪声源

A　工频干扰

大功率输电线是典型的工频噪声源。低电平的信号线只要有一段距离与输电线相平行，就会受到明显的干扰。即使是室内的一般交流电源线，对于输入阻抗和灵敏度很高的检测仪表来说也是很强的干扰源。另外，在电子装置的内部，由于工频感应也会产生交流噪声。如果工频电源的电压波形失真较大（如供电系统接有大容量的晶闸管设备），由于高次谐波分量的增多，它产生的干扰更大。

B　射频干扰

高频感应加热、高频焊接等工业电子设备以及广播机、雷达等通过辐射或通过电源线会给附近的电子测量仪表带来干扰。

C　电子开关

电子开关虽然在通断时并不产生火花，仅由于通断的速度极快，使电路中的电压和电流发生急剧的变化，形成冲击脉冲，从而成为噪声干扰源。在一定电路参数条件下，电子开关的通断还会带来相应的阻尼振荡，从而构成高频干扰源。使用可控硅的电压调整电路对其他电子装置的干扰就是典型例子。这种电路在可控硅的控制下周期性地通断，形成前沿陡峭的电压和电流，并且使电源波形畸变，从而干扰由该电源系统供电的其他电子设备。

3.2.2.3　固有噪声源

固有噪声是由于物理性的无规则波动所造成的噪声。它具有随机性质，只能用概率论的方法进行估计，确定其有效值。固有噪声主要包括下列三种噪声。

A　热噪声

任何电阻即使不与电源相接，在它的两端也存在着极微弱的电压。此电压是由于电阻中电子的热运动所形成的噪声电压。因电子热运动具有随机性质，所以电阻两端的热噪声电压也具有随机性，而且它几乎覆盖整个频谱。这种因电子热运动而出现在电阻两端的噪声电压称为热噪声。它决定了电路中的噪声下限。

电阻两端出现的热噪声电压的有效值可表示为

$$U_t = \sqrt{4kTR\Delta f} \tag{3-2}$$

式中 k——玻耳兹曼常数，$k = 1.38 \times 10^{-23} \text{J/K}$；

    T——绝对温度，K；

    R——电阻值，Ω；

    Δf——噪声带宽，Hz。

式 3-2 表明，热噪声电压与绝对温度、噪声带宽及电阻值的平方根成比例。因此减小电阻值、带宽和降低温度有利于降低热噪声。无源元件任意连接时所产生的热噪声等于其等效阻抗中实数部分的电阻所产生的热噪声。此结论对于复杂无源网路的热噪声计算是很有用的。热噪声功率的频率分布是均匀的，即在频谱中任何一处，在一定的带宽下，有效噪声功率是常数。因此热噪声属于"白噪声"。热噪声的瞬时幅值服从正态分布，其均值为零。为加深对热噪声的认识，现举例计算放大器输入电阻引起的噪声。设放大器输入电阻 $R_i = 500 \text{k}\Omega$，带宽 $\Delta f = 10^6 \text{Hz}$，环境温度 $T = 300\text{K}$，则 $U_t = 1.3 \times 10^{-10} \sqrt{5 \times 10^5 \times 10^6}$ $= 92\mu\text{V}$。可见，若输入信号的数量级为微伏级，则将被热噪声所淹没。

B 散粒噪声

散粒噪声存在于电子管和半导体元件中。在电子管里，散粒噪声来自阴极电子的随机发射；在半导体元件内，散粒噪声是通过晶体管基区载流子的随机扩散以及电子-空穴对的随机发生及其复合形成的。散粒噪声的方根噪声电流等于

$$I_{sh} = \sqrt{2qI_{DC}\Delta f} \tag{3-3}$$

式中 q——电子电荷，$q = 1.6 \times 10^{-19} \text{C}$；

    I_{DC}——平均直流电流，A；

    Δf——噪声带宽，Hz。

散粒噪声的功率密度在不同频率时为常数，其幅度服从正态分布，因此它属于"白噪声"。用带宽的方根除式 3-3 的两边得

$$\frac{I_{sh}}{\sqrt{\Delta f}} = \sqrt{2qI_{DC}} = 5.66 \times 10^{-10}\sqrt{I_{DC}} \tag{3-4}$$

由式 3-4 可见，只要测出经过该器件的直流电流，就可以方便地求得散粒噪声值。

C 接触噪声

接触噪声是由于两种材料之间的不完全接触，从而形成电导率的起伏而产生的。它发生在两个导体相连接的地方，如继电器的接点、电位器的滑动触点等，接触噪声正比于直流电流的大小，其功率密度正比于频率的倒数，其大小服从正态分布。每平方根带宽的噪声电流源 I_f 近似表示为

$$\frac{I_f}{\sqrt{B}} \approx \frac{KI_{DC}}{\sqrt{f}} \tag{3-5}$$

式中 K——由材料和几何形状确定的常数；

    I_{DC}——平均直流电流，A；

    f——频率，Hz；

    B——用中心频率表示的带宽，Hz。

由于接触噪声功率密度正比于频率的倒数，在低频时两个导体的接触噪声可能是很大的，接触噪声通常是低频电路中最主要的噪声源。

3.2.3 噪声电压的迭加

噪声电压或噪声电流的产生是彼此独立的，即互不相关的，则总噪声功率等于各个噪声功率之和。把几个噪声电压 U_1，U_2，$\cdots$，U_n 按功率相加时，得

$$U_总^2 = U_1^2 + U_2^2 + \cdots + U_n^2 \tag{3-6}$$

总噪声电压可表示为

$$U_总 = \sqrt{U_1^2 + U_2^2 + \cdots + U_n^2} \tag{3-7}$$

两个相关噪声电压可用下式迭加

$$U_总 = \sqrt{U_1^2 + U_2^2 + 2\gamma U_1 U_2} \tag{3-8}$$

式中，γ 为相关系数，它取值范围在 -1 与 1 之间。

3.2.4 噪声耦合方式

3.2.4.1 噪声形成干扰的三要素

噪声源产生的噪声能够对检测仪表的正常工作造成不良影响，还必须经过一定的耦合通道。换句话说，噪声形成干扰需要同时具备三要素：噪声源、对噪声敏感的接收电路及噪声源到接收电路之间的耦合通道。噪声形成干扰的三要素之间的联系关系示于图 3-1。要使电路受干扰的程度小，则必须在这三方面想办法：将客观存在的噪声源强度在发生处抑制得很小；将噪声在传播途径上给予很大的衰减；在受干扰处用各种措施提高电路的抗干扰能力。

图 3-1　噪声形成干扰的三要素之间联系

分析噪声干扰问题时，首先应搞清楚噪声源是什么？接收电路是什么？噪声源与接收电路之间是怎样耦合的？噪声耦合方式主要有：静电耦合、电磁耦合、共阻抗耦合和漏电流耦合。

3.2.4.2 静电耦合

静电耦合又称电容性耦合，它是由于两个电路之间存在有寄生电容，使一个电路的电荷变化影响到另一个电路。图 3-2 为两根平行导线之间存在静电耦合的典型例子。

电容 C_{12} 是导线 1 和 2 之间的分布电容，C_{1G}、C_{2G} 分别为导线 1 和 2 的对地电容，R 是导线 2 的对地电阻。设导线 1 上的电压 U_I 为噪声源电压，导线 2 为被干扰对象。为分析方便，设噪声源电压为正弦量，于是可求得 R 上的干扰电压为

$$U_N = \frac{j\omega\left(\dfrac{C_{12}}{C_{12} + C_{2G}}\right)}{j\omega + \dfrac{1}{R(C_{12} + C_{2G})}} U_I \tag{3-9}$$

由于在一般情况下有 $R \ll \dfrac{1}{\omega(C_{12} + C_{2G})}$，故式 3-9 可进一步简化为

$$U_N = j\omega R C_{12} U_I \tag{3-10}$$

从式 3-10 可以看出，干扰电压正比于噪声源的角频率、分布电容 C_{12}、接收电路输

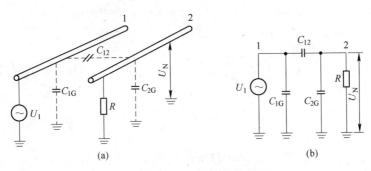

图 3-2 两根平行导线间的静电耦合

(a) 示意图;(b) 等效电路

入电阻 R。显然,欲降低静电耦合效应,应减小 R 和 C_{12}。

在一般情况下,静电耦合可用图 3-3 等效电路表示。图中 E_n 是噪声源电势,C_m 是造成静电耦合的寄生电容,Z_i 是被干扰电路的等效输入阻抗。根据等效电路可以写出被干扰电路的干扰电压 $U_N = \dfrac{j\omega C_m Z_i}{1 + j\omega C_m Z_i} E_n$,考虑到在一般情况下 $|\ j\omega C_m Z_i\ | \ll 1$,故此式可简化为

$$U_N \approx j\omega C_m Z_i E_n \tag{3-11}$$

通过分析式 3-11 可以得到下列结论:

(1) 被干扰电路接收到的干扰电压 U_N 正比于噪声源的角频率 ω。这表明,在频率很高的射频段,静电耦合干扰最严重。但是,对于极低电平接收电路,即使在音频范围,静电耦合干扰也不能忽视。

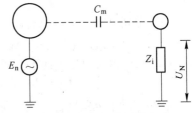

图 3-3 静电耦合等效电路

(2) 干扰电压 U_N 正比于接收电路的输入阻抗 Z_i。这说明,降低接收电路的输入阻抗,可减小静电耦合干扰。对于微弱信号放大器,其输入阻抗应尽可能低,一般希望在数百欧以下。

(3) 干扰电压 U_N 正比于噪声源与接收电路之间的分布电容 C_m。这说明,应通过合理布线和适当防护措施减小分布电容。

当有几个噪声源同时经静电耦合干扰同一个接收电路时,可以使用迭加原理分别对各噪声源干扰进行分析。

图 3-4 为电子仪器受静电耦合干扰的示意图及其等效电路。图中导体 A 为具有对地电压为 U_{Ng} 的噪声源,B 为电子仪器信号输入端裸露在仪器机壳外的信号线,C_m 为 A 与 B 之间的分布电容,Z_i 为电子仪器的输入阻抗。假设 A、B 间的耦合很弱,$C_m = 0.01\text{pF}$,噪声源电压也不大,$U_{Ng} = 5\text{V}$,频率 $f = 1\text{MHz}$,电子仪器的放大器放大倍数为 100,频响带宽超过 1MHz,其输入电阻为 0.1MΩ,则作用于 B 点的干扰电压为

$$|\ \dot{U}_{Ni}\ | = |\ j\omega C_m Z_i \dot{U}_{Ng}\ | = 2\pi \times 10^6 \times 0.01 \times 10^{-12} \times 0.1 \times 10^6 \times 5 = 31.4\text{mV}$$

经放大器放大后,将出现 3V 左右的干扰电压,这显然是不能允许的。因此,必须采取相应的技术措施,才能使仪器正常工作。

3.2.4.3 电磁耦合

电磁耦合又称互感耦合,它是由于两个电路之间存在有互感,使一个电路的电流变化

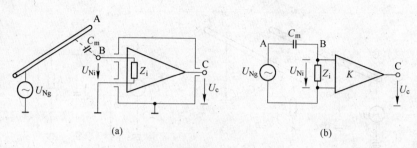

图 3 - 4   通过静电耦合对电子仪器的干扰

(a) 示意图；(b) 等效电路

通过磁交链影响到另一个电路。例如，在电子装置内部线圈或变压器的漏磁是对邻近电路的一种很严重干扰；在电子装置外部当两根导线在较长一段区间平行架设时，也会产生电磁耦合干扰。在一般情况下，电磁耦合干扰可用图 3 - 5 所示等效电路表示。图中 I_n 表示噪声电流源，M 表示两个电路之间的互感系数，U_N 表示通过电磁耦合在被干扰电路感应的干扰电压。设噪声源的角频率为 ω，由交流电路理论和等效电路可以得到

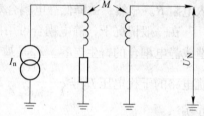

图 3 - 5   电磁耦合干扰等效电路

$$U_N = j\omega M I_n \tag{3-12}$$

通过分析式 3 - 12 可以得出下列三点结论：

(1) 被干扰电路感应的干扰电压 U_N 正比于噪声源的角频率。

(2) 干扰电压 U_N 正比于互感系数。

(3) 干扰电压 U_N 正比于噪声源电流 I_n。

显然，对于电磁耦合干扰，降低接收电路的输入阻抗并不会减少干扰。电磁耦合干扰电压是与接收电路导线相串联的，这不同于静电耦合干扰。

当两条平行导线有电流流过时，它们彼此之间会通过磁交链产生电磁耦合干扰。假设有一条信号传输线与一条电压为 100V、负荷为 10kVA 的输电线相距 1m，并在 10m 长的一段区间彼此平行架设，则此信号线由于电磁耦合感应的干扰电压可如下计算。两条平行导线之间的互感系数（nH）可由下列经验公式给出

$$M = 2L\left(\ln\frac{2L}{D} - 1\right) + 2D \tag{3-13}$$

式中，L 为两导线平行段长度，D 为两平行导线之间的中心距，二者单位均取 cm。将已知数据代入式 3 - 13 中可得到 $M = 4.2\mu H$。再将已知数据代入 3 - 12 中，可得到 $U_N =$ 132mV。从此例可见，电磁耦合干扰是很严重的，应予以足够重视。

3.2.4.4　共阻抗耦合

共阻抗耦合是由于两个电路共有阻抗，当一个电路中有电流流过时，通过共有阻抗便在另一个电路中产生干扰电压。例如，几个电路由同一个电源供电时，会通过电源内阻互相干扰；在放大器中，各放大级通过接地线电阻互相干扰。

在一般情况下，共阻抗耦合可以用图 3 - 6 所示等效电路表示。图中 Z_c 表示两个电路之间的共有阻抗，I_n 表示噪声电流源，U_N 表示被干扰电路的感应电压。

由等效电路很容易写出

$$U_N = I_n Z_c \qquad (3-14)$$

可见，共阻抗耦合干扰电压 U_N 正比于共有阻抗 Z_c 值和噪声源电流 I_n。显然，消除共阻抗耦合干扰的核心是消除两个或几个电路之间的共有阻抗。共阻抗耦合干扰在测量仪表的放大器中是一种很常见的干扰，由于它的影响使放大器很容易产生自激振荡，破坏正常工作。现以几个实例说明共阻抗耦合干扰的分析方法。

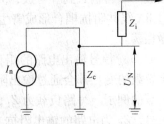

图 3-6　共阻抗耦合等效电路

（1）通过电源内阻抗的共阻抗耦合干扰。当用同一个电源对几个电子线路供电时，高电平电路的输出电流通过电源的内阻抗变换成干扰电压，造成对其他低电平电路的干扰。图 3-7 表示两台三级放大器由同一个直流电源供电的情况。由于电源具有内阻抗 Z_c，当上面的放大器输出电流 i_1 流过 Z_c 时，就在 Z_c 上产生干扰电压 $U_1 = i_1 Z_c$，此电压 U_1 通过电源线传到下面的放大器，对下面的放大器工作产生干扰。对于每个三级放大器，末级的动态电流比前级大得多，因此末级动态电流流经电源内阻抗时所产生的压降，对前两级来说相当于电源波动干扰，对于第一级的影响最大。

对于多级放大器来说，电源波动干扰乃是一种寄生反馈。当它符合正反馈条件时，轻则造成工作不稳定，重则引起自激振荡。

（2）通过接地线的共阻抗耦合干扰。在电子装置内部的接地线上有各种信号电路的电流流过，并由接地线阻抗变换成干扰电压。对于多级放大电路来说，它实质上也是一种寄生反馈。在数台电子装置的公共线接地时，若此线流过较大电流也会通过接地线阻抗产生共阻抗耦合干扰。

如图 3-8 所示，3 号板是功率级，其负载电流较大，通过地线 BA 接地，并在 BA 阻抗上形成压降；1 号板接地点在 A 点，所以 A 点的电位变化将通过 R_1 影响 2 号板的输入端；2 号板的接地点在 B 点，所以 BA 线的压降就成为 2 号板的干扰电压，此干扰电压通过 2 号

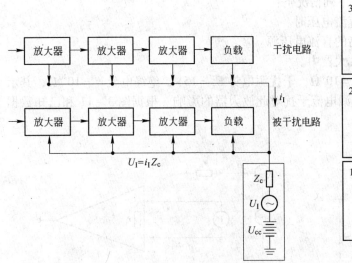

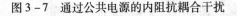

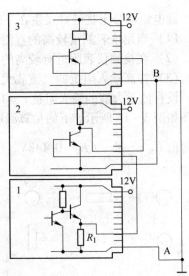

图 3-7　通过公共电源的内阻抗耦合干扰　　　图 3-8　接地线阻抗引起的共阻抗耦合干扰

板放大后再输入到 3 号板，3 号板受影响后的输出电流又要在 BA 线上形成压降，从而通过 BA 线共阻抗耦合形成寄生反馈通道，当满足一定条件时会使电路工作不稳定或产生自激振荡。

（3）信号输出电路的相互干扰。当电子装置的信号输出电路具有几种负载时，则任一个负载的变化都会通过输出阻抗的共阻抗耦合而影响其他输出电路。图 3 – 9 为具有三路负载的例子。每路负载为 Z_L，假定电路参数匹配，即 $Z_L = Z_0 + Z_S$。其中 Z_0 为输出线路的阻抗，Z_S 为电路的输出阻抗。一般 $Z_S \ll Z_0$，所以 $Z_0 \approx Z_L$。设输出电路 A 产生的波动电压为 ΔU_A，它在负载 B 上将引起 ΔU_B 的电压变化。按图 3 – 9 电路可推导出

$$\Delta U_B = \frac{Z_S \mathbin{/\!/} (Z_0 + Z_L) \mathbin{/\!/} (Z_0 + Z_L)}{Z_0 + Z_L + Z_S \mathbin{/\!/} (Z_0 + Z_L) \mathbin{/\!/} (Z_0 + Z_L)} \cdot \frac{Z_L}{Z_0 + Z_L} \cdot \Delta U_A \approx \frac{1}{4} \cdot \frac{Z_S}{Z_0} \cdot \Delta U_A$$

从上式可以看出，为减弱多路输出电路负载间的相互干扰，应尽量减小输出阻抗 Z_S。

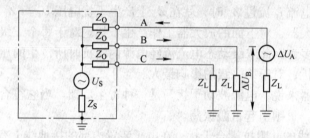

图 3 – 9　通过输出阻抗引起的共阻抗耦合干扰

3.2.4.5　漏电流耦合

漏电流耦合是由于绝缘不良，由流经绝缘电阻的漏电流所引起的噪声干扰。一般情况下的漏电流感应可用图 3 – 10 所示等效电路表示。图中 E_n 表示噪声源电势，R 表示漏电阻，Z_i 表示被干扰电路的输入阻抗，U_N 表示干扰电压。从等效电路可以得出干扰电压表达式

$$U_N = \frac{Z_i}{R + Z_i} \cdot E_n \tag{3 – 15}$$

漏电流耦合干扰经常发生在下列情况下：

（1）当用仪表测量较高的直流电压时。

（2）在检测仪表附近有较高的直流电压源。

（3）在高输入阻抗的直流放大器中。

设直流放大器的输入阻抗 $r_i = 10^8 \Omega$，干扰源电势 $E_n = 15V$，绝缘电阻 $r_a = 10^{10} \Omega$，其示意图如图 3 – 11 所示。下面估算漏电流干扰对此放大器的影响。根据图 3 – 11 和已知数据可得出 $U_N = \frac{r_i}{r_a + r_i} \cdot E_n = 0.148V$。

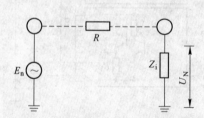

图 3 – 10　漏电流耦合等效电路

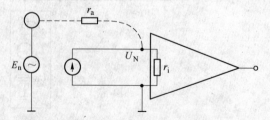

图 3 – 11　高输入阻抗放大器漏电干扰

从上面估算可知，即使是微弱漏电流干扰也将对高输入阻抗放大器造成严重的后果。所以必须严密注意与输入端有关的绝缘水平，以及它周围的电路安排。

3.2.4.6 传导耦合

噪声经导线耦合到电路中去是最明显的事实，但却经常被人们所忽视。当导线经过具有噪声的环境时，即拾取噪声，并经导线传送到电路而造成干扰。传导耦合的主要例子是噪声经电源线传到电路中来。通常，交流供电线路在生产现场的分布实际上构成了一个吸收各种噪声干扰的网络，而且噪声十分方便地以导线传导的形式传到各处，并经过电源线进入各种电子装置造成干扰。实践证明，经电源线引入电子装置的干扰无论从广泛性和严重性来说都是十分明显的，但常常被人们忽视。

3.2.4.7 辐射电磁场耦合

辐射电磁场通常来源于大功率高频电气设备、广播发射台、电视发射台等。如果在辐射电磁场中放置一个导体，则在导体上产生正比于电场强度 E 的感应电势。配电线特别是架空配电线都将在辐射电磁场中感应出干扰电势，并通过供电线路侵入电子装置，造成干扰。在大功率广播发射机附近的强电磁场中，仪表外壳或仪表内部尺寸较小的导体也能感应出较大的干扰电势。例如，当中波广播发射的垂直极化波的强度为 100mV/m 时，长度为 10cm 的垂直导体可以产生 5mV 的感应电动势。

上面分析了各种噪声的传播途径，并在原理上作了一些说明。但应指出，在实际工作中判断和寻找噪声干扰的原因和途径时，其复杂性往往远超过上述这些例子。通常从干扰源到被干扰点的途径是多种多样的，界面也是不明显的，甚至噪声源也是多方面的；有时干扰是时隐时现的。所以必须根据上述这些噪声耦合途径，对复杂的实际问题作仔细的分析，必要时还需借助测量手段来区分和判断。

3.3 共模干扰与差模干扰

各种噪声源产生的噪声必然要通过各种耦合方式进入仪表，并对其产生干扰。根据噪声进入信号测量电路的方式以及与有用信号的关系，可将噪声干扰分为差模干扰与共模干扰。

3.3.1 差模干扰

差模干扰又称串模干扰、正态干扰、常模干扰、横向干扰等。它使检测仪表的一个信号输入端子相对另一个信号输入端子的电位差发生变化，即干扰信号是与有用信号按电压源形式串联起来作用于输入端。因为它和有用信号迭加起来直接作用于输入端，所以它直接影响测量结果。差模干扰可用图 3-12 所示两种方式表示。图 3-12 中 E_1 表示等效干扰电压，I_1 表示等效干扰电流，Z_1 表示干扰源等效阻抗。当干扰源的等效内阻抗较小时，宜用串联电压源形式；当干扰源等效内阻抗较高时，宜用并联电流源形式。

造成差模干扰的原因很多，图 3-13 列举了几个典型例子。图 3-13(a) 表示用热电偶作为敏感元件进行温度测量时，由于有交变磁通 Φ 穿过信号传输回路产生干扰电势，造成差模干扰。图 3-13(b) 表示高压直流电场通过漏电流对动圈式检流计造成差模干扰的示意图。图 3-13(c) 表示信号输入回路中因接触不良引入的差模干扰。

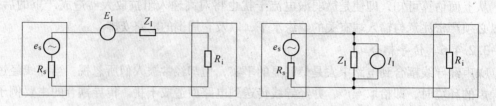

图 3 – 12　差模干扰等效电路

（a）串联电压源形式；（b）并联电流源形式

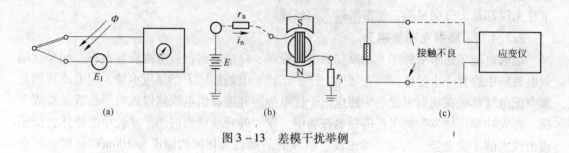

图 3 – 13　差模干扰举例

3.3.2　共模干扰

共模干扰又称纵向干扰、对地干扰、同相干扰、共态干扰等。它是相对于公共的电位基准点（通常为接地点），在检测仪表的两个输入端子上同时出现的干扰。虽然它不直接影响测量结果，但是当信号输入电路参数不对称时，它会转化为差模干扰，对测量产生影响。在实际测量过程中由于共模干扰的电压数值一般都比较大，而且它的耦合机理和耦合电路不易搞清楚，排除也比较困难，所以共模干扰对测量的影响更为严重。共模干扰通常用等效电压源表示。图 3 – 14 给出了一般情况下的共模干扰电压源等效电路。图中 e_I 表示干扰电压源，Z_{cm1}、Z_{cm2} 表示干扰源阻抗，Z_1、Z_2 表示信号传输线阻抗，Z_{s1}、Z_{s2} 表示信号传输线对地漏阻抗，R_i 表示仪表输入电阻，R_s 为信号源内阻。从图 3 – 14 可以看出，共模干扰电流的通路只是部分地与信号电路所共有；共模干扰会通过干扰电流通路和信号电流通路的不对称性转化为差模干扰，从而影响测量结果。

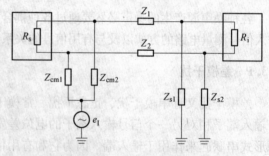

图 3 – 14　共模干扰等效电路

造成共模干扰的原因很多，图 3 – 15 给出了几个具体例子。图 3 – 15（a）所示热电偶测温系统中，热电偶的金属保护套管通过炉体外壳与生产管路接地。而热电偶的两条温度补偿导线与显示仪表外壳没有短接，但仪表外壳接大地，地电位差造成共模干扰。图 3 – 15（b）表示动力电源通过漏电阻对热电偶测温系统形成共模干扰。图 3 – 15（c）表示通过电源变压器的初次级间的分布电容耦合形成共模干扰。

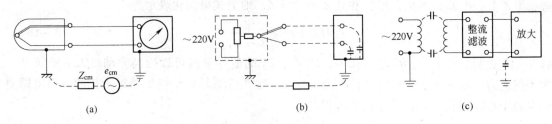

图 3 – 15 共模干扰举例

3.3.3 共模干扰抑制比

根据共模干扰只有转换成差模干扰才能对检测仪表产生干扰作用的原理可知，共模干扰对检测仪表的影响大小取决于共模干扰转换成差模干扰的大小。为了衡量检测仪表对共模干扰的抑制能力，就自然形成了"共模干扰抑制比"这一重要概念。共模干扰抑制比定义为，作用于检测仪表的共模干扰信号与使仪表产生同样输出所需的是差模信号之比。通常以对数形式表示为

$$CMRR = 20\lg \frac{U_{cm}}{U_{cd}} \qquad (3-16)$$

式中，U_{cm} 为作用于仪表的实际共模干扰信号，U_{cd} 为使仪表产生同样输出所需的差模信号。

共模干扰抑制比也可以定义为检测仪表的差模增益 K_d 与共模增益 K_c 之比，其数学表达式为

$$CMRR = 20\lg \frac{K_d}{K_c} \qquad (3-17)$$

式 3 – 17 特别适用于放大器的共模抑制比计算。

以上两种定义都说明，共模抑制比是检测仪表对共模干扰抑制能力的量度。$CMRR$ 值越高，说明仪表对共模干扰的抑制能力越强。

图 3 – 16 是一个差动输入运算放大器受共模干扰的等效电路。图中 E_{cm} 为共模干扰电压，Z_1、Z_2 为共模干扰源阻抗，R_1、R_2 为信号传输线路电阻，E_s 为信号源电压。由图 3 – 16 很容易写出在 E_{cm} 作

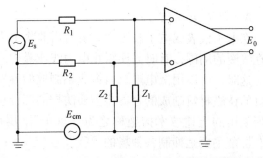

图 3 – 16 差动输入运算放大器受共模干扰等效电路

用下出现在放大器两输入端子之间的差模干扰电压表达式为

$$E_{cd} = E_{cm} \left(\frac{Z_1}{R_1 + Z_1} - \frac{Z_2}{R_2 + Z_2} \right)$$

从而可求得差动运算放大器的共模抑制比为

$$CMRR = 20\lg \frac{E_{cm}}{E_{cd}} = 20\lg \frac{(R_1 + Z_1)(R_2 + Z_2)}{Z_1 R_2 - Z_2 R_1}$$

从上式可以看出，若 $Z_1 R_2 = Z_2 R_1$，则 $CMRR$ 趋于无穷大，但实际上很难做到这一点。一

般，$|Z_1|$，$|Z_2| \gg R_1$，R_2，并且 $Z_1 \approx Z_2 = Z$，则上式可简化表示为

$$CMRR = 20\lg \frac{Z}{R_2 - R_1} \tag{3-18}$$

式 3-18 表明，使 R_1 与 R_2 尽量相等，使 Z_1、Z_2 的值尽量高可以提高差动放大器的抗共模干扰能力。通过上例分析可见，共模干扰在一定条件下是要转换成差模干扰的，而电路的共模干扰抑制比与电路对称性密切相关。

3.4　屏蔽、接地、浮置与其他噪声抑制技术

在电子装置的抗干扰措施中要经常使用屏蔽、接地和浮置等技术措施。根据具体情况，对干扰加以认真分析后有针对性地正确使用这些技术，往往可以得到满意的效果。在对具体问题进行分析时，一定要注意信号与干扰之间的辩证关系。显然，干扰对测量结果的影响程度是相对信号而言的。高电平信号允许有较大的干扰；而信号电平越低，对干扰的限制也越严。通常，干扰的频率范围是很宽的，但是对于一台具体的电子装置并非一切频率的干扰所造成的效果都相同。直流测量仪表一般都具有较大的惯性，即仪表本身具有低通滤波特性，因此它对频率较高的交流干扰不敏感；对于低频测量仪表，若输入端装有滤波器则可将通带频率以外的干扰大大衰减。但是对于工频干扰，用滤波器会将 50Hz 的有用信号滤掉。因此工频干扰是低频电子仪表的最严重且不易除去的干扰。对于宽频带电子仪表，在工作频带内的各种干扰都将起作用。在非电量的电测技术中动态测量日趋重要，所用的放大器、显示器、记录器的频带越来越宽，因此这类仪表的抗干扰问题日趋重要。

3.4.1　屏蔽技术

3.4.1.1　屏蔽的目的及种类

A　屏蔽的目的

在电子仪表或电子装置中，有时需要将电力线或磁力线的影响限定在某个范围，如限定在线圈的周围；有时需要阻止电力线或磁力线进入某个范围，例如阻止其进入仪表外壳内。这时，可以用低电阻材料铜或铝制成的容器将需要防护的部分包起来，或者用导磁性良好的铁磁材料制成的容器将需要防护的部分包起来。人们将防止静电的或电磁的相互感应所采用的上述技术措施称之为"屏蔽"。屏蔽的目的就是隔断"场"的耦合，也就是说，屏蔽主要是抑制各种场的干扰。

B　屏蔽的种类

屏蔽可分为以下三类：

(1) 静电屏蔽，防止静电耦合干扰。

(2) 电磁屏蔽，利用良导体在电磁场内的涡流效应，以防止高频电磁场的干扰。

(3) 磁屏蔽，采用高导磁材料制作屏蔽层，防止低频磁通干扰。

3.4.1.2　静电屏蔽

A　静电屏蔽原理

由静电学知道，处于静电平衡状态下的导体内部各点等电位，即导体内部无电力线。

利用金属导体的这一性质，并加上接地措施，则静电场的电力线就在接地金属导体处中断，从而起到隔离电场的作用。

图3-17（a）表示空间孤立存在的导体A上带有电荷$+Q$时的电力线分布，这时电荷$-Q$可以认为在无穷远处。图3-17（b）表示用导体B将A包围起来后的电力线分布。这时在导体B的内侧有感应电荷$-Q$，在外侧有感应电荷$+Q$。在导体B的内部无电力线，即电力线在导体B处中断。这时从外部看B和A所组成的整体，对外仍呈现由A导体所带电荷$+Q$和B导体几何形状所决定的电场作用，所以单用导体B将导体A包围起来还是没有静电屏蔽作用。图3-17（c）是导体B接大地时的情况。这时导体B外侧的电荷$+Q$被引到大地，因此导体只与大地等电位，导体B外部的电力线消失。也就是说，由导体A产生的电力线被封闭在导体B的内侧空间，导体B起到了静电屏蔽作用。如果导体A上的电荷是随时间变化的，那么在接地线上就必定有对应于电荷变化的电流流过。由于导体B外侧还有剩余电荷，于是在导体B的外部空间将出现静电场和感应电磁场。因此，所谓完全屏蔽是不可能的。另外，在实际布线时如果在两导线之间敷设一条接地导线，如图3-18所示，则导线A与B之间的静电耦合将明显减弱。若将具有静电耦合的两个导体在间隔保持不变的条件下靠近大地，其耦合也将减弱。

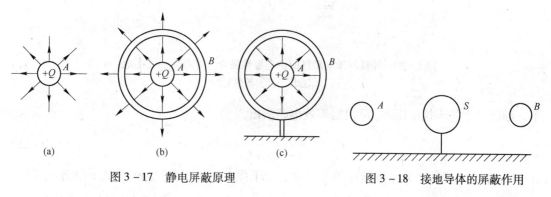

图3-17 静电屏蔽原理   图3-18 接地导体的屏蔽作用

B 静电屏蔽效果估算

下面举几个实例说明静电屏蔽效果估算方法。

（1）在接收电路周围加屏蔽后的电容耦合。如图3-19所示，导线2被屏蔽体全部包围。在图中标出了有关的寄生分布电容，导线1带有噪声干扰电压U_1。由等效电路可以求出屏蔽导体上的干扰电压为

$$U_S = \frac{C_{1S}}{C_{1S} + C_{SG}} \cdot U_1 \qquad (3-19)$$

由于C_{2S}中无电流流过，因此导线2上的干扰电压U_N与U_S相等，即

$$U_N = U_S = \frac{C_{1S}}{C_{1S} + C_{SG}} \cdot U_1 \qquad (3-20)$$

如果将屏蔽体接地，即$U_S = 0$，则U_N也等于零。

（2）被屏蔽导线伸出屏蔽体时的电容耦合。导体全部被屏蔽而不伸出屏蔽体的情况是较少见的，大多有一部分导体伸出屏蔽体外。如图3-20所示，伸出屏蔽体外的这部分导线与导线1必然存在寄生电容C_{12}，并已与地之间存在寄生电容C_{2G}。在屏蔽体接地的情况

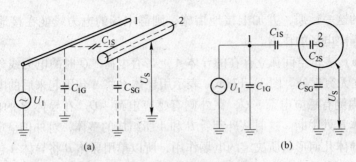

图 3-19　在导线周围加屏蔽后的电容性耦合
(a) 示意图；(b) 等效电路

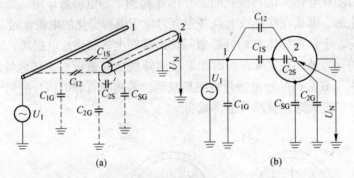

图 3-20　导线伸出屏蔽体时的电容性耦合（屏蔽体一点接地）
(a) 示意图；(b) 等效电路

下，导线 2 上的干扰电压 U_N 可根据等效电路求出。

$$U_N = \frac{C_{12}}{C_{12} + C_{2G} + C_{2S}} \cdot U_2 \qquad (3-21)$$

式中 C_{12} 取决于导线 2 伸出屏蔽体外的长度，而干扰电压 U_N 与寄生电容 C_{12} 的大小有关。

如果导线 2 对地电阻为有限值，并且有 $R \ll \dfrac{1}{\omega(C_{12} + C_{2G} + C_{2S})}$，则根据图 3-21 等效电路可得出导线 2 上的干扰电压

$$U_N \approx \omega R C_{12} U_1 \qquad (3-22)$$

这说明，干扰电压 U_N 正比于 C_{12}。因此，在采用屏蔽时只有尽量减少导线 2 伸出屏蔽体的长度才能有效地抑制静电耦合干扰。

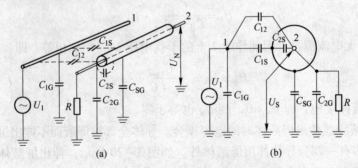

图 3-21　被屏蔽电路对地有电阻时的电容性耦合

3.4.1.3 电磁屏蔽

A 电磁屏蔽原理

电磁屏蔽是采用导电良好的金属材料做成屏蔽层,利用高频电磁场在屏蔽金属内产生电涡流,由涡流产生的磁场抵消或减弱干扰磁场的影响,从而达到屏蔽的效果。一般所说的屏蔽多数是指电磁屏蔽。电磁屏蔽主要用来防止高频电磁场的影响,它对于低频磁场干扰的屏蔽效果是非常小的。基于涡流磁场反作用的电磁屏蔽在原理上与屏蔽体是否接地无关,但一般应用时屏蔽体都是接地的,这样又可同时起到静电屏蔽作用。电磁屏蔽依靠涡流产生作用,因此必须用良导体如铜、铝等做屏蔽层。考虑到高频集肤效应。高频涡流仅流过屏蔽层的表面一层,因此屏蔽层的厚度只需考虑机械强度就可以了。当必须在屏蔽层上开孔或开槽时,应注意孔和槽的位置与方向以不影响或尽量少影响涡流的形成和涡流的途径,以免影响屏蔽效果。

B 电磁屏蔽效果的估算

图 3 – 22 表示了屏蔽盒的电磁屏蔽作用。屏蔽导体中的电流方向与线圈的电流方向相反。因此,在屏蔽盒的外部屏蔽导体涡流产生的磁场与线圈产生的磁场相抵消,从而抑制了泄漏到屏蔽盒外部的磁力线,起到了电磁屏蔽作用。如果将电磁屏蔽导体看作是匝数 $W_s = 1$ 的线圈,其电阻、电感分别

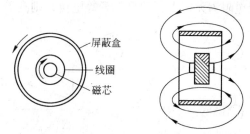

图 3 – 22　屏蔽盒的电磁屏蔽作用

为 r_s、L_s,流过电流为 i_s;线圈的匝数为 W_c,电感为 L_c,流过电流 i_c;线圈与屏蔽导体的互感为 M,则有

$$\dot{I}_s = \frac{\mathrm{j}\omega M}{r_s + \mathrm{j}\omega L_s}\dot{I}_c \qquad (3-23)$$

在高频情况下可以认为 $r_s \ll \mathrm{j}\omega L_s$,于是

$$i_s \approx \frac{M}{L_s}i_c = k\sqrt{\frac{L_c}{L_s}}i_c \approx k\frac{W_c}{W_s}i_c = kW_c i_c \qquad (3-24)$$

但是,在低频时因为 $r_s \gg \mathrm{j}\omega L_s$,所以有

$$\dot{I}_s = \frac{\mathrm{j}\omega M}{r_s}\dot{I}_c \qquad (3-25)$$

即在低频时 ω 值很小,故 i_s 值也很小。这说明对低频磁场的屏蔽效果很小,因此这种方法只适用于高频。但应注意,被屏蔽的线圈与屏蔽导体的关系相当于变压器初级线圈与短路的次级线圈的关系,它将造成线圈的电感量减小和 Q 值降低。为了减小此影响,一般将屏蔽罩做得较大,其直径约比线圈直径大一倍,这时线圈电感量约减小 $15\% \sim 20\%$。

3.4.1.4 低频磁屏蔽

电磁屏蔽对低频磁通干扰的屏蔽效果是很差的,因此在低频磁通干扰时要采用高导磁材料作屏蔽层,以便将干扰磁通限制在磁阻很小的磁屏蔽体内部,防止其干扰作用,为了有效地进行低频磁屏蔽,屏蔽层材料要选用诸如坡莫合金之类对低磁通密度有高磁导率的铁磁材料,同时要有一定的厚度以减小磁阻。由铁氧体压制成的罐形磁芯可作为磁屏蔽使用,并可以把它和电磁屏蔽导体一同使用。为提高屏蔽效果可采用多层屏蔽。第一层用低

磁导率的铁磁材料，作用是使场强降低；第二层用高磁导率铁磁材料，以充分发挥其屏蔽作用。某些高导磁材料，如坡莫合金经机械加工，其导磁性能会降低。因此用这类材料制成的屏蔽体在加工后应进行热处理。图 3－23 给出了线圈磁屏蔽时的磁通分布。在磁屏蔽时磁通要进入磁屏蔽体内部，因此在设计磁屏蔽罩时应注意它的开口和接缝不要横过磁力线的方向，以免增加磁阻使屏蔽性能变坏。

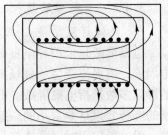

图 3－23　磁屏蔽

3.4.1.5　驱动屏蔽

A　驱动屏蔽原理

驱动屏蔽就是用被屏蔽导体的电位通过 1:1 电压跟随器来驱动屏蔽导体的电位，其原理图示于图 3－24。若 1:1 电压跟随器是理想的，即在工作中导体 B 与屏蔽层 C 之间的绝缘电阻为无穷大，并且二者等电位，则在 B 导体之外与屏蔽层内侧之间的空间无电力线，

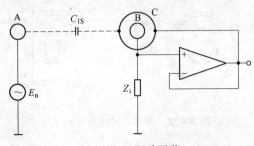

图 3－24　驱动屏蔽

各点等电位。这说明，噪声源导体 A 的电场影响不到导体 B。这时，尽管导体 B 与屏蔽层 C 之间有寄生电容存在，但是因 B 与 C 等电位，故此寄生电容无容性干扰电流流过，即不起寄生耦合作用。因此驱动屏蔽能有效地抑制通过寄生电容的耦合干扰。应指出的是，在驱动屏蔽中所应用的 1:1 电压跟随器不仅要求其输出电压与输入电压的幅值相同，而且要求两者之间的相移为零。另一方面，此电压跟随器的输入阻抗与 Z_i 相并联。为减小其并联作用，则要求电压跟随器的输入阻抗值应足够高。实际上这些要求只能在一定程度上得到满足。驱动屏蔽属于有源屏蔽，只有当线性集成电路出现以后，驱动屏蔽才有了实用价值，并在工程中获得了愈来愈广泛的应用。

B　驱动屏蔽应用举例

利用集成运算放大器的同相输入端与反相输入端在工作时近于等电位，可实现对屏蔽层的等电位驱动。其电路原理图示于图 3－25。尽管屏蔽层与同相端信号线之间的寄生电容 C_s 较大，因 C_s 的两端近于等电位，所以屏蔽层与被屏蔽信号线之间的容性泄漏电流是非常小的。这就保证了对交流输入信号的高输入阻抗。这时，屏蔽层与公共线、输出端子之间仍有寄生电容存在。但流过这些电容的泄漏电流是输出电流的一部分，而输出电流是属于放大后的高电平信号，并且电阻 R_1、R_2 的阻值较低，因此 C_1、C_2 的并联作用不大，可忽略。同理，可用输入晶体管的射极电位驱动其基极信号线的屏蔽层，其电路原理图示于图 3－26。这样可使屏蔽层的电位精确跟踪共模干扰电压 e_{cm}，从而减小传输线中的共模干扰电流以及传输线到屏蔽层之间的静电耦合干扰。值得指出的是，在工程实践中驱动屏蔽往往不单独使用，而是将它与静电屏蔽结合在一起使用。这就是通常所说的"双层屏蔽等电位传输技术"。这种技术的基本思路是，连接电缆采用内外双层屏蔽，使内层屏蔽与被屏蔽的信号线等电位，从而使信号线与内屏蔽层之间的电缆电容不起作用，而外层屏蔽仍将接地，起静电屏蔽作用。

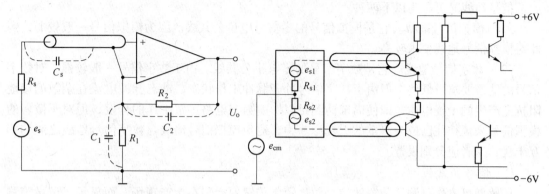

图 3-25　驱动屏蔽实现高输入阻抗　　　　　图 3-26　用晶体管射极电位驱动屏蔽层

3.4.2 接地

接地是一种技术措施，它起源于强电技术。对于强电，由于电压高、功率大，容易危及人身安全。为此，有必要将电网的零线和各种电气设备的外壳通过接地导线与大地连接，使之与大地等电位，以保障人身和设备的安全。因此强电技术的接地概念是指与大地相短接，着眼于安全。电子测量仪表外壳或导线屏蔽层等接大地是着眼于静电屏蔽的需要，即通过接大地给高频干扰电压形成低阻通路，以防止其对电子装置的干扰。出于习惯的原因，在电子技术中把电信号的基准电位点也称之为"地"。因此在电子测量仪表中的所谓接地就是指接电信号系统的基准电位。电子装置中的"地"是输入与输出信号的公共零电位，它本身却是可能与大地相隔离的。例如飞机和人造卫星上的电子装置就是把机身、壳体看作基准零电位，与它相接，保持和它同电位就叫接地。因此，电子技术中的接地概念是着眼于构成基准电位和干扰的抑制。

3.4.2.1 电气设备与电子装置中的多种地线

A　保安地线

为了安全起见，作为三相四线制电源电网的零线、电气设备的机壳、底盘及避雷针等都需要接大地。为了保证用电的安全性，应采用具有保安接地线的单相二线制配电方式。图 3-27 所示为 220V 三线制交流配电原理图。"火线"上装有熔断丝，保安地线应与设备外壳相连。当电流超过容限时熔断丝切断电源，但不管漏电流大小或熔断丝是否熔断，用电设备外壳始终保持地电位，从而保障了人身安全。

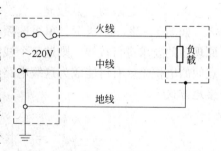

图 3-27　单相三线制配电原理图

B　信号地线

电子装置中的地线除特别说明接大地的以外一般都是指作为电信号的基准电位的信号地线，电子装置的接地是涉及抑制干扰和保证电路工作性能稳定可靠的关键问题。信号地线既是各级电路中静、动态电流的通道，又是各级电路通过某些共同的接地阻抗而相互耦合，从而引起内部干扰的薄弱环节。所以沿用电气工作上以通路为要求的习惯的接地方法，对于电子电路来说是行不通的。

信号地线又可分为以下两种：

（1）模拟信号地线。它是模拟信号的零信号电位公共线。因为模拟信号一般较弱，因此对模拟信号地线要求较高。

（2）数字信号地线。它是数字信号的零电平公共线。由于数字信号一般较强，对数字信号的地线要求可低些。但由于数字信号处于脉冲工作状态，动态脉冲电流在杂散的接地阻抗上产生的干扰电压，即使尚未达到足以影响数字电路正常工作的程度，但对于微弱的模拟信号来说往往已成为严重的干扰源。为了避免模拟信号地线与数字信号地线之间的相互干扰，二者应分别设置。

C　信号源地线

传感器可看作是测量装置的信号源。通常传感器安装在生产现场，而显示、记录等测量装置则安装在离现场有一定距离的控制室内，在接地要求上二者不同，有差别。信号源地线乃是传感器本身的零信号电位基准公共线。

D　负载地线

负载的电流一般较前级信号电流大得多。负载地线上的电流在地线中产生的干扰作用也大，因此负载地线和测量放大器的信号地线也有不同的要求。有时二者在电气上是相互绝缘的，它们之间通过磁耦合或光耦合传输信号。

在电子装置中上述四种地线一般应分别设置。在电位需要连通时可选择合适的位置作一点相连，以消除各地线之间的相互干扰。

3.4.2.2　电路一点接地准则

为了使屏蔽在防护电测装置不受外界电场的电容性或电阻性漏电影响时充分发挥作用，应将屏蔽接大地。通常把大地看作等电位体，但是由于各种原因，实际上大地各处的电位是不相同的。如果一个测量系统在两点接地。则由于这两点间的地电位差而引起干扰。即使对于某一电子装置中的接地母线或电子线路的接地走线来说，由于各种接地电流的流通，也会使同一接地系统上各点电位不同，这样就又给电路引进了内部干扰。这时采用一点接地就可以有效地削弱这些干扰。因此对一个测量电路只能"一点接地"。

A　单级电路的一点接地

如图3－28（a）所示，单级选频放大器的原理电路上有7个线端需要接地。如果只从原理图的要求进行接线，则这7个线端可以任意地接在接地母线上不同位置。这样，不同点间的电位差就有可能成为这级电路的干扰信号。因此，应采用图3－28（b）所示的一点接地方式。

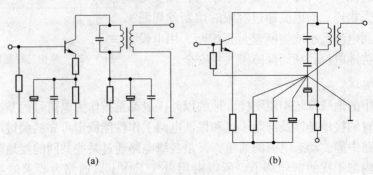

(a)　　　　　(b)

图3－28　单级电路的一点接地

B　多级电路的一点接地

图 3 – 29（a）所示的多级电路利用一段公用地线后再在一点接地，它虽然避免了多点接地可能产生的干扰，但是在这段公用地线上却存在着 A、B、C 三点不同的对地电位差，其中 $U_A = (I_1 + I_2 + I_3)R_1$，$U_B = (I_1 + I_2 + I_3)R_1 + (I_2 + I_3)R_2$，$U_C = (I_1 + I_2 + I_3)R_1 + (I_2 + I_3)R_2 + I_3R_3$。当各级电平相差不大时，这种接地方式还勉强可以使用。如果各电路的电平相差很大时就不能使用，因为高电平电路将会产生较大的地电流并干扰到低电平电路。此种接地方式的优点是布线简便，因此常应用在级数不多，各级电平相差不大以及抗干扰能力较强的数字电路方面。在使用这种接地方式时还应注意把低电平的电路放在距接地点最近的地方，因为该点最接近于地电位。

图 3 – 29（b）采取了一点接地方式。此方式对低频电路是最适用的，因为各电路之间的电流不致形成耦合。这时 A、B、C 三点对地电位分别为 $U_A = I_1R_1$，$U_B = I_2R_2$，$U_C = I_3R_3$，它们只与本电路的地电流和地线阻抗有关。但是，这种方式需要连很多根地线，布线不方便，在高频时反而会引起地线之间的互感耦合干扰，因此只在频率为 1MHz 以下时才予以采用。当频率高于 10MHz 时应采用多点接地方式。在 1MHz 以下时至 10MHz 之间，如用一点接地时，其地线长度不得超过波长的 1/20（例如 10MHz 时不得超过 1.5m），否则也应采用多点接地。

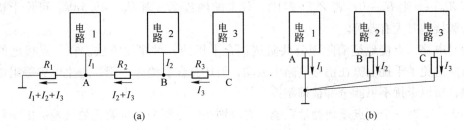

图 3 – 29　多级电路的一点接地

C　测量系统的一点接地

图 3 – 30 所示为两点接地测量系统。图中 U_s、R_s 为信号源电压及其内阻，U_G、R_G 为两接地点之间的地电位差及其地电阻，R_{L1}、R_{L2} 为信号传输线等效电阻，R_i 为放大器的输入电阻。若 R_G、R_{L2} 均远小于 $(R_s + R_i + R_{L1})$，则放大器输入端的噪声电压为

$$U_N = \frac{R_i}{R_i + R_{L1} + R_s} \cdot \frac{R_{L2}}{R_{L2} + R_G} U_G \tag{3 – 26}$$

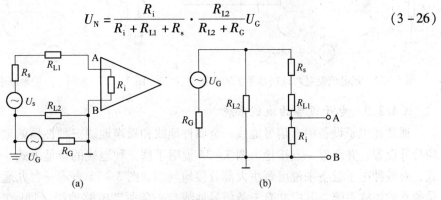

图 3 – 30　两点接地测量系统

（a）示意图；（b）等效电路

设 $U_G = 100\text{mV}$，$R_G = 0.10\Omega$，$R_s = 1\text{k}\Omega$，$R_{L1} = R_{L2} = 1.0\Omega$，$R_i = 10\text{k}\Omega$，代入上式后可得出 $U_N = 82.6\text{mV}$，即 100mV 地电位差几乎全部加到放大器输入端。

为了解决上述问题可采用一点接地，即保持信号源与地隔离，如图 3-31 所示。图中 Z_{sG}是信号源对地的漏阻抗。如 $R_{L2} \ll (R_s + R_{L1} + R_i)$ 和 $Z_{sG} \gg (R_{L2} + R_G)$，则放大器输入端子上的噪声电压为

$$U_N = \frac{R_i}{R_i + R_{L1} + R_s} \cdot \frac{R_{L2}}{Z_{sG}} U_G \qquad (3-27)$$

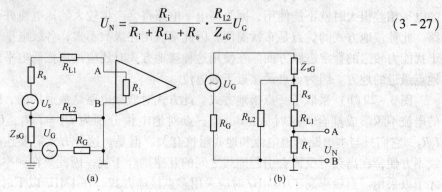

图 3-31　一点接地测量系统
（a）示意图；（b）等效电路

若 $Z_{sG} \to \infty$ 则 $U_N \to 0$；若 $Z_{sG} = 2\text{M}\Omega$，代入前例数据，则 $U_N = 45.5\text{nV}$。可见干扰情况比信号源接地时大有改善。

信号电路一点接地是消除因公共阻抗耦合干扰的一种重要方法。在一点接地的情况下，虽然避免了干扰电流在信号电路中流动，但还存在着绝缘电阻、寄生电容等组成的漏电通路，所以干扰不可能全部被抑制掉。

图 3-32 是一个两点接地测量系统，它分别在信号源和测量装置处接地。由于两点接地，地电位差产生较大的干扰电流流经信号零线造成严重干扰。图 3-33 是将两点接地改为一点接地后的测量系统。此时地电位差造成的干扰电流很小。主要是存在容性漏电流，但该电流流经屏蔽层，不流经电路的信号零线。

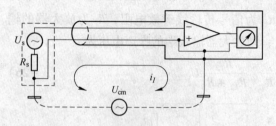

图 3-32　地电位差对两点接地系统的干扰

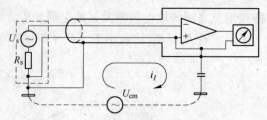

图 3-33　采用一点接地减小地电位差干扰

3.4.2.3　电子设备的地线系统

通常在电子设备中有信号地线、金属件地线和噪声地线三种性质的地线。这三种地线应分开设置，并通过一点接地。图 3-34 说明了这三种地线的接地方式。使用这种接地方式，对各种电子设备来说可解决大部分接地问题。图 3-35 表示一台九通道数字式磁带记录装置的地线系统。其中共有三条信号地线、一条驱动电路地线（即噪声地线）、一条金属件地线。九个读出放大器最灵敏，所以用了两条信号地线；九个写入放大器因工作电平

较高所以和数字接口电路、数控逻辑电路共用第三条信号地线。另外，这三种地线还要和电源的地线相连接。当设计电子设备的接地系统时可参照图 3-35 的方式，首先按各部分电路的性质进行区分若干条接地线，然后拟定总体的接地系统。

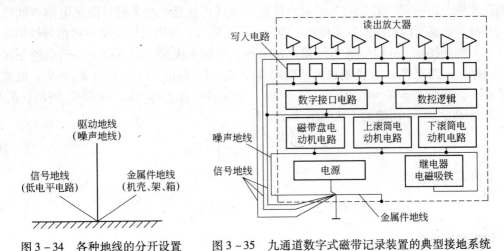

图 3-34　各种地线的分开设置　　　图 3-35　九通道数字式磁带记录装置的典型接地系统

3.4.3　浮置

浮置又称浮空、浮接，它指的是测量仪表的输入信号放大器公共线（即模拟信号地）不接机壳或大地。对于被浮置的测量系统，测量电路与机壳或大地之间无直流联系。

图 3-36 所示的温度测量系统，其前置放大器通过三个变压器与外界联系。B_1 是输出变压器，B_2 是反馈变压器，B_3 是电源变压器。前置放大器的两个输入端子均不接外壳和屏蔽层，也不接大地。它的两层屏蔽之间也互相绝缘，外层屏蔽接大地，内层屏蔽延伸到信号源处接地。从图中可明显看出，采用浮置后地电位差所造成的干扰电流大大减小，并属于容性漏电流。

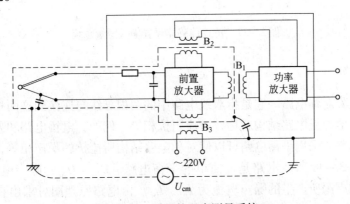

图 3-36　浮置的温度测量系统

屏蔽接地的目的是将干扰电流从信号电路引开，即不让干扰电流流经信号线，而让干扰电流流经屏蔽层到大地。浮置与屏蔽接地相反，是阻断干扰电流的通路。测量系统被浮置后，明显地加大了系统的信号放大器公共线与大地或外壳之间的阻抗，因此浮置能大大减小共模干扰电流。但是浮置不是绝对的，不可能做到"完全浮空"。其原因是信号放大器公共线与地（或外壳）之间虽然电阻值很大（为绝缘电阻级），可以大大减小电阻性漏电流干扰，但是其间仍存在着寄生电容，即容性漏电流干扰仍然存在。

测量系统被浮置后，因共模干扰电流大大减小，所以其共模干扰抑制能力大大提高。下面以实例分析说明。图 3 - 37 所示为浮置的桥式传感器测量系统。测量电路有两层屏蔽，其测量电路与内层屏蔽罩不相连，因此是浮置输入；其内层屏蔽罩通过信号线的屏蔽层在信号源处接地，外层屏蔽（外壳）接大地。共模干扰源（地电位差）形成的干扰电流分两路：一路经 R_s、C_3 到地；另一路经 R_L、C_2、C_3 到地，因为 $R_L + X_{c2} \gg R_s$，故此路电流很小。若取 $C_2 = C_3 = 0.01\mu\text{F}$，$C_1 \approx 3\text{pF}$，对工频干扰 $f = 50\text{Hz}$，则有 $X_{c1} \gg R_L$，$X_{c2} \gg R_L$，$X_{c3} \gg R_L$，则 R_L 两端的干扰电压可表示为

$$U_N \approx \left(\frac{R_s R_L}{X_{c2} X_{c3}} + \frac{R_L}{X_{c1}} \right) \cdot E_{cm} \tag{3 - 28}$$

共模抑制比

$$CMRR(\text{dB}) = 20\lg \frac{E_{cm}}{U_N} = -20\lg \left(\frac{R_s R_L}{X_{c2} X_{c3}} + \frac{R_L}{X_{c1}} \right) \tag{3 - 29}$$

代入给定参数

$CMRR(\text{dB}) \approx 20\lg \dfrac{X_{c1}}{R_L} = 119\text{dB}$。若以漏电阻 R_1、R_2、R_3 代替 C_1、C_2、C_3，则可以看出，浮置同样能抑制直流共模干扰。

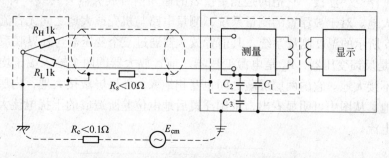

图 3 - 37　桥式传感器浮置输入测量系统

3.4.4　平衡电路

平衡电路又称对称电路。它是指双线电路中的两根导线与连接到这两根导线的所有电路，对地或对其他导线电路结构对称，对应阻抗相等。例如，电桥电路和差分放大器等电路就属于平衡电路。采用平衡电路可以使对称电路结构所拾取的噪声相等，并可以在负载上自行抵消。图 3 - 38 所示电路是最简单的平衡电路。U_{N1}、U_{N2} 为噪声电压源，U_{s1}、U_{s2} 为信号源，二噪声源所产生的噪声电流为 I_{N1}、I_{N2}。由电路原理图可求出在负载上产生的总电压为 $U_L = I_{N1}R_{L1} - I_{N2}R_{L2} + I_s(R_{L1} + R_{L2})$，式中前两项表示噪声电压，第三项表示信号电压。若电路对称，则 $I_{N1} = I_{N2}$，$R_{L1} = R_{L2}$，所以负载上噪声电压可互相抵消。但实际上电路很难做到参数完全对称，此时抑制噪声的能力决定于电路参数的对称性。

在一个不平衡系统中，电路的信号传输部分可用两个变压器而得到平衡，其原理图示于图 3 - 39。因为长导线最易拾取噪声，显然这种方法对于信号传输电路在噪声抑制上是

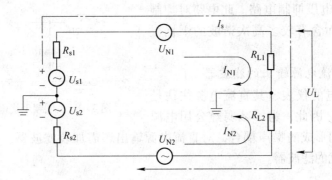

图 3 – 38　最简单的平衡电路

很有用的。同时，变压器还能断开地环路，因此能消除负载与信号源之间由于地电位所造成的噪声干扰。

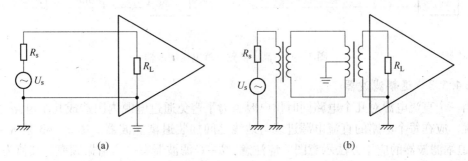

(a)　　　　　　　　　　　　　　　　(b)

图 3 – 39　用两个变压器使传输线平衡

（a）不平衡系统；（b）平衡传输系统

3.4.5　滤波器

　　滤波器是一种只允许某一频带信号通过或只阻止某一频带信号通过的电路，是抑制噪声干扰的最有效手段之一。特别是对抑制经导线传导耦合到电路中的噪声干扰，它是一种被广泛采用的技术手段。下面介绍在仪表中广泛使用的各种滤波器。

3.4.5.1　交流电源进线的对称滤波器

　　任何使用交流电源的电子测量仪表，噪声经电源线传导耦合到测量电路中去对仪表工作造成干扰是最明显的事实。为此，在交流电源进线端子间加装滤波器是十分必要的。图 3 – 40 所示的高频干扰电压对称滤波器对于抑制中波段的高频噪声干扰是很有效的。图

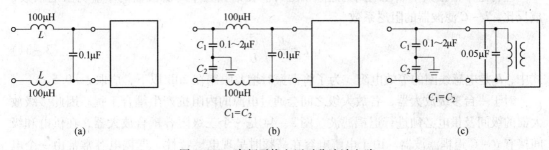

(a)　　　　　　　　　　　(b)　　　　　　　　　　　(c)

图 3 – 40　高频干扰电压对称滤波电路

3 - 41是低频干扰电压抑制电路。此电路对抑制因电源波形失真而含有较多高次谐波的干扰很有效。

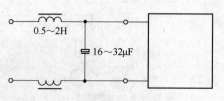

图 3 - 41　低频干扰电压滤波电路

3.4.5.2　直流电源输出的滤波器

任何直流供电的仪表，其直流电源往往是被几个电路公用。因此，为了减弱经公用电源内阻在各电路之间形成的噪声耦合，对直流电源输出还需加装滤波器。图 3 - 42 是滤除高、低频成分干扰的滤波器。

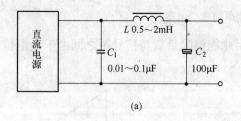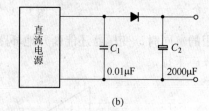

(a)　　　　　　　　　　　　　　(b)

图 3 - 42　高、低频干扰电压滤波器

3.4.5.3　退耦滤波器

当一个直流电源对几个电路同时供电时，为了避免通过电源内阻造成几个电路之间互相干扰，应在每个电路的直流电源进线与地线之间加装退耦滤波器。图 3 - 43 是 $R - C$ 和 $L - C$ 退耦滤波器的应用方法示意图。应注意，$L - C$ 滤波器有一个谐振频率，其值为

$$f_r = \frac{1}{2\pi \sqrt{LC}} \qquad\qquad (3 - 30)$$

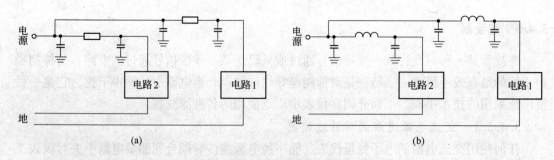

(a)　　　　　　　　　　　　　　(b)

图 3 - 43　电源退耦滤波器

应将这个谐振频率取在电路的通频带之外。在谐振频率时滤波器的增益与阻尼系数 ζ 成反比。$L - C$ 滤波器的阻尼系数

$$\zeta = \frac{R}{2} \sqrt{\frac{C}{L}} \qquad\qquad (3 - 31)$$

式中，R 是电感线圈的等效电阻。为了将谐振时增益限制在 2dB 以下，应取 $\zeta > 0.5$。

对于一台多级放大器，各放大级之间会通过电源的内阻抗产生耦合干扰。因此多级放大器的级间及供电必须进行退耦滤波。图 3 - 44 是一个三级阻容耦合放大器，在供电和级间接有 $R - C$ 退耦滤波器。由于电解电容在高频时呈现电感特性，退耦电容常常由一个电

解电容与一个高频电容并联组成。

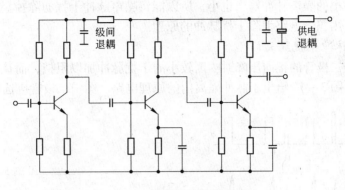

图 3-44 三级放大器退耦滤波

除了以上介绍的常用滤波器外，可以让导线穿过铁氧体磁珠，利用磁珠对高频噪声或振荡的阻尼作用来滤除高频噪声；可以将浪涌吸收器用于电源电路中作为滤波器以吸收电源中的各种浪涌脉冲噪声；在信号调理电路中合理地使用有源滤波器也可以滤除通带外的噪声。

3.4.6 光耦合器与隔离放大器

使用光耦合器切断地环路电流干扰是十分有效的。其原理图示于图 3-45。由于两个电路之间采用光束来耦合，能把两个电路的地电位隔离开，两电路的地电位即使不同也不会造成干扰。光耦合对数字电路很适用，但在模拟电路中需应用光反馈技术，以解决光耦合器特性的线性度较差的问题，可供选用线性光耦合器有 HCNR200 和 HCNR201 等。由于二极管－三极管型光耦合器的频率响应范围不够宽，因此在传输频率较高的脉冲信号时往往选用频率响应范围很宽的二极管－二极管型光耦合器。

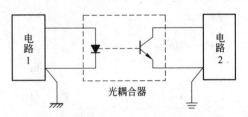

图 3-45 用于断开地环路的光耦合器

在强电磁干扰环境下，各个传感器信号通道的共模干扰电压相差很大。如果不进行有效的隔离，则几个通道之间将相互干扰，导致数据跳动，严重时将导致系统瘫痪。在过程检测与控制装置中，多采用隔离放大器来实现共模干扰的隔离。隔离放大器由输入电路和输出电路两部分组成。输入电路和输出电路之间没有直接的电气连接。两部分之间的耦合方式有变压器耦合、光电耦合等。常用型号有 AD202、AD203、AD204、AD208、AD210、AD215、ISO121、ISO122、ISO124、AMC1100、AMC1200 等。

3.4.7 脉冲电路的噪声抑制技术

3.4.7.1 积分电路

在脉冲电路中为了抑制脉冲型的噪声干扰，使用积分电路是有效的。当脉冲电路以脉冲前沿的相位作为信息传输时，通常用微分电路取出前沿相位。但是，如果有噪声脉冲存在，其宽度即使很小也会出现在输出端。如果使用积分电路，则脉冲宽度大的信号输出大，而脉冲宽度小的噪声脉冲输出也小，所以能将噪声脉冲干扰滤除掉。图3-46以波形图的形式说明了用积分电路消除干扰脉冲的原理。

3.4.7.2 脉冲干扰隔离门

可以利用硅二极管的正向压降对幅度较小的干扰脉冲加以阻挡，而让幅度较大的脉冲信号顺利通过。图3-47给出了脉冲隔离门的原理电路。图中二极管应选用开关管。

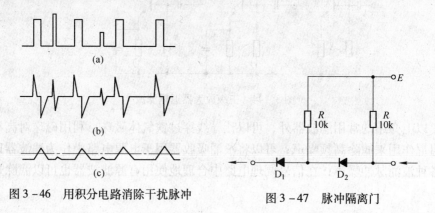

图3-46 用积分电路消除干扰脉冲   图3-47 脉冲隔离门

3.4.7.3 削波器

当噪声电压低于脉冲的波峰值时，亦可使用图3-48所示的削波器。该削波器只让高于电压 E 的脉冲信号通过，而低于电压 E 的干扰脉冲则被削掉。

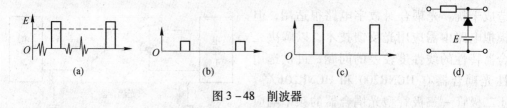

图3-48 削波器

3.5 电源变压器与工频干扰

任何使用交流供电的电子测量仪表都使用电源变压器，而电源变压器却是工频干扰的主要来源之一。通常将电源变压器装在电子装置的金属屏蔽外壳之内，它将电网的交变电压直接引进了金属屏蔽罩，从而破坏了屏蔽罩的完整性。如图3-49所示，电网交变电压通过寄生电容耦合到电子线路造成工频干扰。为了封闭屏蔽罩的这一缺口，在变压器的原边与副边绕组之间增加了一层静电屏蔽层。它通常是包在原边绕组外面的一层两端不封合的铜箔、铝箔或是在原边绕组外平绕一层两端不闭合的漆包铜线。对于信号传输变压器，同样存在着通过其原、副边绕组间分布电容所产生的寄生电容耦合干扰。所以，信号传输变压器同样需设置静电屏蔽层。

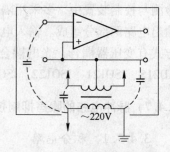

图3-49 电源变压器破坏了
屏蔽罩的完整性

3.5.1 加入单层静电屏蔽后的泄漏电流分析

在电源变压器原、副边绕组之间设置静电屏蔽层的目的是利用其静电屏蔽作用切断或减弱原、副边绕组之间的寄生电容耦合。实际上，加入静电屏蔽层以后屏蔽层与绕组之间仍然存在着分布电压和分布电容，从而造成绕组对屏蔽层存在着一定的容性漏电流。其等效电路如图 3-50 所示。为简化分析，设每一匝绕组对静电屏蔽层的寄生电容相同，即 $C_1 = C_2 = \cdots = C_n = C_0$；这时流过 C_n 的容性电流 $I_n = U\omega C_0$，流过 C_m 的容性电流为 $I_m = \dfrac{m}{n}U\omega C_0$，故原边绕组对屏蔽层的总容性漏电为

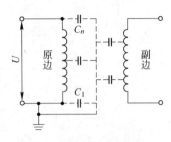

图 3-50 带静电屏蔽的
变压器等效电路

$$I = \sum_{m=1}^{n} I_m = U\omega C_0\Big(1 + \frac{n-1}{n} + \frac{n-2}{n} + \cdots + \frac{2}{n} + \frac{1}{n}\Big)$$

$$= \frac{1}{n} \cdot \frac{n(1+n)}{2} \cdot U\omega C_0 \approx \frac{n}{2}\omega C_0 U = \frac{1}{2}\omega C_s U = \frac{U}{2X_s} \qquad (3-32)$$

式中，$C_s = nC_0$ 为原边绕组对屏蔽层的总寄生电容；X_s 为原边绕组对屏蔽层的总容抗。

通过以上讨论可以看出：

（1）原边绕组对屏蔽层的容性漏电流与原边电压成正比，与原边绕组对屏蔽层的寄生电容成正比，与激磁频率成正比。

（2）因屏蔽层本身的电阻不可能为零，所以屏蔽层内漏电流的存在造成屏蔽层内各点电位不同。

（3）屏蔽层内各点电位不同，又可通过屏蔽层与副边绕组之间的寄生电容形成对副边的容性漏电干扰，因屏蔽层内各点之间电位差很小，所以通过寄生电容向副边造成的漏电也很小。

3.5.2 加入双层屏蔽的接法及漏电分析

3.5.2.1 原边屏蔽接地，副边屏蔽接电路零信号基准

电路及屏蔽接法原理图示于图 3-51。变压器副边电压经分布电容 C_{34} 对副边屏蔽层的漏电直接在回路③-C_{34}-④-⑩-③内闭合，该容性漏电流不会流过信号线⑨-②段。原边绕组的漏电通过分布电容 C_{56} 而达到原边屏蔽⑤，随即进入地⑧，再返回地⑦，基本上不进入仪表屏蔽层。但上述接法仍然存在问题。因此①与地⑧之间存在地电位差，它将形成干扰电流，沿⑧-①-②-⑩-⑪-④-C_{45}-⑤-⑧回路闭合。此电流流过信号线⑨-②段，将造成干扰。C_{45} 是二层屏蔽层之间的寄生电容，其数值较大，例如，对 10W 电源变压器 $C_{45} \approx 0.001\mu F$；若取地电位差为 10V，频率为 50Hz，将造成 3μA 漏电流，在 2Ω 信号线⑨-②段上产生 6μV 干扰。解决此问题的方法，可采用粗导线将副边屏蔽④与地①短接，即将图 3-51 中开关 K 合上。

3.5.2.2 原边屏蔽经短路线在信号源处接地，副边屏蔽接电路零信号电位基准

电路及屏蔽接法原理图示于图 3-52。变压器副边电压沿回路①-C_{12}-②-③-④-

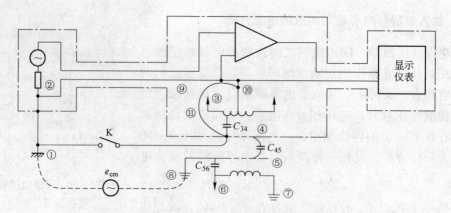

图 3-51 原边屏蔽接大地，副边屏蔽接电路零信号基准电位

①闭合，原边电压及地电位差沿回路⑥-⑦-C_{78}-⑨-⑥闭合，这两路漏电流均不流经信号线，因此不会造成干扰。这说明，具有双层屏蔽的电源变压器采用图 3-52 的屏蔽接法，其效果是较理想的。

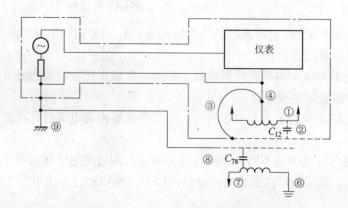

图 3-52 原边屏蔽经短路线在信号源处接地，副边屏蔽接电路零信号基准电位

3.5.3 电源变压器原、副边之间采用三层屏蔽的接法及干扰分析

为了提高仪表对共模干扰的抑制能力，可在电源变压器中再增加一层屏蔽。这样电源变压器便具有三层屏蔽。通常其屏蔽接地方法如下：

（1）原边屏蔽接电网地（即大地）。

（2）中间屏蔽接仪表金属外壳。

（3）副边屏蔽接仪表的防护地（即仪表内层浮置屏蔽罩）。

图 3-53 所示测量系统，其仪表的金属外壳⑤应包罩住整个仪表，即要求屏蔽具有完整性。仪表的内层屏蔽⑥除了在关键的输入点等部位以外不必是完整的。副边屏蔽层②本身的疏密程度直接影响寄生电容 C_{17} 的数值，因此副边屏蔽层的质量很关键。图 3-53 所示系统的主要干扰是副边电压产生的漏电流沿回路⑦-C_{17}-①-③-R-⑧-⑦流过，在 R 上产生干扰电压。如 $C_{17}=1\mathrm{pF}$，⑦到⑧的电位差为 5V，频率为 50Hz，取 $R=1\mathrm{k\Omega}$，则在 R 上产生的干扰电压为 $1.5\mathrm{\mu V}$。可见寄生电容 C_{17} 的大小影响甚大。

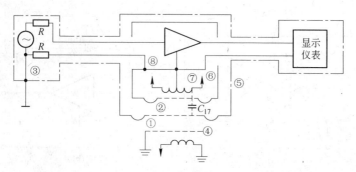

图 3-53　具有三层屏蔽的电源变压器及测量系统

综合前面分析可以概括电源变压器静电屏蔽功能如下：

（1）使仪表的静电屏蔽恢复完整性。

（2）通过屏蔽层的合适接法，控制原、副边电压漏电流的流向，使其不流经信号线。

（3）通过屏蔽层的合适接法，为外部干扰电流提供低阻通路，使其不流经信号线。

从前面分析还可以看出，在分析含变压器在内的电子线路漏电流干扰时，应搞清楚三条漏电回路：（1）变压器副边绕组电压的容性漏电回路；（2）变压器原边绕组电压的容性漏电回路；（3）地电位差所造成容性漏电回路。在分析每一条容性漏电回路时，要从每一个零信号基准电位导体开始，对每一个噪声源电压确定可能的寄生分布电容及由此电容的另一端点所有可能回到零信号基准电位导体的返回通道。应注意，不同的接大地点之间存在着地电位差和地电阻。

3.6　电子测量仪表的屏蔽与防护

3.6.1　测量仪表中实用屏蔽规则

3.6.1.1　规则1

为消除寄生电容反馈对测量放大器性能产生影响，则要求静电屏蔽罩必须与被屏蔽电路的零信号电位基准相接。

下面通过实例分析说明这条规则。当电子测量仪表的测量放大器完全被金属外壳封闭时，可对外电场干扰提供防护。但是，金属外壳与放大器之间却存在着寄生电容。如图 3-54所示，这些分布电容可归结为 C_{14}、C_{24}、C_{34}。这时 C_{14} 和 C_{24} 将构成容性寄生反馈，必然影响到放大器的特性，甚至使放大器无法工作。解决此问题的方法是用导线将屏蔽罩与放大器的零信号电位基准短接起来，使分布电容 C_{34} 被短路掉，C_{14}、C_{24} 转变成放大器的输入电容和输出电容，从而消除了寄生电容反馈。其电路原理图及等效电路示于图 3-55。然而，由于信号无法引入到其放大器的输入端，放大器按此屏蔽接法仍无实用价值。对于实际的测量系统则要求将放大器的零信号电位基准和信号输入线延伸到屏蔽罩外，并与信号源相连接。如图 3-56（a）所示，只把信号线延伸到屏蔽罩外会使地电位差产生的干扰电流流经零信号电位基准导体，从而造成严重干扰。正确的方法是同时将屏蔽加以延伸，并且在信号源接地处将屏蔽层与零信号电位基准导体相短接，如图 3-56（b）所示。屏蔽电缆的作用就是将屏蔽延伸到信号源。这时，地电位差造成的干扰电流只流经屏蔽层，不流经信号线。

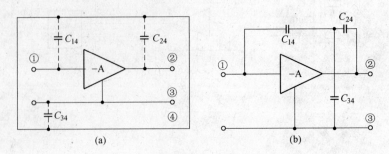

图 3 – 54　屏蔽罩与放大器之间的寄生电容
(a) 原理图；(b) 等效电路

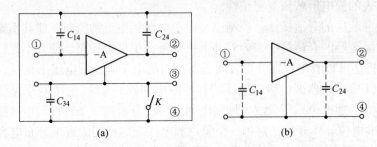

图 3 – 55　将屏蔽罩与放大器零信号基准电位短接，消除寄生反馈
(a) 原理图；(b) 等效电路

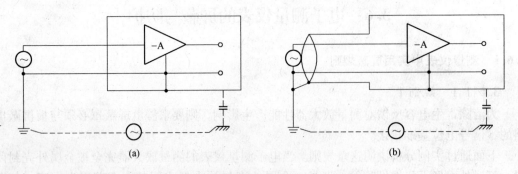

图 3 – 56　电路零信号电位基准的延伸
(a) 只延伸信号线；(b) 延伸屏蔽和信号线

3.6.1.2　规则 2

　　为保证干扰电流不流经信号线，应按下列方法选择屏蔽罩与被屏蔽电路的连接点位置：

　　(1) 当信号源一端接地，测量放大器不接地时，屏蔽导体与被屏蔽电路零信号电位基准线的连接点应取信号源接地端。

　　(2) 当信号源不接地，测量放大器接地时，屏蔽导体与被屏蔽电路零信号电位基准线的连接点应取放大器接地端。

　　(3) 当信号源不接地，测量放大器也不接地时，屏蔽导体应接到信号源的对地的低阻抗端。

下面通过实例分析说明这条规则。图 3-57 所示为信号源接地，放大器不接地的测量系统。U_{G1} 为信号源接地不良形成的接地噪声，U_{G2} 为地电位差。如图中虚线所示，此屏蔽层共有 A、B、C、D 四种可能的接地方式。由图中可以看出，只有 A 种接地方式时放大器输入端 1、2 间才没有噪声干扰电压。

图 3-58 所示为信号源不接地，测量放大器接地的测量系统。如图中虚线所示，该屏蔽层也共有 A、B、C、D 四种可能的接地方式。只有 C 种接地方式时放大器输入端 1、2 间才没有噪声干扰电压，因此 C 是最可取的接地方式。

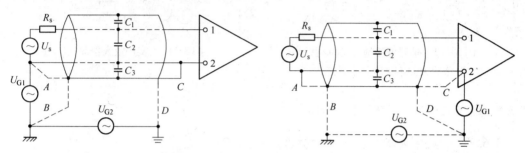

图 3-57　信号源接地，放大器不接地的测量系统　　图 3-58　信号源不接地，放大器接地的测量系统

图 3-59 所示用带屏蔽罩的电子测量仪表测量两端均不接地的电阻 R_s 上的电压。该系统的屏蔽层共有五种可能的接地方式，图 3-60 为最佳接法，此时噪声电流 I_N 不会流入仪表的输入电路。

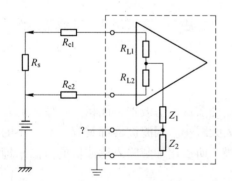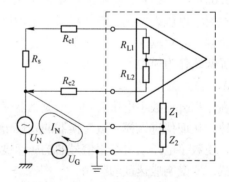

图 3-59　用带屏蔽罩的电子测量仪表测量
两端均不接地的电阻 R_s 上的电压　　　　　　图 3-60　最佳接法

图 3-61 所示测量系统，其放大器的屏蔽罩经屏蔽双绞线接至一端接地的信号源。根据实用屏蔽规则 2，应将放大器的屏蔽罩与双绞线的屏蔽层短接，并将电缆屏蔽层与信号源的接地端短接。此系统的放大器输入端噪声电压为

$$U_N = \left(\frac{R_s + R_1}{R_s + R_1 + Z_{1G}} - \frac{R_2}{R_2 + Z_{2G}} \right) \cdot U_G \tag{3-33}$$

若取 $R_1 \approx R_2 \approx 0$，$R_s = 2.6 \text{k}\Omega$，$C_{1G} = C_{2G} = 2\text{pF}$，$f = 50\text{Hz}$，$U_G = 100\text{mV}$，则可求出 $U_N \approx 0.15 \mu\text{V}$。由于放大器输入端有对地的 2pF 分布电容，当噪声频率增高时，放大器输入端的噪声干扰电压也随之增大。这表明放大器仅加一层屏蔽，其效果不是十分理想的。

为了使屏蔽的效果更理想，如图 3 – 62 所示，放大器采用双层屏蔽，并将外层屏蔽接大地。其内层屏蔽与双绞线的屏蔽层短接，并将电缆屏蔽层与信号源接地端短接。

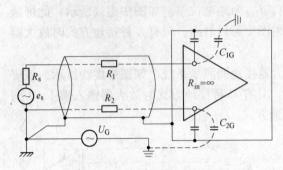 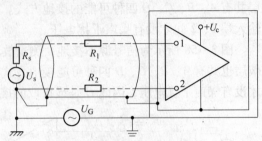

图 3 – 61　信号源接地，带单层　　　　　　图 3 – 62　实用放大器双层屏蔽
屏蔽放大器不接地测量系统

3.6.2　数字电压表的屏蔽与防护分析

3.6.2.1　数字电压表屏蔽与防护的重要性

数字电压表是一种高灵敏度和高精确度的测量仪表。高灵敏度的数字电压表的分辨力为 $0.1\mu V$ 左右，一般的数字电压表其分辨力也在 $10\mu V$ 左右。因此对于数字电压表其抗干扰问题十分突出。以它作为典型例子进行分析，可以加深理解电子测量仪表的屏蔽与防护方法。

3.6.2.2　数字电压表中抗差模干扰的方法

在数字电压表中抗差模干扰通常采用以下三种方法：一是采用输入滤波器，将干扰信号滤掉；二是对输入信号采取平均值测量，把对称变化的差模干扰信号平均掉；三是选用双绞屏蔽线作为模拟信号输入线。

A　输入滤波器

在非积分型数字电压表中，于放大器输入端加装低通滤波器，能将变化较快的差模干扰滤掉，从而使进入模 – 数转换器的差模干扰大大减小。因滤波器都具有一定大小的时间常数，使数字电压表对有用信号的响应速度变慢，所以用加装输入滤波器的方法来抑制差模干扰，要受响应速度的限制。

B　平均值测量

在积分型数字电压表中对输入信号的平均值进行转换是对输入信号的平均值而不是对输入信号的瞬时值进行转换。利用信号变化较慢而差模干扰变化较快且具有周期性的特点，可将差模干扰平均掉。设信号电压是 U_x，干扰电压可用傅氏级数加以分解，现只把它看成一个幅度为 U_{nm} 的正弦型电压，如图 3 – 63 所示。这时，输入模 – 数转换器的总电压是

图 3 – 63　常态干扰

$$U_e = U_x + U_{nm}\sin(\omega t - \varphi) \qquad (3 – 34)$$

式中，$\varphi = 2\pi\dfrac{\delta}{\tau}$，$\omega = 2\pi f = \dfrac{2\pi}{\tau}$。

如在取样时间 T 内取平均值，则转换结果是输入电压的平均值 $U_{\Psi} = \dfrac{1}{T}\displaystyle\int_0^T U_e \mathrm{d}t$。此时，所产生的转换误差是信号电压与其输出平均值的差值，即 $\Delta = U_{\Psi} - U_x = \dfrac{1}{T}\displaystyle\int_0^T (U_e - U_x)\mathrm{d}t$，将式 3-34 代入此式并化简，则有 $\Delta = \dfrac{1}{T}\displaystyle\int_0^T U_{nm}\sin(\omega t - \varphi)\mathrm{d}t = -\dfrac{1}{T}\cdot\dfrac{U_{nm}}{2\pi f}\cdot 2\sin\pi\dfrac{T}{\tau}\cdot \sin\pi\left(\dfrac{2\delta}{\tau} - \dfrac{T}{\tau}\right)$；取其最大绝对值，则 $\sin\pi\left(\dfrac{2\delta}{\tau} - \dfrac{T}{\tau}\right) = 1$；于是，由干扰引起的最大误差为

$$\Delta_{\max} = \left|\dfrac{U_{nm}\sin\pi\dfrac{T}{\tau}}{\pi\dfrac{T}{\tau}}\right| \tag{3-35}$$

为了定量表示模-数转换器对差模干扰的抑制能力，引进差模干扰抑制比这一概念。它是差模干扰电压 U_{nm} 与由此干扰引起的转换误差 $\Delta_{\max}$ 之比，并取对数用分贝值表示，即

$$NMRR = 20\lg\dfrac{U_{nm}}{\Delta_{\max}} = 20\lg\left|\dfrac{\pi\dfrac{T}{\tau}}{\sin\pi\dfrac{T}{\tau}}\right| \tag{3-36}$$

从式 3-36 可以看出，随着干扰频率增加，差模干扰抑制比的数值增大，即对于积分型模-数转换器，干扰频率越高，其抑制干扰能力越强。当采样时间 T 是干扰信号周期 τ 的整倍数时，$\sin\pi\dfrac{T}{\tau} = 0$，因此差模干扰抑制比的数值变为无穷大。积分型模-数转换器的差模干扰抑制比与干扰频率的关系曲线示于图3-64，图中采样时间是 40ms，因此对 25Hz、50Hz… 的干扰有无穷大的抑制能力。

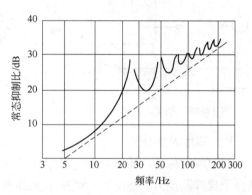

图3-64 常态抑制特性

从上面分析可以看出，差模干扰抑制能力与测量转换的快速性相矛盾。差模干扰抑制正是利用有用信号相对干扰信号变化缓慢的特点来实现的。当有用信号本身变化很快，并可以与干扰信号相比拟时，必须进行快速测量，积分型模-数转换器就不能适应了，这时只有从根本上消除干扰信号的来源。

C 双绞屏蔽模拟信号输入线的作用

双绞信号线具有两个重要特点，一是对电磁干扰具有较强的防护能力，因为空间电磁场在线上产生的干扰电流可互相抵消，可用图3-65来说明。双绞信号线的第二个特点是互绞后两线间距很小，两线对干扰线路的距离基本相等，两线对屏蔽网的分布电容也基本相同。这对共模干扰抑制大有好处。

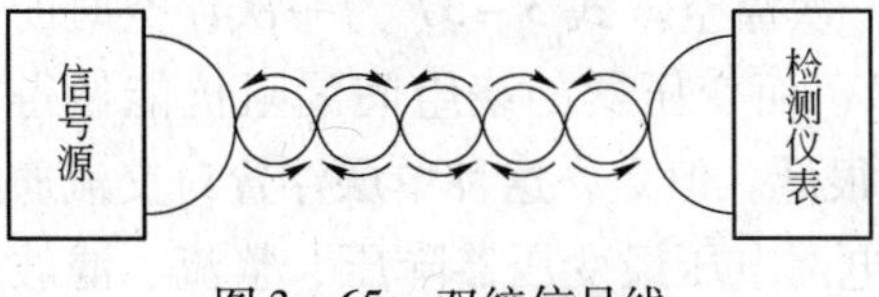

图3-65 双绞信号线

3.6.2.3　数字电压表中抗共模干扰的方法

A　采用双端对称输入放大器

由于信号源的信号一般都很微弱,在进行模－数转换之前一般都要经前置放大器放大。但是又由于共模干扰信号一般都较大,为几伏至几十伏,不能用单端放大器作前置放大器,否则会使共模干扰变成差模干扰,如图3－66所示。由此可见,必须用双端对称输入放大器作前置输入级,如图3－67所示。图中 Z_{s1}、Z_{s2} 表示信号源内阻抗,Z_{cm1}、Z_{cm2} 表示两个输入端的共模输入阻抗(其中包括传输线对地漏阻和分布电容),共模干扰电压通过这些阻抗形成回路。如果 $Z_{s1} = Z_{s2}$,$Z_{cm1} = Z_{cm2}$,则共模干扰电压 U_{cm} 不会在放大器两个输入端 A 和 B 之间产生差模干扰电压。但实际上不可能做到参数完全对称,因此 U_{cm} 总会在输入端产生差模干扰。Z_{s1} 和 Z_{s2} 越接近相等,且阻抗数值越小,而 Z_{cm1} 和 Z_{cm2} 的数值越大,则共模干扰的影响越小。

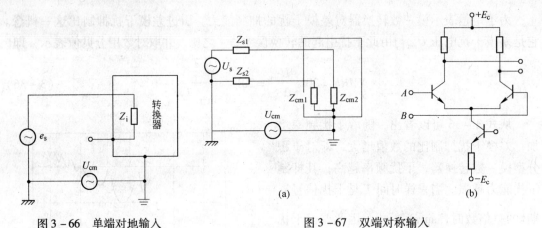

图3－66　单端对地输入　　　　　　　图3－67　双端对称输入

B　采用浮置输入

在双端对称输入的基础上,采用浮置输入可使共模干扰电流大大减小,从而显著提高共模干扰抑制能力。在图3－68中放大器和模－数转换部分放在内层,其地线为模拟地,它与外壳通过脉冲变压器相联系,所以对地是浮置的。Z_{cm} 表示模拟地与外壳(即输出地)之间的绝缘阻抗,Z_{in1} 和 Z_{in2} 为放大器两输入端相对模拟地的输入阻抗,Z_0 为信号输入线屏蔽层的阻抗。此时 U_{cm} 在放大器输入端引起的差模干扰电压为 $U'_{cm} = \dfrac{Z_0}{Z_{cm}}\left(\dfrac{Z_{s1}}{Z_{in1}} - \dfrac{Z_{s2}}{Z_{in2}}\right) \cdot U_{cm}$,这时的共模干扰抑制比为

$$CMRR = 20\lg\frac{U_{cm}}{U'_{cm}} = 20\lg\frac{Z_{cm}}{Z_0\left(\dfrac{Z_{s1}}{Z_{in1}} - \dfrac{Z_{s2}}{Z_{in2}}\right)} \tag{3－37}$$

图3－68所示浮置输入称为单层浮空,也叫做一次浮空。式3－37为一次浮空时的共模干扰抑制比计算式。由于采用了变压器隔离技术,而变压器的绕组间漏阻抗能做得很高,因此输入回路的共模干扰电流 I_{cm1} 和 I_{cm2} 可降得很低。但是,这种单层浮置对交流通路来说绝缘并不理想,因为模拟电路部分的电源也是电网电压经变压器降压、整流、滤波后而得到的。即使电源变压器浮置起来,电路与机壳之间仍有寄生电容,因此当有交流共模

干扰电压时就要产生影响。

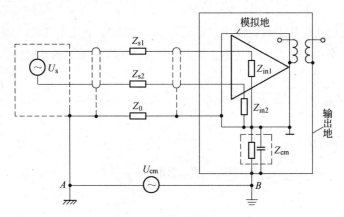

图 3-68 单层浮置输入

目前使用最广的是双层屏蔽浮置保护技术，也叫二次浮空技术，其原理图示于图 3-69。在图中放大器置于内屏蔽层之内，其地则与内屏蔽层相连，输出端设置有隔离变压器；另一层屏蔽是浮空屏蔽层，它通过信号线的屏蔽层接到信号源的一端。内屏屏蔽与浮空屏蔽之间是电气绝缘的。整机外壳作为外层静电屏蔽。Z_{s1}、Z_{s2} 为信号源阻抗与信号线阻抗之和，Z_0 为信号线屏蔽层的阻抗，放大器输入端（高端）H 对浮空屏蔽地的等效阻抗为 Z_{cm1}，放大器输入端（低端）L 对浮空屏蔽地的等效阻抗为 Z_{cm2}，Z_{in1}、Z_{in2} 分别为放大器高、低输入端对模拟地（内屏蔽）的阻抗，Z_{cm3} 为浮空屏蔽层对整机外壳（输出地）的阻抗。Z_{cm1}、Z_{cm2} 和 Z_{cm3} 均是由分布电容和泄漏电阻并联组成。

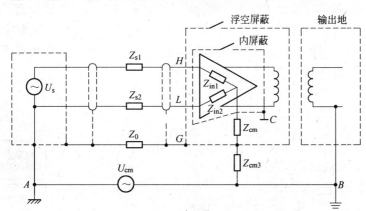

图 3-69 双层屏蔽浮置输入

由图 3-69 可见，测量系统有三种地：一是浮置测量地，即模拟地（放大器线路地）C，用"⊥"表示；二是内层屏蔽地，即信号源共模地（远端地）A，用"⏚"表示；三是机器地，即输出共模地（近端地）B，用"⏛"表示。由于设置了内屏蔽层，对信号源、信号引线、放大地和模-数转换部分形成了一个完整的静电屏蔽层。除了可以防止外部电场的差模干扰外，它还提供了一条共模干扰电流 I_{cm} 的通路，使 I_{cm} 经 Z_0、Z_{cm3} 进入近端地 B，即 U_{cm} 通过 Z_0 和 Z_{cm3} 分压后才作用到放大器的高低输入端。这样就可以把以近端地为参考点的共模电压 U_{cm} 转变为以浮空屏蔽层 G 点为参考点的共模电压 U_{z0}。U_{z0} 可表示为

$$U_{Z0} = \frac{Z}{Z_{cm3} + Z_0} \cdot U_{cm} \approx \frac{Z_0}{Z_{cm3}} \cdot U_{cm}$$

通常 Z_0 仅为几欧至几十欧，而 Z_{cm3} 容易做到几百兆欧至几千兆欧。因此很大的共模电压 U_{cm} 可转变为一个很小的共模电压 U_{Z0}。这时图 3-69 所示系统的共模输入造成的干扰为

$$U'_{cm} = U_{Z0}\left(\frac{Z_{s1}}{Z_{cm1} + Z_{s1}} - \frac{Z_{s2}}{Z_{cm2} + Z_{s2}}\right) \approx U_{Z0}\left(\frac{Z_{s1}}{Z_{cm1}} - \frac{Z_{s2}}{Z_{cm2}}\right) = \frac{Z_0}{Z_{cm3}}\left(\frac{Z_{s1}}{Z_{cm1}} - \frac{Z_{s2}}{Z_{cm2}}\right) \cdot U_{cm}$$

$$(3-38)$$

系统的共模抑制比

$$CMRR = 20\lg\frac{U_{cm}}{U'_{cm}} = 20\lg\frac{Z_{cm3}}{Z_0\left(\dfrac{Z_{s1}}{Z_{cm1}} - \dfrac{Z_{s2}}{Z_{cm2}}\right)} \qquad (3-39)$$

从式 3-39 可以看出，Z_{cm3}、Z_{cm1} 和 Z_{cm2} 值越大，共模抑制能力越强，因此应当尽可能地提高放大器的浮离程度。当信号线固定后，信号源内阻越小，共模干扰抑制能力越强。因此在实际应用中应尽量降低信号源内阻，以提高系统的共模干扰抑制能力。但是对于双端平衡式信号源，若能使 $Z_{s1} = Z_{s2}$，这时即使信号源内阻较大，但共模抑制比仍然很高。式 3-39 为二次浮空系统的共模抑制比计算式，与一次浮空系统的共模抑制比计算式比较，由于 $Z_{cm1} > Z_{in1}$，$Z_{cm2} > Z_{in2}$，因此二次浮空系统的共模抑制比较一次浮空系统的共模抑制比高。

在二次浮空系统中，敏感的模拟电路与数字电路在电气上应相隔离，以免通过地线相互干扰。为此，一方面在供电上模拟电路的电源是由总稳压电源向一个功率较大的多谐振荡器供电，多谐振荡器的输出经变压器耦合到浮空屏蔽盒之内，再经整流、滤波、稳压来实现的；另一方面在信号传输上模拟电路输送给数字电路的脉冲信号或数字电路输送给模拟电路的脉冲信号都是通过脉冲变压器的磁耦合或光耦合器的光耦合来实现的。

图 3-70 所示的测量系统给出了上述抗共模干扰的各种措施。

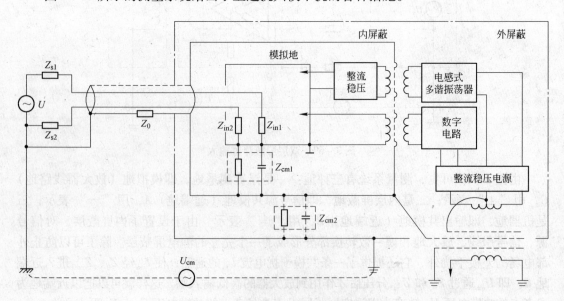

图 3-70　数字电压表抗共模干扰措施

3.6.3 电子测量仪表的屏蔽与防护小结

电子测量仪表的屏蔽与接地比通用电工仪表复杂得多。被测量的信号越微弱，对屏蔽与接地的处理应越仔细，采取的措施要越有针对性。当信号电平较高时，只要能满足要求，就应简化防护措施。

为了防止干扰，在采用了屏蔽、双绞线等措施隔离了电场及磁场的影响之后，剩下的主要问题是如何使干扰电流不流经信号源及放大器的信号线，特别是不能流经零信号基准线。这时，如何正确接地就成为一个突出问题。应注意，在电子测量仪表中"地"有以下五种：

(1) 信号源的"地"。

(2) 负载的"地"。

(3) 放大器零信号基准线（即模拟电路的"地"）。

(4) 数字电路的"地"。

(5) 电网电源的"地"（即大地）。

实际上只有电网电源的"地"才是大地本身，其他几种地所以称为"地"，主要是因为它们上面的电位相对信号来说是零电位，或者说它们是一些零信号电位的公共点（线或面）。它们本身可能与真正的"大地"在电气上无直流联系。至于大地本身，它各点的电位也常常是不同的。尤其在城市内供电系统分布复杂，水管、墙壁、土地、电网的地线等所具有的电位往往很不相同，而在旷野情况则要好得多。信号源的"地"和负载的"地"在多台电子设备同时联合使用时，也会产生不同点有不同电位的情况。凡此种种，在决定测量系统接地时，都应进行细心的调查研究，掌握具体情况，而不应照搬某些接地方法。

在要求严格的场合，不仅要避免干扰电流流过信号源与放大器的信号线，甚至干扰电流流过屏蔽线的屏蔽层及靠近放大器输入端屏蔽层也是不允许的，这时要设法将干扰电流引开。

电子测量仪表内部元件、部件及走线的布置对防护具有十分重要的意义。经常会看到，同样的电路原理图由于技术水平不同的两种布线会得到完全不同的两种结果，由此可见布线工作的重要性。应该说，仪表内部布线工作也是仪表防护的重要内容。

在进行仪表内部元件、部件及走线的布置设计时应注意下列原则：

(1) 仪表内部的弱信号线与强信号线应尽量远离布置，直流信号线与交流信号线也应尽量远离布置。对于可能会引起杂散耦合的导线禁忌平行走线，并尽可能远离布置。

(2) 布线时首先应考虑电气上的合理性，同时又要考虑空间的充分利用。片面追求布线外观的美是错误的。布线时走线应力求短、单向，避免来回乱走，以防自激。换句话说，仪表内部电路的各个组成部分，从输入电路、放大级、信号变换到输出电路，各级的安排应尽量根据信号的传输次序依次排成一直线走向。不得已而绕弯时也应避免使输入电路与输出电路构成寄生耦合形状。各级电路元件应按各级先后顺序进行排列，不要使不同级元件混置在一起。这样可以避免前后级之间引起寄生耦合，造成自激振荡。

(3) 各放大级的电路接地元件应采取一点接地，以避免地线干扰电压的产生。

(4) 仪表内部的振荡线圈、扼流圈、变压器等磁性元部件，除进行元部件自身的屏蔽之外，彼此之间应尽量远离布置，并注意它们的漏磁方向，使它们的布置方向能尽量减少相互感应。例如，输入变压器与输出变压器应远离并相互垂直布置。

────── **本 章 小 结** ──────

为了消除或减弱各种干扰的影响，保证仪表或装置工作正常，必须根据具体情况采取必要的防护措施。根据产生干扰的物理原因，通常可分为机械的、热的、光的、化学的、电和磁的、射线辐射的干扰以及湿度变化的影响。根据干扰的类型不同可采取不同的防护措施，如对于机械的干扰主要是采取减震措施，对于热的干扰可采用的措施有热屏蔽、恒温、对称平衡结构、温度补偿元件等。

信噪比是指在信号通道中有用信号功率与伴随的噪声功率之比；信噪比越大，表示噪声的影响越小。常见噪声源主要可归纳为三类：放电噪声源、电气噪声源和固有噪声源。彼此独立的噪声的迭加按功率相加。噪声形成干扰需要同时具备三要素：噪声源、对噪声敏感的接收电路及噪声源到接收电路之间的耦合通道。噪声耦合方式主要有：静电耦合、电磁耦合、共阻抗耦合和漏电流耦合。

根据噪声进入信号测量电路的方式以及与有用信号的关系，可将噪声干扰分为差模干扰与共模干扰。差模干扰和有用信号迭加起来直接作用于输入端，直接影响测量结果。共模干扰虽然不直接影响测量结果，但是当信号输入电路参数不对称时，它会转换为差模干扰，对测量产生影响。共模干扰抑制比是检测仪表对共模干扰抑制能力的量度。

在电子装置的抗干扰措施中要经常使用屏蔽、接地和浮置等技术措施。屏蔽分为静电屏蔽、电磁屏蔽、低频磁屏蔽。驱动屏蔽则是一种有源屏蔽，可有效抑制通过寄生电容的耦合干扰。在电子装置中，有多种地线：保安地线、信号地线、信号源地线、负载电线，其中信号地线分为模拟信号地线和数字信号地线。在电子装置中四种地线应分开设置，在电位需要连通时可选择合适的位置作一点连通，以消除各地线之间的相互干扰。测量系统被浮置以后，因共模干扰电流大大减小，所以共模干扰抑制能力大大提高。输入电路采用平衡电路、滤波器、光耦合器、隔离放大器等技术措施对提高测量系统的抗干扰能力也十分有效。

任何使用交流供电的电子测量仪表都使用电源变压器，而电源变压器却是工频干扰的主要来源之一。未采取屏蔽措施的电源变压器通过原边绕组与副边绕组之间的寄生电容将电网的交变电压直接引进了金属罩内，从而破坏了电子装置屏蔽罩的完整性。通过在原边绕组和副边绕组加入静电屏蔽可使仪表的静电屏蔽恢复完整性。

为了消除寄生电容反馈对测量放大器性能产生影响，要求静电屏蔽罩必须与被屏蔽电路的零信号电位基准相接。屏蔽罩与被屏蔽电路的连接点位置的选择应保证干扰电流不流经信号线。

习题及思考题

3-1   干扰的类型有哪几种？怎样进行防护？

3-2   试分析一台你所熟悉的测量仪表在工作过程中经常受到的干扰及应采取的防护措施。

3-3   如图 3-71 所示，放大器 A_1 和 A_2 用以放大热电偶的低电平信号。有一用开关 K 周期性通断的大功率负载接到同一个电源上。说明噪声源、耦合通道和被干扰电路。

3-4   图 3-72 所示两平行导线之间杂散电容 $C_m = 50pF$，每根导线对地电容为 $C_n = 150pF$。若导线 1 上施加 $E_n = 10V$，频率为 100kHz 的交流电压，求导线 2 上捡拾的噪声电压 U_N。设它的终端电阻 R 为：（1）无穷大；（2）100Ω；（3）50Ω。

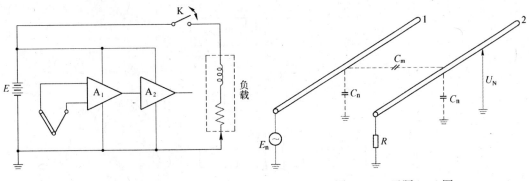

图 3-71　习题 3-3 图　　　　　　　　　　图 3-72　习题 3-4 图

3-5　噪声电压由交变磁场感应到图 3-73 所示电路，试求放大器
　　输入端子上以 R_1 为函数的噪声电压。并根据接收器的输入阻
　　抗对由磁场感应所产生的总噪声电压没有影响，对求出的关
　　系式进行解释。

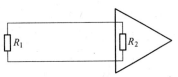

图 3-73　习题 3-5 图

3-6　图 3-74 所示为一个单端输入运算放大器受静电耦合干扰的
　　等效电路。已知噪声源 $E_n = 220V$，频率 $f = 50Hz$，寄生电容
　　$C_m = 20pF$，放大器输入端电阻 $R_i = 500k\Omega$，试求放大器输入端子间的静电耦合干扰电压。

3-7　图 3-75 所示测量放大器，为使接地噪声 U_m 耦合到放大器输入端子间的差模干扰小于信号电压
　　U_s 的 1%，试求 R_i 应取值在什么范围？（已知 $U_m = 1V$，$U_s = 10mV$）

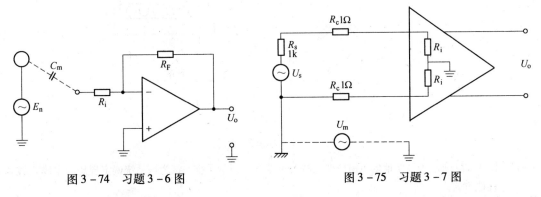

图 3-74　习题 3-6 图　　　　　　　　　　图 3-75　习题 3-7 图

3-8　图 3-76 所示测量系统，它包括位于 A 的一个接地的、低电平的、低频的信号源，一个位于 B 的
　　差分放大器，一个位于 C 的接地的负载。要求不用变压器，在 A 的信号源和在 C 的负载必须保持
　　接地。试为该系统确定理想的电缆连线和接地方式。

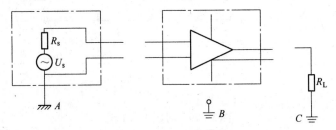

图 3-76　习题 3-8 图

3-9　图 3-77 所示为一个磁带录音机结构框图，请为它设计一个接地系统。

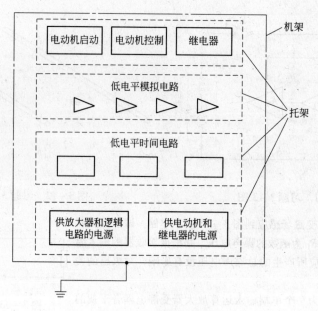

图 3-77　习题 3-9 图

3-10　图 3-78 为用一个带屏蔽罩的数字电压表测量电桥对角线电压的电路原理图。试求：（1）共模干扰源是什么？（2）为减少干扰电压对测量的影响，屏蔽罩应连接到哪点？为什么？

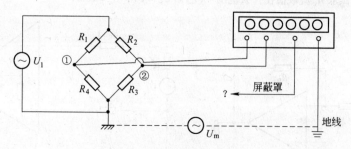

图 3-78　习题 3-10 图

3-11　图 3-79 所示为一接地的电阻应变电桥及单端放大测量系统。试为该系统确定理想的电缆连线和接地方式。

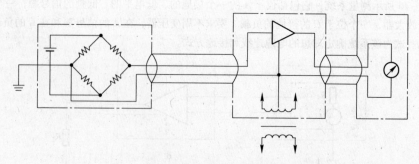

图 3-79　习题 3-11 图

3-12　图 3-80 所示为一个热电偶接地和一个单端放大器组成的测量系统。试分析图示的防护屏蔽系统中测量电路的工频干扰，并提出改进措施。

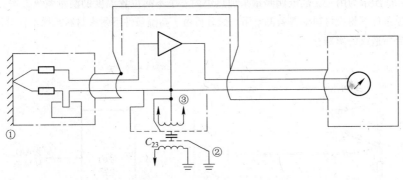

图 3-80　习题 3-12 图

3-13　图 3-81 所示电路表示利用幅值与信号电平成比例的载波电压信号通过磁耦合穿过静电屏蔽层，用来在两个独立屏蔽区域间传递信号。试对系统的防护措施进行分析。

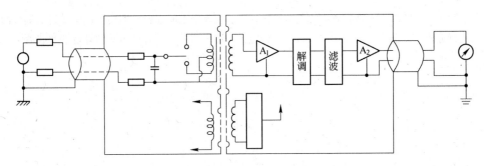

图 3-81　习题 3-13 图

3-14　图 3-82 所示为 DDZ-Ⅲ型电动单元组合仪表的温度变送器电路简化原理图。试对该仪表的防护措施加以分析说明。

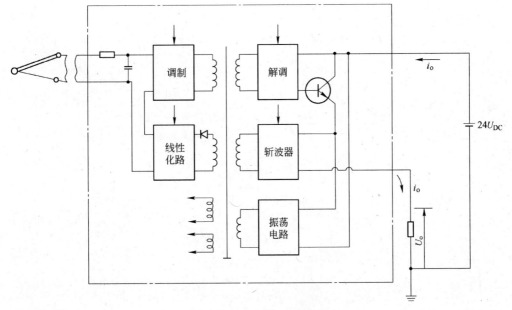

图 3-82　习题 3-14 图

3-15   图3-83所示为用三支热电偶测量某加热炉内三个不同位置温度的测量系统方案。图中 R_1、R_2 为高温条件下耐火材料的等效漏电阻。试分析由于高温条件下耐火材料绝缘不良对该测温系统测量结果所造成的影响。

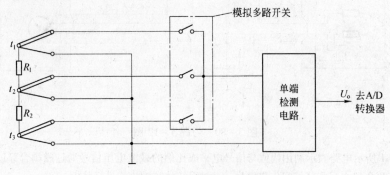

图3-83   习题3-15图

3-16   如图3-44所示三级阻容耦合放大器，试对其各放大级之间通过电源内阻产生共阻抗耦合的过程进行分析；怎样根据电源内阻、各级工作电流、各级增益、信号频带等估算退耦滤波器参数？

4 线性化及温度补偿技术

通常仪表的基本组成环节（尤其是敏感元件）中有许多环节具有非线性的静特性。为了保证测量仪表的输入与输出之间具有线性关系，需要在仪表中引入一特殊环节，用它来补偿其他环节的非线性。

在生产现场工作的自动化仪表，其周围环境温度的变化是很剧烈的。测量仪表的基本环节的静特性都与环境温度有关，尤其是敏感元件的静特性与环境温度关系更为密切。显然仪表的基本组成环节特性随温度而变化，必然造成整台仪表的特性随环境温度变化。为了满足生产对仪表性能在温度方面的要求，就需要开展温度补偿研究。

本章将详细介绍测量仪表中的线性化与温度补偿技术。

4.1 非线性特性的线性化

4.1.1 仪表组成环节的非线性特性

在设计测量仪表时一般都希望仪表的输出与输入（被测量）之间的关系为线性关系。这样，仪表的读数看起来清楚、方便。此外，若仪表为线性刻度特性，就能保证在整个测量范围内灵敏度相同，从而有利于读数和便于分析、处理测量结果。

随着生产过程自动化的发展，单元组合仪表的使用越来越普遍。在电动单元组合仪表中，各单元之间联络均采用统一的标准电流信号，例如Ⅲ型表的标准联络信号是 4 ~ 20mA DC。由统一的标准联络信号所决定，对各典型单元仪表，如温度变送器它必须具有线性的刻度特性，否则仪表的精确度无法保证。

实际上在仪表的基本组成环节（尤其是敏感元件）中有许多环节具有非线性的静特性。例如测温经常使用的铂电阻体和热电偶的输出信号与输入温度之间均是非线性关系；又如流量测量时经常使用的孔板，其输出差压信号与输入流量信号之间也是非线性关系；还可以列举出许多具体例子。可见为了保证测量仪表的输入与输出之间具有线性关系，就需要在仪表中引入一特殊环节，用它来补偿其他环节的非线性，称这种特殊环节为"线性化器"。在机械式仪表中最早使用的线性化器是凸轮机构；在电气仪表中曾用非线性电位器使仪表刻度为线性。这些线性化器都使得仪表变得笨重而复杂。

线性集成电路以及微处理器的出现为仪表静特性的线性化提供了简单而可靠的手段。本节重点介绍仪表非线性特性线性化的一般理论，并通过具体实例分析说明基于集成运算放大电路的非线性特性线性化方法。有关基于微处理器的数字线性化方法，可参阅 2.12.4 中智能式压阻压力变送器非线性修正的内容以及智能仪器方面的图书资料。

4.1.2 非线性特性的补偿方法

测量仪表非线性特性的补偿方法有三种：一种是开环式补偿法，另一种是反馈补偿法，第三种是增益控制式补偿法。

4.1.2.1　开环式非线性特性补偿法

具有开环式非线性特性补偿的仪表结构原理如图 4-1 所示。传感器将被测量 x 变换成电量 u_1，其变换为非线性变换。因 u_1 的电平较低，经放大器线性放大为电平较高的电量 u_2。该补偿法利用线性化器本身的非线性特性补偿传感器特性的非线性，

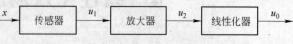

图 4-1　开环式非线性补偿仪表框图

从而使整台仪表的输出 - 输入（$u_0 \sim x$）之间具有线性关系。可见，使仪表特性线性化的关键问题有两个：

（1）要求 $u_0 \sim x$ 为已知线性关系，如何根据已知的 $u_1 \sim x$ 非线性关系，$u_2 \sim u_1$ 线性关系，求出所需要的 $u_0 \sim u_2$ 非线性关系？

（2）根据所求得的 $u_0 \sim u_2$ 非线性关系，怎样加以物理实现？

从已知的 $u_0 \sim x$ 线性关系、$u_1 \sim x$ 非线性关系、$u_2 \sim u_1$ 线性关系，求取线性化器非线性静特性 $u_0 \sim u_2$ 的方法有解析计算法和图解计算法两种。

A　解析计算法

设图 4-1 所示仪表组成环节中的传感器静特性的解析表达式为

$$u_1 = f_1(x) \tag{4-1}$$

放大器的解析表达式为

$$u_2 = a + Ku_1 \tag{4-2}$$

要求整台仪表的刻度方程为

$$u_0 = b + Sx \tag{4-3}$$

将式 4-1、式 4-3 联立，消去中间变量 u_1、x，从而得到线性化器输入 - 输出关系的解析表达式

$$u_2 = a + Kf_1\left(\frac{u_0 - b}{S}\right) \tag{4-4}$$

下面以具体实例说明用解析法求取仪表线性化器静特性的过程。如图 4-2 所示温度测量系统，已知热电偶静特性的解析表达式为

$$E_t = aT + bT^2 \tag{4-5}$$

式中，a、b 为常系数，对不同的热电偶可根据其热电势 - 温度表格的数据求出。例如，对镍铬 - 考铜热电偶若测量的最高温度 $T_{max} = 400℃$，则可求出

$$a = \frac{4E_2 - E_1}{T_{max}} = \frac{4 \times 14.66 - 31.48}{400} = 6.79 \times 10^{-2} \tag{4-6}$$

$$b = \frac{2E_1 - 4E_2}{T_{max}^2} = \frac{2 \times 31.48 - 4 \times 14.66}{400^2} = 2.7 \times 10^{-5} \tag{4-7}$$

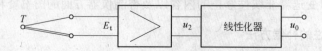

图 4-2　温度测量系统框图

式 4 – 6 与式 4 – 7 中的 E_1 为对应 $T_{max} = 400℃$ 时的热电势，E_2 为对应 $\frac{1}{2}T_{max} = 200℃$ 时的热电势。放大器的解析表达式为

$$u_2 = KE_t \tag{4 – 8}$$

整个温度测量系统的输入 – 输出特性要求为

$$u_0 = ST \tag{4 – 9}$$

将式 4 – 5、式 4 – 8、式 4 – 9 联立，消去变量 T 和 E_t，则可以得到

$$u_2 = K\left(a\,\frac{u_0}{S} + b\,\frac{u_0^2}{S^2}\right) \tag{4 – 10}$$

式 4 – 10 即是所要求的线性化器输入 – 输出关系的解析表达式。式中的 K、a、b 和 S 均是已知的常数，因此式 4 – 10 的函数关系被唯一确定。

B　图解计算法

线性化器的输入 – 输出特性不仅可用解析法求取，还可用图解法求取。尤其当传感器等环节的非线性特性用解析式表示比较困难时，图解法比解析法简单实用。

应用图解法时，需将仪表组成环节及整台仪表的输入 – 输出特性以特性曲线形式给出。用图解法求取线性化器特性曲线的方法如下（参见图 4 – 3）：

（1）将传感器的非线性特性曲线 $u_1 = f_1(x)$ 画在第 I 象限上。被测量 x 为横坐标，传感器输出 u_1 为纵坐标。

（2）将放大器的线性特性曲线画在第 II 象限。放大器的输入 u_1 为纵坐标，放大器的输出 u_2 为横坐标。

（3）将整台仪表的输入 – 输出特性曲线 $u_0 = Sx$ 画在第 IV 象限。其横坐标仍为被测量 x，纵坐标为整台仪表输出 u_0。

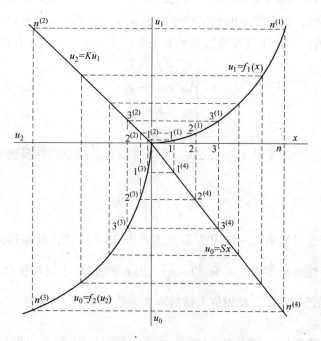

图 4 – 3　图解法求线性化器特性

（4）将 x 轴分为 1，2，…，n 段，段数由精度要求决定。由点 1 引垂线与曲线 $f_1(x)$ 交于点 $1^{(1)}$，与直线 $u_0 = Sx$ 交于点 $1^{(4)}$。通过点 $1^{(1)}$ 引水平线交于直线 $u_2 = Ku_1$ 的点 $1^{(2)}$。分别从点 $1^{(2)}$ 引垂线，从点 $1^{(4)}$ 引水平线，此二线在第Ⅲ象限相交于点 $1^{(3)}$，则点 $1^{(3)}$ 就是所求线性化器特性曲线上的一点。同理，按上述步骤可求得线性化器特性曲线上的点 $2^{(3)}$，$3^{(3)}$，…，$n^{(3)}$。通过点 $1^{(3)}$，$2^{(3)}$，$3^{(3)}$，…，$n^{(3)}$ 画曲线，就得到了所要求的线性化器特性曲线 $u_0 = f_2(u_2)$。

4.1.2.2　非线性反馈补偿法

具有非线性反馈补偿的仪表结构原理如图 4 - 4 所示。传感器将被测量 x 变换成电量 u_1，该变换为非线性变换。主线放大器的放大倍数应足够大，以保证正常工作时放大器输入信号 Δu 非常小，即 $\Delta u \ll u_1$。该补偿法是利用非线性反馈环节本身的非线性特性补偿传感器的非线性，从而使整台仪表的刻度特性 $u_0 \sim x$ 为线性特性。显然，非线性反馈补偿法的关键问题也有两个：

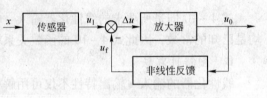

图 4 - 4　非线性反馈补偿仪表框图

（1）如何根据已知的传感器非线性特性和所要求的整台仪表的线性刻度特性，求出非线性反馈环节的非线性特性？

（2）根据求出的非线性反馈环节的非线性特性，怎样以工程技术手段加以实现？

从已知的传感器非线性特性和所要求的整台仪表线性刻度特性，求取非线性反馈环节非线性特性的方法也有解析计算法和图解计算法两种。

A　解析计算法

设传感器的输入 - 输出关系的解析表达式为 $u_1 = f_1(x)$，放大器的输入 - 输出关系解析表达式为 $u_0 = K\Delta u$，整台仪表的刻度特性为 $u_0 = Sx$。为求出非线性反馈环节的特性表达式，根据图 4 - 4 的信号传输过程及数量平衡关系，可列出下列联立方程组

$$
\begin{cases}
u_1 = f_1(x) \\
\Delta u = u_1 - u_f \\
u_0 = K \cdot \Delta u \\
u_0 = Sx
\end{cases}
\tag{4 - 11}
$$

从方程组中消去中间变量 x、x_1、Δu，可得到所要求的非线性反馈环节的非线性特性的解析表达式

$$
u_f = f_1\left(\frac{u_0}{S}\right) - \frac{u_0}{K}
\tag{4 - 12}
$$

例如，已知传感器的输入 - 输出关系表达为 $u_1 = Ae^{-\mu x}$，则根据式 4 - 12 可求出非线性反馈环节的特性表达式为 $u_f = Ae^{-\mu \frac{u_0}{S}} - \frac{u_0}{K}$，当 $K \gg 1$ 时，上式可近似表示为 $u_f \approx Ae^{-\mu \frac{u_0}{S}}$，式中 A、μ、S 均是已知常数，K 为放大器的放大系数。

B　图解计算法

当传感器的非线性特性规律十分复杂，很难用解析式表示时，用图解法求取非线性反

馈环节的输入–输出特性就显得更为简单实用。应用图解法时，需将传感器和整台仪表的输入–输出特性以特性曲线形式绘出。图解法求取非线性反馈环节输入–输出线性曲线的方法如下（参见图4–5）：

（1）将传感器的输入–输出特性曲线 $u_1 = f_1(x)$ 画在直角坐标系的第 I 象限，横坐标为被测量 x，纵坐标为传感器的输出 u_1。

（2）将整台仪表的刻度特性曲线画在第 IV 象限，横坐标仍为被测量 x，纵坐标表示整台仪表的输出 u_0。

（3）考虑到主线放大器的放大倍数 K 足够大，可保证 $u_1 \gg \Delta u$，因此有 $u_1 \approx u_f$，从而可将所要求取的非线性反馈环节的输入–输出特性曲线放在第 II 象限，纵坐标表示反馈电压 u_f，与 u_1 取相同比例尺，横坐标表示 u_0。将 x 轴分成 1，2，$\cdots$，n 段（由精度要求决定段数 n），并由点 1 引垂线，分别与 $f_1(x)$ 交于点 $1^{(1)}$，与 $u_0 = Sx$ 交于点 $1^{(4)}$；将点 $1^{(4)}$ 投影在纵坐标轴上，并将求得的点 $1^{(y)}$ 引向横坐标 u_0 轴。为此可用圆规以坐标原点为圆心，通过点 $1^{(y)}$ 划一圆弧，交横坐标 u_0 轴的点 $1^{(x)}$。

（4）通过点 $1^{(x)}$ 引垂线与通过点 $1^{(1)}$ 引的水平线相交于第 II 象限的点 $1^{(2)}$，则点 $1^{(2)}$ 就是所要求取的非线性反馈环节特性曲线上的一点。

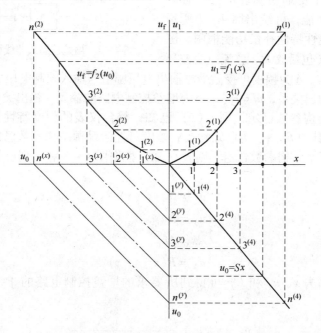

图4–5 图解法求非线性反馈环节特性曲线

同理，重复以上作图步骤，可以求得非线性反馈环节特性曲线上点 $2^{(2)}$，$3^{(2)}$，$\cdots$，$n^{(2)}$。将点 $1^{(1)}$，$2^{(2)}$，$\cdots$，$n^{(2)}$ 连成光滑曲线，则得到了非线性反馈环节的输入–输出特性曲线。

4.1.2.3 增益控制式非线性特性补偿法

具有增益控制式非线性特性补偿的仪表结构原理如图4–6所示。传感器在激励源的激励下，将被测量 x 变换成电量 u_1，该变换为非线性变换。主线放大、整流、滤波环节为线性环节。增益控制电路为非线性环节，将它置于反馈线上，实现对激励源输出幅度 E 的

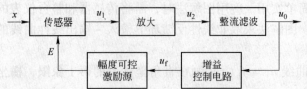

图 4 - 6　增益控制式非线性补偿仪表框图

控制，从而完成特性线性化。利用增益控制进行仪表特性线性化的关键问题亦有两个：

（1）如何根据已知的传感器非线性特性，放大、整流、滤波环节特性，幅度可控激励源特性和所需要的整台仪表的线性刻度特性，求出增益控制电路的非线性特性？

（2）根据求出的增益控制电路非线性特性，怎样加以物理实现？

从已知的传感器非线性特性，放大、整流、滤波环节特性，幅度可控激励源特性和所需要的整台仪表线性刻度特性，求取增益控制电路非线性特性的方法也有解析计算法和图解计算法两种。

A　解析计算法

图 4 - 6 所示传感器的非线性特性通常可表示为激励源输出幅度 E 与非线性函数 $f_1(x)$ 的乘积。为了更加明确表示仪表各环节所完成的运算功能，可绘出图 4 - 7 所示的增益控制式非线性特性补偿功能框图。图中 K 为前向通道（包括放大、整流、滤波环

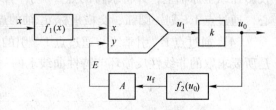

图 4 - 7　增益控制式非线性补偿功能框图

节）电压放大系数，A 为幅度可控激励源输出电压幅值与输入控制电压之比，$u_1 = Ef_1(x)$ 为传感器输入 - 输出关系，$u_f = f_2(u_0)$ 为增益控制电路的输入 - 输出关系。

当传感器的结构参数已定，则 $f_1(x)$ 已知；整台仪表的刻度特性选定后，即 $u_0 = B(x_{max} - x)$ 已知，其中 B、x_{max} 为已知常数；幅度可控激励源结构参数已定，则 A 已知；放大、整流、滤波环节结构参数选定，则 K 已知。根据图 4 - 7 和上列已知关系可列出下列联立方程组

$$\begin{cases} u_1 = E \cdot f_1(x) \\ u_0 = Ku_1 \\ E = Au_f \\ u_0 = B(x_{max} - x) \end{cases} \quad (4-13)$$

从方程组中消去 x、u_1 和 E，可得到所要求的增益控制电路的非线性特性之解析表达式

$$u_f = f_2(u_0) = \frac{u_0}{KAf_1\left(x_{max} - \dfrac{u_0}{B}\right)} \quad (4-14)$$

例如，已知某传感器的特性表达式为 $u_1 = E \cdot \dfrac{a}{x_2}$，则根据式 4 - 14 可求出增益控制电路的特性表达式 $u_f = \dfrac{u_0\left(x_{max} - \dfrac{u_0}{B}\right)^2}{KAa}$，式中 K、A、a、B 和 x_{max} 均是已知常数。

B　图解计算法

应用图解计算法时，需将传感器特性以特性曲线形式给出。用图解法求增益控制环节

特性曲线的方法如下：

（1）以 E 为参变量将传感器特性 $u_1 = E \cdot f_1(x)$ 用曲线族的形式画在图 4-8 直角坐标系的第 I 象限。横坐标为被测量 x，纵坐标为传感器输出 u_1。

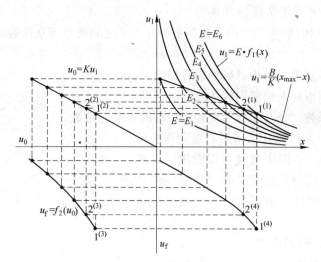

图 4-8　图解法求增益控制电路特性曲线

（2）根据联立方程组式 4-13 可以求出关系式

$$u_1 = \frac{B}{K}(x_{\max} - x) \tag{4-15}$$

将此式所决定的直线也画在第 I 象限。

（3）$u_1 = E \cdot f_1(x)$ 所决定的曲线族与式 4-15 所决定的直线有一系列交点，每一个交点都对应着一组固定的 x、E 和 u_1 值。因此可根据这些交点列出 $x \sim E$ 值一一对应的数据表格。再根据 $E = Au_f$ 关系式将 E 值换算成对应的 u_f 值。这样就可以得到与每个交点对应的 $x \sim u_f$ 值，并可以用数据表格形式列出。

（4）将所得到的各交点所对应的 $x \sim u_f$ 值以曲线形式绘于第 IV 象限，横坐标仍为 x，纵坐标为 u_f。

（5）将直线 $u_0 = Ku_1$ 绘于第 II 象限，纵坐标仍为 u_1，横坐标为 u_0。

（6）过第 I 象限的交点 $1^{(1)}$ 引垂线交于第 IV 象限 $x \sim u_f$ 曲线点 $1^{(4)}$，过交点 $1^{(1)}$ 引水平线交第 II 象限 $u_0 = Ku_1$ 直线的 $1^{(2)}$ 点。

（7）通过点 $1^{(4)}$ 引水平线与通过点 $1^{(2)}$ 引的垂线相交于第 III 象限的点 $1^{(3)}$，则点 $1^{(3)}$ 就是所要求的增益控制电路特性曲线上的一点。

同理，重复以上作图步骤，可以求得增益控制电路特性曲线上的点 $2^{(3)}$，$3^{(3)}$，…，$n^{(3)}$，将点 $1^{(3)}$，$2^{(3)}$，…，$n^{(3)}$ 连成光滑曲线，则是所需求取的增益控制电路的输入-输出特性曲线。

前面介绍的三种仪表非线性特性补偿方法各有其特点和适用场合。开环式结构较简单，调整比较容易；非线性反馈式工作在闭环负反馈状态，稳定性好，但调整比较复杂；增益控制式也工作于闭环状态，性能稳定，调整也比较复杂。至于选用哪一种方法进行测量仪表特性线性化，应根据具体情况，综合考虑性能、成本等多种因素加以确定。

4.1.3　实用线性化器举例

4.1.3.1　射线测厚仪中的对数放大器

A　射线测厚中变换原理的非线性

当射线穿过板材时射线强度的衰减与板材厚度 x 之间关系遵从指数函数规律，即

$$I = I_0 e^{-\mu x}$$

式中　I——穿过厚度为 x 的板材后的射线强度；

　　I_0——投射在板材表面的射线强度；

　　μ——吸收系数，是与射源情况和板材材质有关的常数。

在图 4-9 中以曲线形式给出了射线穿透板材时的指数衰减规律。从图中曲线可以看出，将被测板材厚度 x 变换成射线强度 I 时，其变换的非线性是很严重的。因此，为了保证整台测厚仪具有线性的刻度特性，需要引入合适的线性化器，以补偿从 x 变换到 I 时的非线性。

B　射线测厚中的信息变换与结构框图

图 4-10 为射线测厚仪的结构框图。由图可以看出，在射线测厚仪中需对信息进行多次变换处理。其主要过程有下列五步：

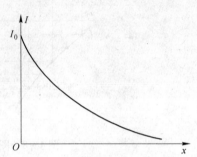

图 4-9　射线穿过板材时射线强度衰减特性

（1）使射线穿过厚度为 x 的板材，将被测厚度 x 变换成射线强度 I。x 与 I 有一一对应关系，但却是一种非线性变换。

（2）通过电离室将射线强度 I 成比例地变换成电流信号 i。

（3）用前置放大器将微弱的电流信号 i 线性地变换成电压 u_p。

（4）主放大器将电压 u_p 放大为 u_m，此处仍是线性变换。

（5）为了补偿从 x 到 I 变换时的非线性，采用线性化器将 u_m 非线性地变换为 u_0，以保证整台测厚仪的输入 x 与输出 u_0 为线性关系。

图 4-10　射线测厚仪的结构框图

C　射线测厚仪中线性化器的输入－输出之间的变换关系

下面应用前面介绍的开环式非线性特性补偿法中的解析计算法求取线性化器的输入－输出关系。从图 4-10 可以得出

$$u_m = K_m \cdot K_p \cdot K_i \cdot I_0 e^{-\mu x} = u_{m0} e^{-\mu x} \qquad (4-16)$$

根据对整台测厚仪的线性刻度特性要求，则应有

$$u_0 = Ax \qquad (4-17)$$

将式 4-16 与式 4-17 联立求解可得到 $u_m = u_{m0} e^{-\mu \frac{u_0}{A}}$，对该式两端取对数，并进行整理后可得出

$$u_0 = -\frac{A}{\mu}\left[\ln(u_\mathrm{m}/u_\mathrm{m0})\right] \tag{4-18}$$

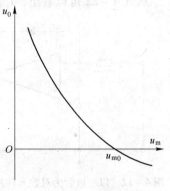

式中 A、μ、u_m0 均是已知常数，因此 u_0 与 u_m 之间关系被唯一确定。

由于 u_0 与 u_m 之间成对数关系，故称具有该特性的线性化器为"对数放大器"。式 4-18 所确定的对数函数关系，如图 4-11 所示。

图 4-11　对数放大器的特性曲线

D　利用二极管的正向特性构成对数放大器

a　二极管的伏安特性

二极管的输入电压 U 与输出电流 I 之间关系可以用下式表示：

$$I = I_\mathrm{s}\left(\mathrm{e}^{\frac{qU}{kT}} - 1\right) \tag{4-19}$$

式中　q——电子单位电荷量，$q = 1.602 \times 10^{-19}\mathrm{C}$；

k——玻耳兹曼常数，其值为 $1.38 \times 10^{-23}\mathrm{J/K}$；

T——绝对温度，K；

I_s——二极管反向饱和电流，P-N 结制成后，是只与温度有关的常数。

在常温 27℃ 时，$\dfrac{kT}{q} \approx 26\mathrm{mV}$，因此当 $U \geqslant 100\mathrm{mV}$ 时，$I \approx I_\mathrm{s}\mathrm{e}^{\frac{qU}{kT}}$，亦即

$$U \approx \frac{kT}{q}\ln\frac{I}{I_\mathrm{s}} \tag{4-20}$$

式 4-20 说明，若以流过二极管的电流 I 为输入量，以跨接二极管两端的正向电压 U 为输出量，则二极管可以完成对数变换。

b　将二极管置于运算放大器的反馈回路构成对数放大器

图 4-12 所示电路，设运算放大器是理想运算放大器，则下列关系式成立

$$U \approx \frac{R_2}{R_1 + R_2}U_0 \approx -\frac{kT}{q}\ln\frac{I}{I_\mathrm{s}}$$

代入 $I = \dfrac{U_\mathrm{i}}{R}$，可得到

$$U_0 \approx -\left(\frac{R_1 + R_2}{R_2}\right)\frac{kT}{q}\ln\frac{U_\mathrm{i}}{RI_\mathrm{s}} \tag{4-21}$$

在推导式 4-21 时忽略了 I 对分压器 R_1、R_2 的负载效应。式 4-21 表明，图 4-12 电路可实现对数运算，但是，该电路的实际性能较差。其原因之一是该电路对温度敏感，主要表现在：

（1）系数 $\left(\dfrac{kT}{q}\right)$ 随温度呈线性变化，使其具有 $+0.3\%/℃$ 的温度系数。

（2）反向饱和电流 I_s 对温度 T 更为敏感，I_s 与 T 的关系可表示为

$$I_\mathrm{s} = AT^3\mathrm{e}^{-\frac{q}{kT}U_\mathrm{g}} \tag{4-22}$$

式中　U_g——半导体价带与导带之间的电势差；

A——半导体器件常数。

从式 4 – 22 可以看出，I_s 随 T 近似按指数规律增大。

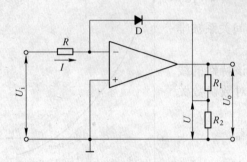

图 4 – 12　以二极管为对数元件构成对数放大器

图 4 – 12 所示电路实际性能差的另一个原因是，大多数二极管的特性实际上并不满足式 4 – 19。更确切地说，流过二极管的电流应是几个分量之和。每一个分量具有的形式为 $I_k = I_{sk}(e^{\frac{qU}{\eta_k kT}} - 1)$，一般 $1 \leq \eta_k \leq 2$。

图 4 – 12 所示电路实际性能差的最后一个原因是，半导体体电阻的客观存在将在较高电流下使实际跨在 P – N 结上的电压小于外加于二极管管脚上的电压 U，使二极管伏安特性进一步偏离对数特性。

基于上述原因，通常二极管只能在很小的动态范围（2 ~ 3 个电流十倍程）中提供可资利用的对数特性。为了扩展对数放大器的动态范围，目前多采用双极型晶体管作为对数元件。

E　利用晶体三极管作为运算放大器的反馈元件构成对数放大器

a　晶体三极管的电压 – 电流关系

如图 4 – 13 所示的 NPN 型晶体管的集电极电流 I_C 可用下式表示

$$I_C = \alpha_F I_{Es}(e^{\frac{qUE}{kT}} - 1) - I_{Cs}(e^{-\frac{qUC}{kT}} - 1) - \sum I_{Csk}(e^{-\frac{qUC}{\eta_k kT}} - 1) \qquad (4 – 23)$$

式中　α_F——共基极电流增益；

　　　I_{Es}——集电极与基极短路时发射结反向饱和漏电流；

　　　I_{Cs}——发射极与基极短路时集电结反向饱和漏电流；

　　　η_k——取决于晶体管类型的常数，通常有 $1 \leq \eta_k \leq 2$。

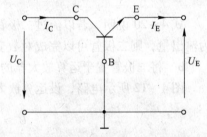

图 4 – 13　NPN 型晶体管电压电流关系

式 4 – 23 右侧第一项表示，在基区中少数载流子构成的那部分电流扩散到了集电极；第二、三项则与二极管的电流方程相似，它表示将发射极与基极短路时集电极电流的各分量。

如能设计出使 $U_C = 0$ 的晶体管电路组态，则可使式 4 – 23 右侧除第一项而外，其他各项均变为零。这时 $I_C = \alpha_F I_{Es}(e^{\frac{qUE}{kT}} - 1)$，当 $U_E \geq 100\text{mV}$ 时，此式可近似表示为 $I_C \approx \alpha_F I_{Es} e^{\frac{qUE}{kT}}$，对其两端取对数并化简

$$U_E \approx \frac{kT}{q} \ln \frac{I_C}{\alpha_F I_{Es}} \qquad (4 – 24)$$

可见，U_E 与 I_C 之间存在着所需的对数变换关系。

b　晶体三极管与运算放大器构成的对数放大器

晶体三极管与运算放大器构成的对数放大器如图 4 – 14 所示，将晶体管置于运算放大

器的反馈回路,并将晶体管基极接地,则可以实现 $U_c \approx 0$ 的条件。图中 $U_0 = - U_E$, $I_C = I = \dfrac{U_i}{R}$。因此该电路的输入 – 输出关系可表示为

$$U_0 \approx - \frac{kT}{q} \ln \frac{U_i}{\alpha_F I_{Es} R} \qquad (4-25)$$

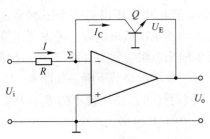

图 4 – 14　晶体管作为对数元件的对数放大器

即实现了 U_0 与 U_i 之间的对数变换关系。这种电路组态是输入电流对数变换动态范围最宽的组态。精确的对数变换还要求在很宽的电流变化范围内 α_F 保持恒定,平面型晶体管就具有这样的特性。对数变换可用电流的上限受半导体体电阻效应所限,通常在 1 ~ 10mA 之间。应指出的是,图 4 – 14 所示电路只能用于单极性输入信号,且最大输出电压被限为 U_{BE}。

F　对数放大器设计与应用时的实际问题

a　闭环稳定性问题

在对数放大器中由于采用了非线性反馈元件,使闭环稳定性问题复杂化。图 4 – 14 所示对数放大电路,有 $I = \alpha_F I_{Es} e^{\frac{qU_o}{kT}}$,将此式对 U_o 求导,可求出小信号反馈动态电阻 r_E

$$\frac{\partial I}{\partial U_o} = - \frac{I}{kT/q} = - \frac{1}{r_E} \qquad (4-26)$$

在室温条件下,如工作电流 I 为 1mA,则 $r_E = 25\Omega$。但是,当工作电流 I 为 0.001μA 时,则 $r_E = 25M\Omega$。

小信号反馈网络频率特性可写成

$$\beta(j\omega) = \frac{R/r_E}{j\omega RC_1 + 1 + R/r_E} \qquad (4-27)$$

式中,C_1 为 Σ 点对地电容,它包括晶体管 Q 的 $C - B$ 极间电容。可见,反馈网路为一阶惯性环节,其静态传递系数近似与 r_E 成反比。

设运算放大器为通用型集成运算放大器,其频率特性可表示为

$$A_{od}(j\omega) = \frac{A_{od}}{\left(1 + j\dfrac{\omega}{\omega_{01}}\right)\left(1 + j\dfrac{\omega}{\omega_{02}}\right)\left(1 + j\dfrac{\omega}{\omega_{03}}\right)} \qquad (4-28)$$

式中,ω_{01}、ω_{02}、ω_{03} 为转角频率,其值为时间常数 T_{01}、T_{02}、T_{03} 的倒数。

对数放大器的开环频率特性为 $W(j\omega) = A_{od}(j\omega) \cdot \beta(j\omega)$,根据闭环系统的稳定判据可知,当工作电流较大时由于 r_E 的减小,造成开环放大系数的增加,使电路稳定性变差。解决稳定性的一种方法是按图 4 – 15 所示加接一个反馈电容 C_2 进行相位校正。经相位校正后的反馈网路频率特性为

$$\beta'(j\omega) = \frac{R}{R + r_E} \cdot \frac{1 + j\omega r_E C_2}{1 + j\omega \dfrac{R r_E}{R + r_E}(C_1 + C_2)} \qquad (4-29)$$

可见 $\beta'(j\omega)$ 比 $\beta(j\omega)$ 增加一个零点,从而减小了高频时的相位滞后,保证了闭环稳

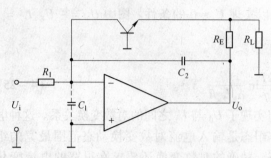

图 4 – 15 　进行动态校正后的对数放大器电路原理图

定性。由于 r_E 的值由工作电流大小所决定，故所需的 C_2 值应根据在工作电流的高限下仍保证闭环稳定性来选取。但是这将使得在较小工作电流下对数放大器的带宽和上升速率受到限制。再者，由于在高 I_C 下 r_E 值很小，所以另一个困难是运算放大器必须承接低阻负载。考虑到运算放大器的输出电阻通常为百欧级，这将使放大器的开环增益显著下降。如图 4 – 15 所示，用电阻 R_E 与晶体管射极串联可以克服这一困难，同时还可以使用较小的 C_2，从而有助于在较低的 I_C 下使对数放大器具有较宽的带宽和较大的上升速率。

图 4 – 15 所示电路，反馈网路的频率特性为

$$\beta''(j\omega) = \frac{R}{R + r_E + R_E} \cdot \frac{1 + j\omega(r_E + R_E)C_2}{1 + j\omega \dfrac{R(r_E + R_E)}{R + r_E + R_E}(C_1 + C_2)} \qquad (4-30)$$

式 4 – 30 表明，为保证在较高 I_C 下的闭环稳定性，所采用的 R_E 值越大，所需的 C_2 值就越小。所能选取的最大 R_E 值受运算放大器输出动态电压的最大值的限制。考虑到晶体管上所跨接的输出电压分量约为 0.6V，因此可按下式选择 R_E

$$U_{omax} - 0.6 > (I_{Lmax} + I_{Cmax})R_E \qquad (4-31)$$

b　输入失调参数所产生的误差

通常对数放大器的对数范围下限是由运算放大器的失调而不是由对数元件的动态范围所决定。

图 4 – 16 示出了包括运算放大器输入失调参数在内的对数放大器等效电路。设运算放大器开环增益 $A_{od} \to \infty$，由图 4 – 16 可见，相加点的电压为 $U_F = U_{os} - I_B \cdot R_1$，显然 $U_F = U_C \neq 0$，它将通过式 4 – 23 中的 I_{Cs} 项产生对数变换误差。因此必须避免出现任何可以感觉到的 C – B 极间的正向偏置。所以在对数放大器中需选用具有 $-U_{os}$ 的运算放大器并将其同相端直接接地更为合理。C – B 极间的反偏电压只会引起一个很小的误差，因为典型的 $I_{Cs} < 10^{-12}A$。

若式 4 – 23 中的 I_{Cs} 项可忽略，则有 $U_o = -\dfrac{kT}{q}\ln\dfrac{I_C}{\alpha_F I_{Es}}$。对于图 4 – 16，$I_c$ 可表示为 $I_C = \dfrac{U_i - U_F}{R_1} - I_{B-} = \dfrac{U_i - U_{os}}{R_1} - I_{os}$，因此可以得到

$$U_0 = -\frac{kT}{q}\ln\frac{\dfrac{U_i - U_{os}}{R_1} - I_{os}}{\alpha_F \cdot I_{Es}} \qquad (4-32)$$

利用上式可以估算典型的对数放大器的失调误差。

c　对数放大器的保护

在对数放大器的输入端即使施加很小的反极性电压，也会在晶体管的发射结产生很大的反向偏置电压，很可能损坏晶体管。为此，常采用图 4 – 17 所示的保护电路。

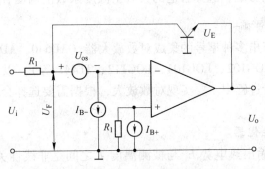 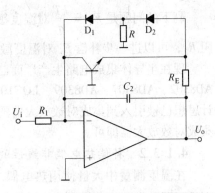

图 4 – 16 包括"运放"输入失调参数的对数放大器等效电路   图 4 – 17 对数放大器及保护电路

d 对数放大器的温度补偿

对数放大器存在着两个对温度敏感的因素。第一个因素是 $I_s = \alpha_F I_{Es}$，随温度 T 按指数规律增大，此因素是主要的；第二个较次要因素是比例系数 $E_0 = \dfrac{kT}{q}$ 随温度 T 按线性规律增长。使用匹配的晶体对管可以抵消温度对 I_s 项的影响。设对管的发射结反向饱和漏电流分别为 I_{s1} 和 I_{s2}，则可以写出 $U_{E1} = \dfrac{kT}{q}\ln\dfrac{I_{C1}}{I_0}$ 和 $U_{E2} = \dfrac{kT}{q}\ln\dfrac{I_{C2}}{I_{s2}}$。将此二式相减则有 $U_{E2} - U_{E1}$

$= \dfrac{-kT}{q}\ln\left(\dfrac{I_{C1}}{I_{C2}} \cdot \dfrac{I_{s2}}{I_{s1}}\right)$。

若对管是理想匹配，则有 $I_{s2} = I_{s1}$，所以有

$$U_{E2} - U_{E1} = -\frac{kT}{q}\ln\frac{I_{C1}}{I_{C2}} \tag{4-33}$$

式 4 – 33 表明，可用一个可控的参考电流 I_{C2} 来代替不可控的电流 I_s，以便消除 I_s 对温度敏感所造成的影响，同时要设计一个实行减法运算的电路来实现对数变换。

图 4 – 18 给出了实现以上设想的温度补偿对数放大器的原理。图中 Q_1、Q_2 是匹配的差分对管，同相放大器 A_2 的输入电压是 Q_1、Q_2 两管发射结电压之差 $U_{BE2} - U_{BE1}$，I_{C2} 是由可控恒流源所控制的恒定电流。该对数放大器的输出电压可表示为

$$U_o = (U_{BE2} - U_{BE1})\left(1 + \frac{R_3}{R_2}\right) = \left(-\frac{kT}{q}\ln\frac{U_i}{R_1 I_{C2}}\right)\left(1 + \frac{R_3}{R_2}\right) \tag{4-34}$$

这样就消除了 I_s 对温度敏感的影响，并实现了 $U_i \sim U_o$ 间的对数变换。

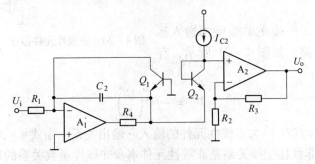

图 4 – 18 温度补偿对数放大器原理图

剩下的问题是 $E_o = \dfrac{kT}{q}$ 对温度敏感的影响；选择合适的具有正温度系数的温度补偿电阻 R_2，可以进一步补偿 E_o 对温度敏感的影响。

现在半导体集成电路生产厂商已生产出多种型号的集成对数放大器（AD640、AD641、AD8302、AD8307、AD8309、LOG101、LOG102、LOG104、LOG112、TL441 等），以上设计思想已被引入到集成对数放大器的设计过程中。要实现对数放大，根据需要选择合适的集成对数放大器即可。

4.1.3.2　补偿热电偶非线性的线性化器

在温度测量中大量使用热电偶，其输出热电势 E_t 与被测温度 T 之间是非线性关系，而且不同种类的热电偶的非线性规律不同。这就要求补偿热电偶非线性的线性化器，其非线性规律能根据需要进行调整，以适应各种热电偶的非线性。下面介绍实现热电偶特性线性化的技术方案。

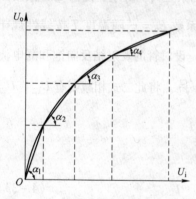

图 4 - 19　非线性函数的折线近似逼近

A　非线性函数关系的折线近似逼近

任何非线性函数关系都可以用折线去近似逼近。图 4 - 19 说明了这种近似逼近原理。此近似逼近法的精确度由所取的折线段数决定，折线段数越多，逼近的精确度越高。

折线的每个小线段的特性仍然由线性元件实现。将转折点电压和斜率各不相同的各小线段特性综合相加，就可以实现对所需函数特性的逼近。

B　实现非线性函数关系的折线近似逼近原理电路

a　结构原理

将非线性元件与运算放大器进行适当的组合，就可以实现非线性函数关系变换。非线性元件与运算放大器进行组合的方式有下列三种：

（1）将非线性元件接在运算放大器的反相输入端，如图 4 - 20 所示，可写出下列关系

$$U_o = - R_F \cdot f(U_i) \tag{4 - 35}$$

图 4 - 20 中 $I = f(U_i)$ 为非线性元件的输入 - 输出关系。从式 4 - 35 可以看出，对于这种结构方案电路的输入 - 输出关系来说，其非线性规律与非线性元件的非线性规律相同。

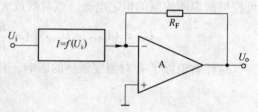

图 4 - 20　非线性元件接在"运放"反相输入端

（2）将非线性元件接在单端反相输入运算放大器的反馈回路。如图 4 - 21 所示，存在着下列关系

$$U_o = - f^{-1}\left(\frac{U_i}{R}\right) \tag{4 - 36}$$

图 4 - 21 中 $I_F = f(U_o)$ 为非线性元件的输入 - 输出关系。由式 4 - 36 可见，这种结构方案电路所实现的非线性变换关系是非线性元件本身非线性函数关系的反函数。

（3）将非线性元件接在同相单端输入运算放大器的反馈回路，如图 4 - 22 所示，存在

着下列关系

$$U_\text{o} = f^{-1}(U_\text{i}) \tag{4-37}$$

图 4-22 中 $U_\text{F} = f(U_\text{o})$ 为非线性元件的输入 - 输出关系。由式 4-37 可见，这种结构方案所实现的非线性变换关系是非线性元件本身非线性函数关系的反函数。

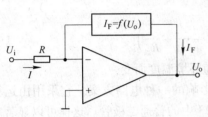
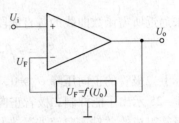

图 4-21 非线性元件接在反相放大反馈回路　　图 4-22 非线性元件接在同相放大反馈回路

上述三种实现非线性变换的方法，其变换的精确性主要取决于非线性元件在很宽的工作电流（或电压）范围内是否具有确定的特性以及对温度变化的敏感性。

b　由电阻及二极管组合而成的非线性网络设置在运算放大器的反相输入端

由电阻及二极管组成的非线性网络设置在运算放大器的反相输入端电路原理图示于图 4-23，由电阻和二极管组成的非线性网络所馈出的电流 I_1，I_2，$\cdots$，I_k 都与输入电压线性相关。这些电流流经运算放大器相加点后，就可以以一系列正切于所需非线性函数关系曲线的直线段方式逼近任何非线性函数，其逼近原理如图 4-24 所示。由图可见，非线性网络馈出的各个电流分别为

$$I_1 = K_1(U_\text{i} - U_1) \qquad \text{对于 } U_\text{i} > U_1$$
$$I_2 = K_2(U_\text{i} - U_2) \qquad \text{对于 } U_\text{i} > U_2$$
$$\vdots \qquad \vdots \qquad \qquad \vdots$$
$$I_k = K_k(U_\text{i} - U_k) \qquad \text{对于 } U_\text{i} > U_k$$

其中 U_1，U_2，$\cdots$，U_k 是各转折点电压。它们分别由二极管 D、电阻 R_a、R_b 及参考电压 U_R 来设定。图 4-23 所示的二极管及参考电压极性是针对正极性输入电压的。对于负极性输入电压可反转 D 和 U_R 的极性。

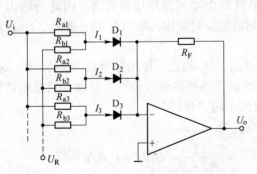
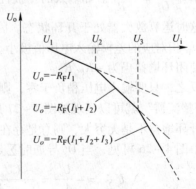

图 4-23 非线性网络放在反相放大输入回路　　图 4-24 折线逼近式线性化器特性曲线

各转折点的电压为 $U_1 = -\dfrac{R_\text{a1}}{R_\text{b1}} U_\text{R}$，$U_2 = -\dfrac{R_\text{a2}}{R_\text{b2}} U_\text{R}$，$\cdots$，$U_k = -\dfrac{R_\text{ak}}{R_\text{bk}} U_\text{R}$。当 U_i 超过第一个转

折点电压 U_1 时，D_1 开始导通。如略去二极管的正向压降，通过 D_1 的电流为 $I_1 = \dfrac{1}{R_{a1}}(U_i - U_1) = K_1(U_i - U_1)$；同理，当 U_i 超过其他转折点电压 U_k 时，则有 $I_k = \dfrac{1}{R_{ak}}(U_i - U_k) = K_k(U_i - U_k)$。

用来逼近所需函数曲线的各直线段斜率为

$$S_k = -R_F\left(\frac{1}{R_{a1}} + \frac{1}{R_{a2}} + \cdots + \frac{1}{R_{ak}}\right) \tag{4-38}$$

实际上二极管的正向压降 $U_D \neq 0$，并且 U_D 随环境温度而变。

图 4-25 示出了能抑制二极管正向压降 U_D 影响的一种电路方案。它采用由运算放大器和二极管组成的"精密整流器"来代替图 4-23 中的普通二极管。这样可以显著减小二极管正向压降 U_D 的影响。

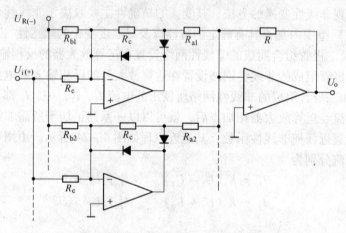

图 4-25　采用精密整流器的折线逼近式线性化器原理电路

图 4-26 示出了"精密整流器"电路。当输入正极性 U_i 时，运算放大器的输出电压 U_o' 为负值。由于 $\sum$ 点为虚地点，所以 D_2 截止，但反馈电流 I_F 经由 R_F 和 D_1 流通，电路的闭环增益 $\dfrac{U_o}{U_i} = -\dfrac{R_F}{R_1}$。如输入的正极性 U_i 值极小，以致 $|U_o'| < |U_D|$，所以 D_1 也截止，这时运算放大器处于开环状态。因为运算放大器的开环增益极高，因此与输出"死区" U_D 相对应的差模输入电压值极小。换句话说，只要输入电压 U_i 稍正于零，D_1 就将导通，使闭环增益仍为 $-R_F/R_1$。

反之，只要输入电压稍负于零，则 D_2 导通，D_1 截止，使闭环增益 $U_o/U_i = 0$。这样，"精密整流器"就可以实现如图 4-27 所示的非常理想的整流特性。然而，只要运算放大器的开环增益不是无穷大，则总是存在着很微小的"死区"。

由图 4-26 可见，当 D_1 导通时 $\sum$ 点的电位为

$$U_\Sigma = -\frac{U_o'}{A_{od}} = \frac{-(U_o + U_D)}{A_{od}} = \frac{1}{R_1 + R_F}(U_o R_1 + U_i R_F)$$

由上式可解出

$$U_o \approx -\left(\frac{U_D}{A_{od}} + \frac{U_i R_F}{R_1 + R_F}\right)\bigg/\left(\frac{1}{A_{od}} + \frac{R_1}{R_1 + R_F}\right) \approx -\frac{U_D}{A_{od} \cdot \beta} - \frac{R_F}{R_1}U_i \tag{4-39}$$

式中，$\beta = \dfrac{R_1}{R_1 + R_F}$ 为反馈系数，A_{od} 为运算放大器的开环增益。式 4 – 39 等号右侧的第二项是理想二极管的整流输出分量，第一项则是由于二极管死区电压 U_D 所造成的输出死区。然而，与普通二极管相比，理想二极管的死区将被减小到 $1/(A_{od} \cdot \beta)$ 倍。

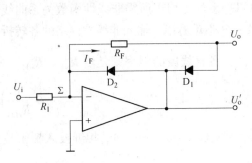

图 4 – 26　精密整流器电路原理图

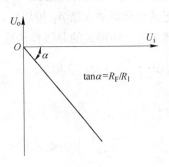

图 4 – 27　理想二极管整流特性

将式 4 – 39 两端对温度 T 求偏导数，可得到

$$\frac{\partial U_o}{\partial T} \approx - \frac{1}{A_{od} \cdot \beta} \cdot \frac{\partial U_D}{\partial T} \tag{4-40}$$

式 4 – 40 说明，$\dfrac{\partial U_D}{\partial T}$ 的影响也同样被减小为 $1/(A_{od} \cdot \beta)$ 倍。由此可见，只要 $A_{od} \cdot \beta$ 值充分大，就可以认为

$$U_o \approx - \frac{R_F}{R_1} U_i , \quad \frac{\partial U_o}{\partial T} \approx 0$$

将上述精密整流器的整流特性应用到图 4 – 25 中，不难看出，输入非线性网络的各个转折点电压将是十分稳定的，各个转折点电压为 $U_k = - (R_c / R_{bk}) \cdot U_{R(-)}$。各直线段的斜率则由 R_{a1}，R_{a2}，$\cdots$，R_{ak} 所决定，其表达式为

$$S_k = - R\left(\frac{1}{R_{a1}} + \frac{1}{R_{a2}} + \cdots + \frac{1}{R_{ak}} \right)$$

C　补偿热电偶非线性的线性化器电路

a　热电偶温度变送器的构成及工作原理

热电偶温度变送器的构成原理图 4 – 28 示出了热电偶温度变送器的框图结构。由图可以看出，为了补偿热电偶的热电势 E_t 与被测温度 T 之间存在的非线性关系，采用了闭环式非线性反馈补偿法。当热电偶的型号已经确定，则其热电势 E_t 与温度 T 之间的非线性函数关系已知。这时可以用解析计算法或图解法求出非线性反馈环节的输入 – 输出之间的非线性函数关系。下一步就是根据实际条件，选择合适的折线近似逼近式非线性函数电路。

b　非线性反馈网络的构成及工作原理

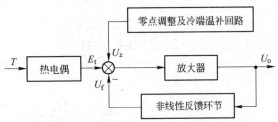

图 4 – 28　热电偶温度变送器原理框图

图 4-29 为一种用于热电偶非线性补偿的非线性反馈实用电路原理图。由图可以看出，该电路是将电阻及精密整流器组合而成非线性网络置于运算放大器的反相输入端，以实现所需的非线性函数变换。图中运算放大器 A_i 用于将输入信号 U_i 反极性，其放大系数为 -1。非线性网络所馈出的电流 I_{H1}，I_{H2}，I_{Hm} 和 I_{L1}，I_{L2}，$\cdots$，I_{Ln} 都与输入电压 U_i 线性相关。这些电流经运算放大器 A_2 相加后，就可以以一系列正切于所需非线性函数关系曲线的直线段方式逼近任何形式的非线性函数。由图 4-29 不难看出，输入非线性网络的各转折点电压为 $U_{Hk} = -\dfrac{R_c}{R_{bHk}} \cdot U_{R(-)}$ 和 $U_{Lk} = \dfrac{R_c}{R_{bLk}} \cdot U_{R(+)}$；各直线段的斜率则是由 R_{aH1}，R_{aH2}，$\cdots$，R_{aHm} 和 R_{aL1}，R_{aL2}，$\cdots$，R_{aLn} 所决定，其表达式为 $S_k = 1 + R\left(\dfrac{1}{R_{aH1}} + \dfrac{1}{R_{aH2}} + \cdots + \dfrac{1}{R_{aHm}}\right) - R\left(\dfrac{1}{R_{aL1}} + \dfrac{1}{R_{aL2}} + \cdots + \dfrac{1}{R_{aLn}}\right)$。此式说明，运算放大器 A_{H1}，A_{H2}，$\cdots$，A_{Hm} 相继投入精密整流工作状态，可使曲线斜率逐级增大；运算放大器 A_{L1}，A_{L2}，$\cdots$，A_{Ln} 相继投入精密整流工作状态，可使曲线斜率逐渐减小。显然，图 4-29 所示电路可以实现对含拐点的非线性函数关系的折线近似逼近。因此该电路可作为通用折线近似逼近式线性化器，广泛应用于检测仪表中进行仪表特性的线性化。

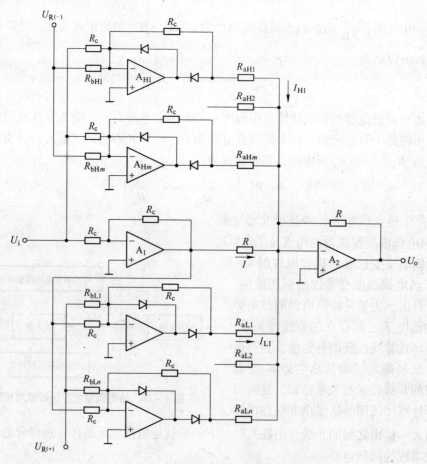

图 4-29 非线性反馈实用电路原理图

4.2 自动检测技术中的温度补偿技术

4.2.1 概述

在生产现场工作的自动化仪表，其周围环境温度的变化是剧烈的，冬天会降到零下十几度，而夏天又会上升到零上几十度。按国家部颁标准要求，在现场工作的自动化仪表应该能够在很宽的环境温度变化范围内正常工作，并要求其温度附加误差不超过规定值。仪表在出厂前必须做"环境温度影响试验"，以鉴别其适应环境温度变化的能力。在控制室工作的自动化仪表，如各种指示、记录、控制仪表等，虽然其周围环境温度的变化范围不像现场那样大，但是也不处于恒温条件，因此对这些仪表也有类似的规定和要求。

任何测量仪表都是由几个基本环节，如敏感元件、变换放大环节、显示环节等组合而成。然而，这些基本环节的静特性都与环境温度有关，尤其是敏感元件的静特性与环境温度关系更为密切。例如作为压力敏感元件使用的金属波纹膜片，它的材料都是合金材料，而这些合金材料的弹性模量是随温度而变化的。这就决定了金属波纹膜片的刚度系数随环境温度而变化，从而使其静特性随温度而变化。

对于电子线路，由于电阻的阻值、电容器的电容值、二极管和三极管的特性等都随环境温度而变化。这就造成放大器的放大倍数以及直流放大器的零点都随环境温度而变化。对于机械零件，由于固体线膨胀系数的存在，造成零件尺寸随环境温度而变化。对于仪表中使用的液体介质（如硅油）也存在着随温度升高而产生的体膨胀现象。

显然仪表的基本组成环节特性随温度而变化，必然造成整台仪表的特性随环境温度而变化。为了满足生产对仪表性能在温度方面的要求，就需要在仪表的研究、设计、制造过程中采取一系列具体的技术措施，以抵消或减弱环境温度变化对仪表特性的影响，从而保证仪表特性基本上不随环境温度而变化。人们统称这些技术措施为温度补偿技术。

4.2.2 温度补偿原理

4.2.2.1 测量仪表及其组成环节对温度的有害灵敏度

测量仪表及其组成环节对温度的有害灵敏度就是指仪表或其组成环节的输出变化量与引起该输出变化量的温度变化量之比。用数学式表示则为

$$S_T = \frac{\partial y}{\partial T} \tag{4-41}$$

显然，对于一台仪表或仪表组成环节，其对温度的有害灵敏度 S_T 值越小，说明其适应环境温度 T 变化的能力越强，其温度附加误差越小。

为了便于研究环境温度 T 对仪表工作的影响，可用图4-30所示框图表示仪表的输入（即被测量）x、环境温度 T 与仪表输出 y 之间的关系。从框图可以看出，仪表的输出 y 是输入 x 和环境温度 T 的函数，即 $y = f(x, T)$。当仪表的输出 y 与输入 x 之间为线性关系时，则有

$$y = f(x, T) = a_0(T) + a_1(T) \cdot x \tag{4-42}$$

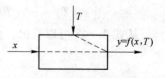

图4-30 研究温度对仪表输出影响的框图

式中，$a_0(T)$ 为仪表的输出零点，其值随 T 而变，是 T 的函数；$a_1(T)$ 为仪表的灵敏度，其值随 T 而变，是 T 的函数。

这时，仪表对温度的有害灵敏度可表示为

$$S_T = \frac{\partial f(x,\ T)}{\partial T} = \cdot \frac{da_0(T)}{dT} + \frac{da_1(T)}{dT} x \tag{4-43}$$

式 4-43 表明，S_T 由两项组成：$\dfrac{da_0(T)}{dT}$ 为仪表输出零点对温度的有害灵敏度，它的大小反映了仪表输出零点随温度漂移的快慢；$\dfrac{da_1(T)}{dT}$ 为仪表输出特性曲线斜率（即灵敏度）对温度的有害灵敏度，它的大小反映了仪表量程随温度变化的快慢。

当仪表的输出 y 与输入 x 之间是非线性函数关系时，这种关系可用有限项的幂函数近似表示为

$$y = f(x,\ T) = a_0(T) + a_1(T) \cdot x + a_2(T) \cdot x^2 + \cdots + a_n(T) \cdot x^n$$

这时，仪表对温度的有害灵敏度为

$$S_T = \frac{da_0(T)}{dT} + \frac{da_1(T)}{dT} \cdot x + \cdots + \frac{da_n(T)}{dT} \cdot x^n \tag{4-44}$$

从上面分析可以看出，为了降低环境温度对仪表工作的影响，应设法减小仪表对温度的有害灵敏度。这可以从两个方面着手，一方面减小仪表输出零点对温度的有害灵敏度，另一方面减小仪表灵敏度对温度的敏感性。

对于一台仪表进行温度补偿的目的就是通过理论分析和实验研究找出相应的技术措施，使仪表的 $\dfrac{da_0(T)}{dT} \approx 0$ 和 $\dfrac{da_1(T)}{dT} \approx 0$。

4.2.2.2 并联式温度补偿原理

并联式温度补偿就是人为地附加一个温度补偿环节，从框图结构形式看，该补偿环节与被补偿仪表（或仪表组成环节）成并联形式，其目的是使被补偿后的仪表静特性基本上不随环境温度而变化。并联式温度补偿原理框图示于图 4-31。图中 $y = a_0(T) + a_1(T) x$ 为仪表被补偿部分特性，$y' = a'_0(T) + a'_1(T) x$ 为补偿环节特性。

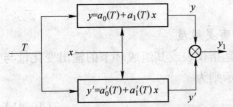

图 4-31 并联式温度补偿原理框图

由框图 4-31 可以写出总输出 y_1 与输入 x、温度 T 的增量表达式

$$\Delta y_1 = \Delta y + \Delta y' = \left[\frac{da'_0(T)}{dT} + \frac{da_0(T)}{dT} \right] \cdot \Delta T + x \left[\frac{da_1(T)}{dT} + \frac{da'_1(T)}{dT} \right] \cdot \Delta T +$$

$$\left[a_1(T) + a'_1(T) \right] \cdot \Delta x \tag{4-45}$$

从式 4-45 可以看出，为了达到温度补偿目的，应按下列条件选择温度补偿环节

$$\begin{cases} \dfrac{da'_0(T)}{dT} \approx -\dfrac{da_0(T)}{dT} \\[3mm] \dfrac{da'_1(T)}{dT} \approx -\dfrac{da_1(T)}{dT} \end{cases} \tag{4-46}$$

需指出，采用并联式温度补偿虽然从理论上可以实现完全补偿，但是实际上只能近似补偿。也就是说，特性曲线的温度补偿只能做到有限点（通常为两点或三点）是全补偿，而其他点不是"过补偿"就是"欠补偿"。

并联式温度补偿在仪表设计中已经获得较广泛应用，例如热电偶的冷端温度补偿，直流放大器的差分对输入级、对数放大器的温度补偿等。

4.2.2.3　反馈式温度补偿原理

反馈式温度补偿就是应用负反馈原理，通过自动调整过程，保持仪表的零点和灵敏度不随环境温度而变化。图 4-32 为反馈式温度补偿的原理框图。图中 A_0、A_1 是仪表零点 $a_0(T)$、灵敏度 $a_1(T)$ 的检测环节，B_0、B_1 是信号变换环节，U_{ra0}、U_{ra1} 是恒定的参比电压，K_0、K_1 是电子放大器，D_0、D_1 是执行环节，$y = f(x, T, x_{a0}, x_{a1}^{\cdot})$ 是仪表被补偿部分特性。

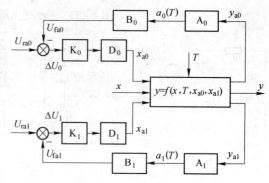

图 4-32　反馈式温度补偿原理框图

从图 4-32 可以看出，反馈式温度补偿的关键问题有两个：

（1）如何将仪表输出零点 $a_0(T)$、灵敏度 $a_1(T)$ 通过 A_0、A_1、B_0、B_1 检测出来，并且变换成电压信号 U_{fa0}、U_{fa1}；

（2）如何用 K_0、K_1 输出，通过 D_0、D_1 产生控制作用，自动改变 $a_0(T)$、$a_1(T)$，以达到自动补偿掉环境温度 T 对 $a_0(T)$ 和 $a_1(T)$ 的影响。

在采用反馈式温度补偿时应通过理论分析找出仪表刻度方程的分析表达式，进而通过刻度方程分析找出能反映 $a_0(T)$ 和 $a_1(T)$ 值变化的参数，最后确定控制 $a_0(T)$ 和 $a_1(T)$ 的手段。

差动变压器式传感器在工程测量中获得了广泛应用。温度补偿对于这种类型传感器十分重要，下面介绍它的反馈式温度补偿原理。

差动变压器及测量电路原理图示于图 4-33。图 4-33（a）是半波差动整流测量电路，图 4-33（b）是全波差动整流测量电路。差动变压器及测量电路的等效电路如图 4-34 所示。图中变压器设为理想变压器，即不考虑涡损、磁损及杂散电容，并且设副边负载电阻值很高。图中 I_p 为原边一次电流，L_p 为原边电感，R_p 为原边绕组的电阻，E_1、E_2 为副边感应电势，E_0 为激励源电势，U_1、U_2 为副边整流后直流电压，r_{s1}、r_{s2} 为副边绕组电阻。

由等效电路可得出差动变压器副边绕组的感应电势表达式

$$\begin{cases} \dot{E}_1 = j\omega M_1 \dot{I}_p = j\omega M_1 \dfrac{\dot{E}_0}{R_p + j\omega L_p} \\[3mm] \dot{E}_2 = j\omega M_2 \dot{I}_p = j\omega M_2 \dfrac{\dot{E}_0}{R_p + j\omega L_p} \end{cases} \tag{4-47}$$

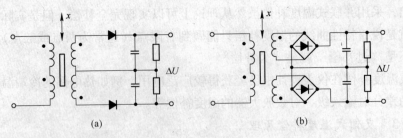

图 4 – 33　差动变压器及测量电路原理图

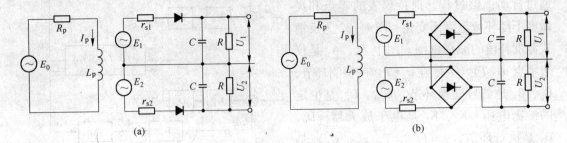

图 4 – 34　差动变压器及测量电路的等效电路

经整流滤波后得到的 U_1、U_2 可表示为下列形式

$$\begin{cases} U_1 = \left| j\omega M_1 \dfrac{k_{ad}\dot{E}_0}{R_p + j\omega L_p} \right| \\[3mm] U_2 = \left| j\omega M_2 \dfrac{k_{ad}\dot{E}_0}{R_p + j\omega L_p} \right| \end{cases} \tag{4-48}$$

式中，k_{ad} 为交 – 直流电压变换系数。

输出电压可表示为

$$\Delta U = U_1 - U_2 = \left| j\omega(M_1 - M_2) \dfrac{k_{ad}E_0}{R_p + j\omega L_p} \right| \tag{4-49}$$

当差动变压器铁芯位于中心位置，即铁芯位移 $x = 0$ 时，副边两差动绕组感生电势相等，即 $M_1 = M_2 = M_0$；当铁芯偏离中心位置，且位移 x 在线性范围之内，则可将 M_1、M_2 表示为

$$\begin{cases} M_1 = M_0 + \Delta M = M_0 + \dfrac{1}{2}k_M x = \dfrac{1}{2}k_M(X_0 + x) \\[3mm] M_2 = M_0 - \Delta M = M_0 - \dfrac{1}{2}k_M x = \dfrac{1}{2}k_M(X_0 - x) \end{cases} \tag{4-50}$$

式中，X_0 为铁芯等效极限位移，k_M 为比例系数。

将式 4 – 50 代入式 4 – 49 可得出

$$\Delta U = \left| \dfrac{j\omega k_{ad}k_M\dot{E}_0}{R_p + j\omega L_p} \right| \cdot x = Sx \tag{4-51}$$

式中，$S = \left| \dfrac{j\omega k_{ad}k_M\dot{E}_0}{R_p + j\omega L_p} \right|$ 为差动变压器式传感器的灵敏度。式 4 – 51 则是差动变压器及测量电路的刻度方程。

下面分析环境温度 T 对灵敏度 S 的影响：

（1）原边绕组的电阻 R_p 随环境温度 T 而变。铜导线的电阻温度系数约为 $\alpha = +0.4\%/℃$，所以 R_p 与 T 的关系可表示为 $R_p = R_{p0}(1 + aT)$。其中 R_{p0} 为 0℃时 R_p 的阻值。

（2）原边绕组电感 L_p 随环境温度 T 升高而下降。其原因是铁芯的磁特性（磁导率、磁滞损耗及涡损）与 T 有关。对于小型差动变压器在工频下原边绕组的感抗与电阻值相当。L_p 与 T 之间关系可表示为 $L_p = L_{p0}(1 - \beta T)$，式中 β 为电感 L_p 的温度系数，L_{p0} 为 0℃时 L_p 的电感值。

（3）变换系数 k_M 随环境温度 T 升高而下降。其原因是随着 T 升高，互感系数 M_1、M_2 下降。k_M 与 T 关系可表示为 $k_M = k_{M0}(1 - \gamma T)$，其中 γ 为温度系数，k_{M0} 为 k_M 在 0℃时的值。

（4）由于副边绕组的电阻 r_{s1}、r_{s2} 及二极管正向电阻 r_D 都随温度而变，造成变换系数 k_{ad} 随温度 T 而变。一般激励源频率 ω 也随 T 变。

综合上述几点可以看出，差动变压器式传感器的灵敏度 S 是温度 T 的复杂函数。实验证明，在保持 E_0 恒定不变的前提条件下，灵敏度 S 随温度 T 升高而下降。对于小型差动变压器在 ω 值较低（接近工频时），灵敏度的温度系数大约是 $-0.3\%/℃$；在 ω 值较高时，灵敏度的温度系数大约是 $(-0.05 \sim 0.1)\%/℃$。这充分说明，即使有稳定的振荡器供给恒定的激励电势 E，也不能克服差动变压器自身造成的灵敏度 S 随温度升高而下降，因此必须进行温度补偿。若采用并联式温度补偿，可在差动变压器的原边线路或副边线路中串接热敏电阻。这样可使温度附加误差缩小到原来的几分之一。但这种温度补偿方法只能满足一般要求，效果不十分理想。如采用反馈式温度补偿，不仅可以自动补偿环境温度对灵敏度的影响，而且可以自动补偿激励源电势 E_0 和频率 ω 变化所造成的影响，同时也改善了仪表的线性关系。由前述可知，对差动变压器进行温度补偿的目的就是保持灵敏度 $S = \left| \dfrac{j\omega k_{ad} k_M \dot{E}}{R_p + j\omega L_p} \right|$ 不随温度 T 而变，其关键问题之一是如何将灵敏度 S 值检测出来。为了解决此问题可以从分析式 4 - 48 着手。

将 U_1 与 U_2 的表达式相加可得出

$$U_1 + U_2 = \left| j\omega(M_1 + M_2)\frac{k_{ad}\dot{E}_o}{R_p + j\omega L_p} \right| = \left| j\omega k_M X_0 \frac{k_{ad}\dot{E}_o}{R_p + j\omega L_p} \right| = X_0 S \qquad (4-52)$$

式中，X_0 为恒定不变的常数。从式 4 - 52 可以看出，通过检测电压（$U_1 + U_2$）或检测与电压（$U_1 + U_2$）成比例的电压可把灵敏度 S 检测出来。

反馈式温度补偿的第二个关键问题是怎样产生控制作用去自动调整 S 值，使 S 值不随温度 T 而变。从 S 表达式可以看出，通过控制振荡器的电源电压，可间接控制振荡器的输出电压 $\dot{E}_o$，从而达到控制 S 值的目的。基于上列分析可以提出反馈式温度补偿的具体电路方案，如图 4 - 35 所示。此方案检测灵敏度 S 的方式是通过在差动变压器副边增加两个绕组 Ⅰ′ 和 Ⅱ′。Ⅰ 与 Ⅰ′ 绕组、Ⅱ 与 Ⅱ′ 绕组采用双线并绕方式绕制而成，但是 Ⅰ′ 与 Ⅱ′ 绕组之间不是采用"差接"，而是采用"和接"方式。（Ⅰ′ + Ⅱ′）绕组的"和接"电压经整流、滤

波后所取出的信号 U_f 显然正比于 $(U_1 + U_2)$，即 U_f 正比于灵敏度 S。U_r 是恒定的参比电压。U_f 与 U_r 相比较，其差值经"集成运放"A 放大，再经 Q_3 功率放大，进而控制多谐振荡器 Q_1、Q_2 的电源电压，从而达到控制多谐振荡器输出电压 $\dot{E}_0$ 幅值的目的。这样就可以通过闭环负反馈方式自动调整 S 值，使其保持恒定。　　　　ф

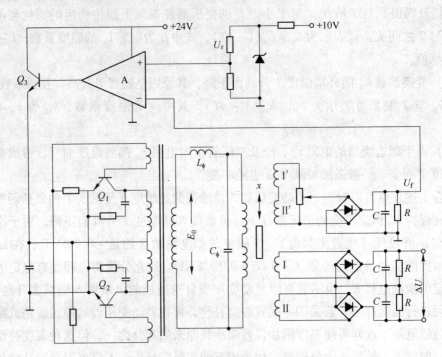

图 4-35　差动变压器式传感器的反馈式温度补偿原理电路图

此电路方案的温度补偿精度主要取决于参比电压源 U_r 的稳定度和"集成运放"A 的输入失调参数温漂。其温度补偿精度可用下式估算

$$\delta = \frac{\Delta S}{S} = \frac{\beta + U_r \alpha}{U_r} \Delta T \tag{4-53}$$

式中，β 为"集成运放"A 输入失调参数温漂系数，α 为基准稳压管温度系数。

通过前面对仪表温度补偿理论的概略阐述，可以得出下列结论：

(1) 并联式温度补偿适用于仪表中温度敏感参数的单一温度补偿，在仪表设计中已经获得了较广泛应用。

(2) 反馈式温度补偿适用于仪表中复杂温度敏感参数的综合温度补偿，它是一种很有发展前途的综合温度补偿方法。

—— 本 章 小 结 ——

在设计测量仪表时，都希望仪表的输出与输入之间的关系是线性关系。但实际上仪表的基本组成环节（尤其是敏感元件）中有许多环节具有非线性的静特性。因此必须引入一个特殊环节（线性化器）来补偿其他环节的非线性。测量仪表非线性的补偿方法有三种：开环补偿法、反馈补偿法、增益控制式补偿法。求取开环线性化器、非线性反馈环节或增益控制电路非线性特性的方法都是有解析计算法和图解计算法两种。线性化器的典型应用是在射线测厚仪中使用对数放大器补偿射线强度衰减与板材厚度之间的非线性特性（指数函数）以及热电偶非线性特性的补偿。

任何测量仪表都是由几个基本环节，如敏感元件、变换放大环节、显示环节等组合而成。然而，这些基本环节的静特性都与环境温度有关，尤其是敏感元件的静特性与环境温度关系更为密切，这必然造成整台仪表的特性随环境温度而变化。为了满足生产对仪表性能在温度方面的要求，就需要在仪表的研究、设计、制造过程中采取温度补偿技术，以抵消或减弱环境温度变化对仪表特性的影响，即设法减小仪表对温度的有害灵敏度，从而保证仪表特性基本上不随环境温度而变化。这可以从两个方面着手，一方面减小仪表输出零点对温度的有害灵敏度，另一方面减小仪表灵敏度对温度的敏感性。常用的温度补偿方法有两种：并联式温度补偿和反馈式温度补偿。并联式温度补偿适用于仪表中温度敏感参数的单一温度补偿，在仪表设计中已经获得了较广泛应用；反馈式温度补偿适用于仪表中复杂温度敏感参数的综合温度补偿，它是一种很有发展前途的综合温度补偿方法。

习题及思考题

4-1 测量仪表刻度特性的非线性补偿方法有几种？每种非线性补偿方法的要点是什么？请用框图简要说明之。

4-2 用图解计算法求取线性化器的输入-输出特性与用解析计算法求取线性化器的输入-输出特性相比有何特点？请简要说明之。

4-3 利用电阻与精密整流器组合成非线性网络，并将其与运算放大器相结合构成折线逼近式线性化器与利用具有非线性特性的元件和运算放大器构成模拟式线性化器相比较有何特点？请举例说明之。

4-4 图4-36所示为带温度补偿的实用对数放大器电路原理图。试指出电路中主要元件的作用，并推导其输入-输出关系。

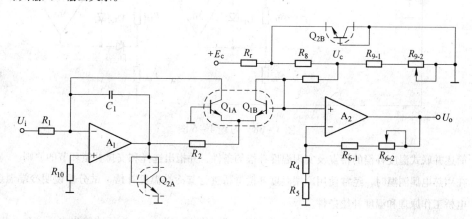

图4-36 习题4-4图

4-5 图4-37所示为射线测厚仪中实用对数放大器电路原理图。试分析说明电路中主要元件的作用，并推导此对数放大器的输入-输出关系。

4-6 图4-38所示为另一种射线测厚仪中实用线性化器电路原理图。它采用折线近似逼近方式实现对数变换。试指出该电路中主要元件作用，并分析说明该线性化器的输入-输出关系。

4-7 什么是测量仪表对温度的有害灵敏度？若测量仪表具有线性刻度特性，问其对温度的有害灵敏度包含哪些内容？

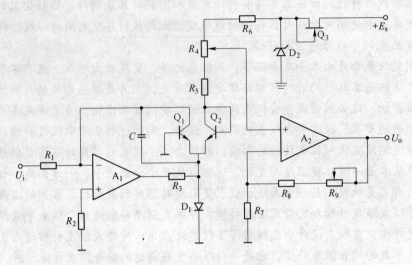

图 4 - 37   习题 4 - 5 图

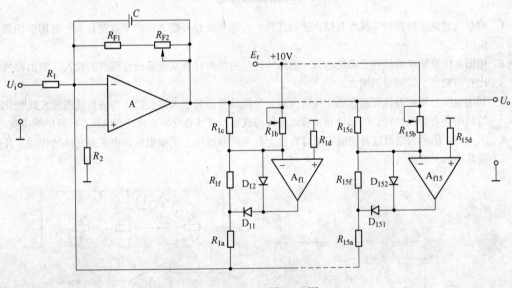

图 4 - 38   习题 4 - 6 图

4 - 8   简述并联式温度补偿的特点及实现温度补偿的条件，并指出选择和安排补偿环节的原则。

4 - 9   在用热电偶测温时，经常使用冷端温度补偿电桥进行其冷端温度补偿。试分析说明冷端温度补偿
        电桥工作原理和温度补偿条件。

4 - 10   图 4 - 39 所示为四臂电阻电桥原理图。图中 E 为供桥电源，U_{cd} 为桥路输出电压，R_1、R_2、R_3、
        R_4 为桥臂电阻，其中一个随某被测参数（如应变 ε 等）而变化。试根据并联式温度补偿原理分
        析推导桥路温度补偿条件，并指出选择桥臂电阻材料的温度系数原则。

4 - 11   图 4 - 40 所示为电容式压力传感器结构原理图。图中 1 是测压膜片，同时也是电容的一个极板；
        2 是电容另一极板，但与 1 是不同种材料；3 是绝缘材料。已知三者的温度线膨胀系数分别为
        α_a、α_b、α_g。若极板 1 与 2 之间气隙在 20℃ 时为 $d_0 = a_0 - b_0 - g_0$。若 d_0 值已给定，b_0 已选定，
        问应如何求出 g_0 值才能使气隙 d 不随环境温度而变？

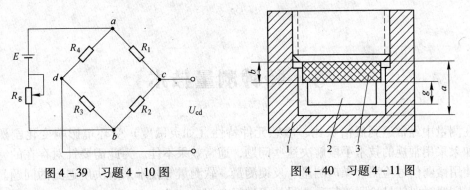

图 4 - 39 习题 4 - 10 图   图 4 - 40   习题 4 - 11 图

4 - 12 图 4 - 41 为一个电压 - 电流变换器的框图。主线放大器的传递系数为 K，反馈环为锰铜线绕制的

电阻 R。已知 K 的温度系数 $\alpha_K = 0.5\%/℃$，R 的温度系数 $\alpha_R = 5 \times 10^{-6}/℃$。在 $0℃$ 时 $K = 10^4 \dfrac{1}{\Omega}$，

$R = 1\Omega$，问环境温度从 $0℃$ 变到 $50℃$ 时，变换器输出电流 I 的温度附加误差是多少？

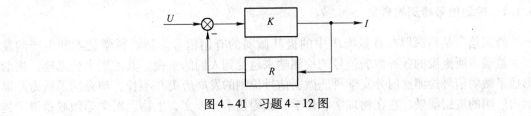

图 4 - 41   习题 4 - 12 图

5 特种测量技术

在测量中经常遇到低信噪比、敏感元件特性（如灵敏度）受环境影响变化剧烈等问题。如果采用常规的技术手段解决这些问题，通常效果不佳。为此需要针对存在的特殊问题，使用微弱信号检测、噪声测量、反馈测量、软测量等技术来解决所遇到的问题。本章将重点围绕微弱信号检测等特种测量技术进行介绍。

5.1 微弱信号检测

5.1.1 微弱信号检测的意义

微弱信号是指深埋在背景噪声中的极其微弱的有用信号。随着科学技术和生产的发展，被噪声所淹没的各种微弱信号的检测越来越受到人们的重视，其发展十分迅速，逐渐形成了微弱信号检测这门分支学科。微弱信号检测的发展历史并不长，却充满了活力并显示出广阔的应用前景，它在物理学、化学、工程技术、天文、生物、医学等领域获得了越来越广泛的应用。

恢复或增强一个信号，即改善信噪比，通常是降低与信号所伴随的噪声。对于存在噪声的非周期信号，通常是用滤波器来减小系统的噪声带宽，即所谓带宽压缩法。这样可以使有用信号顺利通过，而噪声则受到抑制，从而使信噪比得到改善。对于深埋在噪声中的周期性信号，通常采用锁定放大法和取样积分法来改善信噪比。

锁定放大法是采用相敏检波及低通滤波来压缩等效噪声带宽，以抑制噪声，从而检测出深埋在噪声中的周期性信号的幅值和相位。取样积分法是用取样门及积分器对信号进行逐次取样并进行同步积累，以筛除噪声，从而恢复被噪声淹没的周期性信号的波形。

5.1.2 锁定放大器

5.1.2.1 锁定放大器的构成原理

锁定放大器的构成原理可用图 5-1 所示的简化框图表示。锁定放大器由三个主要部分组成，即信号通道、参考通道、相敏检波（PSD）及低通滤波器。

信号通道的作用是将伴有噪声的输入信号放大，并采用选频放大对噪声作初步处理。参考通道的作用是提供一个与输入信号同相的方波或正弦波。相敏检波的作用是对输入信号和参考信号完成乘法运算，从而得到输入信号与参考信号的和频与差频信号。低通滤波器的作用是滤除和频信号成分而保留差频信号，这时的等效噪声带宽很窄，从而可以提取深埋在噪声中的微弱信号。

由于该放大器将被测信号与参考信号的相位相锁定，故称之为锁定放大器。锁定放大器实质上是一个采用相敏检波器的交流电压表。普通交流电压表是将信号和噪声一同检出，而锁定放大器只检出输入信号及与输入信号同频且同相的噪声，其结果是使噪声成分

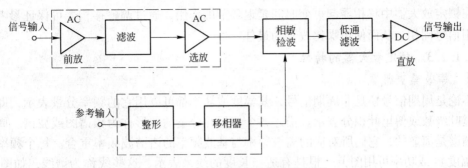

图 5 - 1　基本锁定放大器简化框图

大幅度降低。

5.1.2.2　锁定放大器中的信号相关原理

设 $x(t)$ 是伴有噪声的信号，即

$$x(t) = s(t) + n(t) = A\sin(\omega_c t + \varphi) + n(t) \tag{5-1}$$

式中，$s(t)$ 为有用信号，其幅度为 A，角频率为 ω_c，初相角为 ψ；$n(t)$ 为噪声信号。

参考正弦型信号为 $y(t) = B\sin\omega_c(t + \tau)$，则二者的互相关函数为

$$R_{xy}(\tau) = \lim_{T \to +\infty} \frac{1}{T} \int_o^T B\sin\omega_c(t + \tau) \cdot [A\sin(\omega_c t + \varphi) + n(t)] dt$$

$$= \frac{A \cdot B}{2}\cos(\omega_c \tau - \varphi) + R_{ny}(\tau) \tag{5-2}$$

由于参考信号 $y(t)$ 与随机噪声 $n(t)$ 互不相关，有 $R_{ny}(\tau) = 0$，因此式 5 - 2 可表示为

$$R_{xy}(\tau) = \frac{A \cdot B}{2}\cos(\omega_c \tau - \varphi) \tag{5-3}$$

式 5 - 3 说明，$R_{xy}(\tau)$ 正比于有用信号的幅值。若取 $\omega_c \tau - \psi = 0$，则 $R_{xy}(\tau)$ 取最大值，这时参考信号 $y(t)$ 与被测信号 $s(t)$ 同相。

由上述分析可知，利用参考信号与有用信号具有相关性，而参考信号与噪声信号相互独立，可以通过互相关运算削弱噪声的影响。

根据上述分析可以得出完成互相关运算的原理框图，如图 5 - 2 所示。完成互相关运算需要三个基本环节，即可变时间延迟环节、乘法器和积分器。考虑到被测有用信号为重复性周期信号，因此可用图 5 - 3 所示简化原理框图来实现重复性周期信号的互相关运算。

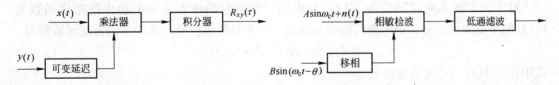

图 5 - 2　互相关运算原理框图　　图 5 - 3　对周期信号完成互相关运算的简化原理框图

比较图 5 - 2 与图 5 - 3 可知二者本质上是一致的。这说明，在锁定放大器中检测微弱信号采用了互相关原理。即利用参考信号与有用信号具有相关性，而参考信号与噪声互不相关，通过相敏检波和低通滤波（或积分平均）完成互相关运算，从而达到抑制噪声的目

的。在锁定放大器中移相器起可变时间延迟环节的作用,通过调整移相器可保证参考信号与有用信号同相,从而使信噪比改善为最佳。

5.1.2.3 锁定放大器的特性

A 等效噪声带宽

不论是周期信号还是非周期信号,其幅度或功率都可以用它的频率分量表示,即可以用傅里叶级数或傅里叶积分表示。描述各个傅里叶分量的图形称为频谱图或波谱。周期信号的频谱是离散的,它们所对应的离散频率与基波频率的诸谐波频率重合。每个频率分量的(幅度)^{2}或功率可用图上一根具有适当长度的线来表示,这些线称为谱线,如图 5-4 所示。虽然功率是用"瓦"来计量,但在噪声理论中共同的习惯是把幅度的平方看作功率。信号的功率谱告诉我们,信号的各个频率分量提供的功率在整个频率范围内是如何分布的。信号的总功率或信号的均方值等于每个频率分量各自提供的功率之和。在给定的信号总功率下,每个分量所提供的功率必然随分量数目的增多而减小。

一个随机信号可以看作是一个具有无限长周期的周期信号。在其频谱中频率间隔趋于零,其功率谱必然具有无限数目的谱线,而所有谱线都有无限小的幅度。这表明,对随机信号其功率谱分量缩小到零,因而无法用谱线表示出来。但是用功率谱密度可以克服此困难。对随机信号不能说出在某一频率下它有多少功率,而只能说在该频率下每单位带宽有多少功率。因此功率谱密度的单位是 V^2/Hz。图 5-5 示出了一个功率谱密度。这条曲线下的总面积给出了信号中所含的总功率。在任一频带上(例如从 f_1 到 f_2)所有频率分量提供的功率等于 f_1 与 f_2 之间功率谱密度曲线下的面积。与白光相类比,在所有频率下具有等功率谱密度的噪声称为白噪声。理论的白噪声具有无限的带宽,因而有无限的功率,这在实际系统中是不存在的。如果在所研究的频带内噪声具有平直的功率谱密度,通常将这种噪声称为白噪声。

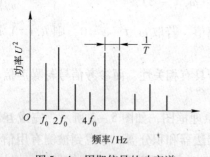

图 5-4 周期信号的功率谱

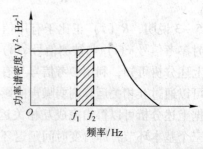

图 5-5 随机信号的典型功率谱密度

对于一个频率响应函数为 $H(f)$ 的电路,如果它的输入是一个功率谱密度函数为 $G_i(f)$ 的平稳随机信号,则电路的输出也将是一个平稳随机信号,其功率谱密度函数则为

$$G_o(f) = |H(f)|^2 \cdot G_i(f) \tag{5-4}$$

式中,$|H(f)|^2$ 称为电路的功率增益。

当已知电路输出端的平稳随机信号的功率谱密度函数,则可用下式计算该平稳随机信号的总功率

$$E_{no}^2 = \int_0^\infty G_o(f)\mathrm{d}f = \int_0^\infty |H(f)|^2 \cdot G_i(f)\mathrm{d}f \tag{5-5}$$

若电路输入为白噪声,则上式可简化为

$$E_{\text{no}}^2 = G_i \int_0^\infty | H(f) |^2 df \tag{5-6}$$

然而按上列公式计算噪声的总功率是很繁琐的。为简化电路输出噪声总功率的计算，人们引入了等效噪声带宽概念。

等效噪声带宽的定义式为

$$B_{\text{eq}} = \frac{\int_0^\infty | H(f) |^2 \cdot df}{H_p^2} \tag{5-7}$$

式中，$H(f)$ 是所讨论电路的电压频率响应函数，H_p 是 $H(f)$ 的峰值。如果电路为带通型，则 H_p 为通带中心频率上的电压增益；若电路为低通型，则 H_p 就是零频时的电压增益。

各种电路的等效噪声带宽可从工程手册中查到，因此使我们能运用等效噪声带宽快速进行噪声计算。这时式5-6简化为

$$E_{\text{no}}^2 = G_i \cdot B_{\text{eq}} \cdot H_p^2 \tag{5-8}$$

从式5-8可以看出，白噪声可借压缩电路的频带宽度予以减小。由图5-6所示的伴有噪声的输入信号功率谱密度函数曲线可见，滤波器的频带越窄，信噪比值越高。由于调谐滤波器中心频率稳定度的限制，滤波器的频带又不能取得太窄。由此可见，直接用滤波器压缩噪声带宽，其效果是有限的。锁定放大器的等效噪声带宽可以做得很窄。为说明其原因，首先分析相敏检波的信号频谱变换作用。为简化分析，假设被测有用信号为 $U_i = E_i \cdot \sin(2\pi f_1 t + \varphi_1)$，参考信号为 $U_R = E_R \cdot \sin(2\pi f_2 t + \varphi_2)$，则相敏检波器的输出为

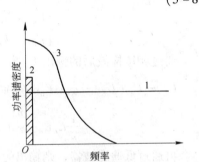

图5-6 伴有噪声的输入信号功率谱密度
1—噪声；2—信号；3—RC 滤波器响应

$$U_o = U_i U_R = \frac{E_i E_R}{2}\cos[2\pi(f_1 - f_2)t + (\varphi_1 - \varphi_2)] - \frac{E_i E_R}{2}\cos[2\pi(f_1 + f_2)t + (\varphi_1 + \varphi_2)]$$

$$\tag{5-9}$$

式5-9表明，相敏检波器的输出包括两部分，前者为差频分量，后者为和频分量。当被测有用信号与参考信号同步，即 $f_1 = f_2$ 时，差频为零。这时差频分量变成相敏直流电压分量。

式5-9说明，通过相敏检波作用使信号的频谱发生了变换，即由原来以 f_1 为中心的频谱变换成以直流（$f = f_1 - f_2 = 0$）及倍频（$f = f_1 + f_2 = 2f_1$）为中心的两个频谱，如图5-7所示。这种频谱的变换作用是很重要的，它使后续电路应用低通滤波器成为可能。倍频分量可通过低通滤波器被滤除，从而使输出 U_o 为

$$U_o = \frac{1}{2}E_i \cdot E_R\cos[2\pi(f_1 - f_2)t + (\varphi_1 - \varphi_2)] \tag{5-10}$$

式5-10说明，若 $f_1 - f_2 \neq 0$，但在低通滤波器的通带之内，则输出 U_o 与被测有用信号的幅值 E_i 成正比，并且属于交流。若 $f_1 - f_2 = 0$，但是 $\varphi_1 - \varphi_2 \neq 0$，则输出 U_o 正比于 $E_i\cos(\varphi_1 - \varphi_2)$；若 $f_1 - f_2 = 0$，且 $\varphi_1 - \varphi_2 = 0$，则输出 U_o 正比于 E_i，且取最大值。这表明，

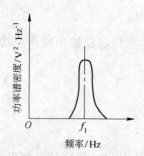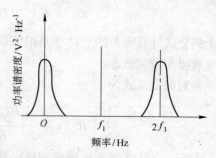

图 5-7 通过相敏检波的频谱变换作用

理论上低通滤波器的带宽可以取无限窄，但实际上由于漂移等问题，$\Delta f = f_1 - f_2$ 不可能为无限小。

为了进一步说明相敏检波加低通滤波对输入噪声的抑制能力，设输入信号与参考信号为

$$
\begin{cases}
U_s = E_i \cos(\omega_0 t + \theta) + E_n \cos(\omega t + \alpha) \\
U_R = E_R \cos \omega_0 t
\end{cases}
\tag{5-11}
$$

通过相敏检波后的输出 U_o 为

$$
U_o = U_s \cdot U_R = \frac{1}{2} E_i E_R \cos\theta + \frac{1}{2} E_i E_R \cos(2\omega_0 t + \theta) + \frac{1}{2} E_n E_R \cos[(\omega - \omega_0)t + \alpha] +
$$
$$
\frac{1}{2} E_n E_R \cos[(\omega + \omega_0)t + \alpha]
$$

再通过低通滤波器，则输出为

$$
U'_o = \frac{1}{2} E_i E_R \cos\theta + \frac{1}{2} E_n E_R \cos[(\omega - \omega_0)t + \alpha]
\tag{5-12}
$$

式 5-12 中只有当 $|\Delta\omega| = |\omega - \omega_0|$ 在低通滤波器的通带宽之内时，这部分噪声信号才对输出有所影响，而其他大部分噪声均被滤除。

对于相敏检波器，其参考输入为正弦时对参考输入信号的幅值稳定度要求很高，因此在实际电路中常常采用方波作为参考输入，这时相敏检波器称为开关型相敏检波器。设参考输入为方波，并取 $E_R = 1$，则可将方波参考输入展为傅里叶级数

$$
U_R = \frac{4}{\pi} \sum_{n=0}^{\infty} \frac{1}{2n+1} \sin[(2n+1)(2\pi f_2 t + \varphi_2)]
$$

式中 n——谐波数；

      f_2——方波频率；

      φ_2——参考输入初相角。

相敏检波器输出为

$$
U_o = \sum_{n=0}^{\infty} \frac{2E_i}{(2n+1)\pi} \cos\{2\pi[f_1 - (2n+1)f_2]t + [\varphi_1 - (2n+1)\varphi_2]\} -
$$
$$
\sum_{n=0}^{\infty} \frac{2E_i}{(2n+1)\pi} \cos\{2\pi[f_1 + (2n+1)f_2]t + [\varphi_1 + (2n+1)\varphi_2]\}
\tag{5-13}
$$

式中 f_1——信号频率；

      φ_1——信号初相角。

由式 5 – 13 可见，输出包括方波基频 f_2 的全部奇次谐波频率与信号频率 f_1 的和频与差频分量。因此开关型相敏检波器对任何一个奇次谐波都产生一个相敏输出，这些输出称之为相敏检波器的谐波响应。

然而，噪声与参考输入的差频所组成的各项中频只有落在低通滤波器的等效噪声带宽之内的分量才有输出，其他分量均被低通滤波器滤除。因此相敏检波器加低通滤波器有极强的噪声抑制能力。

综上所述，用方波作参考信号改善了非线性和动态储备，但引入了奇次谐波响应。

从上面分析可知，通过相敏检波的频谱变换作用和低通滤波作用，锁定放大器最后检测的信号是输入信号与参考信号的差频电压，因此低通滤波器的频带宽度可以取得很窄，从而可以采用简单的 RC 低通滤波器进行频带压缩。

若相敏检波之后采用一阶 RC 低通滤波器，其频率响应函数为 $|H(f)| = \dfrac{1}{\sqrt{1 + 4\pi^2 f^2 R^2 C^2}}$，频率响应峰值 $H_p = 1$，其等效噪声带宽为

$$B_{eq} = \frac{\int_0^\infty |H(f)|^2 \mathrm{d}f}{H_p^2} = \frac{1}{4RC} \qquad (5-14)$$

如取 $T_0 = RC = 30\text{s}$，则 $B_{eq} = 0.0083\text{Hz}$。如采用二阶 RC 低通滤波器，则其等效噪声带宽为 $B_{eq} = \dfrac{1}{8RC}$。

B 信噪比的改善

若噪声为白噪声，在锁定放大器的输入端之噪声功率为 $E_m^2 = G_i \cdot B_i$，式中 G_i 为白噪声功率谱密度，B_i 为噪声带宽。锁定放大器输出端的噪声功率为 $E_{no}^2 = \int_0^\infty G_o(f)\mathrm{d}f = G_i \int_0^\infty |H(f)|^2 \mathrm{d}f = G_i \cdot H_p^2 \cdot B_{eq}$，式中 G_o 为输出端噪声功率谱密度，B_{eq} 为锁定放大器等效噪声带宽。

设输入端有用信号功率为 $P_{si} = E_{si}^2$，则输出端有用信号功率为 $P_{so} = E_{so}^2 = E_{si}^2 \cdot H_p^2$。因此可以写出锁定放大器输入端的信噪比表达式为 $\left(\dfrac{S}{N}\right)_{ip} = \dfrac{P_{si}}{P_{ni}} = \dfrac{E_{si}^2}{G_i \cdot B_i}$，输出端的信噪比表达式为 $\left(\dfrac{S}{N}\right)_{op} = \dfrac{P_{so}}{P_{no}} = \dfrac{E_{si}^2 \cdot H_p^2}{G_i \cdot H_p^2 \cdot B_{eq}} = \dfrac{E_{si}^2}{G_i \cdot B_{eq}}$。使用锁定放大器所获得的信噪比的改善表达式为：

（1）信噪功率比改善

$$\frac{(S/N)_{op}}{(S/N)_{ip}} = \frac{B_i}{B_{eq}} \qquad (5-15)$$

（2）信噪电压比改善

$$\frac{(S/N)_{ov}}{(S/N)_{iv}} = \frac{\sqrt{B_i}}{\sqrt{B_{eq}}} \qquad (5-16)$$

如输入信号的噪声带宽 $B_i = 10\text{kHz}$，锁定放大器的等效噪声带宽 $B_{eq} = 0.25\text{Hz}$，则信噪电压比的改善为 200 倍。

5.1.2.4 相敏检波器的实用电路

由于场效应管的输入阻抗高，可以构成较理想的开关，斩波型相敏检波电路随着场效应管性能的改善而日益获得普遍应用。

图5-8所示电路为场效应管电流斩波型相敏检波电路。被测信号 U_i 经电压-电流变换电路（VIC）变换成电流信号，使场效应管能作为电流开关式工作。采用电流开关方式工作主要是为了消除残余电压的影响。U_i 变换成相应的电流以后，通过场效应管完成相敏检波。场效应管的开关状态由参考方波 $+U_R$、$-U_R$ 控制，参考方波使场效应管交替开关达到相敏斩波的目的。场效应管作为电流开关宜选择 I_{DSS} 大而 U_p 小的器件。A_1、A_2 是微电流放大器，因此应选择失调电流尽可能小的集成运放。A_1、A_2 的反馈电阻上并联电容，目的是滤除高频成分。A_3 的作用是将两个极性相反的半波相敏检波合成为全波相敏检波。此电路由于相敏斩波及 $A_1 \sim A_3$ 的输入电平不需转换，且为单端全波相敏检波输出，因此给后续低通滤波带来方便并降低了零点漂移，使测量更为准确。

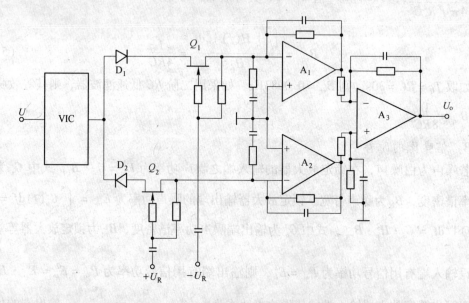

图5-8 场效应管电流斩波型相敏检波电路

图5-9所示是场效应管电压斩波型相敏检波电路原理图。参考信号经两级差分放大后驱动一个双稳态触发器，以提供比较满意的方波。斩波器对输入电压进行相敏检波后，再进行放大和低通滤波。

近年来随着高速高分辨率模数转换器的出现，除了可以采用全硬件电路实现相敏检波外，还可以将放大后的信号送入模数转换器，转换成数字信号，然后通过运算实现相敏检波。

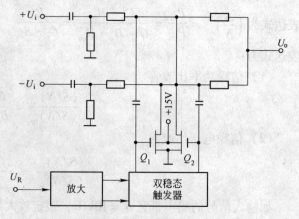

图5-9 场效应管电压斩波型相敏检波电路

通常称这种采用数字相敏检波的锁定放大器为数字式锁定放大器。

5.1.3 取样积分器

取样积分器有两种工作方式：定点式和扫描式。定点式用于测量脉冲信号的幅值，扫描式用于恢复和记录被测信号的波形。

5.1.3.1 定点式取样积分器

A 结构原理

定点式取样积分器有门控低通滤波器式和门控积分器式两种结构形式。门控低通滤波器式取样积分器采取的工作模式是指数平均式，而门控积分器式取样积分器采取的工作模式是线性积累式。这两种定点取样积分器的结构原理如图 5－10 所示。其工作原理是：被测信号 U_i 经缓冲放大器送到取样门 K，当有取样脉冲到来时取样门 K 开通，对输入信号 U_i 的瞬时值进行取样，并通过 RC 低通滤波器（或 RC 积分器）进行指数平均（或线性积累）；当门脉冲过后取样门关闭，由于输出缓冲放大器具有极高的输入阻抗，使电容 C 上的电压得以保持，一直到下一个门脉冲到来为止。通常选择积分时间常数 $T_c = RC$ 比门脉冲宽度 T_g 大得多。如果在一次测量中取样次数为 n，一次取样时间为 T_g，则经过 n 次取样后，对于门控低通滤波器式电容 C 上的电压 U_c 以指数平均模式接近门脉冲对应处的输入信号平均值；对于门控积分器式电容 C 上的电压按线性积累模式增长；而噪声由于其随机性，使得它在电容 C 上的噪声电压积累按统计平均规律增长，结果使信噪比得以改善。定点式取样积分器的工作模式如图 5－11 所示。定点式取样积分器的工作波形如图 5－12 所示。

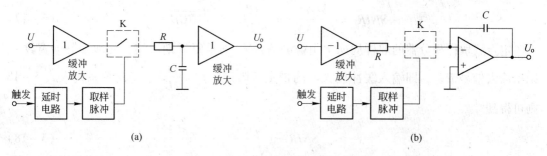

图 5－10　定点式取样积分器结构原理图
(a) 门控低通滤波器式；(b) 门控积分器式

由波形图可以看出，与被测信号同步的触发脉冲经延时电路延时后去触发取样脉冲电路，使其产生一定宽度的取样脉冲，并以此脉冲控制取样门对输入信号的瞬时值取样，然后在积分电容上进行积累和平均。输出信号幅度随取样次数增加而增加，根据不同被测信号的要求，延时 τ 和门脉冲宽度 T_g 都是可调的。

B 信噪比的改善

由于定点式取样积分器有门控低通滤波和门

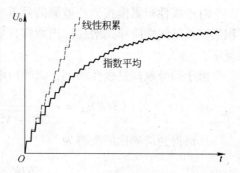

图 5－11　定点式取样积分器的工作模式

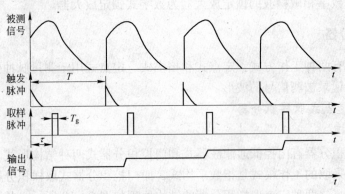

图 5－12   定点式取样积分器的波形图

控积分两种，并分别对应着指数平均和线性积累两种工作模式，二者的信噪比改善程度不同。

对于指数平均模式，若每隔时间 T 秒取样门被接通 T_g 秒时间，则占空因子 $\gamma = T_g/T = T_g f$；当被测信号 U_i 是阶跃电压时，输出 U_o 将按图 5－11 所示指数平均模式呈阶梯式指数增长。该阶梯式指数曲线的等效时间常数 τ_{eff} 比阻容电路的时间常数大得多，其值为

$$\tau_{eff} = \frac{RC}{\gamma} = \frac{RC}{T_g \cdot f}$$

门控 RC 低通滤波器的噪声带宽 B_{no} 就是 RC 低通滤波器的等效噪声带宽，即 $B_{no} = \frac{1}{4RC}$。若输入缓冲放大器的等效噪声带宽为 B_{ni}，其增益为 1，则信噪比的改善为

$$SNIR = \frac{(S/N)_{ov}}{(S/N)_{iv}} = \sqrt{\frac{B_{ni}}{B_{no}}} = \sqrt{4RCB_{ni}} \tag{5－17}$$

定点式取样积分器的取样周期 T 由被测信号 U_i 的重复周期决定，而取样脉冲宽度 T_g 则由输入信号带宽，即输入缓冲放大器的带宽所限定，$T_g = \frac{1}{2B_{ni}}$。将此关系代入式 5－18 则可得到

$$SNIR = \sqrt{\frac{2RC}{T_g}} \tag{5－18}$$

从式 5－18 可知，增加时间常数（RC）有利于改善信噪比，但是要增加测量时间。可见信噪比的改善是以增加测量时间为代价的。

对于线性积累模式，若被测信号 U_i 是阶跃电压脉冲，输出 U_o 就以图 5－11 所示线性积累模式呈线性阶梯式增长。当取样次数 m 选定并经 m 次取样后，可通过开关使积分器复零。

由于信号取样是线性相加，而噪声电压是按统计平均规律增长，这时输出的信噪比为

$$(S/N)_{ov} = \frac{S_1 + S_2 + \cdots + S_m}{\sqrt{N_1^2 + N_2^2 + \cdots + N_m^2}} = \frac{mS}{\sqrt{mN^2}} = \sqrt{m}\,\frac{S}{N}$$

从而得到信噪比的改善为

$$SNIR = \frac{(S/N)_{ov}}{(S/N)_{iv}} = \sqrt{m} \tag{5－19}$$

可见，信噪比的改善程度随取样次数 m 的增加而增加。这也说明门控积分式电路的等效噪声带宽不为常数，而是随着取样次数 m 的增加而变小。

5.1.3.2 扫描式取样积分器

扫描式取样积分器的框图如图 5 - 13 所示，其信号处理过程的波形如图 5 - 14 所示。扫描式与定点式比较，其特点是取样脉冲相对触发脉冲的延时是逐渐增加的。因而它能够恢复被检测信号的波形。

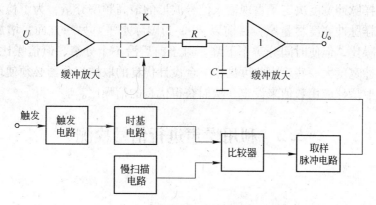

图 5 - 13 扫描式取样积分器框图

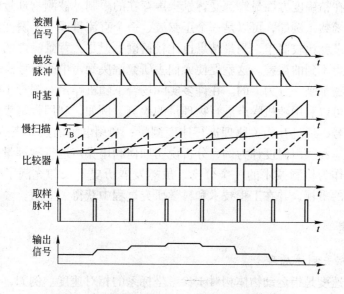

图 5 - 14 扫描式取样积分器信号处理波形图

扫描式取样积分器的工作原理是：触发输入信号经触发电路变换成触发脉冲信号，然后用此触发脉冲去触发时基电路，时基电路产生随时间线性增长的时基电压，时基电压的宽度 T_B 小于或等于信号周期 T。时基电压与慢扫描电压经电压比较器进行比较，产生矩形脉冲。由图 5 - 14 可见，随着慢扫描电压逐渐增加，该矩形脉冲的宽度逐渐增加。用此矩形脉冲的后沿去触发单稳电路，形成宽度恒定的取样脉冲。这样形成的取样脉冲相对触发脉冲的时延是逐渐增加的。从而在输入信号波形上的取样位置是从前向后逐渐移动的，经过足够长的时间就得到了形状与输入信号相同，而在时间上大大放慢了的输出信号。

应当指出，取样积分器常用于检测前后沿为毫微秒的窄脉冲信号。欲保证输入脉冲不失真地送到取样门，即脉冲的前后沿不加宽，则输入放大器应采用宽带放大器。通常其增益为1，频带宽度为 0~30MHz 或更宽。因此取样积分器对其输入缓冲放大器的要求是很高的。

对于取样门如果要求取样脉冲宽度为 T_g，则取样门的开通时间要稍大于 T_g。这是因为取样积分电路实质上就是采样 - 保持电路，而采样 - 保持电路是存在探测时间和孔径时间的。最窄取样脉冲宽度决定了重现输入信号波形的最高频率分量，为了检测极短脉冲信号，就希望取样脉冲宽度尽量窄，目前以 10ns 为国际水平。另一方面，增加取样脉冲宽度可以改善信噪比，但使时间分辨率下降。对于前后沿不十分窄、但信噪比很差的信号，就要求取样脉冲宽度大一些。由此可见，一台设计优良的取样积分器必须使取样脉冲宽度可调，以便按照最佳应用数值来设定，从而获得优良的信噪比。

5.2 利用噪声进行信号检测

5.2.1 概述

人们发现，不管是从被检测的物理现象还是从用以进行测量的仪器仪表方面来说，一切物理量的测量在精确度方面最终都受背景噪声存在的限制。被测物理量的变化规律可能是很规则的时间函数，例如，可以是一个正弦波、一个直流量或一个瞬变波形。因此在无噪声条件下，测量就比较简单，测量结果也比较精确。但是，背景噪声的存在会给测量带来很多困难和意想不到的误差。这就促使人们去研究解决噪声中的信号检测方法和技术。

然而任何事物都是一分为二的。在许多实际场合下随机噪声对测量不但无害，而且可以加以利用，即可以利用随机噪声进行物理量的检测。例如，利用带钢表面对光反射所形成的随机噪声信号，通过互相关原理进行速度测量；利用电阻的热噪声进行温度测量等。本节将以相关测速和噪声温度计为例，分析说明如何利用噪声进行物理量的检测。利用噪声进行信号检测作为检测技术的一个分支，虽然发展历史不长却充满了生命力，引起国内、外有关方面的重视，并在工程技术和科学研究过程中获得了应用。

5.2.2 相关测速

5.2.2.1 相关测速原理

这里讨论的速度是指运动物体相对于参考坐标系的相对速度。例如，带钢相对于辊道的速度，水泥粉末在管道中相对于管道的速度等。图 5 - 15 是测定轧钢机带钢速度的示意图和噪声信号波形图。在带钢运动方向的同一直线上，于相距 L 的两个点上安装两个灯泡和两个光电器件，如光敏三极管。由于带钢运动因而产生两个信号 $x_1(t)$ 和 $x_2(t)$。在理想的情况下，即两个灯泡的光点直径都一样，两个光电器件的光电特性完全一样，则所得到的两个信号 $x_1(t)$ 和 $x_2(t-\tau_0)$ 是完全相似的。τ_0 是带钢运动距离 L 所需时间，称为传递时间。当然，实际上 $x_1(t)$ 和 $x_2(t-\tau_0)$ 不可能做到完全相似，因为带钢还有横向运动，而且光源和光电器件的特性不可能完全一样。但实践证明二者的波形是十分相似的，只是在时间上相差时间 τ_0，即 $x_1(t) \sim x_2(t-\tau_0)$。

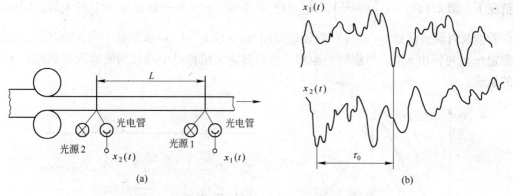

图 5-15 从运动的带钢取出信号及信号波形图

(a) 示意图；(b) 波形图

如果设法将传递时间 τ_0 测出，而距离 L 为已知恒定常数，因此通过除法运算则带钢运动速度 $v = \dfrac{L}{\tau_0}$ 就可以求出。下面讨论 τ_0 的测量方法。首先介绍相关函数的物理意义和一些基本性质。

有限时间的互相关函数表达式为

$$\hat{R}_{x_2 x_1}(\tau) = \frac{1}{T}\int_0^T x_1(t) \cdot x_2(t - \tau)\,\mathrm{d}t \tag{5-20}$$

$\hat{R}_{x_2 x_1}(\tau)$ 可以看成是随机过程（或波形）$x_1(t)$ 和 $x_2(t)$ 的相似性的一种量度，因此可以用相关函数作为一把尺子去判定两个波形的相似性。对于带钢测速所取出的信号 $x_1(t)$ 和 $x_2(t)$ 有下列关系成立

$$x_1(t) = x_2(t - \tau_0) = x_2\left(t - \frac{L}{v}\right)$$

因此式 5-20 可以表示为

$$\hat{R}_{x_2 x_1}(\tau) = \frac{1}{T}\int_0^T x_2\left(t - \frac{L}{v}\right) \cdot x_2(t - \tau)\,\mathrm{d}t \tag{5-21}$$

对于上式，显然有 $\tau = \dfrac{L}{v}$ 时，$\hat{R}_{x_2 x_1}(\tau)$ 取极大值，这就是自相关函数的基本性质之一。$\hat{R}_{x_2 x_1}(\tau)$ 的波形如图 5-16 所示。从图中曲线可以看出，两个相似随机信号的互相关函数具有极值特性。这表明，如果能及时调整信号 $x_2(t - \tau)$ 的时间延迟 τ 值，使 $\hat{R}_{x_2 x_1}(\tau)$ 永远处于极大值，即永远保持 $\tau = \tau_0 = \dfrac{L}{v}$，则可以实现带钢速度 v 的连续测量。

图 5-17 是测量管道中粉体流速的示意图。在管道内放置两个测定粉体浓度的传感器。例如，对于绝缘粉体可用电容传感器。如果两个传感器的距离比较近，则可以认为 t_0 瞬间在 A 处的粉体浓度 $x_2(t_0)$ 与 $\left(t_0 + \dfrac{L}{v}\right)$ 瞬间在 B 处的浓度 $x_1\left(t_0 + \dfrac{L}{v}\right)$ 相近。也就是说 $x_2(t)$ 与 $x_1\left(t + \dfrac{L}{v}\right)$ 是相似的。为了测定粉体在管道内的运动速度，应将 $x_1(t)$ 与 $x_2(t)$ 的互相关函数测出来。根据相关函数的性质可知 $\hat{R}_{x_2 x_1}(\tau) = \dfrac{1}{T}\int_0^T x_1(t) \cdot x_2(t - \tau)\,\mathrm{d}t$，在理

想情况下，即 $x_1(t) = x_2\left(t - \dfrac{L}{v}\right)$，$\hat{R}_{x_2x_1}(\tau)$ 将会在 $\tau = \tau_0 = \dfrac{L}{v}$ 处出现一个最大值。同样道理，若能及时调整信号 $x_2(t - \tau)$ 的延迟时间 τ 值，使 $\hat{R}_{x_2x_1}(\tau)$ 永远处于极大值状态，则通过测定 τ_0 就可算出 v 值。根据同样原理，可以测定飞机相对于地面的航速和船舶相对于海底的航速。

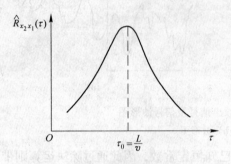
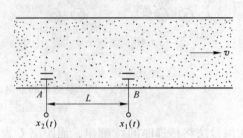

图 5-16   相关函数波形图   图 5-17   测定粉体流速示意图

5.2.2.2   相关测速仪的结构原理

相关测速仪的结构原理框图示于图 5-18。由图可见，相关测速仪主要由传感器、可控延时环节、相关运算环节、相关函数峰值自动搜索跟踪环节和除法运算环节等组成。

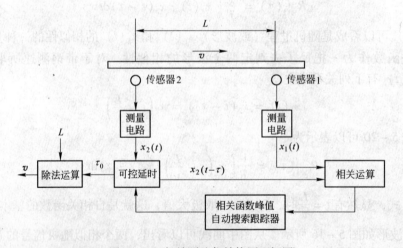

图 5-18   相关测速仪结构原理框图

在相关测速中，可利用的随机涨落信号是多种多样的，因此用来检测随机涨落信号的传感器也是多种多样的。但是，相关测速仪中的两个传感器所提供的信号必须是相关信号。因此必须根据被测物体的特性选择合适的传感器。例如，带钢测速宜选用光电式传感器，而粉体流速测量宜选用电容式和超声波式传感器等。

在相关测速仪中一个关键问题是如何实现相关函数曲线峰值的自动搜索与跟踪。通常是通过不断地比较相关运算环节之相邻两次输出的大小，根据其差值的大小和符号去逐步改变可控延时环节的时间延迟 τ 值。当 τ 值被调节到某个最佳值时，相关运算环节的输出达到最大值，此延时最佳值 τ 正好等于被测速系统的传递时间 τ_0。不断重复以上的操作和运算即可实现相关函数曲线峰值的动态搜索与跟踪。

　　然而，图 5-18 所示相关测速仪的原理结构对工业现场环境的适应能力较差。这是由于工业现场的环境干扰，如机械振动、电磁干扰等十分严重，有周期性干扰信号进入相关测速仪。其后果是造成相关函数随 τ 的变化呈现周期性，以至很难甚至不可能搜索到相关函数曲线的峰值。下面分析说明此问题。

　　设在干扰作用下相关测速仪两个传感器所获取的信号分别为 $x_1(t) = x_1(t) + Z(t)$ 和 $x_2(t-\tau) = x_2(t-\tau) + Z(t-\tau)$，其中 $Z(t)$、$Z(t-\tau)$ 为周期性干扰信号。经互相关运算后的输出可表示为

$$\hat{R}_{x_2'x_1'}(\tau) = \frac{1}{T}\int_0^T x_1'(t) \cdot x_2'(t-\tau)\mathrm{d}t$$

$$= \frac{1}{T}\int_0^T [x_1(t) + Z(t)][x_2(t-\tau) + Z(t-\tau)]\mathrm{d}t$$

$$= \frac{1}{T}\int_0^T x_1(t) \cdot x_2(t-\tau)\mathrm{d}t + \frac{1}{T}\int_0^T [x_1(t) \cdot Z(t-\tau)$$

$$+ Z(t)x_2(t-\tau) + Z(t)Z(t-\tau)]\mathrm{d}t$$

考虑到 $x_1(t)$ 与 $Z(t-\tau)$，$Z(t)$ 与 $x_2(t-\tau)$ 是互不相关信号，因此有 $\frac{1}{T}\int_0^T x_1(t) \cdot Z(t-\tau)\mathrm{d}t \to 0$ 和 $\frac{1}{T}\int_0^T Z(t)x_2(t-\tau)\mathrm{d}t \to 0$

因此 $x_1'(t)$ 与 $x_2'(t-\tau)$ 的互相关函数可简化表示为

$$\hat{R}_{x_2'x_1'}(\tau) = \frac{1}{T}\int_0^T x_1(t) \cdot x_2(t-\tau)\mathrm{d}t + \frac{1}{T}\int_0^T Z(t)Z(t-\tau)\mathrm{d}t \qquad (5-22)$$

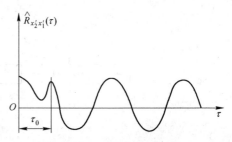

图 5-19　在周期性干扰信号
作用下的互相关函数曲线

　　式 5-22 表明，在干扰信号作用下，互相关运算后的输出包括有用信号的互相关函数和干扰信号的自相关函数。由自相关函数的性质可知，周期信号的自相关函数也呈现周期性。因此式 5-22 可以用曲线形式表示，如图 5-19 所示。由图可见，在周期性干扰信号作用下，互相关函数曲线的峰值有很多个，而不是一个。这必然造成峰值搜索的困难。为了克服周期性干扰信号对互相关运算的影响，人们应用了"差动相消"原理。下面介绍这一原理。

　　假设在周期性干扰信号作用下，通过传感器获取的信号为 $x_1'(t) = x_1(t) + Z(t)$ 和 $x_2'(t) = x_2(t) + Z(t)$，式中 $x_1(t)$、$x_2(t)$ 为有用信号，$Z(t)$ 为周期性干扰信号。为了消除干扰信号的影响，对上列传感器获取的信号进行相减运算。因此有 $y(t) = x_1'(t) - x_2'(t) = x_1(t) - x_2(t)$。对差值信号 $y(t)$ 求自相关函数，则有

$$\hat{R}_y(\tau) = \frac{1}{T}\int_0^T y(t)y(t-\tau)\mathrm{d}t = \frac{1}{T}\int_0^T [x_1(t) - x_2(t)][x_1(t-\tau) - x_2(t-\tau)]\mathrm{d}t$$

$$\frac{1}{T}\int_0^T x_1(t)x_1(t-\tau)\mathrm{d}t + \frac{1}{T}\int_0^T x_2(t)x_2(t-\tau)\mathrm{d}t - \frac{1}{T}\int_0^T x_1(t)x_2(t-\tau)\mathrm{d}t -$$

$$\frac{1}{T}\int_0^T x_2(t)x_1(t-\tau)\mathrm{d}t \qquad (5-23)$$

从式 5-23 可以看出，等式右侧第一、第二项是 $x_1(t)$ 和 $x_2(t)$ 的自相关函数，若 $x_1(t)$、$x_2(t)$ 近于白噪声，则在 $\tau = 0$ 时此两项取极大值；等式右侧第三项是 $x_2(t)$ 与 $x_1(t)$ 的互相关函数，在延迟时间 $\tau = \tau_0 = \dfrac{L}{v}$ 时取负极值；第四项是 $x_1(t)$ 与 $x_2(t)$ 的互相关函数，在超前时间 $\tau = -\tau_0 = -\dfrac{L}{v}$ 时取负极值。式 5-23 所表示的曲线如图 5-20 所示。从图中可见，该相关函数曲线有三个峰值。通过电路设计施加外部限制条件，可选择延迟时间 $\tau = \tau_0 = \dfrac{L}{v}$ 时的负峰值作为搜索目标。

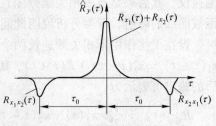

图 5-20　采用差动相消原理后的相关函数曲线

基于上面分析可以提出相关测速仪的改进方案原理框图，如图 5-21 所示。本方案的优点是速度测量不受环境振动等外界干扰的影响，适应环境能力较强。由于本方案是进行自相关函数运算，比按互相关函数运算设计的电路结构简单。

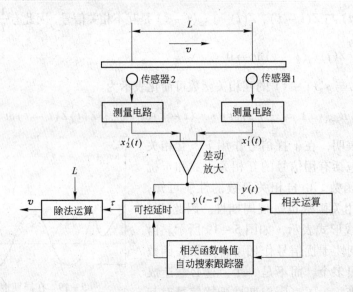

图 5-21　相关测速仪改进方案原理框图

5.2.2.3　相关测速中的技术问题

在相关测速技术中，下列问题应予以充分注意。

A　积分周期 T 的选择

两个信号 $x_1(t)$ 和 $x_2(t)$ 的互相关函数定义为 $R_{x_2x_1}(\tau) = \lim\limits_{T \to \infty} \dfrac{1}{T} \int_0^T x_1(t)x_2(t - \tau)\,\mathrm{d}t$。

根据上式，积分周期应当趋近无限大。这在工程实践中是不现实的。通常只能使积分周期 T 取大到合理程度，即用有限时间 T 下的相关函数近似表示上式。这时的运算结果是一个随机变量，而通常就用这一随机变量去估计相关函数。

在有限时间间隔 T 内所得到的相关函数的估计值，其统计误差取决于信号的统计特性及平均时间 T 的长度。在 $x_1(t)$ 和 $x_2(t)$ 是具有相同带宽的高斯型随机信号情况下，相关

函数的估计方差为

$$\sigma_R^2(\tau_0) = \frac{1}{2BT}[R_{x_2x_1}^2(\tau_0) + R_{x_1x_1}(0) \cdot R_{x_2x_2}(0)]$$

式中，B 为信号带宽，T 是积分平均时间。式表明，为减小相关函数的估计方差，在可能条件下应尽量增大积分平均时间 T 和传感器的信号带宽 B。然而，从实时测速角度看，积分平均时间 T 又不宜取得过大，因此 T 的选择必须综合考虑各方面的影响因素。

B　传感器安装距离 L 的选择

适当缩短距离 L 可提高信号 $x_1(t)$ 与 $x_2(t)$ 之间的相关度。对于管道内粉体流速测量，L 的长短对信号相关度的影响尤为突出。但是，随着距离 L 的缩短，传递时间 τ_0 也随之减小，因此造成传递时间 τ_0 的测量误差增加。实践证明，对于各种不同的被测对象都有其最适宜的传感器安装距离 L 值。

C　传感器带宽的影响

在相关测速技术中，相关函数极值位置的测量精度直接影响速度测量的精确性。然而，相关函数极值位置的测量精度又直接受相关函数 $R_{x_2x_1}(\tau)$ 在极值附近斜率的影响。相关函数曲线的极值部分顶部越尖，则极值位置的测量精度越高。理论和实践证明，传感器的带宽越宽，则相关函数在极值点附近的导数绝对值越大。这说明，增加传感器输出信号中的高频分量可以得到具有较锐利顶部和较对称极值曲线的相关函数。因此，在相关测速中应选择信号频带较宽的传感器，以利于相关函数极值位置测量精度的提高。

5.2.3　噪声温度计

5.2.3.1　利用热噪声进行测温的原理

在本书 3.2 节已经讲过，在纯电阻两端出现的热噪声电压，其有效值可表示为 $U_t = \sqrt{4kTR\Delta f}$，其中 k 为玻耳兹曼常数（1.38×10^{-23} J/K）；T 为绝对温度（K）；R 为电阻值（Ω）；Δf 为噪声带宽（Hz）。

上式表明，热噪声电压与绝对温度、噪声带宽及电阻值的平方根成正比。如果设法使噪声带宽 Δf 恒定不变，并测出 R 值，则绝对温度 T 就可以用热噪声电压 U_t 表示。即可以利用纯电阻的热噪声电压进行温度测量。

利用热噪声进行温度测量的原理框图如图 5-22 所示。热噪声电压很微弱，必须进行放大，并要求放大器的频率响应在通带内具有平直的特性。由热噪声的随机性质所决定，必须对它进行平方运算和积分平均，因此在噪声温度计内必须配置平方器和积分器。

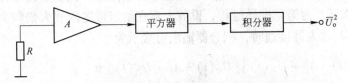

图 5-22　利用热噪声进行温度测量的原理框图

图 5-22 所示框图的输出 $\overline{U}_o^2$ 可表示为 $\overline{U}_o^2 = \frac{1}{T_c}\int_0^{T_c}[U_T(t) \cdot A + U_c(t)]^2 dt$。其中 $U_T(t)$ 为纯电阻 R 两端热噪声电压的瞬时值，A 为放大器的增益，在通带内为常数，$U_c(t)$ 为放大

器固有噪声的瞬时值。

将上式展开，则有 $\overline{U}_\text{o}^2 = \frac{1}{T_\text{c}}\int_0^{T_c}[U_\text{T}(t)A]^2\mathrm{d}t + \frac{1}{T_\text{c}}\int_0^{T_c}U_\text{e}(t)^2\mathrm{d}t + \frac{2}{T_\text{c}}\int_0^{T_c}U_\text{T}(t)\cdot A\cdot U_\text{e}(t)kt$；

由于电阻 R 的热噪声 $U_\text{T}(t)$ 与放大器的固有噪声 $U_\text{e}(t)$ 是彼此互不相关的随机变量，当 T_c 足够大时，$\frac{2}{T_\text{c}}\int_0^{T_c}U_\text{T}(t)\cdot A\cdot U_\text{e}(t)\mathrm{d}t \to 0$。因此输出 $\overline{U}_\text{o}^2$ 可以简化表示为 $\overline{U}_\text{o}^2 =$ $\frac{1}{T_\text{c}}\int_0^{T_c}[U_\text{T}(t)A]^2\mathrm{d}t + \frac{1}{T_\text{c}}\int_0^{T_c}U_\text{e}(t)^2\mathrm{d}t = 4kTR\Delta fA^2 + \overline{U}_\text{e}^2$，其中 $\overline{U}_\text{e}^2$ 为放大器固有噪声的均方值。从上式可以看出，采用图 5 - 22 所示原理框图构成噪声温度计进行温度测量的主要技术困难是放大器固有噪声对测量结果的影响严重。由于热噪声电压太弱，例如，取 $T =$ 300K，$R = 100\Omega$，$\Delta f = 100\text{kHz}$，则 $U_\text{t} = \sqrt{4kTR\Delta f} \approx 4\times10^{-7}\text{V}$，欲想通过减小放大器固有噪声来解决问题，其效果甚微，因此只有寻找新结构方案。

5.2.3.2　相关比较式噪声温度计

相关比较式噪声温度计的原理框图如图 5 - 23 所示。该噪声温度计的工作原理是，将具有待测温度 T_M 的测温电阻 R_M 及置于基准温度 T_V 的参比电阻 R_V 相继接到放大器上，然后调整参比电阻 R_V 的阻值，使积分器输出的噪声电压均方值在前后两次的示值相同，即 $\overline{U}_\text{M}^2 = \overline{U}_\text{V}^2$。这时即可用下式确定待测温度 T_M：

$$T_\text{M} = \frac{R_\text{V}}{R_\text{M}}T_\text{V} \tag{5 - 24}$$

式中，R_V/R_M 为无量纲刻度因数。

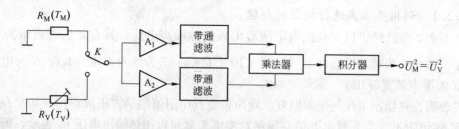

图 5 - 23　相关比较式噪声温度计原理框图

由于该技术方案是将感温元件 R_M 输出的热噪声信号与处于已知温度下的参比电阻 R_V 的热噪声信号相比较，从而避免了对热噪声电压作绝对测量。本方案的另一特点是能消除放大器固有噪声对测量结果的影响。下面通过基本关系推导，说明本技术方案消除放大器固有噪声影响的机理。为简化推导过程，设放大器在给定带宽内放大倍数为常数。当开关 K 将测温电阻 R_M 与放大器接通时，积分器输出可表示为

$$\overline{U}_\text{M}^2 = \frac{1}{T_\text{c}}\int_0^{T_c}[U_\text{M}(t)\cdot A_1 + U_\text{e1}(t)][U_\text{M}(t)\cdot A_2 + U_\text{e2}(t)]\mathrm{d}t$$

$$= \frac{1}{T_\text{c}}\int_0^{T_c}U_\text{M}(t)^2\cdot A_1\cdot A_2\mathrm{d}t + \frac{1}{T_\text{c}}\int_0^{T_c}[U_\text{M}(t)\cdot A_1U_\text{e}(t) + U_\text{e1}(t)U_\text{M}(t)A_2 + U_\text{e1}(t)\cdot U_\text{e2}(t)]\mathrm{d}t$$

由于热噪声电压 $U_\text{M}(t)$ 与放大器 A_1、A_2 的固有噪声 $U_\text{e1}(t)$、$U_\text{e2}(t)$ 三者是彼此互不相关的随机变量，由噪声的相关特性所决定，上式中右侧第二项在 T_c 足够大时将趋于零。

因此积分器输出可简化表示为

$$\overline{U}_{M}^{2} = \frac{1}{T_c}\int_{0}^{T_c} U_{M}(t)^{2} \cdot A_1 \cdot A_2 \mathrm{d}t = A_1 \cdot A_2 \cdot \frac{1}{T_c}\int_{0}^{T_c} U_{M}(t)^{2}\mathrm{d}t = 4kT_M R_M \Delta f \cdot A_1 \cdot A_2$$

$$(5-25)$$

当开关 K 将参比电阻 R_V 与放大器接通时，根据同样道理，积分器的输出可简化表示为

$$\overline{U}_{V}^{2} = \frac{1}{T_c}\int_{0}^{T_c} U_{V}(t)^{2} \cdot A_1 \cdot A_2 \mathrm{d}t = 4kT_V R_V \Delta f \cdot A_1 \cdot A_2 \qquad (5-26)$$

通过调速参比电阻 R_V 的阻值可使 $\overline{U}_{V}^{2} = \overline{U}_{M}^{2}$，这样就可以得到最后结果 $T_M = \dfrac{R_V}{R_M}T_V$ 从上面基本关系的推导过程可以看出，本技术方案消除放大器固有噪声影响是利用了彼此独立的随机噪声无相关性这一原理。因此，在乘法运算之前采用两个放大器和两个带通滤波器，利用它们的固有噪声是彼此独立的随机变量，通过相关运算将它们的影响消除掉。

从式 5-24 可以看出，利用本技术方案测温，除需要及时调整参比电阻 R_V 的阻值，以满足 $\overline{U}_{V}^{2} = U_{M}^{2}$ 之外，还需要及时测量电阻 R_M 和 R_V 的阻值。热噪声温度计的最大优点是适应环境能力强，不受外界因素的影响。例如在高压条件下用热电偶测温，由于高压影响会产生很大测量误差，而噪声温度计在高压条件下却能很好地工作。

5.3 反馈测量技术

5.3.1 反馈测量系统

众所周知，"反馈"在放大器和控制系统中获得了广泛的应用。但能否将"反馈"引入到检测技术中去呢？理论和事实证明，将反馈技术引入到检测技术中去，不仅可以提高测量精度，改善测量系统动态性能，而且能使某些用传统测量系统无法解决的问题得以解决。

典型的反馈测量系统原理框图如图 5-24 所示。由图可以看出，反馈测量系统与一般测量系统的区别在于，它具有一个由"逆传感器"构成的反馈回路。由闭环系统的性质可知，反馈测量系统的特性基本上是由逆传感器的特性所决定的。

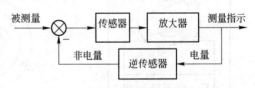

图 5-24 反馈测量系统原理方框图

"逆传感器"是将一个电学输入量转换成非电量输出。例如，压电晶体和利用磁电效应的动圈式元件等都可以作为逆传感器来使用。反馈测量系统中所采用的比较方式和平衡方式有力和力矩平衡、电流平衡、电压平衡、热流平衡、温度平衡等。

在反馈测量系统中，一般是把系统输出的电量信号通过逆传感器变换成非电量，然后与非电被测量进行比较，比较结果产生一个偏差信号，此偏差信号通过前向通道中的传感器变换成电量，再经过测量放大电路，最后输出供指示或记录。

为了说明反馈测量技术的有关原理，下面分别介绍逆传感器、力矩平衡系统、热流平衡系统和温度平衡系统。

5.3.2 逆传感器

逆传感器的输入量是电量，输出是小功率的非电量，而且反馈测量系统的特性主要由逆传感器的特性所决定。最常用的逆传感器是角位移动圈式元件和线位移动圈式元件，而压电器件和阴极射线管作为逆传感器使用常受到条件的限制。下面讨论这四种类型的逆传感器。

线位移和角位移动圈式元件是利用通电导体与磁场垂直时将产生电磁力的原理而制成的。这两种元件均可把速度转换成电压，作为速度传感器使用，但是又可以将电流转换成力或力矩，作为逆传感器使用。图 5 – 25(a) 和 (b) 示出了角位移动圈式元件两种可能结构形式。在作为逆传感器使用时，反馈电流 I 产生的反馈力矩 T_f 与被测力矩 T 相平衡，因此线圈不动，或者只有几个毫弧度的角位移。电流 I 产生的力矩由下式给出

$$T_f = B_g AWI \tag{5 – 27}$$

式中，B_g 为空气隙的磁通密度，A 为线圈的有效面积，W 为线圈的匝数。使用这种元件的力矩测量系统，其瞬态响应特性取决于可动系统的转动惯量、阻尼系数大小和动圈的时间常数。如果动圈用电流源驱动，则动圈时间常数的影响将减小，响应时间有可能达到毫秒数量级。可动系统一般可采用摩擦较小的宝石轴承来支承。如果要求较高，可采用吊丝支承。

图 5 – 25(c) 示出了线位移动圈式元件的基本结构形式。将线圈绕在铜制或银制的圆筒上，以提供涡流阻尼。当该元件作为逆传感器使用时，电流 I 产生的反馈力 F_f 与被测力 F 相平衡，线圈的位移量很小，通常大大小于 1mm。电流 I 产生的力 F_f 由下式给出

$$F_f = B_g \pi dWI \tag{5 – 28}$$

式中，B_g 为气隙磁通密度，d 为线圈的平均直径，W 为线圈匝数。一般使用这种逆传感器的系统带宽约为 100Hz。

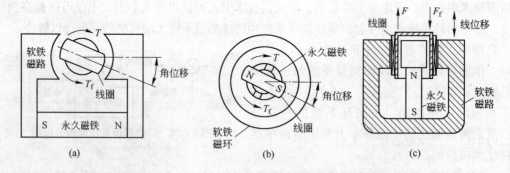

图 5 – 25   角位移和线位移动圈式逆传感器结构原理图

阴极射线管可以把电流或电压转换成电子束的位移；输入信号是电流还是电压，要看是采用磁偏转还是静电偏转来确定。图 5 – 26 示出了采用静电偏转的阴极射线管的基本结构形式。

热阴极发射的电子在真空中被加速到大约为 $7 \times 10^7 \text{m/s}$，并在两偏转板之间通过，形成电子束。该电子束随两偏转板电势差 u 的变化而偏转，并撞击荧光屏而发光。如图 5 – 26 所示，若输入电压 u 引起的电子束偏转量为 d，则比值 d/u 可表示为 $\dfrac{d}{u} = \dfrac{L_p L}{2D_p U_a}$。图中

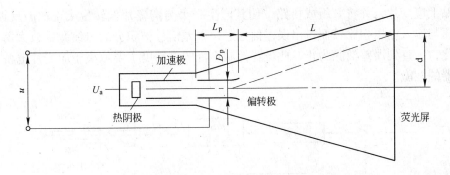

图 5-26　静电偏转阴极射线管的基本结构原理图

L_p 是偏转板长度，D_p 是两偏转板的间距，L 是偏转板到荧光屏的距离，U_a 是加速电压。U_a 的变化范围是 300V~3kV。增加 U_a 可产生较亮的光点，但灵敏度将下降。显然，为保证灵敏度为常量，应保持 U_a 恒定。阴极射线管的瞬态响应主要取决于荧光物质的余辉保留时间或荧花衰减特性，响应时间是微秒数量级。阴极射线管的输入电容大约为 1.5pF。当使用光电探测器探测光点位置时，可分辨约 0.1% 满刻度偏转的光点位置。此种逆传感器可用于非接触的测振反馈系统中，进行光点位置反馈。

　　压电陶瓷材料在受到机械压力时会产生电场。反之，在电场的作用下这种材料会出现相反的效应。最常用的压电陶瓷材料是锆钛酸铅，该材料坚硬、韧性大，化学上为中性，并可在任选的极化方向制成任意的形状和尺寸。一般的压电陶瓷棒甚至在 10kV 的电压作用下也只伸长几个微米，但是如图 5-27 所示的悬臂式双压电陶瓷片，在低电压作用下可产生较大的挠度。在这种三层结构式双压电陶瓷片的 x 和 y 端子之间施加电压 u 时，悬臂发生偏转，它的自由端在 d 范围内移动。其原因是，由于逆压电效应上层压电陶瓷沿悬臂长度方向伸长，下层压电陶瓷则沿悬臂长度方向缩短。在低压工作时，挠性元件按图 5-27 所示那样进行并行极化，这时将产生超过 3000pF 的较大电容和较低的阻抗。在约 10^5V/m 的场强（图 5-27 所示双压电陶瓷片，相当于 x 和 y 之间电压为 50V 时的场强）以内，灵敏度 d/u 约为 1μm/V。这种挠性元件的固有频率很低，约在 100Hz 以内，其大小取决于元件尺寸、材料性能及安装方式。这种挠性元件的共振是正弦型的。可以用橡皮或塑料架来抑制共振，不过这将降低灵敏度。

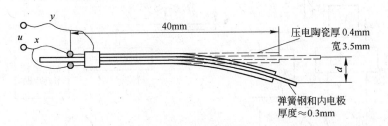

图 5-27　悬臂式双压电陶瓷片逆传感器结构原理图

　　悬臂式双压电陶瓷片逆传感器尺寸小，可在 300℃ 的环境温度下工作，寿命长，可靠性高，功耗小；但是其迟滞和漂移相对较大。在外加电场低于 100V/mm 时，可将迟滞减到最小。采用如图 5-28 所示的负反馈回路可以减小迟滞和漂移的影响。将双压电陶瓷片两面粘贴上应变片，并将其组成桥路，使其产生一个与陶瓷片偏转量成正比的反馈电压。将此电压与输入电压相比较而得出误差信号。该误差信号被积分后迫使激励放大器的输出发生变化，一直到误差消除为止。此位置控制系统的总精度主要取决于应变片电桥及其匹配放大器的性能。

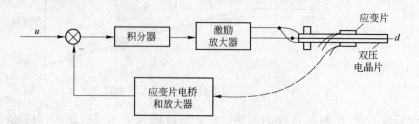

图 5-28 双压电陶瓷片位置控制系统原理图

5.3.3 力平衡式测量系统

在进行工程测量，如精密称重、加速度、压力、流量、电功率和高电压等的测量时，都可能应用到力平衡原理。力平衡原理就是先将被测量转换成力或力矩，然后用反馈力与其相平衡。

图 5-29 示出了常用的力平衡装置结构原理。图中 F_1 为被测力，F_2 是动圈式逆传感器产生的反馈力（即平衡力）。在力平衡状态建立以前，这些装置在 F_1 的作用方向产生很小位移，该位移就是仪表通过逆传感器产生 F_2 所需要的偏差信号。

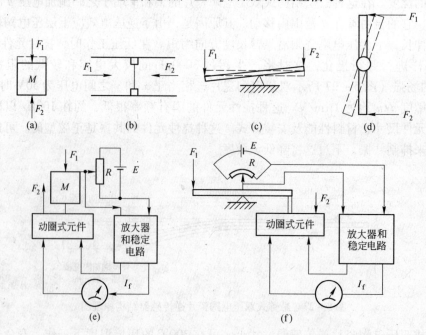

图 5-29 各种力和力矩平衡装置结构原理图
（a）质量块；（b）膜片；（c）杠杆；（d）转轴；
（e）质量块式闭环力平衡装置；（f）杠杆式闭环力矩平衡装置

如图 5 – 29（e）、（f）所示，使用位移传感器、测量放大电路和动圈式逆传感器可以把开环式力平衡装置变换成闭环式力平衡装置。闭环式力平衡仪表的工作主要依赖于 F_2 与电流 I_f 之间关系的线性度和长期稳定性。这种仪表对 F_i 的变化反应快，但是仪表的结构较复杂。

下面介绍用于直流高压精密测量的绝对吸引式圆盘电压表。图 5 – 30 是该电压表的结构原理图。该仪表的平衡力是由两个金属圆盘之间的静电吸引力产生的。一个圆盘接在未知电压 U 的一端，另一个圆盘连到"接地"的平衡杠杆的一端，而杠杆的另一端则施加有一个补偿电磁力。观测杠杆的倾斜就可以探测两力之间的不平衡。杠杆的偏转量用一个光学装置放大，并由一对硅光电池将其转换成与该偏转量成比例的电信号。硅光电池的输出电流经放大后用来激励线位移动圈元件，从而产生一个足以使杠杆回到平衡位置的补偿力。于是，通过测量动圈电流就可以连续测得圆盘之间吸引力，因此也就可以测得加在两个圆盘之间的电压。这种电压表可以测出 30 ~ 400kV 的电压，精度可达 0.1%，灵敏限为 0.01%。它基本是一个测量静电吸引力的有差自动调节系统。

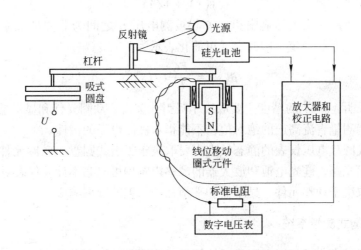

图 5 – 30 绝对吸引式圆盘电压表结构原理图

图 5 – 31 示出了绝对吸引式圆盘电压表的方框图。图中标出了各方框所代表的环节名称和传递函数，并指出了每一点的信号种类。如图所示，在工作过程中杠杆是处于力矩平衡状态的。输出指示采用数字电压表。该测量系统的闭环力矩平衡装置部分的输入量是 F_1，输出量是显示器的输出指示 θ，因此它的传递函数为 $G(s) = \theta(s)/F_1(s)$。根据方框图及系统变量之间关系可列写出

$$[F_1(s) - G_e I_f(s)]G_b G_o G_a G_s = I_f(s) \tag{5-29}$$

$$\theta(s) = G_i I_f(s) \tag{5-30}$$

将上面二式联立求解可以得到

$$G(s) = \frac{\theta(s)}{F_1(s)} = \frac{G_b G_o G_a G_s G_i}{1 + G_b G_o G_a G_s G_e} = \frac{G_i}{G_e \left(1 + \dfrac{1}{A}\right)} \tag{5-31}$$

式中，$A = G_b G_o G_a G_s G_e$ 为开环传递函数。

设两圆盘之间静电场分布是均匀的，且两金属圆盘之间电位差为 U，则两圆盘之间的

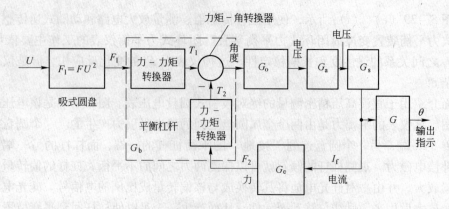

图 5-31   绝对吸引式圆盘电压表原理框图

静电吸引力 F_1 与 U^2 成正比，即是 $F_1 = FU^2$。将此关系代入上式，则可以得到

$$\theta(s) = \frac{FG_i}{G_e(1 + 1/A)}U^2(s) \qquad (5-32)$$

上式表明，该测量系统的输出指示 θ 与被测电压 U 之间为非线性关系。对于实际系统，$|A| \gg 1$，且系统稳定，因此上式可简化表示为

$$\theta(s) \approx \frac{FG_i}{G_e}U^2(s) \qquad (5-33)$$

式 5-33 说明，θ/U^2 的精度主要取决于吸引式圆盘、动圈元件和显示器的性能。应当指出，仪表只能测量直流高压的绝对值，不能指示被测电压的极性。

绝对吸引式圆盘电压仪表的静态校准主要取决于吸引式圆盘、动圈元件和显示器的静态传递系数，而光路、硅光电池和放大器的漂移影响均可忽略不计。仪表对输入电压 U 变化的响应快慢取决于动圈元件、显示器和平衡杠杆装置的频率响应。

5.3.4   温度平衡式测量系统

在必须用接触方式进行温度测量时，使用温度平衡法往往会取得良好的效果。图 5-32(a) 表示测量某发热体内部温度的一种简单方法，即在该发热体表面装一个温度传感器。由于热量散失，从发热体中心到表面有一温度梯度，使得发热体表面温度低于中心温度，即 $T_1 < T_B$。这可以用热衰减网络框图 5-32(b) 来表示。温度衰减量决定于物体周围的介质状况，因此采用这种开环式测量方法不可能获得准确的测量结果。

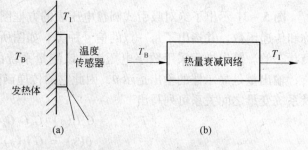

图 5-32   测量物体内部温度的开环系统
(a) 示意图；(b) 方框图

为了获得比较精确的测量结果，可采用闭环式测量方法。即先把与发热体表面相接触的绝热体内外表面的温度差测量出来，然后把该温差信号放大并用来驱动绝热体外面的加热器。如果放大器的放大系数足够大，则这种闭环式测量系统将使绝热体内外表面温差几

乎为零即 $T_2 \approx T_1$。这时由于在检测点位置的发热体表面对周围的热散失很小,因而有 $T_1 \approx T_B$。显然,用温度传感器很容易测得 T_1。

采用温度平衡原理测量发热体内部温度的示意图和方框图如图 5-33 所示。图中 T_H 为周围环境温度,R_B 是发热体内部到表面之间的热阻,R_{12} 是绝热体内表面到外表面之间的热阻,R_H 是绝热体外表面到周围环境之间的热阻,K_{T1}、K_{T2} 为温度传感器的传递系数,K_y 为放大器增益,K_c 为加热器的传递系数。对该系统,当放大器增益足够高,并取两个温度传感器特性相同,即 $K_{T1} = K_{T2}$,则有 $\Delta T_1 \approx \Delta T_2$。因此根据方框图可以写出

$$\Delta T_1 = \Delta T_2 \frac{R_B}{R_B + R_{12}} + \Delta T_B \frac{R_{12}}{R_B + R_{12}} \tag{5-34}$$

将 $\Delta T_2 \approx \Delta T_1$ 代入上式,可以得到 $\Delta T_1 \approx A T_B$,因此输出 ΔU_o 与输入 ΔT_B 之间关系可表示为

$$\Delta U_o = K_{T1} \Delta T_1 \approx K_{T1} \Delta T_B$$

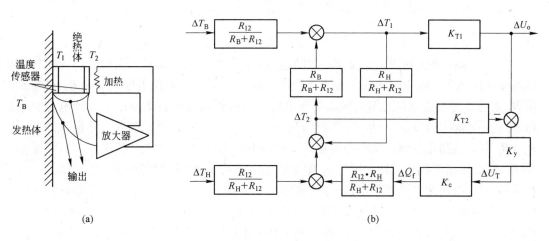

图 5-33　测量物体内部温度的闭环系统

(a) 示意图;(b) 方框图

实际上由于放大器增益 K_y 的值总是有限,因此 ΔT_1 与 ΔT_2 之间总是存在差值,即总有 $\Delta T_1 - \Delta T_2 > 0$,从而造成 $\Delta T_B > \Delta T_1$。这说明,采用温度平衡原理测量发热体内部温度,实际得到的测量结果总是略低于发热体内部的真实温度,然而这比开环系统的测量误差小得多。从方框图还可以看出,当环境温度升高,即 $\Delta T_H > 0$ 时,由于 K_y 值有限,必然有 $\Delta T_2 > \Delta T_1 > 0$,从而使输出 U_o 略有增加。但由于负反馈的补偿作用,环境温度变化对闭环系统输出的影响要远小于环境温度变化对开环系统输出的影响。

5.3.5　热流量平衡式测量系统

如果把电加热物体置于流体中,例如把通电的热敏电阻放于流动的液体中,或是把通电加热的金属丝放在气流中,则该物体的热量散失与流体的流动速度有关。由于流体带走了热敏电阻或金属丝的热量,使热敏电阻或金属丝的电阻随之发生变化。在工程上常用此原理进行流体流动速度的测量。

图 5-34 为开环式热线风速仪的简化原理图。将电加热的热金属丝(一般称其为热

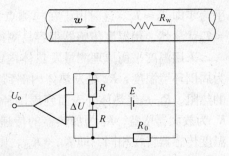

线）放于流动的空气中，气流带走热线的热量，造成热线温度下降，从而使热线的电阻值发生变化。由于热线是四臂电桥的一臂，因此热线电阻值的变化通过桥路可以转换为桥路对角线的电压变化。用放大器将此电压变化放大作为仪表的输出。图 5-35 是表示开环式热线风速仪中物理量变换过程和信号变换过程的方框图。从方框图可以看出，由于采用开环结构，造成每个组成环节的特性变化都直接影响整台仪表的特性。它的另

图 5-34　开环式热线风速仪简化原理图

一个缺点是，由于热线本身的热惯性大，从而造成整台仪表的惯性大。

图 5-35　开环式热线风速仪方框图

　　为了克服开环式热线风速仪存在的问题，人们提出采用热流量平衡原理构成闭环式热线风速仪。图 5-36 为闭环式热线风速仪的简化原理图。在本仪表中，热线 R_w 与参比电阻 R_0 相连，并与变压器的副边构成交流电桥，该电桥由变压器 T 激励。设计电路时，应取 R_w 的冷电阻小于 R_0。一般 R_w 的材质为铂丝，而 R_0 用温度系数极低的锰铜丝绕制。当 $R_w < R_0$ 时，桥路不平衡，从桥路对角线取出的不平衡电压 u_e 经放大器 A 放大后激励变压器 T，使变压器 T 副边的输出电压 u_b 幅度增加，随着 u_b 幅度的增加，R_w 值增加。一直到 $R_w = R_0$ 时，电压达到平衡，电压 u_b 的幅度稳定下来。当 $R_w > R_0$ 时，从桥路对角线取出的不平衡电压 u_e 反相，因此使变压器 T 副边输出电压 u_b 幅度减小。随着 u_b 幅度的减小，R_w 值减小。一直到 $R_w = R_0$ 时，电桥达到平衡，电压幅度稳定下来。

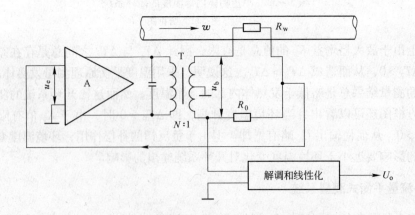

图 5-36　热流量平衡式热线风速仪简化原理图

　　从上面分析可知，不管气流速度怎样变化，通过反馈作用总能使处于气流中的热线电阻 R_w 保持与参比电阻 R_0 大致相等，因此使热线保持恒温。例如，若气流速度突然变小，因气流从热线带走的热量与气流流速平方根成正比，因此 R_w 温度升高，阻值变大，通过

反馈作用使 u_b 幅值下降，一直到 $R_w = R_0$，电桥达到新的稳定工作点为止。这时电功率提供的热量与气流带走的热量相等，即达到热流量平稳。用数学式表示则有

$$\frac{1}{4}(u_b^2/R_w) = K\sqrt{w} \tag{5-35}$$

式中，w 为气流速度，K 为比例常数。因此可以用 u_b 的幅值来表示被测气流的流速 w。为方便测量，通常要借助解调电路将交流信号 u_b 转换为直流信号。由于 w 与 u_b 之间为非线性关系，因此在解调之后还需要进行线性化处理。

在闭环式热线风速仪表中是采用交流反馈形成闭环，为了确保仪表工作的稳定性，还需要设置相位校正电路，以防止寄生反馈引起自激振荡。

图 5-37 为闭环式热线风速仪方框图。从图的结构形式可知，闭环式热线风速仪的特性主要取决于输入环节、反馈环节和输出环节的特性，而被反馈环所包围的各环节，只要其总放大系数充分大，则其特性对整台仪表特性的影响甚小。从闭环方框图还可以看出，虽然热线本身热惯性较大，但是由于热线本身热惯性所对应的一阶惯性环节被反馈环所包围，因此整台仪表的等效时间常数很小。由此可见，闭环式热线风速仪能用于变化迅速的气流速度测量。

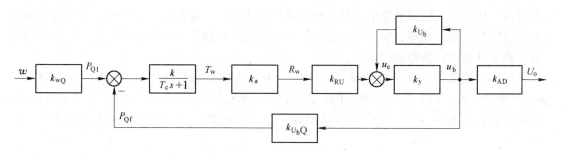

图 5-37 闭环式热线风速仪方框图

5.4 计算机检测系统与软测量技术

5.4.1 计算机检测系统

计算机检测是将与温度、压力、流量、物位、位移等物理量对应的模拟量采集、转换成数字量后，再由计算机进行存储、处理、显示、打印的过程。相应的系统称为计算机检测系统。

计算机检测系统的任务，就是对各类传感器输出的信号进行采集，将其中的模拟信号转换为数字信号，送入计算机中，根据不同的需要由计算机进行相应的计算和处理，得到所需的参量信息，并进行存储、显示、打印，其中部分数据还将输出用于某些物理量控制。

由于计算机检测系统具有运算速度快、精度高、数据存取方便、存储量大等传统测量系统不可比拟的优点，所以得到了迅速的发展及应用。其中虚拟仪器技术是计算机检测系统发展应用的典型范例。

5.4.1.1　虚拟仪器的基本概念

虚拟仪器把计算机技术、电子技术、传感器技术、信号处理技术、软件技术结合起来，除继承传统仪器的已有功能外，还增加了许多传统仪器所不能及的先进功能。虚拟仪器的最大特点是其灵活性，用户在使用过程中可以根据需要添加或删除仪器功能，以满足各种需求和各种环境，并且能充分利用计算机丰富的软硬件资源，突破了传统仪器在数据处理、表达、传送以及存储方面的限制。

虚拟仪器（Virtual Instrument）是指通过应用程序将计算机与功能化模块结合起来，用户可以通过友好的图形界面来操作这台计算机，就像在操作自己定义、自己设计的仪器一样，从而完成对被测量的采集、分析、处理、显示、存储和打印。

虚拟仪器实质上是一种创新的仪器设计思想和测试平台，而非一种具体的仪器。虚拟仪器可以有各种各样的形式，完全取决于实际的物理系统和构成仪器数据采集单元的硬件类型，但是有一点是相同的，那就是虚拟仪器离不开计算机的控制和数据处理，软件是虚拟仪器的灵魂。

虚拟仪器包括硬件和软件两个基本要素。硬件的主要功能是实现与真实世界之间信息与能量的交换，即获取真实世界的被测信号以及向真实世界施加影响，其功能是通过各种传感器、执行器、数据采集卡以及各种总线仪器和接口设备来实现的。而软件的作用是控制实现数据采集、处理、显示等功能，集成并形成仪器操作、运行的指令环境，包括应用程序和 I/O 接口仪器驱动程序等。

按照虚拟仪器硬件接口总线类型不同，可分为数据采集插卡式（DAQ）虚拟仪器、GPIB 虚拟仪器、VXI 虚拟仪器、PXI 虚拟仪器、RS－232/RS－422 串行接口虚拟仪器、USB 虚拟仪器和最新的 IEEE 1394 接口虚拟仪器等类型。虚拟仪器系统构成如图 5－38 所示。

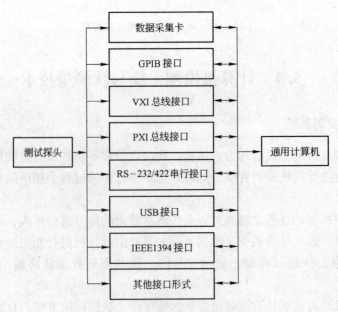

图 5－38　虚拟仪器系统构成

在给定计算机运算能力和必要的仪器硬件之后，虚拟仪器的实质是利用计算机显示器的显示功能来模拟传统仪器的控制面板，以多种形式表达输出检测结果；利用计算机强大的软件功能实现信号的运算、分析和处理；利用I/O接口设备完成信号的采集与调理，从而完成各种测试功能的计算机测试系统。使用者用鼠标或键盘操作虚拟面板，就如同使用一台专用测量仪器一样。因此，虚拟仪器的出现，使测量仪器与计算机的界限模糊了。

虚拟仪器的"虚拟"两字主要包含以下两方面的含义：

（1）虚拟仪器面板上的各种"图标"与传统仪器面板上的各种"器件"所完成的功能是相同的：由各种开关、按钮、显示器等图标实现仪器电源的"通"、"断"，实现被测信号的"输入通道"、"放大倍数"等参数的设置，以及实现测量结果的"数值显示"、"波形显示"等。

传统仪器面板上的器件都是实物，而且是由手动和触摸进行操作的；虚拟仪器前面板是外形与实物相像的"图标"，每个图标的"通"、"断"、"放大"等动作通过用户操作计算机鼠标或键盘来完成。因此，设计虚拟仪器前面板就是在前面板设计窗口中摆放所需的图标，然后对图标的属性进行设置。

（2）虚拟仪器测量功能是通过对图形化软件流程图的编程来实现的，虚拟仪器是在以PC为核心组成的硬件平台支持下，通过软件编程来实现仪器功能的。因为可以通过不同测试功能软件模块的组合来实现多种测试功能，所以在硬件平台确定后，就有"软件就是仪器"的说法。这也体现了测试技术与计算机深层次的结合。

5.4.1.2 虚拟仪器的优点

虚拟仪器的突出优点是不仅可以利用PC组建成为灵活的虚拟仪器，更重要的是它可以通过各种不同的接口总线，组建不同规模的自动测试系统。它可以通过与不同的接口总线的通信，将虚拟仪器、带总线接口的各种电子仪器或各种插件单元调配并组建成为中小型甚至大型的自动测试系统。与传统仪器相比，虚拟仪器有以下特点：

（1）传统仪器的面板只有一个，其上布置着种类繁多的显示单元与操作元件，易于导致许多识别与操作错误。而虚拟仪器可通过在几个分面板上的操作来实现比较复杂的功能，这样在每个分面板上就实现了功能操作的单纯化与面板布置的简捷化，从而提高操作的正确性与便捷性。同时，虚拟仪器面板上的显示单元和操作元件的种类与形式不受"标准件"和"加工工艺"的限制，它们由编程来实现，设计者可以根据用户的认知要求和操作要求，设计仪器面板。

（2）在通用硬件平台确定后，由软件取代传统仪器中的硬件来完成仪器的各种功能。

（3）仪器的功能是根据需要由软件来定义的，而不是事先定义好的。

（4）仪器性能的改进和功能扩展只需更新相关软件设计，而不需购买新的硬件。

（5）研制开发周期较传统仪器大为缩短。

（6）虚拟仪器开放、灵活，可与计算机同步发展，与网络及其他周边设备互联。

决定虚拟仪器具有传统仪器不可能具备的特点的根本原因在于"虚拟仪器的关键是软件"。虚拟仪器软件将可选硬件（如DAQ，GPIB，RS232，VXI，PXI）和可以重复使用源码库函数的软件结合起来，实现模块间的通信、定时与触发，源码库函数为用户构造自己的虚拟仪器系统提供了基本的软件模块。当用户的测试要求变化时，可以方便地由用户自己来增减软件模块，或重新配置现有系统以满足其测试要求。

5.4.1.3　虚拟仪器的软件

虚拟仪器软件包括应用程序和 I/O 接口设备驱动程序。

应用程序包含以下两个方面的程序：

（1）实现虚拟仪器前面板功能的软件程序，即测试管理层，是用户与仪器之间交流信息的纽带。虚拟仪器在工作时利用软面板去控制系统。与传统仪器前面板相比，虚拟仪器软面板的最大特点是软面板由用户自己定义。因此，不同用户可以根据自己的需要组成灵活多样的虚拟仪器控制面板。

（2）定义测试功能的流程图软件程序，利用计算机强大的计算能力和虚拟仪器开发软件功能强大的函数库，极大提高了虚拟仪器的数据分析处理能力。如 HP－VEE 可提供200 种以上的数学运算和分析功能，从基本的数学运算到微积分、数字信号处理和回归分析。LabVIEW 的内置分析能力能对采集到的信号进行平滑、数字滤波、频域转换等分析处理。

I/O 接口设备驱动程序则用来完成特定外部硬件设备的扩展、驱动与通信。

虚拟仪器（VI）的概念，是美国国家仪器公司（NI）于 1986 年提出的。20 世纪 80年代以来 NI 公司研制和推出了许多总线系统的虚拟仪器，成为这类新型仪器世界第一生产大户。此后，美国的惠普（HP）公司、Tektronix 公司、Racal 公司等也相继推出了许多此类仪器，目前，虚拟仪器在发达国家已经十分普及。虚拟仪器已成为本世纪仪器发展的方向，并且有逐步取代传统硬件化电子仪器的趋势。

近年来，世界各国的虚拟仪器公司开发了不少虚拟仪器开发平台软件，以便使用者利用这些仪器公司提供的开发平台软件组建自己的虚拟仪器或测试系统，并编制测试软件。其中最早和最具影响力的是 NI 公司的 LabVIEW 和 LabWindows/CVI 开发软件。LabVIEW采用图形化编程方案，是非常实用的开发软件。LabWindows/CVI 是为熟悉 C 语言的开发人员准备的、使用 Windows 环境下的标准 ANSIC 开发环境。除了上述的开发软件之外，美国 HP 公司的 HP－VEE 和 HPTIG 平台软件，美国 Tektronix 公司的 Ez－Test 和 Tek－TNS软件，以及美国 HEM Data 公司的 Snap－Master 平台软件，也是国际上公认的优秀虚拟仪器开发平台软件。

5.4.1.4　虚拟仪器的设计

虚拟仪器的设计方法与实现步骤和一般软件的实现步骤基本相同，只不过是虚拟仪器在设计时需要考虑硬件部分。通常其设计步骤包括：确定接口形式；确定接口装置是否具有设备驱动程序，若无则需要自己编写设备驱动程序；确定应用程序的编程语言，采用虚拟仪器开发平台软件还是选用 VB、VC 等通用编程语言；编写应用程序；调试应用程序。

从以上五个步骤也可以看出，在选定数据采集硬件以后，虚拟仪器设计的关键在于软件设计。

5.4.1.5　网络化仪器

随着以 Internet 为代表的计算机网络时代的到来和信息化要求的不断提高，大范围的通信变得越来越容易，对测控系统的组建也产生了越来越大的影响，"网络化仪器"应运而生。和以单台计算机为核心的虚拟仪器相比，网络化将对虚拟仪器的发展产生一次革命，网络化虚拟仪器将分布在不同地理位置的若干计算机以网线相连接，实现信息资源的共享。在网络化仪器条件下，被测对象可通过现场的普通仪器设备，将测得的数据通过传输给异地的功能强大的数据处理装置（多数为计算机）去分析、处理，数据处理装置接收多种数据信息，便于实现信息共享及融合。此外，也可通过网络向现场传输数据。"网络就是仪器"概念的确立，促进并加速了现代测量技术手段的发展与更新。

5.4.2　软测量技术

近年来，随着现代科学技术的迅猛发展，各类工业生产过程，如冶金、化工、石化、电力、造纸、食品制造和污水处理等，已经发生了显著的变化。以往简单的、局部的、常规的控制方法无法满足现代生产工艺和环境的要求。为了保证生产过程的正常进行和获取最大的经济效益，先进控制和优化控制技术纷纷被用于现代生产过程中，而应用中首先遇到的一个难题就是许多产品的质量指标无法测量，或者只能定时通过人工实验室化验得到。随着现代工业生产过程对控制、计量、节能增效、环保和运行可靠性等要求的不断提高，各种测量要求日益增多。现代过程检测的内涵和外延正在发生深刻变化。一方面，仅获取温度、流量、压力和物位等常规过程参数的测量信息已不能满足工艺操作和控制的要求，需要连续获取诸如成分、物性等与过程操作和控制密切相关的参数测量信息。同时对于复杂的大型工业过程，还需要获知反映过程二维/三维的时空分布信息（例如高炉软融带形状、位置信息，高炉内温度、成分分布信息等）。另一方面，对测量精度的要求越来越高，测量从静态向动态测量发展，在许多应用场合还需要综合运用所获得的各种过程测量信息，才能实现有效的过程控制、对生产过程进行故障诊断、状态监测等。

无论是过程控制中先进过程控制算法和策略的具体实施，还是过程优化、生产协调、故障诊断、状态监测等，其工程实现的前提是能有效地获取反映过程的信息。过程检测技术发展水平的限制，极大阻碍了过程控制、故障诊断、状态监测等的发展。

为了解决工业过程的复杂参数测量要求，往往采用以下两种方法：一是通过研制基于新型检测原理的传感器及测量仪表，直接在线测量复杂过程参数；二是采用间接测量的思路，对与被测物理量有关的、易于实现测量的几个量进行测量，通过计算来实现被测复杂过程参数的估计，软测量技术（Soft – Sensing Technique）正是这一思想的集中体现。

软测量技术也称为软仪表技术（Soft Sensor Technique），软测量技术就是利用易测变量（常称为辅助变量或二次变量，例如压力、温度、流量、物位等），依据这些易测变量与难以直接测量的待测变量（常称为主变量，例如反应物浓度和反应速率等）之间的数学关系（模型），通过各种数学计算和估计方法，从而实现对待测变量的测量。

研制基于新型检测原理的传感器及测量仪表，涉及到传感机理研究、敏感材料研制、封装技术研究、仪表检测电路设计、仪表制造和定型等多个环节，研发成本高、周期长、风险大。而采用软测量技术实现复杂参数检测是以目前可有效获取的测量信息为基础，其核心是软件算法，具有智能性，可方便地根据被测对象特性的变化进行修改和改进，因此在可实现性、通用性、灵活性和成本等方面有明显的优势。

软测量技术的基本思想起源于间接测量，早就被应用到实验室测试数据处理中。在20世纪70年代 Brosilow 就提出了推断控制的思想。推断控制的基本思想是采集过程中比较容易测量的辅助变量，通过构造推断估计器来估计并克服扰动和测量噪声对过程主导变量的影响。推断控制包括推断估计器和控制器的设计，两者可以独立进行，其中推断估计器是推断控制系统设计的关键，如果主导变量的估计值足够精确，那么就为控制器的设计提供了良好的支持。这可以看作软测量技术的早期萌芽。然而软测量技术作为一个概括性的科学术语被提出始于 20 世纪 80 年代中后期，随着微处理器在测量仪器中的广泛应用，在世界范围内掀起了一股软测量技术研究的热潮。1992 年过程控制专家 T. J. Macvoy 在著名学术刊物 Automatica 上发表了题为 "Contemplative Stance for Chemical Process Control" 的 IFAC 报告，明确提出了软测量技术将是今后过程控制的主要发展方向之一，对软测量技术研究起到了重要的促进作用。

经过多年的发展，目前已提出了不少构造软仪表的方法，并对影响软仪表性能的因素以及软仪表的在线校正等方面也进行了深入研究，软测量技术已渗透到需要实现难测参数在线测量的各个领域，已成为检测技术领域的一大研究热点和主要发展方向之一。

5.4.2.1 软测量技术原理

软测量技术的基本思想是根据某种最优准则，选择一组与主导变量有密切关系又容易测量的变量，构造某种数学关系来估计主导变量。软测量建模的步骤包括：辅助变量的选择、数据采集与预处理、软测量模型的建立以及软测量模型的在线校正四个环节。

A 辅助变量的选择

辅助变量的选择确定了软测量的输入信息矩阵，因而直接影响软测量模型的结构和输出。辅助变量的选择包括变量的类型、数量和测点位置。这三个方面是相互关联的，并由过程特性所决定，同时在实际应用中还应当考虑可行性、可靠性、维护的难易程度以及经济性等因素的制约。

辅助变量的选择范围是对象的可测变量集，一般根据工业对象的机理和实际工况的了解，按照如下若干原则进行选择：

(1) 过程适用性，工程上易于获得并能达到一定的测量精度。

(2) 灵敏性，能对被测主变量或不可测扰动的变化敏感。

(3) 选择性，对过程输出和不可测扰动之外的干扰不敏感。

(4) 准确性，构成的软测量仪表应能满足精度要求。

(5) 鲁棒性，对模型误差不敏感。

现代工业某些对象具有数百个检测变量，面对如此庞大的可测变量集，若采用定性分析的方法对每个变量逐一进行判断，工作量非常大，不可行。现在主要根据对象的机理、工艺流程以及专家经验选择辅助变量。这样确定的辅助变量仍可能不少，并且相关程度差异大，如果将它们全部用来作为软测量的输入变量，模型势必十分复杂，不但未必能提高精度，而且重要信息仍有可能被遗漏。知识发现（数据挖掘）和数据融合技术是两种可帮助我们从浩瀚的数据海洋中自动挑选出合适信息的方法。

显然辅助变量可选数目的下限是被估计的变量数，而最佳数目则与过程的自由度、测量噪声以及模型的不确定性有关。至于如何选取最佳个数仍是一个有待研究的问题，至今尚无较为统一的结论。一般建议从系统的自由度出发，先确定辅助变量的最小个数，再结合实际过程的特点适当增加，以便更好地处理动态特性等问题。检测点的位置主要由过程的动态特性所决定。

辅助变量的选择通常首先根据先验知识初步确定待选的辅助变量集，然后根据统计方法选择最佳的变量集。

B　数据预处理

软测量模型的性能很大程度上依赖于所获过程测量数据的准确性和有效性，所以在进行数据采集时，要使采集的样本空间尽量覆盖整个操作范围，同时要本着有代表性、均匀性和精简性的原则进行选取。数据驱动软测量模型一般为静态模型，所以在采集数据时应尽量采集装置平稳运行时的数据。

测量数据受仪表精度、可靠性和测量环境等因素的影响，不可避免地带有各种测量误差，采用低精度或失效的测量数据可能导致软测量仪表性能的大幅度下降，严重时甚至导致软测量模型的失效，因此测量数据的预处理对保证软测量仪表正常可靠运行非常重要。

测量数据预处理包括测量误差处理和测量数据变换两部分。

测量数据的误差可分为随机误差和疏失误差两大类。

随机误差的产生是受随机因素的影响，一般是不可避免的，但符合一定的统计规律，可通过数字滤波方式消除。数据协调方法是近年来提出的消除随机噪声的新方法，其基本思想是根据物料平衡和能量平衡等方程建立精确的数学模型，以估计值与测量值的方差最小为优化目标，构造一个估计模型，为测量数据提供一个最优估计，以便及时准确地检测误差的存在，进而剔除或补偿其影响。数据协调本质上是一个在等式或不等式约束下的线性或非线性优化问题。

疏失误差包括常规测量仪表的偏差和故障，以及不完全或不正确的过程模型。在实际过程中疏失误差出现的几率很小，但它的存在严重恶化了数据的品质，因此必须及时侦测和剔除。常用的处理方法有：统计假设检验法、广义似然比法、贝叶斯法等。

测量数据变换不仅影响模型的精度和非线性映射能力，而且对数值算法的运行效果也有重要作用。测量数据的变换包括标度、转换和权函数三个方面。

实际过程测量数据可能有着不同的工程单位，各变量在数值上也可能差几个数量级，直接使用原始测量数据进行计算可能丢失信息和引起数值计算的不稳定。因此需要采用合适的因子对数据进行标度，以改善算法的精度和计算稳定性。通过对数据的转换，可有效地降低非线性特性。权函数则可实现对变量动态特性的补偿。

C　软测量模型的建立

软测量模型的建立是软测量技术的核心。软测量模型是研究者在深入理解过程机理的基础上，利用建模、辨识的方法得出的适用于估计的模型。它不同于一般意义下的数学模型，强调的是通过辅助变量来获得对主导变量的最佳估计。

D　软测量模型的在线校正

由于对象的时变性、非线性以及模型的不完整性等因素，必须考虑模型的在线校正，才能适应新的工况。软测量模型的在线校正可包括模型参数的修正和模型结构的优化两方面。模型的参数修正具体方法有自适应法、增量法和多时标法等。模型结构的优化是通过学习新获取的样本对模型的结构进行优化。

5.4.2.2　软测量建模方法概述

软测量技术的分类一般都是依据软测量模型的建立方法。软测量建模方法多种多样，而且各种方法互有交叉，目前又有相互融合的趋势，因此很难妥当而全面地分类。在此暂且根据人们对过程的认识程度，分为基于机理的传统建模方法、基于数据驱动的建模方法以及机理和数据驱动相结合的混合建模方法。基于机理的传统建模方法还可细分为基于工艺机理分析的建模方法以及基于对象数学模型的建模方法两种。基于数据驱动的建模方法可细分为基于回归分析的建模方法、基于人工智能的建模方法两种。下面将对这几种建模方法做逐一介绍。

A　基于工艺机理分析的建模方法

基于工艺机理分析的软测量主要是运用化学反应动力学、物料平衡、能量平衡等原理，通过对过程对象的机理分析，找出不可测主导变量与可测辅助变量之间的关系，建立机理模型，从而实现主导变量的软测量。

对于清晰知道工艺机理的对象，可以通过该方法建立性能良好的软测量模型，而对于工艺机理研究不充分的对象，难以单独建立合适的机理模型。此时该方法就需要与其他参数估计方法相结合才能构造软仪表。

这种软测量方法是工程中常用的方法，其特点是简单，工程背景清晰，便于实际应用，但应用效果依赖于对工艺机理的了解程度，应用于工艺复杂对象时建模的难度较大。

B　基于对象数学模型的方法

由于软测量是控制学科中的一个分支，在其发展初期，很多研究者尝试使用控制学科中基于对象数学模型的方法来建立软测量模型。这些方法将状态估计、参数估计、系统辨识和自适应控制等理论用于获取软测量模型。设计方法可分为基于状态空间模型和基于过程的输入与输出模型两种。

基于状态空间模型的方法主要有状态观测器、自适应观测器等方法。这种软测量技术是建立对象的动态数学模型（包括广义动态数学模型）时，将不可测主导变量看作状态变量或者未知参数，将可测的辅助变量看作输入与输出变量，这样对主导变量的估计问题就转化为控制理论中典型的状态估计或参数估计命题，进而可以采用 Luenberger 观测器、高增益观测器、Kalman 滤波器、自适应 Kalman 滤波器或自适应观测器等方法实现。基于状态空间模型的软仪表由于可以反映主导变量和辅助变量之间的动态关系，因此有利于处理各变量间动态特性的差异和系统滞后等情况。这种软测量方法的不足是对于复杂的工业过程，常常难以有效的建立系统的状态空间模型，这在一定程度上限制了该方法的应用。同时在许多工业生产过程中，常会出现持续缓慢变化的工作点迁移，从而导致原来建立的状态空间模型准确性降低，在这种情况下，该种软仪表可能会导致显著的误差。

基于过程输入与输出的动态模型，可以转化为基于 ARMAX 模型的递推估计问题进行求解或采用自适应输入与输出估计方法在线辨识过程参数。这种方法同样需要一个准确的数学模型，而我们得到的控制模型通常是简化的数学模型，过程噪声与理想白噪声相差甚远，因此这种方法应用实例并不多。

C　基于回归分析的建模方法

经典的回归分析是一种建模的基本方法，应用范围相当广泛。以最小二乘法原理为基础的一元和多元线性回归技术目前已相当成熟，常用于线性模型的拟合。对于辅助变量较少的情况，一般采用多元线性回归中的逐步回归技术以获得较好的软测量模型。对于辅助变量较多的情况，通常要借助机理分析，首先获得模型各变量组合的大致框架，然后再采用逐步回归方法获得软测量模型。为简化模型，也可采用主元回归分析法 PCR（ principal component regression）和部分最小二乘回归法 PLSR（ partial least squares regression）等方法。

基于回归分析的软测量建模方法简单实用，但需要足够有效的样本数据，对测量误差较为敏感且模型物理量概念不明了。

D 基于人工智能的建模方法

基于人工智能的软测量建模方法有很多，如人工神经网络、模糊集合理论等。

人工神经网络（Artificial Neural Networks，ANN）无需具备对象的先验知识，可以根据对象的输入与输出数据直接建模，在解决高度非线性和严重不确定性系统控制方面具有巨大的潜力。目前人工神经网络已成功地用于复杂工业过程的动态建模、系统辨识、控制、数据分析及故障诊断等方面，显现出强大的生命力。ANN 是软测量的一种十分便利和有效的方法：将过程易测量的辅助变量作为神经网络的输入，将待测的主导变量作为 ANN 的输出，通过网络的自学习能力完成主导变量的估计。

常用的人工神经网络方法有多层前向网络（Multilayer Feedforward Networks，MFN）、径向基函数网络（Radial Base Function，RBF）以及与模糊技术结合的 TSK 模糊神经网络等。

虽然人工神经网络在建模时无需具备对象的先验知识，并且已被证明了可以任意精度逼近非线性连续函数，但是该证明实质上是一个存在性证明而非构造性证明，所以应用中经常碰到不收敛的情况；另外，由于其优化目标是经验风险最小而不是结构风险最小，所以算法的泛化能力在实践中应用效果有着一些不足。

模糊技术模仿人脑的思维逻辑，可以处理模型未知或不精确的控制问题。已经证明，采用模糊模型也可以以任意精度逼近任意的连续非线性函数。近年来，模糊集理论大量应用于软测量中，但是通常与神经网络结合构成模糊神经网络以建立复杂过程的软测量模型。

尽管以上介绍的各种人工智能方法在软测量中得到了广泛的关注，且研究结果也充分说明了其在处理对象非线性、不确定性及复杂性方面的能力，但是应该注意到，大部分文献都是采用仿真例子进行说明。即采用典型仿真模型或涉及工业数据仿真来进行说明，将人工智能方法的软测量模型投入到现场运行的实例较少。虽然这里有目前硬件条件限制的影响，但模型本身的问题也是很大的一个原因。因此，人工智能方法仍需进一步研究和完善。

E 混合建模方法

早期的软测量建模都是停留在单一方法的研究上，现在越来越多的研究已经开始热衷于研究多种建模方法相结合的混合软测量模型。虽然目前软测量混合建模方法多种多样，但由于简化机理建模和数据驱动建模可以互为补充，所以两者的结合受到较多的关注，也取得了很好的效果。

5.4.2.3 软测量技术应用举例

软测量技术工业应用成功实例不少。国外有 Inferential Control 公司、Setpoint 公司、DMC 公司、Profimatics 公司、Simcon 公司、Applied Automation 公司等以商品化软件形式推出各自的软测量仪表，这些已广泛应用于常减压塔、FCCU 主分馏塔、焦化主分馏塔、加氢裂化分馏塔、汽油稳定塔、脱乙烷塔等先进控制和优化控制。它增加了轻质油收率，降低了能耗并减少了原油切换时间，取得了明显经济效益。

国内引进和自行开发软测量技术在石油化工、炼油工业过程应用比较多，例如催化裂化装置分馏塔轻柴油凝固点软测量，基于现场数据分析并结合工艺机理分析，建立了多层前向网络柴油凝固点的软测量模型设计简单在线校正。

目前软测量技术在化工、冶金、生化、造纸、锅炉、污水处理等工业过程应用日趋广泛。下面以火电厂锅炉烟气含氧量测量为例介绍软测量技术的应用。

A 火电厂锅炉烟气含氧量测量现状

在电力市场深入改革的今天，厂网分开、竞价上网使各发电厂为了加强市场竞争力而努力提高发电效率，降低发电成本。随着电网调峰任务加重，电厂机组负荷变化频繁，为能达到锅炉安全、经济运行的目的，运行人员必须对燃烧器出口风速和风率、炉膛风量等进行适当调整，通过改变烟气中的氧量来优化锅炉燃烧工况。燃烧过程常规的控制方式是按风煤比（经验数据或统计的平均值）粗调风量，以保证完成燃烧所需要的足够风量，在稳定情况下还需要按烟气含氧量大小修正风煤比，对风量细调。烟气含氧量的设定值应随负荷的变化进行相应调整，以保证锅炉的燃烧效率，而前提是对烟气含氧量进行及时、准确测量。

目前电厂测量烟气含氧量的氧气传感器主要是热磁式氧量传感器和氧化锆氧量传感器。热磁式氧量传感器是利用烟气组分中氧气的磁化率特别高这一物理特性来测定烟气中的氧气含量。虽然其具有结构简单、便于制造和调整等优点，但由于反应速度慢、测量误差大、容易发生测量环室堵塞和热敏元件腐蚀严重等缺点，在火电厂的应用日渐减少。而氧化锆氧量计相对于热磁式氧量计，具有结构和采样预处理系统简单、灵敏度和分辨率高、测量范围宽、响应速度较快等优点，已逐渐取代了热磁式氧量计在火电厂的应用。但是氧化锆氧量计也具有如下缺点：传感器高温下易出现裂纹或铂电极脱落，使用寿命短、投资大；测量滞后大，不利于过程的在线监视和提供在线闭环控制所需的反馈信号；本底电势离散性大，经常需要调整；氧化锆表面尘粒等污染会带来较大测量误差。基于其他类型氧量传感器的测量方法（如磁力机械式氧量仪等），由于安装难度、现场环境等原因的限制在火电厂很少应用，而且这些少数的应用也并未取得很好的效果。因此，许多学者希望用软测量的方法来解决烟气含氧量的测量问题。

B 辅助变量选取

合理选择二次变量不仅对软测量精度有重要作用，而且还可以使软测量模型得到简化，使模型更加容易理解。烟气含氧量软测量模型中的二次变量（即软测量模型的输入）应选择对烟气含氧量有直接或隐含关系的可实时检测变量。尾部烟气含氧量主要受煤质变化、锅炉炉膛漏风、未完全燃烧等因素的影响。因此，需要选择能反映负荷、燃料、风量、排烟等方面的变量作为辅助变量。本应用案例选择主蒸汽压力、主蒸汽流量、总燃料量、总风量、一次风压、A、B送风机电流、A、B引风机电流、风箱与炉膛差压、给水温度、给水流量作为辅助变量。

C 软测量建模方法

本应用案例在基于 BP 神经网络原始算法改进的基础上，通过对网络的训练学习构造烟气含氧量的预测模型，实现锅炉燃烧系统的闭环控制和优化。构建一个多输入单输出的 BP 网络预测模型，模型包括三层。输入层的输入量为主蒸汽压力、主蒸汽流量、总燃料量、总风量、一次风压、A、B 送风机电流、A、B 引风机电流、风箱与炉膛差压、给水温度、给水流量；输出层的输出量为烟气含氧量。模型结构如图 5-39 所示。

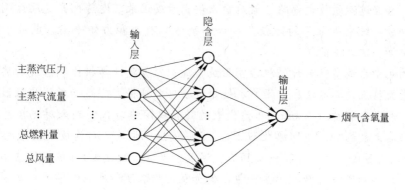

图 5-39　BP 神经网络烟气含氧量预测模型

先对试验数据进行归一化处理后，送入神经网络进行训练，同时逐步调整和确定模型中隐层神经元的数目，训练中数目取为 64 时，可以满足网络稳定性和收敛性较好的要求。将训练样本之外的 8 组试验数据作为测试样本用于神经网络的预测效果检验。训练好的神经网络能较好地预测烟气含氧量的值，从而建立了烟气含氧量的预测模型。

在实际应用中样本数据库可以不断更新，即在存储了足够数量新样本后，将旧样本挤掉，每隔一定时间在线进行网络模型训练，对软测量模型进行修正，提高测量精度。

本 章 小 结

随着科学技术和生产的发展，被噪声所淹没的各种微弱信号的检测越益受到人们的重视，其发展十分迅速，逐渐形成了微弱信号检测这门分支学科。恢复或增强一个信号，即改善信噪比，通常是降低与信号所伴随的噪声。对于深埋在噪声中的周期性信号，通常采用锁定放大法和取样积分法来改善信噪比。锁定放大法是采用相敏检波及低通滤波来压缩等效噪声带宽，以抑制噪声，从而检测出深埋在噪声中的周期性信号的幅值和相位。取样积分法是用取样门及积分器对信号进行逐次取样并进行同步积累，以筛除噪声，从而恢复被噪声淹没的周期性信号的波形。

通常情况下，噪声的存在会给测量带来很多困难和意想不到的误差。然而任何事物都是一分为二的。在许多实际场合下随机噪声对测量不但无害，而且可以加以利用，即可以利用随机噪声进行物理量的检测。例如，利用带钢表面对光反射所形成的随机噪声信号，通过互相关原理进行速度测量；利用电阻的热噪声进行温度测量等。相关测速仪由上下游传感器、可控时延环节、相关运算环节、相关函数峰值自动搜索跟踪环节和速度计算环节等组成。相关测速中，积分时间选择、传感器安装距离选择及传感器带宽影响相关函数极值位置的测量精度，从而影响速度测量的精确性。相关比较式噪声温度计可消除放大器固有噪声的影响，另外避免了对噪声电压作绝对测量。热噪声温度计的最大优点是适应环境能力强，不受外界因素的影响。

　　反馈测量系统与一般测量系统的区别在于，它具有一个由"逆传感器"构成的反馈回路。由闭环系统的性质可知，反馈测量系统的特性基本上是由逆传感器的特性所决定的。在反馈测量系统中，一般是把系统输出的电量信号通过逆传感器变换成非电量，然后与非电被测量进行比较，比较结果产生一个偏差信号，此偏差信号通过前向通道中的传感器变换成电量，再经过测量放大电路，最后输出供指示或记录。逆传感器是反馈测量系统的关键。反馈测量系统中所采用的比较方式和平衡方式有力和力矩平衡、电流平衡、电压平衡、热流平衡、温度平衡等。

　　目前的测量系统多数为计算机检测系统。虚拟仪器是计算机检测系统的典型代表。虚拟仪器的最大特点是其灵活性，用户在使用过程可以根据需要添加或删除仪器功能，以满足各种需求和各种环境。以 Internet 为代表的计算机网络时代的到来对测控系统的组建也产生了越来越大的影响，"网络化仪器"应运而生。所谓软测量技术就是利用易测变量（常称为辅助变量或二次变量，例如压力、温度、流量、物位等），依据这些易测变量与难以直接测量的待测变量（常称为主变量，例如反应物浓度和反应速率等）之间的数学关系（模型），通过各种数学计算和估计方法，从而实现对待测变量的测量。软测量技术正是在计算机检测系统大发展的背景下发展起来的。软测量建模是实现软测量技术的关键，其步骤包括：辅助变量的选择、数据采集与预处理、软测量模型的建立以及软测量模型的在线校正四个环节。软测量建模方法通常分为基于机理的传统建模方法、基于数据驱动的建模方法以及机理和数据驱动相结合的混合建模方法。

习题及思考题

5-1　图 5-40 为单频锁相放大器的原理框图。它包括两个锁定环路，相位锁定环路能使频率和幅度可控振荡器的输出信号 e_o 与输入信号 e_i 在相位上保持一致；增益锁定环路能使振荡器的输出 e_o 与输入 e_i 的比值保持恒定，请分析该锁相放大器压缩噪声带宽和抑制噪声的机理。

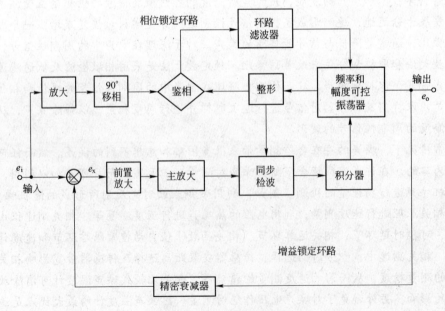

图 5-40　习题 5-1 图

5 – 2　已知某信号中有用信号的频带为 $0 \sim f_s$，而干扰信号的频率为 f_1，且 $f_s > f_1$，问怎样减弱干扰的影响？请提一种技术方案，并作简要分析说明。

5 – 3　根据热噪声进行温度检测需要解决的关键技术问题有哪些？请简要说明之。

5 – 4　有人根据噪声公式 $u_i = \sqrt{4kT\Delta fR}$ 提出图 5 – 41 所示电路方案进行高温检测。其中 R_s 为测温电阻，带通滤波器的中心频率为 20Hz，带宽 $\Delta f = 1Hz$，谐振点增益为 40dB；为增加 R_s 上的噪声信号，通过桥路供给一个小电流，桥路电源电压为 2V。试分析该电路方案进行高温检测的可行性，并指出其优、缺点和技术难点。

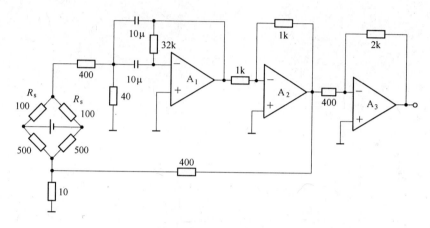

图 5 – 41　习题 5 – 4 图

5 – 5　从信号处理角度分析，若进行相关测速需要解决的关键技术问题有哪些？

5 – 6　请提出两种进行相关函数峰值搜索的技术方案，并作适当分析说明。

5 – 7　怎样构成反馈测量系统？影响反馈测量系统性能的关键环节有哪些？请简要说明之。

5 – 8　怎样构成无差反馈测量系统？请举例说明之。

5 – 9　图 5 – 42 是用于测量气体微差压的静电力平衡传感器系统。请分析说明该测量系统的工作过程，并推导系统的输入 – 输出关系。

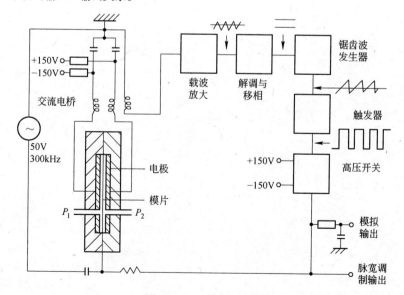

图 5 – 42　习题 5 – 9 图

5 – 10　计算机检测系统任务是什么?

5 – 11　与传统仪器相比,虚拟仪器有什么特点?

5 – 12　为了解决工业过程的复杂参数测量问题,通常可以采用什么方法?

5 – 13　什么是软测量?

5 – 14　软测量中辅助变量选择遵循的原则有哪些?

5 – 15　软测量建模方法有哪些?

索　引

参 考 文 献

[1] Hermann K P Neubert. Instrument transducers: An introduction to their performance and design [M]. Oxford: Clarendon Press, 1975.

[2] Brent Maundy. Strain gauge amplifier circuits [J]. IEEE Transactions on Instrumentation and Measurement, 62 (4), 2013: 693 – 700.

[3] Stephan Gift, Brent Maundy. New configurations for the measurement of small resistance changes [J]. IEEE Transactions on Circuits and Systems— II: Express Briefs, 53 (3), 2006: 178 – 182.

[4] T Islaml, F A Siddiquil, S A Khan, S S Islam. A sensitive detection electronics for resistive sensor, 3rd International Conference on Sensing Technology, Nov. 30 – Dec. 3, 2008, Tainan, Taiwan: 259 – 264.

[5] Darko Vyroubal. A circuit for lead resistance compensation and complex balancing of the strain – gauge bridge [J]. IEEE Transactions on Instrumentation and Measurement, 42 (1), 1993: 44 – 48.

[6] Hing Kai Chan. Rule – based data tracking scheme to reduce the effects of creeping [J]. IEEE Sensors Journal, 9 (10), 2009: 1192 – 1195.

[7] C Velayudhan, J H Bundell. Simple inductive displacement transducer [J]. Review of Scientific Instruments, 55, 1984: 1706 – 1713.

[8] Mario L Cabrera, José M Saca. Analytical study of a linear variable differential transformer transducer [J]. Review of Scientific Instruments, 66, 1995: 4707 – 4712.

[9] K Allweins, M von Kreutzbruck, G Gierelt. Defect detection in aluminum laser welds using an anisotropic magnetoresistive sensor array [J]. Journal of Applied Physics, 97, 2005: 10Q102.

[10] D F He, M Tachiki, H Itozaki. Highly sensitive anisotropic magnetoresistance magnetometer for eddy – current nondestructive evaluation [J]. Review of Scientific Instruments, 80, 2009: 036102.

[11] D F He, Y Z Zhang, M Shiwa, S Moriya. Development of eddy current testing system for inspection of combustion chambers of liquid rocket engines [J]. Review of Scientific Instruments, 84, 2013: 014701.

[12] H J Krause, M von Kreutzbruck. Recent developments in SQUID NDE [J]. Physica C, 368, 2002: 70 – 79.

[13] Grigorie Mihaela, de Raad Iseli Christina, Krummenacher Francois, Enz, Christian. A circuit for the temperature compensation of capacitive sensors [C]. IEEE International Symposium on Circuits and Systems, 1996, Vol. 1: 381 – 384.

[14] Chia – Yen Lee, Gwo – Bin Lee. MEMS – based humidity sensors with integrated temperature sensors for signal drift compensation [C]. Proceedings of IEEE: Sensors, 2003, Vol. 1: 384 – 388.

[15] Yang W Q, Stott A L, Gamio J C. Analysis of the effect of stray capacitance on an ac – based capacitance tomography transducer [J]. IEEE Transactions on Instrumentation and Measurement, 52 (5), 2003: 1674 – 1681.

[16] S M Huang, C G Xie, R Thorn, D Snowden, M S Beck. Design of sensor electronics for electrical capacitance tomography [J]. IEEE Proceedings G: Circuits, Devices and Systems, 139 (1), 1992: 83 – 88.

[17] E J Mohamad, O M F Marwah, R A Rahim, M H F Rahiman, S Z M Muji. Electronic design for portable electrical capacitance sensor: A multiphase flow measurement [C]. 2011 4th International Conference on Mechatronics (ICOM), 2011: 1 – 8.

[18] Jianghua Chen, Xuewen Ni, Bangxian Mo. A low – noise CMOS charge sensitive preamplifier for MEMS capacitive accelerometer readout [C]. 2007 7th International Conference on ASIC (ASICON'07), 2007:

490 – 493.

[19] Stefanelli B, Bardyn J P, Kaiser A, Billet D. A very low – noise CMOS preamplifier for capacitive sensors [J] . IEEE Journal of Solid – State Circuits, 1993, 28 (9): 971 – 978.

[20] Roberto Bassini, Ciro Boiano, Alberto Pullia. A low – noise charge amplifier with fast rise time and active discharge mechanism [J] . IEEE Transactions on Nuclear Science, 49 (5), (2002): 2436 – 2439.

[21] Alberto Pullia, Roberto Bassini, Ciro Boiano, Sergio Brambilla. A "cold" discharge mechanism for low – noise fast charge amplifiers [J] . IEEE Transactions on Nuclear Science, 48 (3), (2001): 530 – 534.

[22] Alberto Pullia, Francesca Zocca. Automatic offset cancellation and time – constant reduction in charge – sensitive preamplifiers [J] . IEEE Transactions on Nuclear Science, 57 (2), (2010): 732 – 736.

[23] Gandelli A, Ottoboni R. Charge amplifiers for piezoelectric sensors [C] . 1993 IEEE Instrumentation and Measurement Technology Conference, 1993: 465 – 468.

[24] Dahle Orvar. The pressductor and the torductor – Two heavy – duty transducers based on magnetic stress sensitivity [J] . IEEE Transactions on Communication and Electronics, 1964, 83 (75): 752 – 758.

[25] Richard A Beth, Wilkison W Meeks. Magnetic measurement of torque in a rotating shaft [J] . Review of Scientific Instruments, 1954, 25: 603 – 607.

[26] Darrell K Kleinke, H Mehmet Uras. A noncontacting magnetostrictive strain sensor [J] . Review of Scientific Instruments, 1993, 64: 2361 – 2367.

[27] Savage Howard T, Clark Arthur E, Wun – Fogle Marilyn, Kabacoff Lawrence T, Hernando Antonio, Beihoff Bruce. Magnetostrictive torque sensor: US, 5315881 (P) . 1992 – 10 – 23.

[28] Wallin Christer, Ling Hans, Hassel Lars. Torque sensor: US, 2002189372 (P) . 2002 – 12 – 19.

[29] Ling Hans, Sobel Jarl, Uggla Dan J. Magnetoelastic non – contacting torque transducer: US, 5646356 (P) . 1997 – 07 – 08.

[30] Li Xisheng, Nakamura Kentaro, Ueha Sadayuki. Reflectivity and illuminating power compensation for optical fibre vibrometer [J] . Measurement Science and Technology, 2004, 15 (9): 1773 – 1778.

[31] Alberto Vallan, Maria Luisa Casalicchio, Guido Perrone. Displacement and acceleration measurements in vibration tests using a fiber optic sensor [J] . IEEE Transactions on Instrumentation and Measurement, 2010, 59 (5): 1389 – 1396.

[32] Hank Lin, ChihMing Ho. Optical pressure transducer [J] . Review of Scientific Instruments, 1993, 64: 1999 – 2002.

[33] Tom McCollum, Garry B Spector. Fiber optic microbend sensor for detection of dynamic fluid pressure at gear interfaces [J] . Review of Scientific Instruments, 1994, 65: 724 – 729.

[34] Kenneth O Hill, Gerald Meltz. Fiber Bragg grating technology fundamentals and overview [J] . Journal of Lightwave Technology, 1997, 15 (8): 1263 – 1276.

[35] B S Kawasaki, K O Hill, D C Johnson, Y Fujii. Narrow – band Bragg reflectors in optical fibers [J]. Optics Letters, 1978, 3 (2): 66 – 68.

[36] Emiliano Schena, Paola Saccomandi, Sergio Silvestri. A high sensitivity fiber optic macro – bend based gas flow rate transducer for low flow rates: Theory, working principle, and static calibration [J] . Review of Scientific Instruments, 2013, 84: 024301.

[37] G Dougherty. A laser Doppler flowmeter using variable coherence to effect depth discrimination [J]. Review of Scientific Instruments, 1992, 63: 3220.

[38] E Figueiras, R Campos, S Semedo, R Oliveira, L F Requicha Ferreira, A Humeau – Heurtier. A new laser Doppler flowmeter prototype for depth dependent monitoring of skin microcirculation [J] . Review of Scientific Instruments, 2012, 83: 034302.

[39] Karuppanan Balasubramanian, Kamil Giiven, Ziya Gokalp Altun. Microprocessor based new technique for measuring pneumatic pressure using optocoupler controlled vibrating wire transducer [C]. 1994 Instrumentation and Measurement Technology Conference, 1994, Vol. 2: 464－467.

[40] D W Copley. The application of vibrating cylinder pressure transducers to non－military usages [C]. Proceedings of the IEEE 1994 National Aerospace and Electronics Conference, 1994, Vol. 2: 1252－1258.

[41] M Ghioni, A Gulinatti, I Rech, F Zappa, S Cova. Progress in silicon single－photon avalanche diodes [J]. IEEE Journal of Selected Topics in Quantum Electronics, 2007, 13 (4): 852－862.

[42] Nakamura Hidehito, Kitamura Hisashi, Hazama Ryuta. Development of a new rectangular NaI (Tl) scintillator and spectroscopy of low－energy charged particles [J]. Review of Scientific Instruments, 2010, 81 (1): 013104.

[43] Rusher M A, Mershon A V. The electric strain gauge [J]. Electrical Engineering, 1938, 57 (11): 645－648.

[44] Petrucelly Vincent J. Resistance wire strain gauges as elements of the Wheatstone Bridge [J]. Transactions of the American Institute of Electrical Engineers, 1950, 69 (2): 742－744.

[45] Thompson J L. Wire strain－gauge transducers for the measurement of pressure, force, displacement, and acceleration [J]. Journal of the British Institution of Radio Engineers, 1954, 14 (12): 583－600.

[46] Jackson P. Resistance strain gauges and vibration measurement [J]. Journal of the British Institution of Radio Engineers, 1954, 14 (3): 106－114.

[47] Ernest O Doebelin. Measurement systems: application and design [M]. New York: McGraw－Hill Book Company, 1976.

[48] Frank J Oliver. Practical instrumentation transducers [M]. New York: Hayden Book company, Inc., 1971.

[49] E J Wightman. Instrumentation in process control [M]. London: Butterworths, 1972.

[50] 亚当斯. 工程测试与检测仪表 [M]. 邓延光, 胡大纮, 译. 北京: 机械工业出版社, 1980.

[51] 奥利弗, 卡奇编. 电子测量和仪器 [M]. 张伦, 韩家瑞, 等译. 北京: 科学出版社, 1978.

[52] 冯师颜. 误差理论与实验数据处理 [M]. 北京: 科学出版社, 1964.

[53] 肖明耀. 实验误差估计与数据处理 [M]. 北京: 科学出版社, 1980.

[54] 费业泰. 误差理论与数据处理 [M]. 6版. 北京: 机械工业出版社, 2010.

[55] 刘汉凡. 电子电位差计与平衡电桥的修理 [M]. 北京: 机械工业出版社, 1975.

[56] 荒木庸夫. 电子设备的屏蔽设计——干扰的产生及其克服办法 [M]. 赵清, 译. 北京: 国防工业出版社, 1975.

[57] 亨利. 电子系统噪声抑制技术 [M]. 铁道部北京二七通信工厂科研所翻译组, 译. 北京: 人民铁道出版社, 1978.

[58] 北大路刚. 抑制电子电路噪声的方法 [M]. 刘宗惠, 译. 北京: 人民邮电出版社, 1980.

[59] 诸邦田. 电子电路实用抗干扰技术 [M]. 北京: 人民邮电出版社, 1996.

[60] 杨克俊. 电磁兼容原理与设计技术 [M]. 2版. 北京: 人民邮电出版社, 2011.

[61] 郑家祥, 陆玉新. 电子测量原理 [M]. 北京: 国防工业出版社, 1980.

[62] 南京航空学院, 北京航空学院. 传感器原理 [M]. 北京: 国防工业出版社, 1980.

[63] 吉林工业大学农机系, 第一机械工业部农业机械科学研究院. 应变片电测技术 [M]. 北京: 机械工业出版社, 1978.

[64] 尹福炎. 金属箔式应变片制作工艺原理 [M]. 北京: 国防工业出版社, 2011.

[65] 常健生. 检测与转换技术 [M]. 北京: 机械工业出版社, 1981.

[66] 严钟豪, 谭祖根. 非电量电测技术 [M]. 北京: 机械工业出版社, 1993.

［67］吴勤勤．控制仪表及装置［M］．4 版．北京：化学工业出版社，2013．

［68］欧绪贵．核辐射式检测仪表［M］．北京：机械工业出版社，1978．

［69］奥塞夫．核辐射探测器入门［M］．姬成周，译．北京：科学出版社，1980．

［70］上海市科学技术协会《γ物位计编写组》．γ物位计［M］．北京：原子能出版社，1980．

［71］秦永烈．物位测量仪表［M］．北京：机械工业出版社，1978．

［72］科瓦尔斯基．核电子学［M］．何殿祖，译．北京：原子能出版社，1975．

［73］陈伯显，张智．核辐射物理及探测学［M］．哈尔滨：哈尔滨工程大学出版社，2011．

［74］汤彬．核辐射测量原理［M］．哈尔滨：哈尔滨工程大学出版社，2011．

［75］许大才．机械量测量仪表［M］．北京：机械工业出版社，1980．

［76］上海电子专科学校．霍尔元件及其应用［M］．上海：上海人民出版社，1974．

［77］刘畅生，寇宝明，钟龙．霍尔传感器实用手册［M］．北京：中国电力出版社，2009．

［78］王殖东．激光基础知识［M］．北京：科学出版社，1974．

［79］陈家璧，彭润玲．激光原理及应用［M］．3 版．北京：电子工业出版社，2013．

［80］重庆工业自动化仪表研究所．工业自动化仪表［M］．北京：机械工业出版社，1976．

［81］徐秉铮，欧阳景正．信号分析与相关技术［M］．北京：科学出版社，1981．

［82］弗格斯．电噪声手册［M］．张伦，李镇远，译．北京：计量出版社，1982．

［83］Y J Wong, W E Ott. Function circuits: design and applications［M］. New York: McGraw – Hill Book Company, 1976.

［84］J G Graeme. Designing with operational amplifiers applications alternatives［M］. New York: McGraw – Hill Book Company, 1977.

［85］华成英，童诗白．模拟电子技术基础［M］．4 版．北京：高等教育出版社，2006．

［86］伍尔沃特．数字式传感器［M］．于汉秋，蒋学忠译．北京：国防工业出版社，1981．

［87］朱伯申，张炬．数字式传感器［M］．北京：北京理工大学出版社，1996．

［88］李泽民．共模干扰及其控制［J］．电测与仪表，1975，第 2 期．

［89］刘书民．硅固态压力传感器综述［J］．自动化科技通讯，1978，第 1 期．

［90］张舒仁．光电池的电路设计［J］．电子技术应用，1978（3）：31 – 36，51．

［91］何瑾，刘铁根，孟卓，杨莉君．弱光强信号检测系统前级放大电路的设计［J］．科学技术与工程，2007，7（9）：1904 – 1906．

［92］林文．抗干扰问题［J］．工业仪表与自动化装置，1975（1）：1 – 15．

［93］陈佳圭．相敏检波器［J］．仪器仪表学报，1980，1（2）：108 – 115．

［94］田村脩藏．熱雑音温度計——高压力下的测温，日本物理学会誌，1979，34（12）．

［95］戴维斯．光纤传感器技术手册［M］．徐予生等译．北京：电子工业出版社，1987．

［96］张国顺，何家祥，肖桂香．光纤传感技术［M］．北京：水利电力出版社，1988．

［97］刘迎春，叶湘滨．现代新型传感器原理与应用［M］．北京：国防工业出版社，1998．

［98］李川．光纤传感器技术［M］．北京：科学出版社，2012．

［99］John Turner and Martyn Hill. Instrumentation for engineers and scientists［M］. London: Oxford University Press, 1999.

［100］Ernest O Doebelin. Instrumentation design studies［M］. Boca Raton, FL: CRC Press, 2010.

［101］王俊杰，曹丽．传感器与检测技术［M］．北京：清华大学出版社，2011．

［102］梁森，欧阳三泰，王侃夫．自动检测技术及应用［M］．2 版．北京：机械工业出版社，2012．

［103］张朝晖．检测技术及应用［M］．2 版．北京：中国质检出版社，2011．

［104］高晋占．微弱信号检测［M］．2 版．北京：清华大学出版社，2011．

［105］戴逸松．微弱信号检测方法及仪器［M］．北京：国防工业出版社，1994．

［106］ 曾庆勇. 微弱信号检测 ［M］. 杭州：浙江大学出版社，1994.

［107］ 王伯雄. 测试技术基础 ［M］. 2 版. 北京：清华大学出版社，2012.

［108］ 温殿忠，赵晓锋. 传感器原理及其应用 ［M］. 北京：科学出版社，2013.

［109］ 李海青，黄志尧. 软测量技术原理及应用 ［M］. 北京：化学工业出版社，2000.

［110］ 俞金寿. 工业过程先进控制技术 ［M］. 上海：华东理工大学出版社，2008.

［111］ 周求湛，刘萍萍，钱志鸿. 虚拟仪器系统设计及应用 ［M］. 北京：北京航空航天大学出版社，2011.

［112］ 贾惠芹. 虚拟仪器设计 ［M］. 北京：机械工业出版社，2012.

部分传感器、仪器仪表生产商网站

http：//www. sigmar. cn/

http：//www. kyowa. sh. cn/

http：//www. bjsichuanger. com/

http：//www. waycon. biz/

http：//www. lionprecision. com/

http：//www. zsygroup. com/

http：//www. ifm. com/

http：//www. kistler. com/

http：//www. pcb. com/

http：//www. meas – spec. com/

http：//www. americanpiezo. com/

http：//www. abb. com/

http：//www. gemssensors. com/

http：//www. mtssensors. com/

http：//www. thorlabs. com/

http：//www. photonics. com/

http：//www. hamamatsu. com/

http：//www. radetco. com/

冶金工业出版社部分图书推荐

书　名	作　者	定价（元）
钢铁企业电力设计手册（上册）	本书编委会	185.00
钢铁企业电力设计手册（下册）	本书编委会	190.00
钢铁工业自动化·轧钢卷	薛兴昌　等编著	149.00
冷热轧板带轧机的模型与控制	孙一康　编著	59.00
变频器基础及应用（第2版）	原　魁　等编著	29.00
刘玠文集	文集编辑小组　编	290.00
冶金工业管理信息化技术（第2版）	刘　玠　主编	68.00
特种作业安全技能问答	张天启　主编	66.00
走进黄金世界	胡宪铭　等著	76.00
现行冶金轧辊标准汇编	冶金机电标准化委员会　编	260.00
钢铁材料力学与工艺性能标准试样　　图集及加工工艺汇编	王克杰　等主编	148.00
2013年度钢铁信息论文集	中国钢铁工业协会信息统计部　等编	58.00
现行冶金行业节能标准汇编	冶金工业信息标准研究院　编	78.00
现行冶金固废综合利用标准汇编	冶金工业信息标准研究院　编	150.00
竖炉球团技能300问	张天启　编著	52.00
烧结技能知识500问	张天启　编著	55.00
煤气安全知识300问	张天启　编著	25.00
非煤矿山基本建设管理程序	连民杰　编著	69.00
有色金属工业建设工程质量监督　　工程师必读	有色金属工业建设工程　质量监督总站　编	68.00
蓄热式高温空气燃烧技术	罗国民　编著	35.00
稀土金属材料	唐定骧　等主编	140.00
煤炭资源价格形成机制的政策体系研究	张华明　等著	29.00
矿山企业安全管理	刘　澄　等著	25.00
冶金物化原理（高职高专）	郑溪娟　编	33.00
露天矿深部开采运输系统实践与研究	邵安林　著	25.00
基于习惯形成的中国居民消费行为研究	闫新华　著	20.00
物理污染控制工程（本科教材）	杜翠凤　等编著	30.00